LEHRBÜCHER UND MONOGRAPHIEN

AUS DEM GEBIETE DER

EXAKTEN WISSENSCHAFTEN

2

CHEMISCHE REIHE

BAND I

# GRUNDLAGEN DER STEREOCHEMIE

VON

## PAUL NIGGLI

PROFESSOR AN DER EIDG. TECHN. HOCHSCHULE
UND DER UNIVERSITÄT ZÜRICH

Springer Basel AG

ISBN 978-3-0348-4039-2    ISBN 978-3-0348-4111-5 (eBook)
DOI 10.1007/978-3-0348-4111-5

# VORWORT

In den 30 Jahren, die seit der Übertragung der Koordinationslehre auf die Kristallstrukturlehre verflossen sind, ist versucht worden, die geometrischen Grundlagen einer allgemeinen Stereochemie zu schaffen. Viele der darauf Bezug nehmenden Arbeiten wurden in der Zeitschrift für Kristallographie veröffentlicht, die während 15 Jahren einen wahrhaft internationalen Charakter besaß. Wie zu Beginn der stereochemischen Forschung trat die enge Beziehung stereochemischer Fragestellungen mit solchen der Kristallographie in den Vordergrund. Die großen Erkenntnisse, die durch die glänzenden Untersuchungen vieler Forscher über die Struktur der Kristalle gewonnen wurden, gestalteten jedoch den Zusammenhang inniger und verlangten eine stärkere Berücksichtigung der geometrischen Konfigurationenlehre. So geht diese Schrift neue, dem Chemiker wohl ungewohnt scheinende Wege.

Zu beachten ist, daß es sich nicht um ein Lehrbuch der Stereochemie handelt, sondern um eine Darstellung der Prinzipien. Auf in andern Schriften eingehender behandelte Kapitel wurde verwiesen, auch mußten gewisse kristallographische Kenntnisse vorausgesetzt werden. Auskunft darüber, wie sich mit Hilfe der Röntgenstrahlen manche Probleme der Stereochemie abklären lassen, gibt das im gleichen Verlag und der gleichen Serie erscheinende Buch von E. BRANDENBERGER, «Röntgenographisch-analytische Chemie».

Den Mitarbeitern und derzeitigen Kollegen, wie E. BRANDENBERGER, F. LAVES, T. ITO, W. NOWACKI, R. L. PARKER, L. WEBER u. a., die im Laufe der Jahre mithalfen, im Zürcher Institut einzelne Probleme zu behandeln, sei bei Anlaß dieses zusammenfassenden Berichtes herzlich gedankt. Die abgebildeten Modelle sind durch den inzwischen verstorbenen Präparator H. REISER hergestellt worden und bei der Ausführung der Zeichnungen halfen W. HUBER und TH. GEIGER mit. Der Verlag ist jederzeit bereitwillig auf die geäußerten Wünsche eingegangen, auch ihm gehört herzlicher Dank.

Zürich, Ostern 1945.                                           P. NIGGLI.

# INHALTSVERZEICHNIS

## EINLEITUNG

Die Entwicklung der Stereochemie der letzten hundert Jahre weist drei
besonders wichtige Etappen auf: 1874 ist das Jahr der eigentlichen Begründung
der Stereochemie organischer Verbindungen durch JOSEPH ACHILLE LE BEL
und JACOB HENRICUS VAN 'T HOFF, zwischen 1891 und 1905 deutete ALFRED
WERNER die Konstitution der anorganischen Komplexverbindungen und 1916
bis 1941 erfolgte die Einordnung der Kristallverbindungen in die Koordinationslehre, verbunden mit dem Ausbau einer allgemeinen Geometrie molekularer und kristalliner Atomkonfigurationen.

Rückblickend erkennen wir, daß die Vermengung verschiedener Begriffe
die Lösung des Problemes der räumlichen Lagerung der Atome in einer Verbindung erschwerte. Fragestellungen über die Lagebeziehungen der atomaren
Schwerpunkte zueinander wurden mit solchen über die Bindungsverhältnisse
kombiniert. Noch VAN 'T HOFF hat im Grunde genommen für die Verbindungen
der Kohlenstoffatome nicht Atomanordnungsschemata gegeben, sondern
Valenzschemata. Sein Tetraeder ist ein Valenztetraeder, so daß bei nicht
tetraedrischer Umgebung eines Kohlenstoffatoms durch andere Atome (d.h. bei
doppelter oder dreifacher Bindung) die Tetraederecken zu bloßen Hilfskon-
struktionen werden, die für das räumliche Modell der Atomschwerpunktslagen
bedeutungslos sind. Deshalb ergaben sich von Anfang an Schwierigkeiten,
Benzol und Benzolderivate stereochemisch zu formulieren.

ALFRED WERNER hat die rein geometrisch definierte Koordinationszahl
($kz$) eingeführt, die angibt, mit wievielen Atomen (oder Radikalen) ein Atom
(oder Radikal) in unmittelbarer direkter Bindung oder Nachbarschaft steht.
Aber auch er ging von der Valenzchemie aus und hatte daher auf Grund der
Wertigkeitslehre Mühe, das koordinative Verhalten zu verstehen. Er führte
den Begriff der Nebenvalenzen ein, von dem er selber einsah, daß er in dieser
Formulierung nur vorläufigen Charakter besitzen konnte, weil im Koordinationsschema der von ihm studierten Verbindungen eine Unterscheidung zwischen Haupt- und Nebenvalenzen unmöglich wird.

Als dann 1916 von PAUL PFEIFFER für einfache und PAUL NIGGLI für
komplexere Kristallverbindungen der Zusammenhang der Kristallstrukturen
mit den WERNERschen Molekülverbindungen erkannt wurde, ergab sich die
Notwendigkeit, eine Stereochemie zu entwickeln, die organische und anorganische Radikale und Moleküle sowie Kristallverbindungen mitumfaßt, die scharf
unterscheidet zwischen koordinativem und valenzchemischem Verhalten und

die nach vollzogener Trennung beider Aufgaben durch die Gegenüberstellung
ermöglicht, einen ersten Überblick über das Gesamtverhalten der chemischen
Elemente in den Verbindungen zu vermitteln. Es ist hiebei zweckmäßig, rein
geometrische Gesetze ihres Charakters nicht zu berauben und von den Kraftwirkungen, die zu geometrisch stabilen Konfigurationen führen, erst dann zu
sprechen, wenn dies zum tieferen Verständnis notwendig wird.

Für den Chemiker sind Teilchen von atomarer Größe, deren Schwerpunkte
sich auf Entfernungen von der Größenordnung $\frac{1}{10\,000\,000}$ mm (Ångströmeinheiten, Å) nähern können, die Bauelemente. Bei diesen Größenverhältnissen
ist es noch sinnvoll, im gegebenen Zeitmoment oder im Mittel über ein Zeit-
intervall nach den Lagebeziehungen der Teilchen zueinander zu forschen und
diese Verhältnisse durch ein räumlich dreidimensionales Modell zu veranschaulichen. Indem man im Modell oder seiner Projektion ungefähr in cm-Einheiten
zum Ausdruck bringt, was in Wirklichkeit Ångströmeinheiten sind, wird ein
Maßstabverhältnis geschaffen, reziprok demjenigen, das entsteht, wenn die
Megakilometer des Erdradius in cm abgebildet werden. Ersetzen wir die
atomaren Teilchen durch ihre Schwerpunkte oder kurzweg durch Punkte (bzw.
im Modell durch Kugeln, die diese an sich dimensionslosen und qualitätslosen
Punkte veranschaulichen), so erhalten wir Punktkonfigurationen. Von chemischen Verbindungen sprechen wir, wenn analoge Teilchenkonfigurationen
nicht mehr einer durch die Dichtigkeit unter den gegebenen Verhältnissen entsprechenden rein statistischen Verteilung gehorchen, sondern spezielle Gestalt
annehmen, weil sich ein internes Ordnungsprinzip geltend macht.

. Naturgemäß darf indessen nicht jede Abweichung von einer statistischen
Verteilung der Teilchensorten bereits als Modell einer eigentlichen Verbindung
angesprochen werden, es ist ein großes Übergangsgebiet in Betracht zu ziehen,
dem besondere Zustände zugeordnet sind. Erst wenn eine gebildete Konfiguration eine Haltbarkeit und Eigengesetzlichkeit äußeren Einflüssen gegenüber
besitzt, wird sie in den Rang einer Verbindung erhoben. Sie bildet dann eine
Einheit, der besondere charakteristische Eigenschaften und (zunächst einmal
im geometrischen Sinne) ein gewisses Beharrungsvermögen zukommen, d.h.
*ein Bestreben*, trotz Schwingungen und Bewegungen der einzelnen Punkte
gegeneinander und trotz Deformationen im Mittel *die Struktur beizubehalten*.
Es ist die Aufgabe der Stereochemie, das Punktverteilungsschema in zunächst
idealisierter, völlig starr gedachter Form darzustellen. Das Problem muß
wissenschaftlich angepackt werden, d.h. es müssen die sich bietenden Möglichkeiten systematisch behandelt und klassifiziert werden. Dann gilt es, die Prinzipien aufzusuchen, die zu der beobachtbaren Auswahl aus der Fülle des Denkbaren führen.

Durch eine Reihe systematischer Arbeiten, ausgehend von der Kristallstrukturlehre, d.h. der Geometrie des «homogenen» Diskontinuums, ist es gelungen, die wissenschaftlichen Grundlagen auszubauen und in eine Form zu
bringen, die unmittelbar stereochemisch verwertbar ist.

# I. KAPITEL

## Die Symmetrieverhältnisse der Punktkonfigurationen

### A. Allgemeine Begriffe

**Gleichwertige Punkte.** Betrachte ich eine Punktkonfiguration, so wird es zur ersten Aufgabe, nachzuschauen, *ob alle Punkte im geometrischen Sinne und bezogen auf den Verband die gleiche Qualität besitzen oder ob sich verschiedene Punktsorten unterscheiden lassen.* Punkte gleicher geometrischer Qualität heißen *geometrisch gleichwertige Punkte.* Sie sind dies nur dann, wenn es Deckoperationen gibt, die beim Überführen des einen Punktes in einen gleichwertigen die ganze Punktkonfiguration zur Deckung bringen. Deckoperationen sind, wie man aus der Kristallographie weiß, an *Symmetrieelemente,* d. h. an *Symmetrieeigenschaften* gebunden. Die Untersuchung nach der geometrischen Qualität der Punkte ist daher identisch mit der Aufgabe, *die Symmetrieeigenschaften einer Punktkonfiguration* aufzusuchen.

In Figur 1a sind die Punkte 1, 2, 3, 4 einander geometrisch gleichwertig, ich kann sie nur willkürlich (zum Beispiel durch Numerierung) voneinander unterscheiden. Betrachte ich das planare Punktmuster, so führt, wie Figur 2a zeigt, die *Drehung* um eine auf der Ebene senkrecht stehende vierzählige Symmetrieachse (Tetragyre, Symbol = □), bei einer Drehung um je 90° 1 in 2, 2 in 3, 3 in 4 und 4 in 1 über; die *Spiegelungen* an Symmetrieebenen senkrecht zur Zeichnungsebene mit den Spuren nach $SE_1$ führen je zwei Punkte ineinander

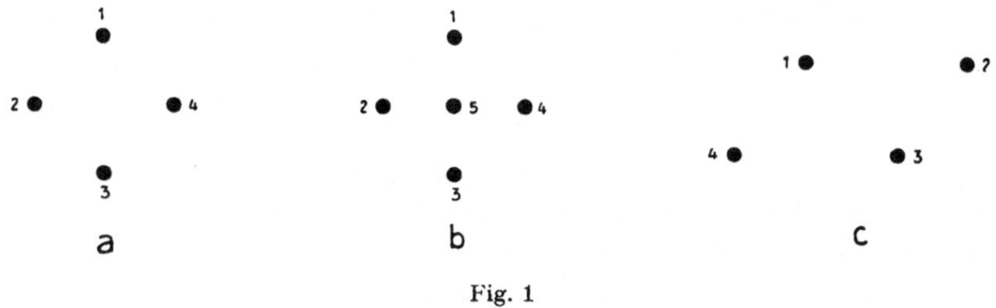



Fig. 1
Gleichwertigkeit von Punkten.

über, zum Beispiel 2 in 3 und 4 in 1 oder 4 in 3 und 2 in 1, und die Spiegelungen nach $SE_2$ je zwei Punkte in sich selbst und zwei Punkte ineinander. Jede dieser

Operationen ist für das Gesamtgebilde Deckoperation. 1, 2, 3, 4 sind deshalb geometrisch gleichwertig, geometrisch voneinander ununterscheidbar, sie gehören der *gleichen Punktsorte* an, können somit auch Schwerpunkte von chemisch völlig gleich sich verhaltenden Teilchen sein. Die Gesamtsymmetrie der Punktkonfiguration Fig. 1 a ist in der wissenschaftlichen Sprache die der *Symmetriegruppe* $(1 \square + 2 SE + 2 SE) = C_{4v}$. Es bedeutet $C$ eine einfache zyklische Drehungsgruppe, $C_4$ eine solche Gruppe mit der Zähligkeit 4 der Achse, während $v$ angeben soll, daß noch parallel dazu Spiegelebenen hinzukommen[1]).

Denke ich mir das Schema der Symmetrieelemente dieser Gruppe starr, die Punkte jedoch in ihrer Lage so verschoben, daß sie nicht mehr auf die Spiegelebene $SE_2$ fallen, so müssen doppelt soviel Punkte auftreten, da jetzt

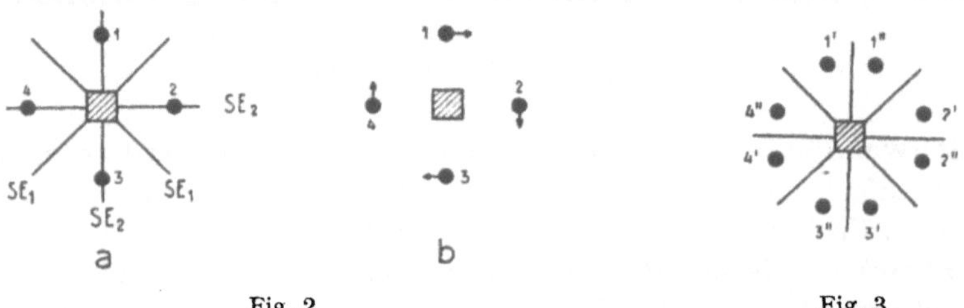

<table>
<tr><td>Fig. 2</td><td>Fig. 3</td></tr>
</table>

Die den gleichwertigen Punkten zugeordneten Symmetrieelemente.

auch die Spiegelung an $SE_2$ die Punkte in neue Lagen überführt (Fig. 3). Wiederum sind alle Punkte 1', 1'', 2', 2'', 3', 3'', 4', 4'' einander geometrisch gleichwertig, also miteinander vertauschbar; die Konfigurationssymmetrie ist die gleiche geblieben wie für Fig. 1 a, nämlich $C_{4v}$, aber die Punktzahl ist auf das Doppelte gestiegen. Man sagt: die Punktlage 1' besitzt bei festgebliebenem Symmetrieschema doppelt so große *Zähligkeit* als die Punktlage 1, ihr ist ein achtzähliger statt ein vierzähliger einfacher Punktkomplex (oder eine Punktform, ein $n$-Punktner) zugeordnet. Definitionsgemäß wird somit die Gesamtheit aller einander geometrisch gleichwertigen Punkte ein *einfacher Punktkomplex* oder eine *einfache Punktform* (ein $n$-Punktner) genannt.

**Zähligkeit, Wertigkeit, Symmetriebedingung.** Offensichtlich resultiert die verschiedene Zähligkeit einer Punktlage bei gegebenem Symmetrieschema aus dem prinzipiellen Unterschied in der Position der Punkte 1' und 1 gegenüber den Symmetrieelementen; 1 liegt auf einer Spiegelebene und wird durch die Spiegelung in sich selbst übergeführt, 1' liegt auf keinem Symmetrieelement und wird auch durch die Deckoperation an $SE_2$ in neue Lagen übergeführt. Liegt ein Punkt auf Symmetrieelementen, die ihn $\omega$-fach in sich selbst überführen, so kommt ihm die *geometrische Wertigkeit* $\omega$ zu. Im gegebenen Fall hat die Position 1 dem Symmetrieschema gegenüber die geometrische Wertigkeit $\omega = 2$, die Position 1' die geometrische Wertigkeit $\omega = 1$. Letzteres ist der Trivialfall: der Punkt liegt auf keinem Symmetrieelement.

---

[1]) $v =$ vertikal stehend in der üblichen Orientierung der Symmetrieelemente.

Allgemein gilt folgendes: Immer wenn bei gegebenem Symmetrieschema die geometrische Wertigkeit einer Punktlage nicht gleich 1 ist, muß der Punkt auf Symmetrieelementen liegen, die den Punkt in sich selbst überführen. Es kommt ihm dann zugleich eine sogenannte *Symmetriebedingung* zu. Liegt der Punkt wie im gegebenen Falle nur auf einer Spiegelebene, so besitzt er die Symmetriebedingung dieser Spiegelung, die symbolhaft mit $C_s$ formuliert wird. Jeder Punkt, der lediglich einer Symmetriebedingung $C_s$ gehorcht, hat die geometrische Wertigkeit 2, da eine Spiegelung zwei gleichwertige Punkte erzeugt, die in sich selbst gespiegelt einen ergeben. Zu jeder Symmetriebedingung gehört eine bestimmte Wertigkeit, die in modernen Lehrbüchern der Mineralogie und Kristallchemie verzeichnet ist. Sie kann aus der Symmetrielehre leicht abgeleitet werden und ist für Punkte allgemeiner Lage (auf keinem gewöhnlichen Symmetrieelemente liegend) wie bereits erwähnt gleich 1. (Die zugehörige Symmetriebedingung wird mit $C_1$ bezeichnet.)

Ist $3$ die Zähligkeit einer Punktlage bei gegebenem Gesamtsymmetrieschema, $\omega$ die zugehörige Wertigkeit dieser Punktlage, so ist für alle auf die gleiche Symmetriegruppe bezogenen Punkte $\omega \cdot 3$ eine Konstante. Sie ist gleich der Zähligkeit $3$ für Punkte allgemeiner Lage der betreffenden Symmetriegruppe.

Die Bedeutung des Begriffes «Symmetriebedingung» einer Punktlage geht aus folgendem hervor. Denken wir uns die Punkte als Schwerpunkte von Teilchen oder von Radikalen, die selbst eine für die Gesamtsymmetrie in Frage kommende Eigensymmetrie besitzen, so muß diese Eigensymmetrie den Symmetriebedingungen der Punktlage genügen, soll die maximale Konfigurationssymmetrie erreicht werden. Sind zum Beispiel 1, 2, 3, 4 Schwerpunkte polar gebauter Teilchen, deren polare Achsen durch die Pfeilrichtungen in Fig. 2b gekennzeichnet sind, so würden die Spiegelsymmetrien verschwinden, der Symmetriebedingung $C_s$ wird nicht genügt. Es bleibt daher nur die Drehung Deckoperation, die Symmetrie ist nicht mehr diejenige von $C_{4v}$, sondern nur noch diejenige von $C_4$ (1 □). Außerdem müßten die Stellungen der polaren Achsen denen in Figur 2b entsprechen, sonst verschwindet auch die geometrische Gleichwertigkeit nach der Tetragyre.

Die Symmetriebetrachtung in ihrer ganzen Schärfe und mathematischen Bestimmtheit ist Grundlage jeglicher stereochemischen Betrachtung. Es handelt sich zugleich um Grunderkenntnisse der kristallographischen Lehre, die im folgenden (etwa im Rahmen der 3. Auflage des vom Verfasser stammenden Lehrbuches der Mineralogie und Kristallchemie) vorausgesetzt werden, so daß es genügt, durch wenige Hinweise auf die großen Problemkreise aufmerksam zu machen.

So enthält Fig. 1b bei gleicher möglicher Gesamtkonfigurationssymmetrie wie Fig. 1a (Maximalsymmetrie $C_{4v}$) unter allen Umständen *zwei* Punktsorten. Punkt 5 ist mit den Punkten 1, 2, 3, 4 *nicht* gleichwertig, da es keine Operationen gibt, die 1, 2, 3 oder 4 in 5 überführen und gleichzeitig die ganze Konfiguration zur Deckung bringen. Punkt 5 ist qualitativ von den Punkten 1, 2, 3, 4 verschieden, also Repräsentant einer geometrisch sich anders verhaltenden Teilchensorte. Punkt 5 ist *ungleichwertig* zu 1, 2, 3, 4. Daß aber das Hinzufügen eines einzigen Punktes die durch 1, 2, 3, 4 gegebene Anordnungssymmetrie nicht gestört hat, beruht darauf, daß Punkt 5 in die achtwertige Lage mit der Symmetriebedingung $C_{4v}$ eingesetzt wurde. Alle Deckoperationen, die 1 in 2, 3, 4 oder 1′ in 1″, 2′, 2″, 3′, 3″, 4′, 4″ überleiten, führen 5 in sich selbst über. Teilchen, deren Schwerpunkte auf Punkt 5 fallen, müssen daher auch den Symmetriebedingungen von $C_{4v}$ Genüge leisten. Wäre ein asymmetrisches Teilchen 5 in beliebiger Lage zu 1, 2, 3, 4 hinzugefügt worden, so müßte es in bestimmten Stellungen achtmal auftreten, um die Symmetrie der Fig. 1a nicht zu stören (Fig. 4), und es gibt in der Konfiguration der Fig. 1a nur einen Punkt, eben den Punkt (Hauptpunkt, Symmetriepunkt) der Lage 5, der für sich allein hinzugefügt die Symmetrie nicht stört.

**Freiheitsgrade der Punktlagen.** Derartige Überlegungen führen zu einem weiteren stereochemisch wichtigen Begriff, dem des *Freiheitsgrades der Punktlagen bei gegebener Symmetrie.* Denken wir uns in Fig. 5 bei der Gesamtsymmetrie $C_{4v}$ drei verschiedene Punktsorten zu einer Punktkonfiguration vereinigt. Die unter sich gleichwertigen besitzen gleiche Signatur, es gilt:

|  | Punkt I | Punkt II | Punkt III |
|---|---|---|---|
| Zähligkeit $\mathfrak{z}$ | 4 | 8 | 1 |
| Wertigkeit $\omega$ | 2 | 1 | 8 |
| $\omega \cdot \mathfrak{z} = \mathfrak{z}$ | 8 | 8 | 8 |
| Symmetriebedingung | $C_s$ | $C_1$ (ohne Symmetriebedingung) | $C_{4v}$ |

Soll bei Verschiebungen der Lage der Punkte, ohne Änderung ihrer Zähligkeiten, die Gesamtsymmetrie der Konfiguration beibehalten werden, so muss Punkt III immer im Schnittpunkt der Spuren der Symmetrieebenen und im Einstichpunkt der Tetragyre liegen, die Punkte I müssen auf die Spuren zweier

Fig. 4          Fig. 5

Fig. 5. Zähligkeiten von Punktlagen. I = vierzählig, II = achtzählig, III = einzählig.

senkrecht zueinander stehenden Symmetrieebenen fallen und gleich weit von III entfernt sein, während die Punkte II zwischen den Spuren der Spiegelebenen beliebige Lagen einnehmen können. Sie müssen indessen unter sich in spiegelbildlicher Anordnung stehen, mit für alle Punkte gleicher Enfernung von III. Bezogen auf das Symmetrieschema kommt somit Punkt III in der Ebene *kein*

*Freiheitsgrad* der Lageänderung zu. Die Punkte I können sich (gesetzmäßig gekoppelt) längs der Spuren der Symmetrieebenen $SE_2$ verschieben, besitzen somit *einen Freiheitsgrad*. Ein Punkt des gleichwertigen Punktkomplexes II kann sich in beliebiger Richtung zwischen den Spuren der Symmetrieebenen

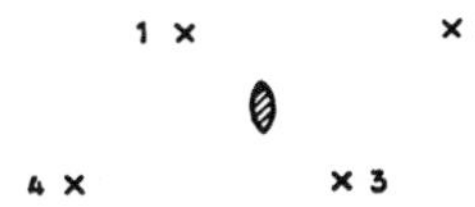


Fig. 6
Es sind nur noch 1 und 3 und 2 und 4 einander gleichwertig.

auf der Zeichenebene verschieben, es müssen nur die übrigen sieben die analogen Verschiebungen durchlaufen, so daß Spiegel- und Drehstellung erhalten bleiben. Die Punkte II besitzen somit bei Bewahrung der Gesamtsymmetrie auf der Ebene *zwei Freiheitsgrade* der Verschiebungsmöglichkeit.

Im dreidimensionalen Raume sind, bezogen auf die Erhaltung eines Symmetrieschemas, zu unterscheiden:

*Punkte ohne Freiheitsgrade*, gelegen in einzigartigen Schnittpunkten von Symmetrieelementen oder (und) in Symmetriezentren.

*Punkte mit einem Freiheitsgrad*, an eine Symmetriebedingung geknüpft, die längs einer Geraden gleichbleibt (Drehungsachse oder (und) Schnittgerade von Symmetrieebenen).

*Punkte mit zwei Freiheitsgraden*, Punkte auf Spiegelebenen allein, so daß beliebige Verschiebung auf diesen Ebenen die Symmetriebedingung $C_s$ und damit auch die Zähligkeit nicht ändert.

*Punkte mit drei Freiheitsgraden*, gelegen auf keinem der Symmetrieelemente, das Punkte in sich selbst überführen kann; deshalb sind innerhalb des Feldes zwischen den Symmetrieelementen ohne Änderung der Symmetriebedingung ($C_1$) und der Zähligkeit ($_3$) räumlich beliebige Verschiebungen möglich.

Die Beurteilung der Freiheitsgrade, die einer Punktlage zukommen, gestattet alle Deformationen und Lagebeziehungen abzuleiten, die in einer gegebenen Punktkonfiguration ohne Änderung der Gesamtsymmetrie möglich sind, sie gibt somit über die *symmetrieerhaltenden Deformationen* Auskunft. Anderseits bereitet es keine Schwierigkeiten anzugeben, welches die Änderungen der Gesamtsymmetrie sind, wenn Deformationen bzw. Lageverschiebungen erfolgen, die nicht denen der Freiheitsgrade einer Konfiguration entsprechen. So befinden sich in Fig. 1c, die man sich durch nicht symmetrieerhaltende Deformation aus Fig. 1a hervorgegangen denken kann, die vier Punkte nicht mehr in den Ecken eines Quadrates, sondern eines beliebigen Parallelogrammes. Der einfache Punktkomplex 1, 2, 3, 4 der Fig. 1a ist nun in zwei Punktkomplexe zerfallen, da lediglich 1 und 3 und 2 und 4 gleichwertig sind. Die Maximalsymmetrie der Konfiguration ist, wie Fig. 6 zeigt, als Drehungssymmetrie nur noch die einer zweizähligen Achse oder Digyre (Symbol = $\emptyset$)), also $C_2$. Die

Schemata der Figuren 2 b und 1 c sind Untergruppen verschiedenen Symmetriegrades des Schemas Fig. 1 a.

Derartige vergleichende, die Deformationen mitberücksichtigende Betrachtungen führen nicht nur von der Starrheit weg, die ursprünglich einer Punkt- oder Teilchenkonfiguration verliehen wurde, sie weisen auch auf Klassifikationsmöglichkeiten und Zusammenhänge hin, die bereits vollständig ausgearbeitet und auf alle denkbaren und verwirklichten Teilchenanordnungen anwendbar sind. Sie geben Auskunft über Effekte von Deformationen und Substitutionen. Bei gegebener Zahl der Punktsorten und Teilchen lassen sich alle Anordnungsverschiedenheiten streng ableiten, einheitlich darstellen und nach wissenschaftlichen Prinzipien charakterisieren. Es ist leicht möglich, für einen gegebenen Punktner die höchstsymmetrischen Konfigurationen zu finden oder verschiedene Konfigurationen ihrer Symmetrie nach zu klassifizieren. Wie schon die Bezeichnungen Deformationen, Substitutionen, Ableitungen von Anordnungsmöglichkeiten zeigen, läßt sich das mathematisch-geometrische Vorgehen unmittelbar in die Sprache des Chemikers übersetzen. Umgekehrt ist es für den Chemiker ein Erfordernis, seine Strukturmodelle nach den strengen Grundsätzen der Symmetrielehre zu beschreiben, weil es ihm nur auf diese Weise gelingt, alle chemischen und physikalischen Eigenschaften, die aus der geometrischen Gleichwertigkeit oder Ungleichwertigkeit der Punkte (alle einfachen Punktkomplexe haben ihre besonderen eindeutigen Namen) folgen, einwandfrei zu übersehen.

**Die Symmetrieformeln.** Es ist daher zweckmäßig, die einer Punktkonfiguration zukommenden Symmetrieverhältnisse noch in einer anderen Weise zu formulieren. Sind $\mathfrak{Z}$ gleichwertige Punkte gegeben, so greifen wir einen beliebigen dieser gleichwertigen Punkte als Nr. 1 heraus und fragen nach den Deckoperationen, die diesen Punkt 1 unmittelbar in 1, unmittelbar in 2, unmittelbar in 3, unmittelbar in 4, ... usw. unmittelbar in Punkt $\mathfrak{Z}$ überführen. Jede dieser Deckoperationen muß, sofern nicht durch die gleiche fortgesetzte Operation alle gleichwertigen Punkte miteinander vertauscht werden, in analoger Weise die anderen Punkte des Punktners ineinander überführen. Es entstehen die an eine Symmetrieeigenschaft gebundenen *Vertauschungszyklen*. Wir erläutern das Vorgehen zunächst an dem bereits erwähnten Beispiel des planaren Vierpunktners.

Sind in Fig. 1 a die vier in den Ecken eines Quadrates befindlichen Punkte gleichwertig, so muß es, ausgehend von 1, Deckoperationen geben, die 1 in 1, 1 in 2, 1 in 3, 1 in 4 überführen und die analog auch jeden anderen Punkt einem gleichwertigen zuordnen. Die entsprechenden Deckoperationen bilden *Zyklen*. Wir sprechen von einem Zyklus 1. Ordnung, wenn jeder Punkt in sich selbst, allgemein in einen identischen Punkt, übergeführt wird, von Zyklen 2. Ordnung, wenn bei vollständiger Durchführung der Operation jeder Punkt mit einem (und nur einem) andern, nicht identischen Punkt zur Deckung kommt. Werden drei, allgemein x Punkte miteinander vertauscht, so ist der Zyklus von 3. bzw. x. Ordnung.

So ist in Fig. 1 a die Operation, die 1 in 1 überführt, die sogenannte Identität oder $d_1$, ein Zyklus 1. Ordnung, die Operation, die 1 in 2 überführt, eine Drehung von 90⁰ um eine Richtung senkrecht zur Zeichenebene, einstechend im Mittelpunkt der Konfiguration, ein Zyklus 4.Ordnung (die Drehung führt weiter fortgesetzt 1 in 2, 3, 4 und wieder in 1 über und zwar im Uhrzeigersinne). Das Symbol dieses Zyklus ist Zyklus $d_4$. Wird 1 direkt in 3 übergeführt, so geschieht dies als Drehung um 180⁰, nach zweimaliger Drehung ist wieder 1 erreicht, somit handelt es sich um einen Zyklus 2.Ordnung, $d_2$. Schließlich wird 1 durch eine Drehung um 90⁰ im Gegenuhrzeigersinne direkt in 4 übergeführt, und diese Operation ist einem Zyklus $d_4$ mit entgegengesetztem Drehsinn als bei unmittelbarer Vertauschung von 1 mit 2 zugeordnet. Von 2.Ordnung wären auch Spiegelungen an einer Spiegelebene $e_2$, Inversionen um ein Symmetriezentrum $z_2$. Es geben somit die Buchstaben $d$, $e$, $z$ usw. die Art der Operation an, die Indexzahlen die Ordnung des Vertauschungszyklus. Die Operation der Identität kann man als Drehungsoperation $d_1$ bezeichnen, da sie als Drehung um 360⁰ (einzählige Achse, Monogyre) darstellbar ist.

Betrachten wir jetzt Fig. 2b, bei der *nur* die Drehungen um eine vierzählige Achse (die immer zugleich eine zweizählige ist) auftreten, so können wir, ausgehend von Punkt 1, entsprechend Fig. 7a die zur Vertauschung führenden Zyklen den durch Pfeile gekennzeichneten Operationen zuschreiben. Oder wir fügen jedem Punkt das Symbol des von 1 ausgehenden Zyklus zu, wie in Fig. 7b. Durch das Tetragyrenzeichen im Mittelpunkt der Konfiguration wer-

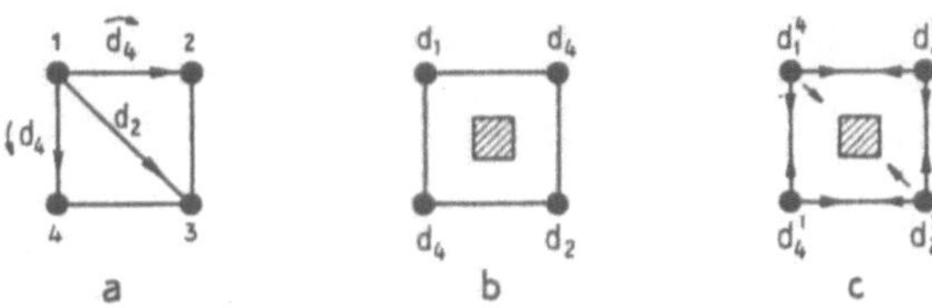

Fig. 7

Zuordnung der Vertauschungszyklen, ausgehend von Punkt 1. Symmetrie einer Tetragyre.

den alle diese Operationen umfaßt, denn *jede* Tetragyre enthält als zugeordnete Zyklen zwei $d_4$ von entgegengesetztem Drehungssinn, ein $d_2$ und ein $d_1$. Für alle vier Punkte gibt es vier Zyklen $d_1$, je nur einen Zyklus $\overrightarrow{d_4}$ und $\overleftarrow{d_4}$ und zwei Zyklen $d_2$; denn jeder der vier Punkte kann einzeln mit sich zur Deckung gebracht werden, während die Drehung um 90⁰, 90+90⁰, 90+90+90⁰ und 90+90+90+90⁰ alle vier Punkte umfaßt und die Drehung von 180⁰ die vier Punkte zu je zweien miteinander vertauscht. Nach PÓLYA fügt man die Anzahl der zu den gleichwertigen Punkten gehörigen Zyklen in Exponentenstellung dem Zyklensymbol hinzu, so daß erhalten wird:

$$1 \, \square = C_4 = \frac{d_1{}^4 + (2\,d_4{}^1 + d_2{}^2)}{4} \, ,$$

zugleich Symmetriesymbol des Vierpunktners der Fig. 2b.

Aus der Ableitung ergeben sich folgende allgemeinen Sätze:

1. Die Zahl $a$ der Zyklensymbole (Summenglieder) ist gleich der Zahl

gleichwertiger Punkte. Im gegebenen Fall ist sie gleich vier, nämlich $1\,d_1{}^4$, $2\,d_4{}^1$, $1\,d_2{}^2 = 1 + 2 + 1$.

2. Die Ordnungszahl ($o$) eines Zyklensymboles, multipliziert mit den zugehörigen Exponenten ($n$), muß in jedem Einzelfall die Zahl der gleichwertigen Punkte ergeben. Im gegebenen Fall: $1 \cdot 4 = 4 \cdot 1 = 2 \cdot 2 = 4$.

3. Da bereits jedes einzelne Zyklensymbol alle gleichwertigen Punkte umfaßt, ist zur Gewinnung der «Symmetrieformel» durch die Anzahl der Zyklensymbole zu dividieren. Es ergibt daher auch $\dfrac{\Sigma\,o \cdot n}{a}$ die Zahl der gleichwertigen Punkte.

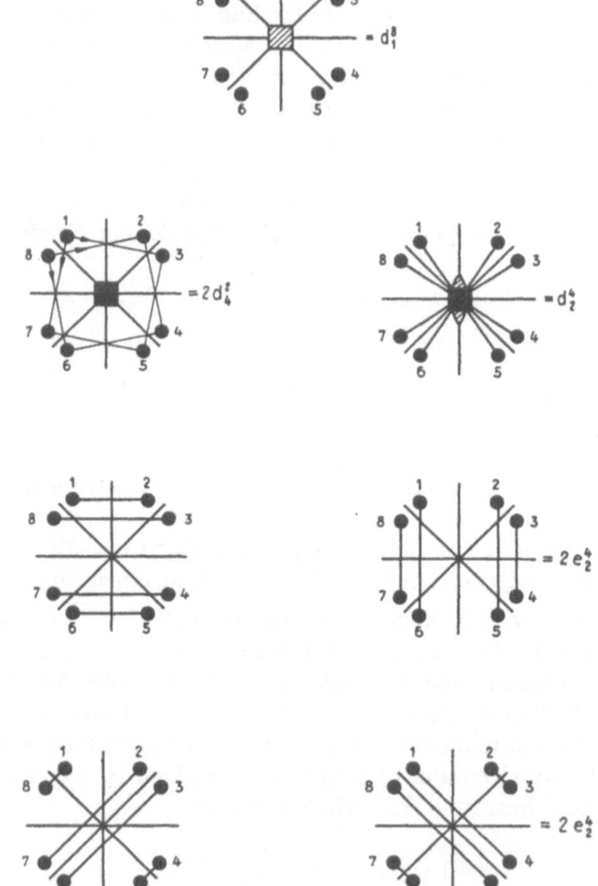

Fig. 8

Symmetriegruppe $C_{4v}$. Ableitung der Symmetrieformel für einen Achtpunktner. Es sind die ineinander überführbaren Punkte jeweilen durch Geraden miteinander verbunden. Es treten auf
$$d_1{}^8,\ 2\,d_4{}^2,\ d_2{}^4,\ 2\,e_2{}^4,\ 2\,e_2{}^4.$$

Die Formel $\dfrac{d_1{}^4 + (2\,d_4{}^1 + d_2{}^2)}{4}$ ist die Symmetrieformel für vier Punkte, die infolge der Operationen einer Tetragyre gleichwertig sind. Der daraus abgeleitete Wert $\left(\dfrac{1\cdot 4 + 2\,(4\cdot 1) + 2\cdot 2}{4}\right) = 4$ muß dem Gesetz gehorchen: jedes der aus je zwei Faktoren bestehenden Glieder der Produktensumme ergibt 4, alle Faktoren sind ganze Zahlen, woraus übrigens bereits ersichtlich ist, daß im behandelten Fall für $o$ und $n$ nur die Zahlen 1, 2 und 4 in Frage kommen können.

Zur weiteren Erläuterung des Vorgehens diene die zu Fig. 3 analoge Fig. 8 eines Achtpunktners.

Jetzt treten, entsprechend $C_{4v}$, neben der Tetragyre $2 + 2$ Spiegelebenen auf. Die Punktkonfiguration allgemeiner Lage in $C_{4v}$ gehorcht somit, wie explizite aus der Fig. 8 hervorgeht, der Symmetrieformel $\dfrac{d_1{}^8 + (2\,d_4{}^2 + d_2{}^4) + 2\,e_2{}^4 + 2\,e_2{}^4}{8}$.

Hiebei sind die Symmetriesymbole gleichwertiger Symmetrieelemente von vornherein addiert und diejenigen, die abgesehen von der Identität zur gleichen Achse gehören, in runde Klammern zusammengefaßt. In der Fig. 8 sind die gleichartigen Zyklen durch die Verbindungslinien zwischen den vertauschbaren Punkten kenntlich gemacht.

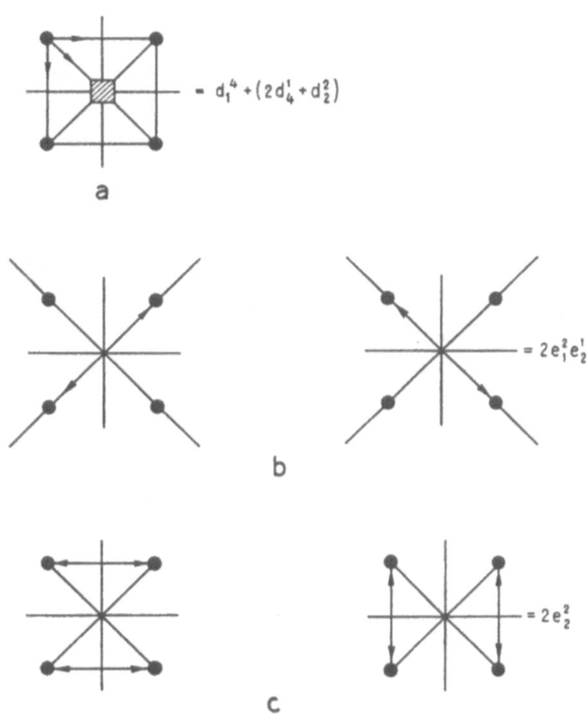



Fig. 9

Symmetriegruppe $C_{4v}$. Ableitung der Symmetrieformel für einen Vierpunktner. Die Symmetrieoperationen der Tetragyre sind von vornherein zu $d_1{}^4 + (2\,d_4{}^1 + d_2{}^2)$ zusammengezogen. Dazu kommen $2\,e_1{}^2 e_2{}^1$ und $2\,e_2{}^2$.

Kehren wir jetzt zu einer Punktkonfiguration analog Fig. 1a zurück, fassen wir sie jedoch als Spezialfall einer Punktlage der Symmetriebedingung $C_s$ in $C_{4v}$ auf (Fig. 9). Dann sind neben der Drehung um die Tetragyre auch die Spiegelungen vorhanden, die jedoch nicht neue Lagen erzeugen, sondern die Punkte in sich selbst oder in die durch die Drehungen entstandenen Positionen überführen. Die Spiegelebenen, auf der sich die Punkte selbst befinden, führen zwei Punkte in sich selbst über, zwei ineinander. Das schreiben wir: $e_1{}^2 e_2{}^1$, da es sich um die Kombination zweier Zyklen 1. Ordnung mit einem Zyklus 2. Ordnung handelt. Der Rechenwert eines solchen Doppelzyklus $f_o{}^n \cdot f_{o'}{}^{n'}$ ist mit $no + n'o'$ einzusetzen. Die Figuren 9a, b, c ergeben das Schlußresultat

$$\frac{d_1{}^4 + (2\,d_4{}^1 + d_2{}^2) + 2\,e_1{}^2\,e_2{}^1 + 2\,e_2{}^2}{8}\ ,$$

was tatsächlich den Rechenwert

$$\frac{1 \cdot 4 + 2\,(4 \cdot 1) + 2 \cdot 2 + 2\,(2 + 2) + 2\,(2 \cdot 2)}{8} = 4$$

ergibt, der mit der Zähligkeit des Punktners identisch ist.

Vergleichen wir das Symmetriesymbol der speziellen $C_s$-Punktlage (Fig. 9) in $C_{4v}$ mit demjenigen der allgemeinen Lage (Fig. 8), so sehen wir, daß das Produkt $n \cdot o$ jedes Einzelgliedes (entsprechend der Wertigkeit 2 der Punktlage) die Hälfte des Wertes der allgemeinen Lage erhalten hat. Das Zyklensymbol desjenigen Symmetrieelementes, das die Symmetriebedingung erzeugt, muß einen Zyklus 1. Ordnung enthalten, weil durch diese Operation der Punkt in sich selbst übergeführt wird. Anderseits läßt der Vergleich mit dem Symbol der gleichen Punktkonfiguration ohne Symmetrieebenen (Fig. 9) die zusätzlichen Deckoperationen sofort erkennen.

Sollen schließlich Konfigurationen dargestellt werden, die Kombinationen verschiedener Punktlagen sind, die derselben Symmetriegruppe angehören, so

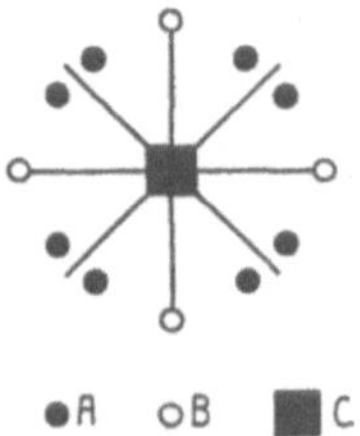


Fig. 10
Mögliche Punktverteilung für $A_8 B_4 C_1$.

trennen wir vorerst die Symmetriesymbole der ungleichwertigen Punktner voneinander, um sofort die Zusammensetzung zu erkennen.

So ergibt sich beispielsweise für die Fig. 10, d. h. eine Kombination $A_8 B_4 C_1$ der Symmetrie $C_{4v}$, die Formel:

$$\underbrace{\left[\frac{d_1{}^8 + (2d_4{}^2 + d_2{}^4) + 2e_2{}^4 + 2e_2{}^4}{8}\right]}_{A}, \quad \underbrace{\left[\frac{d_1{}^4 + (2d_4{}^1 + d_2{}^2) + 2e_1{}^2 e_2{}^1 + 2e_2{}^2}{8}\right]}_{B},$$

$$\underbrace{\left[\frac{d_1{}^1 + (2d_1{}^1 + d_1{}^1) + 2e_1{}^1 + 2e_1{}^1}{8}\right]}_{C}.$$

Es läßt sich ableiten, daß logischerweise die Rechenoperation, die zur Vereinigung der Symbole führt, darin besteht, die Exponenten *gleicher* Zyklen zu addieren, was im obigen Fall ergibt:

$$\frac{d_1{}^{(8+4+1)} + [2d_4{}^{(2+1)} + d_2{}^{(4+2)} + 2d_1{}^1 + d_1{}^1] + [2e_2{}^4 + 2e_1{}^1 + 2e_1{}^2 e_2{}^1] + [2e_2{}^{(4+2)} + 2e_1{}^1]}{8}$$

Die Produkte ergeben $\dfrac{1 \cdot 13 + 3 \cdot 13 + 2 \cdot 13 + 2 \cdot 13}{8} = \dfrac{8 \cdot 13}{8} = 13$ entsprechend der Punktzahl. Die Verwendung eckiger Klammern soll sofort erkennen lassen, daß es sich um Kombinationen verschiedener Punktlagen handelt.

**Isomere und Symmetrieformeln.** Um von Anfang an die «chemische» Bedeutung dieser Darstellungen zu betonen, seien noch einige leicht in die

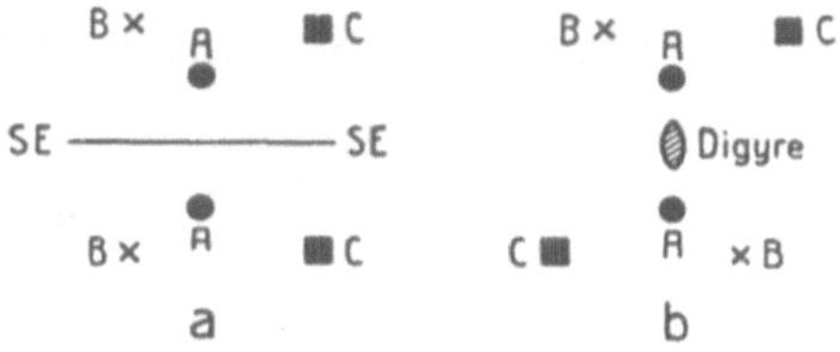

Fig. 11

Zwei Anordnungen von $A_2B_2C_4$ und ihre Symmetrie. a = Cis-Form, b = Trans-Form.

Stereochemie übertragbaren Beispiele erwähnt, wobei weiterhin, um nicht größere Anforderungen an das Raumvorstellungsvermögen zu stellen (das die Kristallographie als Grundlage der Stereochemie zu entwickeln hat), die Zeichenebene allein als existent angesehen wird. Wir bezeichnen hiebei geometrisch gleichwertige Punkte mit gleichen Symbolen und gleichen Buchstaben.

In Fig. 11 sind zwei nahe verwandte zweidimensionale Punktkonfigurationen gezeichnet, die je aus drei Zweipunktnern der Sorten $A, B, C$ bestehen, mit analogen Lagebeziehungen zueinander. Es handelt sich nach dem Sprachgebrauch der Chemie um zwei Isomere[1]), der Chemiker nennt Fig. 11a die Cis-, Fig. 11b die Transform. Wesentlicher ist für alle Fragen der Schwingungen der Teilchenschwerpunkte gegeneinander folgende Charakterisierung. In Fig. 11a zerfällt die Konfiguration in zwei spiegelbildlich gleiche Teile nach einer auf der Zeichenebene senkrecht stehenden Spiegelebene $SE$, in Fig. 11b ist die Konfiguration zentrosymmetrisch gebaut oder, was in der Ebene auf das gleiche hinauskommt, digyrisch nach einer zweizähligen, in () einstechenden zweizähligen Symmetrieachse. Bei allen die Symmetrie unverändert lassenden

---

[1]) Näheres über den Begriff «Isomere» siehe letztes Kapitel.

Teilbewegungen müssen in der Konfiguration Fig. 11a die $A$, $B$ und $C$ unter sich spiegelbildlich zur $SE$ bleiben, sie sind in der Sprache der Wissenschaft domatische Zweipunktner. In Fig. 11b müssen die $A$, $B$ und $C$ unter sich zentrosymmetrisch zum gezeichneten Einstichpunkt der Digyre sein, sie bilden pinakoidale Zweipunktner. Es ist daher weit zweckmäßiger, die Konfiguration Fig. 11a die $C_s$-Form und die Konfiguration Fig. 11b die $C_2$- oder $C_i$-Form ($i = z =$ Inversion) zu nennen, weil damit Symmetriegesetze zum Ausdruck kommen, die für das spektralanalytische Verhalten wichtig sind.

Für die $C_s$-Form lautet die Symmetrieformel:

$$\underbrace{\left[\frac{d_1{}^2 + e_2{}^1}{2}\right]}_{A}, \quad \underbrace{\left[\frac{d_1{}^2 + e_o{}^1}{2}\right]}_{B}, \quad \underbrace{\left[\frac{d_1{}^2 + e_2{}^1}{2}\right]}_{C} = \frac{[d_1(2+2+2)] + [e_c(1+1+1)]}{2} = \frac{[d_1{}^6] + [e_2{}^3]}{2},$$

für die $C_2$-Form:

$$\underbrace{\left[\frac{d_1{}^2 + d_2{}^1}{2}\right]}_{A}, \quad \underbrace{\left[\frac{d_1{}^2 + d_2{}^1}{2}\right]}_{B}, \quad \underbrace{\left[\frac{d_1{}^2 + d_2{}^1}{2}\right]}_{C} = \frac{[d_1(2+2+2)] + [d_2(1+1+1)]}{2} = \frac{[d_1{}^6] + [d_2{}^3]}{2}.$$

Zwei Anordnungen in der Ebene wie die der Fig. 12a und 12b sind analog, jedoch jede für sich ohne Punktsymmetrie. Sie gehören den Symmetriegruppen

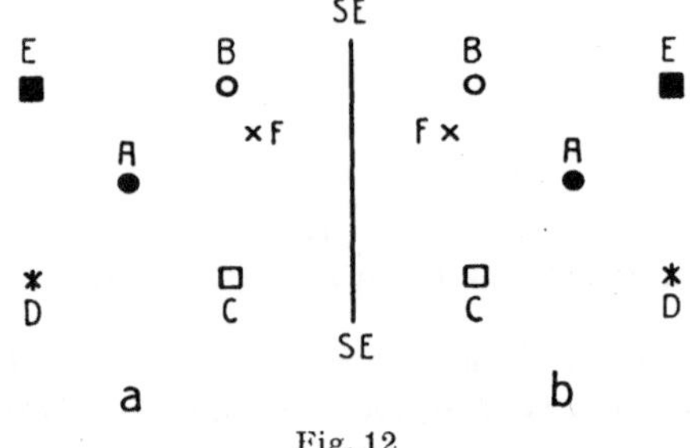


Fig. 12

Zwei in der Ebene zueinander spiegelbildliche Anordnungen von $ABCDF$.

$C_1$ an, bestehen aus fünf Einpunktnern oder Pedialpunktnern. Sie sind jedoch zueinander *enantiomorph* oder *spiegelbildlich* gebaut. Die Symmetrieformeln unterscheiden sich nicht voneinander und lauten $[d_1{}^5]$. Ist die Anordnung von $B, C, D, E$ um $A$ nahezu gleich der Anordnung von $1, 2, 3, 4$ um $5$ der Fig. 1a, und würde $F$ fehlen, so könnten indessen $B, C, D, E$ geometrisch gleichwertig sein.

**Pseudogleichwertigkeit.** Man nennt Anordnungsschemata, die ohne Berücksichtigung von Einzelheiten eine höhere Symmetrie vortäuschen, *pseudohöhersymmetrisch*. Sie spielen in der Natur eine große Rolle und bestärken denjenigen, der ein größeres Beobachtungsmaterial überblickt und Ergebnisse miteinander vergleicht, darin, daß zweierlei gilt:

1. In den natürlichen Teilchenkonfigurationen wird möglichst hohe Anordnungssymmetrie angestrebt, soweit diese mit dem morphologisch bereits Vorgegebenen erzielbar ist (*Symmetrieprinzip*).

2. Es lassen sich Substitutions- und Deformationsreihen aufstellen, die dartun, daß manche niedrigsymmetrische Konfigurationen lediglich Abwandlungen höhersymmetrischer sind, gebildet unter möglichst geringfügiger Änderung des höchstsymmetrischen Idealfalles (*Dominanz gewisser Konfigurationsfälle*).

Verhalten sich in einer Konfiguration Punkte zu gewissen anderen Punkten homolog, ohne geometrisch vollkommen gleichwertig zu sein, so nennen wir sie *geometrisch pseudogleichwertig*. In der Übertragung auf Teilchenkonfigurationen kann es sich beispielsweise um Teilchen handeln, die dem gleichen chemischen Elementensymbol zugeordnet sind. Es ist jedoch, wie später noch dargetan werden muß, scharf zwischen geometrisch gleichwertig und chemisch gleichartig zu unterscheiden. Alle drei Fälle:

chemisch gleichartig = geometrisch gleichwertig,

chemisch gleichartig, indessen geometrisch ungleichwertig oder höchstens pseudogleichwertig,

chemisch ungleichartig und trotzdem geometrisch gleichwertig,

sind bekannt. Im zuletzt genannten Fall werden wir von *diadochen* Atomarten

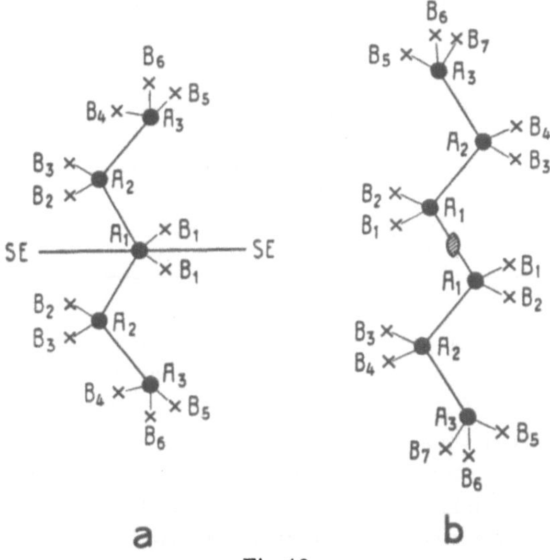


Fig. 13

Die Symmetrien kettenbruchstückartiger Anordnungen von $A_n B_{(2n+2)}$. Ist $n$ ungerade, resultiert eine Spiegelsymmetrie, ist $n$ gerade, eine Zentrosymmetrie oder Symmetrie einer Digyre.

sprechen, das sind Atomarten, die sich in geometrisch gleichwertigen Positionen ersetzen können, ohne daß die Konfiguration nach außen hin ihre Symmetrie zu verändern braucht.

In den Punktschemata lassen sich manche dieser Probleme übersichtlich behandeln, sofern man zum Beispiel für Punkte, die gleichartige chemische Elemente darstellen sollen (oder für die im Modell sie ersetzenden Kugeln), gleiche Farben benützt. Farbverteilung und Punktgleichwertigkeit sind dann auseinanderzuhalten. Im folgenden wollen wir zur einfachsten Erläuterung statt gleicher Farbe gleiche Buchstaben verwenden, wobei innerhalb der Punktlage mit gleichen Buchstaben (und gleicher Signatur) die geometrische Ungleichwertigkeit durch verschiedene Ziffern gekennzeichnet wird.

Die Fig. 13a und 13b unterscheiden sich symmetriegemäß in gleicher Weise voneinander wie Fig. 11a und 11b. Die wirkliche Symmetrie ist in Fig. 13a auf die planare Darstellung bezogen die Symmetrie $C_s$, in 13b die Symmetrie $C_2$ oder $C_i$. Fig. 13a entspricht der generellen Formel $A_5 B_{12}$, Fig. 13b $A_6 B_{14}$, d. h. beide Formeln sind vom Typus $A_n B_{(2n+2)}$. Von den endständigen $A$ abgesehen, besitzt jedes $A$ in ähnlicher Position zwei $B$, die endständigen $A$ indessen drei $B$.

Die Symmetrieformeln würden für Fig. 13a lauten:

$$\underbrace{\left[\frac{d_1{}^1+e_1{}^1}{2}\right], \left[\frac{d_1{}^2+e_2{}^1}{2}\right], \left[\frac{d_1{}^2+e_2{}^1}{2}\right],}_{(1+2\cdot2)\,A}$$

$$\underbrace{\left[\frac{d_1{}^2+e_2{}^1}{2}\right], \left[\frac{d_1{}^2+e_2{}^1}{2}\right], \left[\frac{d_1{}^2+e_2{}^1}{2}\right], \left[\frac{d_1{}^2+e_2{}^1}{2}\right], \left[\frac{d_1{}^2+e_2{}^1}{2}\right], \left[\frac{d_1{}^2+e_2{}^1}{2}\right];}_{6\cdot2\,B}$$

für Fig. 13b resultiert:

$$\underbrace{\left[\frac{d_1{}^2+d_2{}^1}{2}\right], \left[\frac{d_1{}^2+d_2{}^1}{2}\right], \left[\frac{d_1{}^2+d_2{}^1}{2}\right],}_{3\cdot2\,A}$$

$$\underbrace{\left[\frac{d_1{}^2+d_2{}^1}{2}\right], \left[\frac{d_1{}^2+d_2{}^1}{2}\right], \left[\frac{d_1{}^2+d_2{}^3}{2}\right], \left[\frac{d_1{}^2+d_2{}^1}{2}\right], \left[\frac{d_1{}^2+d_1{}^2}{2}\right], \left[\frac{d_1{}^2+d_1{}^2}{2}\right], \left[\frac{d_1{}^2+d_1{}^2}{2}\right].}_{7\cdot2\,B}$$

Denken wir uns bei gleichbleibender Grundanordnung $n$ in $A_n B_{(2n+2)}$ wachsend, so wird die geometrische Pseudogleichwertigkeit der jeweilen zu einem $A$ gehörigen zwei $B$ immer deutlicher. So lange indessen $n$ einen endlichen Wert hat, wird (bezogen auf die Ebene) bei ungeradem $n$ immer die Maximalsymmetrie $C_s$, bei geradem $n$ jedoch $C_2$ resultieren. In beiden Fällen sind wegen der verschiedenen Lage zu den endständigen $AB_3$-Gruppen nur je zwei $B$ einander geometrisch *vollkommen* gleichwertig.

Man sieht leicht, daß es sich um Schemata handelt, wie sie bei Kohlenwasserstoffen $C_n H_{(2n+2)}$ verwirklicht sein könnten, und man stößt hier schon auf die, wie wir später sehen werden, sehr wichtige Frage: was geschieht, wenn $n = \infty$ wird oder wenn sich die Kettenenden zu einem Ring schließen. In beiden Fällen entsteht dann, da das Sonderverhalten der endständigen $AB$-Bereiche verschwindet, aus der geometrischen Pseudogleichwertigkeit der $A$ unter sich und der $B$ unter sich eine reelle Gleichwertigkeit.

**Ableitung von Substitutionsprodukten.** Die große Bedeutung der Symmetrielehre für die Beurteilung der Teilchenkonfigurationen ergibt sich am

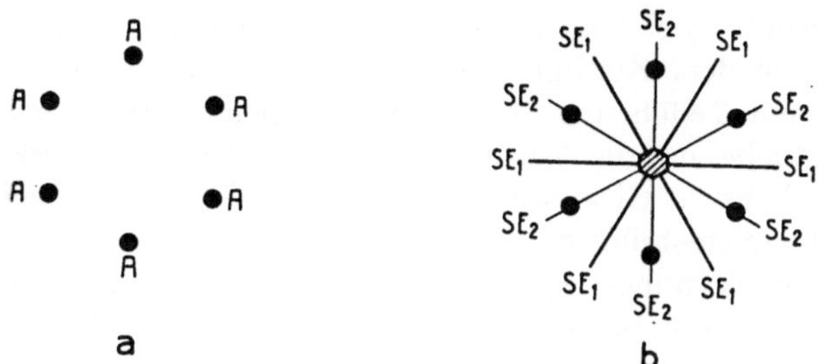

Fig. 14
Der Sechspunktner $A_6$ und seine Maximalsymmetrie in einer Ebene.

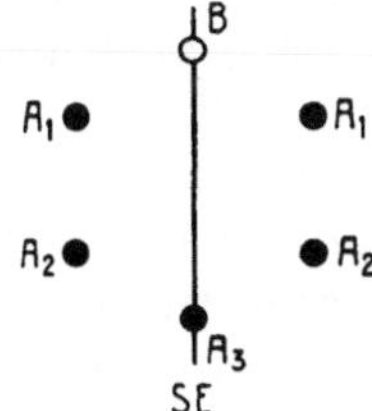

Fig. 15
Symmetrie des Monosubstitutionsproduktes von Fig. 14.

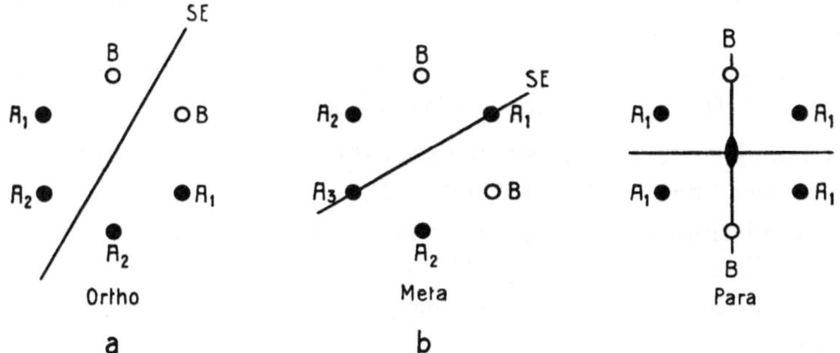

Fig. 16
Symmetrien der Disubstitutionsprodukte von Fig. 14.

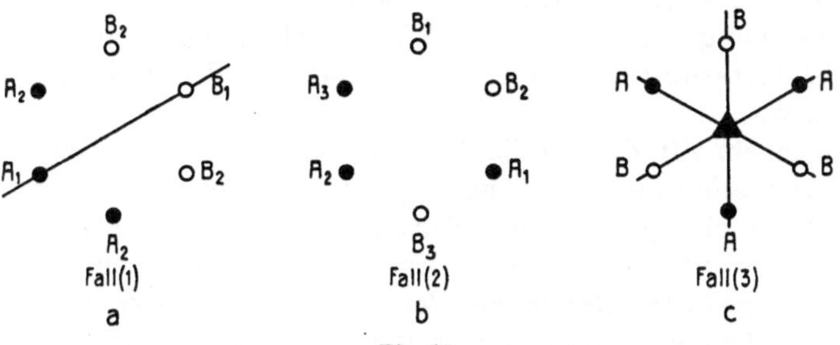

Fig. 17
Symmetrien der Trisubstitutionsprodukte von Fig. 14.

schlagendsten, wenn es sich darum handelt, festzustellen, wieviele ihrem Verhalten nach verschiedene Konfigurationen entstehen, wenn in einem gegebenen Anordnungsschema Teilchen durch andere, ungleichwertige ersetzt werden. Es handelt sich hiebei um die Ableitung von Substitutionsprodukten bei prinzipiell gleichbleibendem Konfigurationsschema. Folgendes Beispiel veranschaulicht die Problemstellung.

Es sei ein der Symmetriegruppe $C_{6v}$ gehorchender Sechspunktner der Fig. 14a gegeben mit Fig. 14b als zugehörigem Symmetrieschema. Alle $A$ sind einander gleichwertig, wird daher ein $A$ durch ein $B$ substituiert, so ist es vollkommen gleichgültig, welches der 6 $A$ einem $B$ Platz macht, es gibt nur *ein Monosubstitutionsprodukt*. Ist aber das $B$ nicht diadoch zu $A$, so hat diese Substitution einen großen Effekt auf die noch übrigbleibende Symmetrie. Fünf der sechs Symmetrieebenen sind verschwunden, ebenso die Hexagyre. Es bleibt nur eine Symmetrieebene übrig, entsprechend der Symmetrie $C_s$ (Fig. 15). Damit sind aber auch die nicht substituierten 5 $A$ ungleichwertig geworden; es sind in Fig. 15 nur noch die $A$ mit gleicher Indexzahl einander gleichwertig. Da es somit im Monosubstitutionsprodukt dreierlei $A$ gibt (zwei $A_1$, zwei $A_2$, ein $A_3$), resultieren bei weiterem Ersatz eines $A$ durch $B$ *dreierlei verschiedene Disubstitutionsprodukte*, je nachdem ob zusätzlich ein $A_1$ oder ein $A_2$ oder ein $A_3$ durch $B$ ersetzt wird; sie sind in Fig. 16 dargestellt unter Angabe der ihnen zukommenden Symmetrie und der neu resultierenden Gleichwertigkeit der restierenden $A$. Sie werden als Ortho-, Meta- und Parakonfigurationen bezeichnet.

Aus der Angabe der geometrischen Gleichwertigkeit der restierenden $A$ durch die Kennziffern folgt weiterhin (siehe Fig. 17a, b, c):

aus dem Orthoderivat zwei Trisubstitutionsprodukte. Ersatz eines $A_1$ Fall (1) durch $B$ oder eines $A_2$ Fall (2) durch $B$,

aus dem Metaderivat drei Trisubstitutionsprodukte. Ersatz von $A_1$ Fall (1) oder $A_3$ Fall (2) oder eines $A_2$ Fall (3) durch $B$,

aus dem Paraderivat ein Trisubstitutionsprodukt. Ersatz irgend eines $A_1$ durch $B$ ergibt Fall (2).

Es führen zum gleichen Trisubstitutionsprodukt die Fälle (1) von Ortho- und Meta-Konfiguration, die Fälle (2) von Ortho-, Meta-, Paraform, während der Fall (3) der Metakonfiguration eine aus Para- und Orthoform nicht ableitbare Anordnung ergibt (Fig. 17). Weiterverfolgung des Gedankenganges gibt dreierlei Tetrasubstitutionsprodukte analog den dreierlei Disubstitutionsprodukten usw.

Ganz allgemein gilt, daß die Zahl solcher Substitutionsisomeren eine Folge der Symmetrieverhältnisse der Ausgangskonfigurationen und ihrer Derivate ist. Es muß daher ohne graphische Ableitung möglich sein, auf Grund der Deckoperationen die in Frage kommenden Anzahlen zu bestimmen.

*Die Pólyaformeln zur Berechnung der Substitutionsisomeren.* Eine elegante Lösung der soeben genannten algebraischen Probleme gab G. PÓLYA. Wir gehen hiebei von den bereits erwähnten Symmetrieformeln aus. Sofort leiten wir für die sechs $A$-Punkte des regulären Sechserringes (siehe Symmetrie der Fig. 15) ab:

$$\frac{d_1{}^6 + (2d_6{}^1 + 2d_3{}^2 + d_2{}^3) + 3e_2{}^3 + 3e_1{}^2 \cdot e_2{}^2}{12}.$$

Der Klammerausdruck enthält die Drehoperationen einer Hexagyre nach dem Schema der Fig. 18.

Für die weitere rechnerische Behandlung brauchen wir nicht zu unterscheiden, ob die Zyklen gleicher Ordnung Drehungen, Spiegelungen oder Inversionen

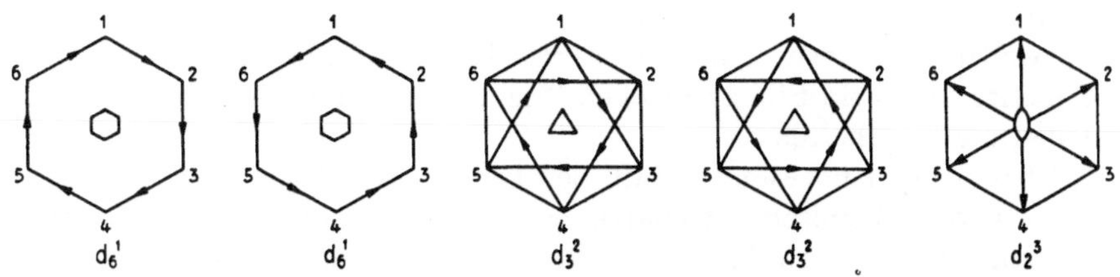

Fig. 18

Ableitung der Symmetrieformel einer Hexagyre, bzw. von 6 hexagyrisch gleichwertigen Punkten.

enthalten; wir schreiben verallgemeinert die Zyklensymbole mit $f$ und addieren gleichartige Produkte gleicher Ordnung. Dadurch vereinfacht sich obige Formel zu

$$\frac{f_1{}^6 + 2f_6{}^1 + 2f_3{}^2 + 4f_2{}^3 + 3f_1{}^2 \cdot f_2{}^2}{12}.$$

Wird nun in dieser Grundformel $(1+x)$ für $f_1$, $(1+x^2)$ für $f_2$, $(1+x^3)$ für $f_3$, $(1+x^6)$ für $f_6$ eingesetzt und dann nach Potenzen von $x$ entwickelt, so ergibt der Koeffizient von $x^n$ die Anzahl derjenigen isomeren Derivate, welche aus dem Grundstoff $A_6$ der Fig. 15 entstehen, wenn $nA$ durch $nB$ ersetzt werden. Im vorgegebenen Fall erhalten wir:

$$\frac{(1+x)^6 + 2(1+x^6)^1 + 2(1+x^3)^2 + 4(1+x^2)^3 + 3(1+x)^2(1+x^2)^2}{12}$$

$$= 1 + 1x + 3x^2 + 3x^3 + 3x^4 + 1x^5 + 1x^6,$$

d. h. es gibt, wie vorher direkt abgeleitet, 1 Monosubstitutionsderivat (Koeffizient von $x$), 3 Di-Derivate (Koeffizient von $x^2$), 3 Tri-Derivate (Koeffizient von $x^3$).

Die Formel bleibt naturgemäß die gleiche, wenn wir zum Beispiel $A$ durch CH ersetzen und nach den Isomeren der Benzolderivate fragen, wobei die H durch andere Teilchen (zum Beispiel Cl) ersetzt werden.

Wollen wir die Zahl der Isomeren bestimmen, wenn zwei verschiedene Radikale $x$ und $y$ substituiert werden, so müssen wir in die verallgemeinerte Symmetrieformel einsetzen:

$$f_1 = 1 + x + y, \quad f_2 = 1 + x^2 + y^2, \quad f_3 = 1 + x^3 + y^3, \quad f_n = 1 + x^n + y^n.$$

Wird dann nach Potenzen von $x$ und $y$ entwickelt, so ergibt der Koeffizient von $x^k y^l$ die Anzahl derjenigen isomeren Derivate, die aus dem Grundstoff der Symmetrieformel beim Ersatz von $k$ Teilchen durch das Radikal $x$ und $l$ Teilchen durch das Radikal $y$ entstehen. Für Benzol würde dies bei der Substitution der H durch $1x$ und $1y$ drei Isomere, durch $2x$ und $1y$ drei Isomere, durch $3x$ und $1y$ sechs Isomere, durch $2x$ und $2y$ elf Isomere ergeben. Die Analogie geht weiter: es müßte für $f_1$ die Funktion $1+x+y+z$ eingesetzt werden usw., wenn drei verschiedene Radikale $x$, $y$, $z$ zu substituieren sind, wobei der Koeffizient von $x^k y^l z^m$ die Anzahl der Derivate der Formel $C_6H_{(6-k-l-m)}$ $X_k Y_l Z_m$ vermittelt usw. Als Resultate seien erwähnt für $1x$, $1y$, $1z = 10$ Isomere, für $2x$, $1y$, $1z = 16$ Isomere.

Wir wollen versuchen, uns über die relativ hohe Zahl von 10 Isomeren bei drei Substitutionen ein Bild zu machen (Fig. 19), um zugleich eine Bestätigung der Ableitung zu erhalten.

Es ist nun nicht notwendig, daß, bezogen auf die Molekülsymmetrie, alle substituierbaren chemisch gleichartigen Teilchen ursprünglich geometrisch gleichwertig waren. So sind in der Formel von Naphthalin (Fig. 20 a, b) an den Stellen 1 bis 8 substituierbare H, aber gleichwertig in bezug auf die Molekülsymmetrie $C_{2v}$ sind nur 1, 8, 4, 5 einerseits und 2, 7, 6, 3 anderseits. Die Symmetrieformel für die H würde somit lauten:

$$\left[\frac{d_1{}^4+d_2{}^2+e_2{}^2+e_2{}^2}{4}\right],\ \left[\frac{d_1{}^4+d_2{}^2+e_2{}^2+e_2{}^2}{4}\right]=\frac{[d_1{}^{(4+4)}]+[d_{2'}{}^{(2+2)}]+[e_{1'}{}^{(2+2)}]+[e_{2'}{}^{(2+2)}]}{4}.$$

Betrachten wir unabhängig von der geometrischen Gleichwertigkeit die 8 H-Atome, so erhalten wir als verallgemeinerte Symmetrieformel $\dfrac{f_1{}^8+3f_2{}^4}{4}$.

Sie allein brauchen wir zu benützen, wenn wir kurzweg nach den möglichen Substitutions-Isomeren (mit H als substituierbaren Teilchen) fragen. In gleicher Weise ergibt sich für das Anthracenmolekül (Fig. 21 a und Fig. 21 b) mit den zehn substituierbaren H die verallgemeinerte Symmetrieformel (in $C_{2v}$): $\dfrac{f_1{}^{10}+f_1{}^2 f_2{}^4+2 f_2{}^5}{4}$ entsprechend dem Umstand, daß (neben der zehnfachen Identität) Spiegelung an $SE_1$ überführt: 1 in 1, 2 in 2, 4 in 7, 5 in 10, 6 in 9, 3 in $8 = f_1{}^2 \cdot f_2{}^4$

Spiegelung an $SE_2$ überführt: 1 in 2, 4 in 3, 5 in 6, 7 in 8, 10 in $9 = f_2{}^5$.

Drehung um $180^0$ überführt: 1 in 2, 4 in 8, 5 in 9, 6 in 10, 3 in $7 = f_2{}^5$.

Die Regeln zur Berechnung der Substitutionsisomeren lauten im übrigen genau wie beim Benzol. Wird in der Symmetrieformel für $f_1$ die Größe $(1+x)$ und für $f_n$ der Wert $(1+x^n)$ eingesetzt und nach Potenzen von $x$ entwickelt, so ergibt nach Zusammenziehung der Koeffizient von $x^n$ die Anzahl derjenigen isomeren Derivate, welche aus dem Grundstoffe der gegebenen Formelsymmetrie beim Ersetzen von $n$ Substitutionsstellen durch ein neues $X$ resultieren. Wird für $f_1$ eine Größe $1+x+y$, für $f_n = 1+x^n+y^n$ eingesetzt und dann nach Potenzen von $x$ und $y$ entwickelt, so ergeben die Koeffizienten von $x^k y^l$ die Anzahl derjenigen Isomere an, die entstehen, wenn in der Grundformel $k+l$ Substitutionsstellen ersetzt werden, wovon $k$ durch ein X und $l$ durch ein Y

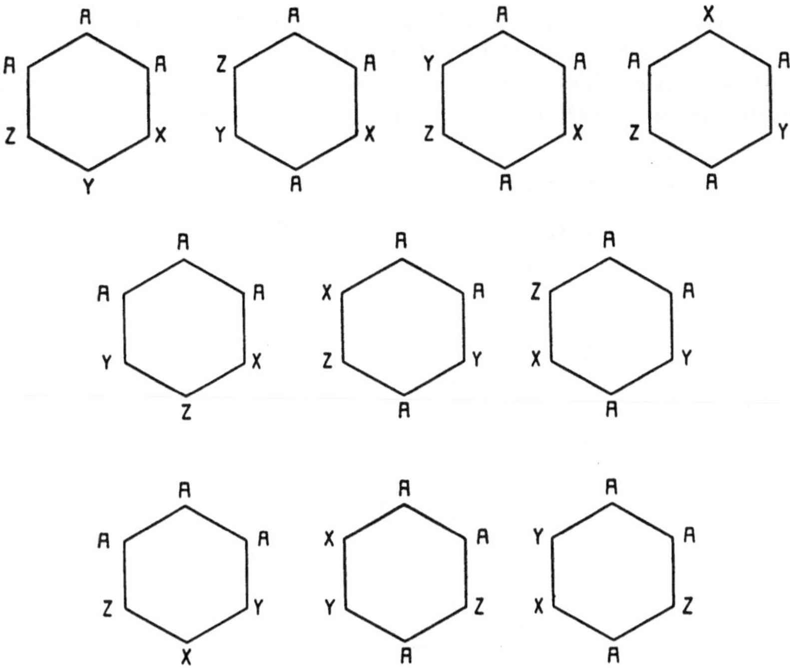

Fig. 19

Es werden in $A_6$ der Fig.14 je ein A durch ein X, ein Y und ein Z substituiert. Die 10 mathematisch ableitbaren Isomeren sind durch Fig.19 bildlich veranschaulicht.

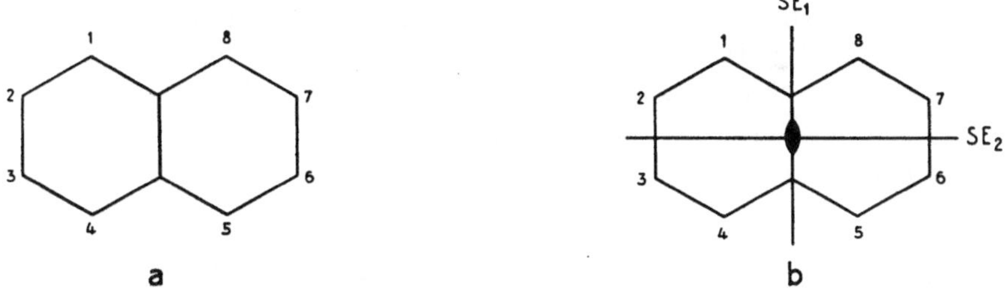

Fig. 20

Formelskelett von Naphthalin und zugeordnete Symmetrie.

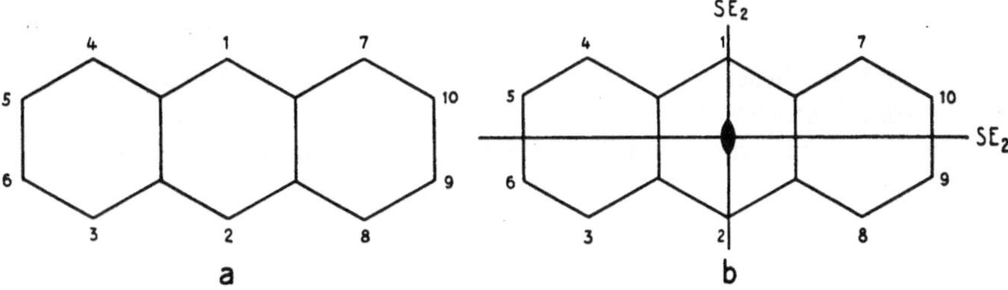

Fig. 21

Formelskelett von Anthracen und zugeordnete Symmetrie.

usw. Dabei ist vorausgesetzt, daß X, Y und Z voneinander unabhängig sind, doch lassen sich auch andere Fälle behandeln.

Auf diese Weise erhielt zum Beispiel PÓLYA die Zahlen isomerer Substitutionsprodukte bei gleichbleibender Konfiguration wie folgt:

TABELLE 1

| Ersatz der H in | Benzol[1]) | Naphthalin oder Anthrachinon | Anthracen oder Pyren | Phenanthren | Tiophen oder Furan |
|---|---|---|---|---|---|
| durch | | | | | |
| 1 X | 1 | 2 | 3 | 5 | 2 |
| 2 X | 3 | 10 | 15 | 25 | 4 |
| 1 X, 1 Y | 3 | 14 | 23 | 45 | 6 |
| 3 X | 3 | 14 | 32 | 60 | 2 |
| 2 X, 1 Y | 6 | 42 | 92 | 180 | 6 |
| 1 X, 1 Y, 1 Z | 10 | 84 | 180 | 360 | 12 |
| 4 X | 3 | 22 | 60 | 110 | 1 |
| 3 X, 1 Y | 6 | 70 | 212 | 420 | 2 |
| 2 X, 2 Y | 11 | 114 | 330 | 640 | 4 |
| 2 X, 1 Y, 1 Z | 16 | 210 | 632 | 1260 | 6 |

PÓLYA hat auch gezeigt, daß sich noch kompliziertere Fragen der Isomerie auf ganz analoge Weise lösen lassen. Sind zum Beispiel die substituierten Radikale nicht unabhängig voneinander, sondern stehen sie wie die Alkylradikale $CH_3$ und $C_2H_5$ so zueinander, daß durch Substitution von 2 H durch $CH_3$ die gleiche Formel resultiert wie durch Substitution eines H durch $C_2H_5$ ($2\,CH_3 - 2\,H =$ neu $C_2H_4$, $1\,C_2H_5 - H =$ neu $C_2H_4$), so müssen für die $f_n$ nur andere Funktionen eingesetzt werden, zum Beispiel

$$f_n = 1 + x^{1n} + x^{2n} + 2\,x^{3n} + 4\,x^{4n} + \ldots,$$

wobei bedeuten

| 1 | $x^{1n}$ | $x^{2n}$ | $x^{3n}$ | $x^{4n}$ | usw. |
|---|---|---|---|---|---|
| H | $CH_3$ | $C_2H_5$ | $C_3H_7$ | $C_4H_9$ | usw. |

Setzt man zum Beispiel diese Funktionen in die verallgemeinerte Symmetrieformel des Benzols ein, so wird erhalten:

$$1 + x + 4\,x^2 + 8\,x^3 + 22\,x^4 + 51\,x^5 + 136\,x^6 + \ldots$$

Jetzt bedeutet in dieser Reihe der Koeffizient von $x^n$ die Anzahl der homologen Benzolkohlenwasserstoffe von der stöchiometrischen Formel $C_{6+n}H_{6+2n}$. Verglichen mit der Formel beim Ersatz des H durch lauter gleichartige Radikale

$$1 + x + 3\,x^2 + 3\,x^3 + 3\,x^4 + x^5 + x^6$$

ergibt dies beispielsweise folgendes:

---

[1]) Siehe dazu die Überlegungen und Figuren Seite 27.

Vermehrt sich die Formel $C_6H_6$ durch Substitution von H um den Betrag $C_2H_4$ (d. h. ist $n = 2$), so ergibt es 4 Isomere, nämlich die drei Xylole der Ortho-, Meta- und Parastellung infolge Substitution von 2 H durch 2 $CH_3$ und das Äthylbenzol, durch Substitution eines H durch $C_2H_5$. Das Glied 51 $x^5$ läßt erkennen, daß es 51 isomere Alkylderivate des Benzols von der stöchiometrischen Formel $C_{11}H_{16}$ gibt ($n$ in $C_{6+n}H_{6+2n} = 5$).

Werden in einer Grundformel sämtliche H durch Alkylradikale ersetzt, so muß in der Funktion 1 wegfallen, d. h. $f_1$ durch $x + x^2 + 2x^3 + 4x^4 + 8x^5 \ldots$ usw. ersetzt werden. So lassen sich durch Einsetzen der entsprechenden Funktionen beispielsweise auch die Isomeren der Alkohole berechnen, wobei sich bei nur sekundären und tertiären Alkoholen noch besondere Bedingungen einstellen.

Ohne auf die allgemeine Fassung der mit solchen Symmetrieformeln lösbaren Aufgaben einzugehen, sei aus der Arbeit von PÓLYA nachstehende Tabelle reproduziert.

TABELLE 2

*Anzahl der Strukturisomeren für homologe Reihen und Alkylderivate*

| n | 1 | 2 | 3 | 4 | 5 | 6 | | |
|---|---|---|---|---|---|---|---|---|
| $C_nH_{2n+2}$ | 1 | 1 | 1 | 2 | 3 | 5 | Paraffine | |
| $C_nH_{2n+1}X$ | 1 | 1 | 2 | 4 | 8 | 17 | Alkyle | Homologe Reihen |
| $C_nH_{2n}XY$ | 1 | 2 | 5 | 12 | 31 | 80 | } Disubstituierte | |
| $C_nH_{2n}X_2$ | 1 | 2 | 4 | 9 | 21 | 52 | } Paraffine | |
| $C_nH_{2n-1}XYZ$ | 1 | 4 | 13 | 42 | 131 | 402 | } Trisubstitu- | |
| $C_nH_{2n-1}X_2Y$ | 1 | 3 | 9 | 27 | 81 | 240 | } ierte Paraf- | |
| $C_nH_{2n-1}X_3$ | 1 | 2 | 5 | 14 | 39 | 109 | } fine | |
| $C_{n+6}H_{2n+6}$ | 1 | 4 | 8 | 22 | 51 | 136 | Benzol-homologe | |
| $C_{n+10}H_{2n+8}$ | 2 | 12 | 32 | 110 | 310 | 920 | Naphthalin-homologe | Alkylderivate |
| $C_{n+14}H_{2n+10}$ | 3 | 18 | 61 | 225 | 716 | 2272 | Anthracen-homologe | |
| $C_{n+14}H_{2n+10}$ | 5 | 30 | 115 | 425 | 1396 | 4440 | Phenanthren-homologe | |

Dabei ist bei den Alkylen das Radikal H miteingerechnet. X, Y, Z sind voneinander unabhängige einwertige Radikale, die H ersetzen können, wie OH, Cl, Br, $NH_2$, $NO_2$, $SO_3H$, COOH usw. Die Zahl der Isomeren einwertiger Alkohole ergibt sich beispielsweise aus der Zeile $C_nH_{2n+1}X$ für X = OH, die der Aldehyde aus der gleichen Zeile, wenn für X = CHO eingesetzt wird, der Karbonsäuren, wenn X durch COOH vertreten gedacht wird usw. Weitere ausgedehnte Tabellen haben HENZE und BLAIR veröffentlicht.

Die Beispiele werden genügen, um darzutun, daß das Rechnen mit Symmetrieformeln zu den Grundlagen einer Stereochemie gehört, die ihre Resultate nicht durch bloßes Probieren, sondern durch wissenschaftliche Ableitung zu gewinnen trachtet. Die Ableitung der genannten Formeln, bzw. der in die Symmetrieformeln einzusetzenden Funktionen ist eine Aufgabe der Permutationsrechnung unter Benutzung der klassischen EULERschen Methoden. Nicht berücksichtigt werden in den erwähnten Funktionen die sogenannten Stereoisomeren, die sich voneinander durch irgendwie verschiedenen Aufbau bei analogem Ort der Substitution unterscheiden. Dazu gehören beispielsweise zueinander enantiomorphe Konfigurationen bei « asymmetrischen» Kohlenstoffatomen. Es gilt die Regel, daß maximal eine Verbindung mit $a$ asymmetrischen Kohlenstoffatomen $2^a$ Stereoisomere dieser Art gestattet, daß jedoch die Zahl kleiner sein kann, wenn eine Kompensation dieser Asymmetrien auftritt. PÓLYA hat auch hier den Weg für die Berechnung gezeigt und zum Beispiel für die Alkohole $C_nH_{2n+1}OH$ erhalten:

TABELLE 3

| $n =$ | 1 | 2 | 3 | 4 | 5 | 6 | 7 | 8 | 9 |
|---|---|---|---|---|---|---|---|---|---|
| Isomere mit 0 ⎫ | 1 | 1 | 2 | 3 | 5 | 8 | 14 | 23 | 39 |
| Isomere mit 1 ⎬ asym. C | | | | 1 | 3 | 8 | 20 | 46 | 102 |
| Isomere mit 2 ⎪ | | | | | | 1 | 5 | 19 | 63 |
| Isomere mit 3 ⎭ | | | | | | | | 1 | 7 |
| Isomerenzahl ohne Berücksichtigung der Enantiomorphie | 1 | 1 | 2 | 4 | 8 | 17 | 39 | 89 | 211 |
| Isomerenzahl mit Berücksichtigung der Enantiomorphie | 1 | 1 | 2 | 5 | 11 | 28 | 74 | 199 | 551 |

Ohne Kompensation sollte man für die Gesamtzahlen erwarten:

$n = 4;$     $3 + 2^1 = 5$

$n = 5;$     $5 + 3 \cdot 2^1 = 11$

$n = 6;$     $8 + 8 \cdot 2^1 + 2^2 = 28$

$n = 7;$     $14 + 20 \cdot 2^1 + 5 \cdot 2^2 = 74$

$n = 8;$     $23 + 46 \cdot 2^1 + 19 \cdot 2^2 + 1 \cdot 2^3 = 199$

$n = 9;$     $39 + 102 \cdot 2^1 + 63 \cdot 2^2 + 7 \cdot 2^3 = 551$

Das stimmt genau mit den Werten der letzten Kolonne überein, was bedeutet, daß bis zu $n = 9$ noch keine «Kompensation» eintritt. Sie wäre erstmals bei $n = 13$ bemerkbar.

**Die Symmetrie der Schwingungszustände innerhalb einer Konfiguration.** Hinsichtlich der Behandlung von Fragen des Einflusses von Bewegungen der Punkte einer Konfiguration gegeneinander, d.h. von Deformationen, die spektralanalytisch ableitbar sind, muß ein Beispiel genügen.

Die Anordnung von zwei $A$ und $B$ der Fig. 22 besitzt in der Ebene (bezogen auf Symmetrieelemente, die auf der Ebene senkrecht stehen) die Symmetrie $C_{2v}$. Es gibt zweierlei durch Schwingungen zustande kommende Lageverschiebungen, die die Anordnungssymmetrie unverändert lassen. Sie sind in Fig. 23 α, β durch die Pfeilrichtungen angedeutet.

Derartige Schwingungen müssen geometrisch als totalsymmetrische Normalschwingungen bezeichnet werden, da sie eine wesentliche Eigenschaft der Anordnung, die Symmetrie, unverändert lassen.

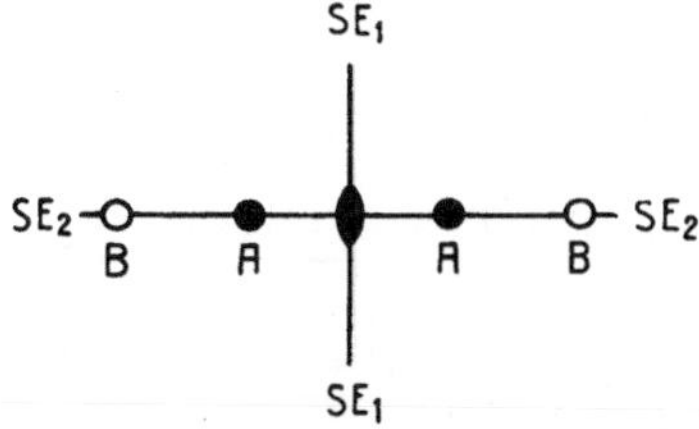

Fig. 22

Symmetrie einer linearen Punktanordnung $A_2B_2$, zum Beispiel $C_2H_2$.

Die Schwingungen $\gamma$, $\delta$, $\varepsilon$ (Fig. 23 $\gamma, \delta, \varepsilon$) sind nur partiell symmetrisch. Sie führen zu Entartungen der Konfiguration. In $\gamma$ bleibt die Spiegelebene $SE_2$, in $\delta$ die Spiegelebene $SE_1$ und in $\varepsilon$ die Digyre (bzw. das Symmetriezen-

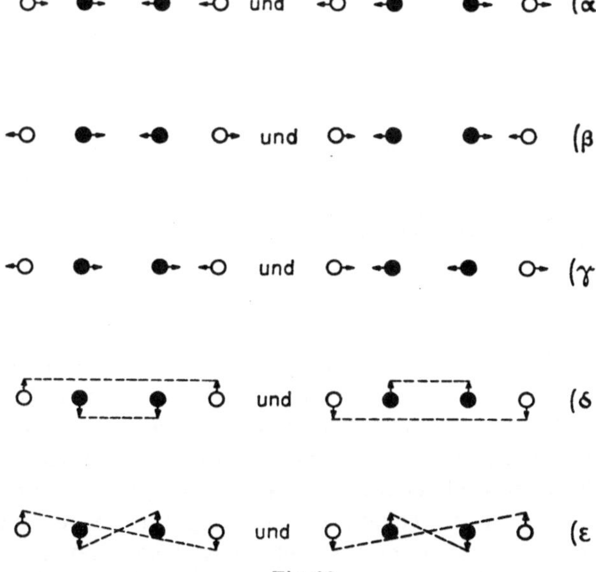

Fig. 23

Die Hauptschwingungszustände der Punktanordnung der Fig. 22. Es sind die Verschiebungsrichtungen durch Pfeile gekennzeichnet.

trum) erhalten. Bei der Schwingung $\gamma$ entstehen geometrisch zweierlei $A$ und zweierlei $B$, in den übrigen Fällen bleibt die Gleichwertigkeit der $A$ unter sich und der $B$ unter sich erhalten. Die Digyre (oder auf das Ebenenbild bezogen das Symmetriezentrum) verschwindet bei $\gamma$ und $\delta$, der Konfigurationsschwerpunkt verschiebt sich (aktive Schwingungen); $\alpha$, $\beta$ und $\varepsilon$ sind in diesem Sinne inaktiv. Stellen $A$ Kohlenstoffatome, $B$ Wasserstoffatome dar, so vermitteln diese Bilder die Grundschwingungen im Acetylenmolekül, die teils total-, teils partialsymmetrisch, teils aktiv, teils inaktiv sind und denen bestimmte Spektralbänder zugeordnet werden können.

Wiederum lassen die Symmetrieformeln sofort die Änderungen im Symmetriegrad hervortreten:

Grundformel, zugleich $\alpha$, $\beta$

$$\left[\frac{d_1{}^2+d_2{}^1+e_2{}^1+e_1{}^2}{4}\right], \; \left[\frac{d_1{}^2+d_2{}^1+e_2{}^1+e_1{}^2}{4}\right]=\frac{[d_1{}^4]+[d_2{}^2]+[e_2{}^2]+[e_1{}^4]}{4}$$

entspricht $\gamma$ $$2\left[\frac{d_1{}^1+e_1{}^1}{2}\right[, \; 2\left[\frac{d_1{}^1+e_1{}^1}{2}\right]=\frac{[d_1{}^4]+[e_1{}^4]}{2}$$

entspricht $\delta$ $$\left[\frac{d_1{}^2+e_2{}^1}{2}\right], \; \left[\frac{d_1{}^2+e_2{}^1}{2}\right]=\frac{[d_1{}^4]+[e_2{}^2]}{2}$$

entspricht $\varepsilon$ $$\left[\frac{d_1{}^2+d_2{}^1}{2}\right], \; \left[\frac{d_1{}^2+d_2{}^1}{2}\right]=\frac{[d_1{}^4]+[d_2{}^2]}{2}.$$

Die Identität bleibt naturgemäß konstant, zusätzlich ist einmal von der Grundformel $e_1{}^4$, einmal $e_2{}^2$ und einmal $d_2{}^2$ erhalten geblieben.

## B. Die Haupteinteilung der Punktkonfigurationen nach ihrer Symmetrie

**Molekulare und kristalline Konfigurationen.** Punktkonfigurationen, die wir betrachten, weil sie Anordnungen atomarer Teilchen äquivalent sind, müssen so beschaffen sein, daß zwischen den Punkten (den Schwerpunkten atomarer Teilchen) endliche Abstände nicht unterschritten werden (diskontinuierliche Struktur der Materie). Die mathematische Untersuchung zeigt, daß es in bezug auf die Symmetrieeigenschaften dieser Punktkonfigurationen *zwei grundsätzlich verschiedene Fälle gibt*, nämlich solche, die geometrisch im Endlichen, d. h. in einem Raumbereich bestimmter endlicher Größe, geometrisch in sich abgeschlossen sind, und solche, die sich dem Bauprinzip nach ins Unendliche erstrecken. Man könnte zunächst vermuten, daß die letzteren uns nicht interessieren, da alle chemischen Verbindungen infolge der Heterogenität der Welt nur endliche Raumteile erfüllen. Versuchen wir, um das Verständnis für diese Unterscheidung zu erwecken, Klarstellung mit Hilfe einer Analogie.

Das Gemälde eines Künstlers stellt ein in sich geschlossenes Motiv dar, dessen Teile gegeneinander so abgewogen sind, daß nichts willkürlich hinzugefügt oder weggenommen werden kann. Der Rahmen, der das Bild umschließt, stellt eine natürliche Zusammenfassung und einen natürlichen Abschluß dar. Wohl können wir das Bild vergrößern oder verkleinern, aber, wenn es künstlerisch geschaut ist, bleibt es in sich geschlossen. Ornamentale Friese oder Tapeten besitzen diesen Charakter nicht; die durch den Raum, zum Beispiel die Größe der Zimmerwände gegebenen Grenzen erscheinen willkürlich, ja es muß im Verhältnis zum Motiv eine Mindestgröße vorhanden sein, damit das Wesen des Ornamenthaften zur Geltung kommt. Darüber hinaus aber gibt es keine Grenzen, unwillkürlich denken wir uns das Schema ins Grenzenlose fortgesetzt.

Ebenso gibt es (Teilchenanordnungen versinnbildlichende) Punktkonfigurationen, die im endlichen Bereich den natürlichen Abschluß finden, neben anderen, deren Grenzen nichts Endgültiges sind, ja bei denen wir von den vorhandenen Grenzen absehen müssen, wollen wir das Anordnungsschema einfach und grundsätzlich charakterisieren.

Bei Punktkonfigurationen der ersten Art hat es einen Sinn, nach der Zahl der Punkte (Teilchen), die zum Verband gehören, zu fragen. Es wird damit etwas Wesentliches bestimmt, eine Punkt- oder Teilchenzahl oder, bei Verleihung gewisser Gewichte an die einzelnen Teilchen, eine *Gewichtszahl.* In Übereinstimmung mit der auf Teilchenkonfigurationen übertragenen ursprünglichen und allein haltbaren Definition *wollen wir Punkt- oder Teilchenkonfigurationen von endlich in sich abgeschlossener Größe molekulareKonfigurationen nennen.* Alle Konfigurationen, die ihrem Wesen nach (wie ein Ornament oder ein Tapetenmuster) keinen im Baumotiv begründeten natürlichen Abschluß finden, entsprechen Strukturen, wie wir sie bei Kristallen finden, sie sind *kristalline Konfigurationen.* Von vornherein sei festgestellt, daß damit an sich über die absolute Größe eines speziellen Teilchenhaufens nichts ausgesagt wird. So wie es Riesengemälde geben kann, die größer sind als ein bereits alle Grundzüge des Aufbaues erkennen lassendes Tapetenstück, ist denkbar, daß Riesenmoleküle mehr Platz einnehmen als ein Kristallkeim, dem bereits alle Attribute einer kristallinen Konfiguration zukommen. In Wirklichkeit ist es, wie später dargetan wird, allerdings so, daß die räumliche Überlappung nur ein relativ kleines Gebiet betrifft.

## C. Die molekularen Konfigurationen

**Die Punktsymmetriegruppen.** Ausgehend von der Symmetrielehre kommt man zu den zwei soeben genannten grundsätzlich verschiedenen Konfigurationen auf folgende Weise. Drehungen, Spiegelungen, Inversionen und ihre Kombinationen als Deckoperationen sind an Symmetrieelemente: Symmetrieachsen, Symmetrieebenen, Punkte (Symmetriezentren) gebunden, die selbst genau angebbare Lagen besitzen. *Gehen nun alle für eine Punktkonfiguration charakteristischen Symmetrieelemente durch ein und denselben Punkt, so besitzt die Punktkonfiguration molekularen Charakter; sind die Symmetrieelemente so verteilt, daß sie nicht alle durch ein und denselben Punkt gehen, so resultiert eine kristalline Konfiguration.*

Zum ersten Fall ist folgendes zu bemerken. Verschiedene Spiegelebenen können sich in einer Geraden schneiden, die dann immer eine Symmetrieachse sein muß. Kommt weiter nichts hinzu, so ist jeder Punkt auf dieser Symmetrieachse gemeinsamer Punkt der vorhandenen Symmetrieelemente, die Symmetrieelemente haben Punkte gemeinsam, entsprechend unserer Definition, aber

nicht nur einen singulären Punkt, sondern unendlich viele auf einer Geraden
(Fig. 24). Das gleiche gilt natürlich, wenn nur eine Symmetrieachse auftritt. Ist
schließlich eine Spiegelebene allein vorhanden, so sind alle Punkte auf der
Ebene dem nun einzig vorhandenen Symmetrieelement zugehörig. *Singuläre,
allen Symmetrieelementen gemeinsame Punkte (also Punkte ohne Freiheits-*

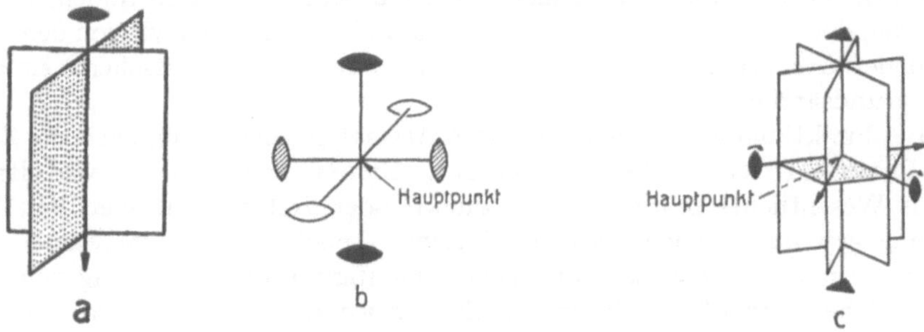


**Fig. 24**

Perspektivische Darstellung von Symmetrieelementen einer Symmetriegruppe oder Symmetrieklasse. a $= C_{2v}$. Die Digyre ist Schnittlinie zweier *SE*, auf ihr entsprechen alle Punkte Haupt-
punkten. b $= D_2$. Der Schnittpunkt der Digyren ist singulärer Hauptpunkt. c $= D_{3h}$. Der Schnittpunkt der Achsen ist zugleich Schnittpunkt von *SE*.

grad) entstehen, wenn ein Symmetriezentrum vorhanden ist, Symmetrieachsen verschiedener Richtung sich in einem Punkt schneiden oder (und) durch
einen Punkt gehende Spiegelebenen vorhanden sind, die nicht alle der gleichen
Richtung parallel sind (Fig. 24b, c).

*Immer gibt es in solchen Symmetriegruppen mindestens einen Punkt (Sym-
metriepunkt, Hauptpunkt), der durch alle für die Konfiguration in Frage kommenden Deckoperationen in sich selbst übergeführt wird, also in der Konfiguration
einzählig ist und die geometrische Wertigkeit und Symmetriebedingung der Voll-
symmetrie besitzt.* Man spricht daher von *Punktsymmetriegruppen.*

*In einer Punktkonfiguration von molekularem Charakter haben alle einander
geometrisch gleichwertigen Punkte von einem solchen Symmetriepunkt gleichgroße
Abstände.* Ist ein singulärer Symmetriepunkt vorhanden, so ordnen sich die
verschiedenen Punktner (Punktformen oder Punktkomplexe gleichwertiger
Punkte) in Sphären um diesen Punkt als Mittelpunkt. Besitzt der Symmetriepunkt einen Freiheitsgrad (als einzige Symmetrieachse oder (und) Schnittlinie von Spiegelebenen), so liegen gleichwertige Punkte auf Kreisen um die
Symmetriegerade, deren Mittelpunkte sich jedoch von Punktner zu Punktner
auf der Symmetriegeraden verschieben können. Ist nur eine Symmetrieebene
vorhanden (der Symmetriepunkt hat zwei Freiheitsgrade), so liegen gleichwertige Punkte gleich hoch über und unter der Spiegelebene, wobei von Punktner zu Punktner Entfernung und Durchstoßpunkt der Verbindungsgeraden
variieren können.

Die in diesen Sätzen zum Ausdruck kommenden Variationsmöglichkeiten
der Entfernung der Punkte vom Symmetriepunkt zeigen erneut, daß an sich
eine molekulare Konfiguration einen großen Raum erfüllen kann. Sollten ein-

zelne Entfernungen praktisch unendlich groß oder die Freiheitsgrade der Symmetriepunkte voll ausgenützt werden, könnten sogar unendlich große Moleküle entstehen. Aber derartiges wäre nur ein Grenzfall, die endliche Abgeschlossenheit ist *möglich* und wird in Wirklichkeit auch immer erreicht.

Alle denkbaren Punktsymmetriegruppen lassen sich mit Hilfe weniger mathematischer Sätze ableiten. Zunächst ergibt sich, daß zur Wahrung der Diskontinuität notwendig ist, daß die Drehwinkel der Symmetrieachsen rationale Bruchteile von 360° sind. Danach teilt man die Achsen ein in $n$-zählige, wenn der kleinste Drehwinkel der Deckoperation $\dfrac{360°}{n}$ beträgt, zum Beispiel:

| $n =$ | 2 | 3 | 4 | 5 | 6 | 7 |
|---|---|---|---|---|---|---|
| Bezeichnungen | zwei-zählige Achse Digyre | drei-zählige Achse Trigyre | vier-zählige Achse Tetragyre | fünf-zählige Achse Pentagyre | sechs-zählige Achse Hexagyre | sieben-zählige Achse Heptagyre |
| Symbol der Gruppe mit nur einer derartigen Achse | $C_2$ | $C_3$ | $C_4$ | $C_5$ | $C_6$ | $C_7$ |

Abgesehen von der Ganzzähligkeit ist dem $n$ des Symboles $C_n$ in Konfigurationen von molekularem Charakter keine Grenze gesetzt. Nun entstehen jedoch durch die Kombination von Symmetrieelementen neue Symmetrieelemente und da nur ganzzählige Drehungsachsen entstehen dürfen, können Symmetrieachsen unter sich, Spiegelebenen unter sich und Spiegelebenen mit Symmetrieachsen nur bestimmte Winkel miteinander bilden.

Ein erstes Resultat derartiger Selektionsprinzipien ist, daß lediglich Digyren, Tetragyren und Pentagyren verschiedener Raumrichtungen kombiniert auftreten, während alle übrigen Gyren (zum Beispiel Hexagyren, Heptagyren, Oktagyren usw.) immer nur in der Einzahl (allerdings mit eventueller Gleichwertigkeit von Richtung und Gegenrichtung) einer Punktsymmetriegruppe angehören. Hinsichtlich der Trigyren, Tetragyren und Pentagyren verschiedener Raumrichtungen gibt es drei prinzipiell verschiedene Achsensymmetriegruppen: die Tetraedergruppe $T$, die Oktaedergruppe $O$, die Ikosaedergruppe $I$. Durch Kombination mit Spiegelebenen entstehen daraus $T_h$, $T_d$, $O_h$, $I_h$. Sondern wir im übrigen die Gruppe ohne Symmetrie $C_1$, die mit nur einem Symmetriezentrum $C_i$ oder mit nur einer Spiegelebene $C_s$ ab, so lassen sich die übrigen Punktsymmetriegruppen als $C_n$, $C_{nv}$, $C_{nh}$, $C_{ni}$, $D_n$, $D_{nh}$, $D_{ni}$, eventuell als $S_n$ und $D_{nd}$ bezeichnen, wobei $n$ eine beliebige ganze Zahl ist und die Zähligkeit der «Hauptachse» als Drehungsachse angibt.

$C_n$ enthält nur die Hauptachse, in $C_{nv}$ ist diese Achse zugleich Schnittlinie von $n$ Spiegelebenen. In $C_{nh}$ steht auf der Hauptachse eine Spiegelebene senkrecht, das erzeugt, wenn $n$ geradzählig ist, ein Symmetriezentrum, so daß dann $C_{ni} = C_{nh}$ wird, bei ungeradzähliger Achse ist $C_{ni}$ von $C_{nh}$ verschieden. $D_n$ besitzt senkrecht zur $n$-zähligen Achse $n$ Digyren (Diedergruppen $D$ statt rein

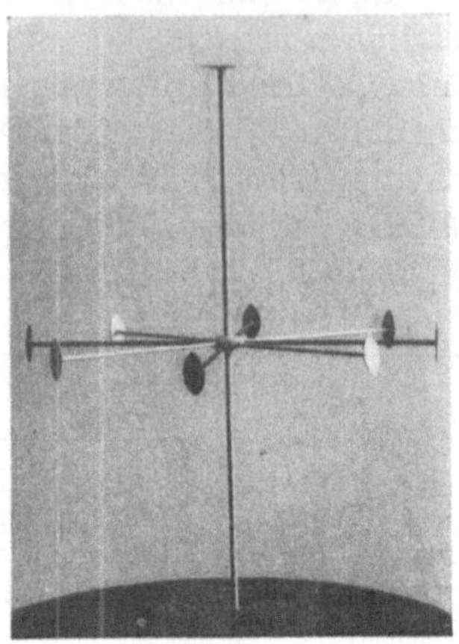

Fig. 25 a

$D_n$-Klasse, im speziellen $D_3$.

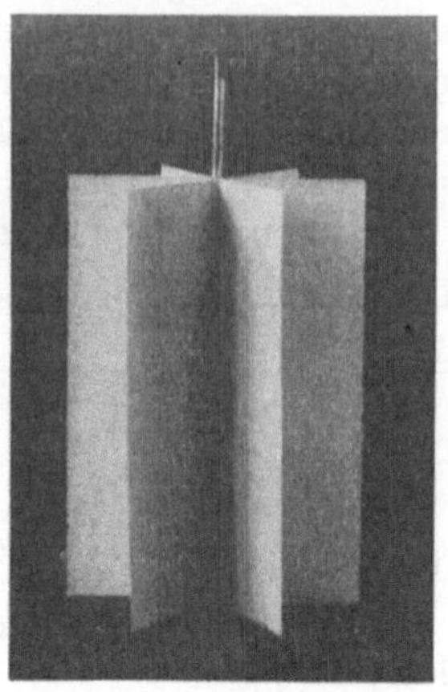

Fig. 25 b

$C_v$-Klasse, im speziellen $C_{3v}$.

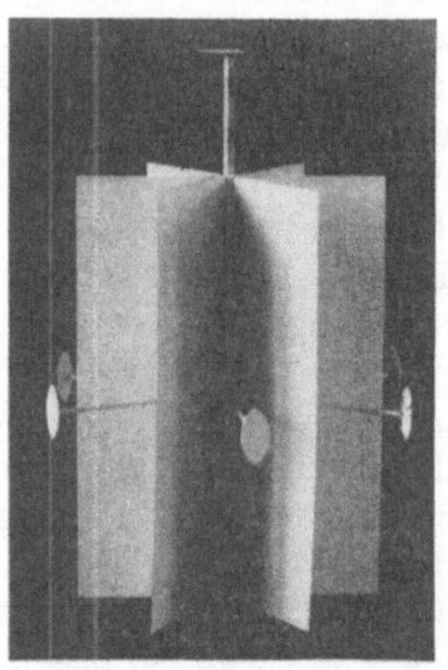

Fig. 25 c

$D_{nd}$-Klasse, im speziellen $D_{3d}$.

Fig. 25 d

$D_h$-Klasse, im speziellen $D_{3h}$.

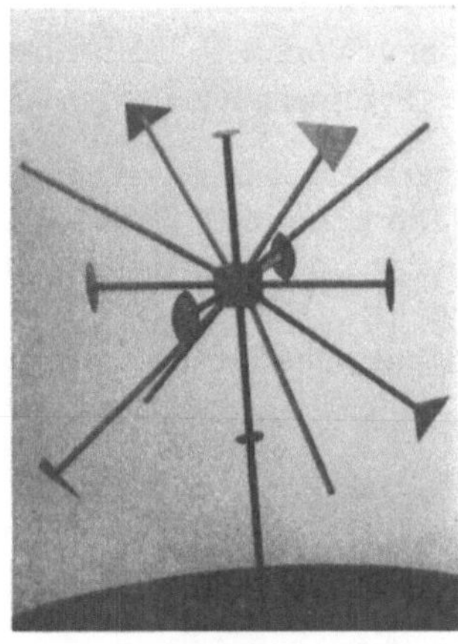

Fig. 25 e
*T*-Klasse.

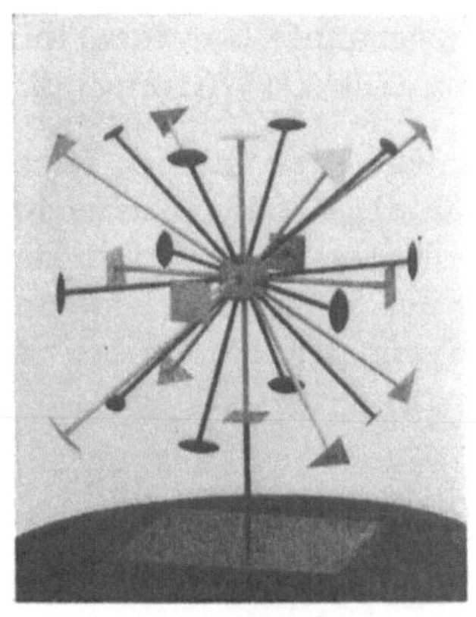

Fig. 25 f
*O*-Klasse.

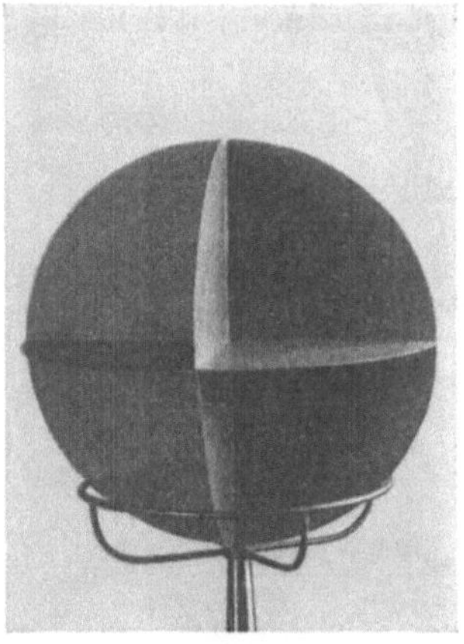

Fig. 25 g
Spiegelebenen, die in $T_h$ zu den Achsen
von *T* hinzukommen.

Fig. 25 h
Spiegelebenen, die in $T_d$ zu den Achsen
von *T* hinzukommen.

cyklische Gruppen $C$). Ist $n$ geradzählig, so wird wieder $D_{nh} = D_{ni}$. Ist $n$ ungerade, so liefert $D_{ni}$ etwas anderes als $D_{nh}$. Ist $n$ durch vier teilbar, so können $\frac{n}{2}$-zählige Drehungsachsen als selbständige $n$-zählige Spiegel- oder Inversionsachsen (sogenannte Gyroiden) auftreten mit dem Symbol $S_n$. Mit ihnen lassen sich dann auch $D_{\frac{n}{2}d}$-Gruppen bilden, die der Symmetrieelementenverteilung nach Ähnlichkeiten mit $D_{ni}$-Klassen von ungeradem $n$ besitzen, so daß auch letztere als $D_{nd}$-Gruppen bezeichnet werden. Die Figuren 25a bis h zeigen für einzelne Typen dieser verschiedenen Symmetriegruppen an je einem Beispiel die Lage der Symmetrieelemente zueinander.

Die Symmetrieformeln bei allgemeinster Punktlage lauten beispielhaft:

$$C_1 = \frac{d_1{}^1}{1}$$

$$C_2 = \frac{d_1{}^2 + d_2{}^1}{2}$$

$$C_3 = \frac{d_1{}^3 + (2\,d_3{}^1)}{3} \qquad C_{3i} = \frac{d_1{}^6 + (2\,d_3{}^2 + 2\,s_6{}^1) + z_2{}^3}{6}$$

$$C_4 = \frac{d_1{}^4 + (2\,d_4{}^1 + d_2{}^2)}{4} \qquad C_8 = \frac{d_1{}^8 + (2\,d_8{}^1 + 2\,d_8{}^1 + 2\,d_4{}^2 + d_2{}^4)}{8}$$

$$C_5 = \frac{d_1{}^5 + (2\,d_5{}^1 + 2\,d_5{}^1)}{5} \qquad \text{allgemein } C_n,\ n \text{ prim } \frac{d_1{}^n + ((n-1)\,d_n{}^1)}{n}$$

$$C_6 = \frac{d_1{}^6 + (2\,d_6{}^1 + 2\,d_3{}^2 + d_2{}^3)}{6}$$

allgemein wird $C_n$ mit $n$ nicht prim eine Summe von Zyklen, deren Ordnungen Teiler von $n$ sind.

$$C_i = \frac{d_1{}^2 + z_2{}^1}{2} \qquad C_s = \frac{d_1{}^2 + e_2{}^1}{2}$$

$$S_4 = \frac{d_1{}^4 + (2\,s_4{}^1 + d_2{}^2)}{4} \quad \text{und analoge selbständige } S_{4n}\text{-Gruppen}[1]$$

$$C_{2h} = \frac{d_1{}^4 + d_2{}^2 + e_2{}^2 + z_2{}^2}{4} \qquad C_{3h} = \frac{d_1{}^6 + (2\,d_3{}^2 + 2s_6{}^1) + e_2{}^3}{6}$$

$$C_{4h} = \frac{d_1{}^8 + (2\,d_4{}^2 + d_2{}^4 + 2\,s_4{}^2) + e_2{}^4 + z_2{}^4}{8}$$

$$C_{6h} = \frac{d_1{}^{12} + (2\,d_6{}^2 + 2\,d_3{}^4 + d_2{}^6 + 4\,s_6{}^2) + e_2{}^6 + z_2{}^6}{12}$$

$$C_{2v} = \frac{d_1{}^4 + d_2{}^2 + e_2{}^2 + e_2{}^2}{4} \qquad C_{3v} = \frac{d_1{}^6 + (2\,d_3{}^2) + 3\,e_2{}^3}{6}$$

$$C_{4v} = \frac{d_1{}^8 + (2\,d_4{}^1 + d_2{}^4) + 2\,e_2{}^4 + 2\,e_2{}^4}{8}$$

$$C_{6v} = \frac{d_1{}^{12} + (2\,d_6{}^2 + 2\,d_3{}^4 + d_2{}^6) + 3\,e_2{}^6 + 3\,e_2{}^6}{12}$$

$$D_2 = \frac{d_1{}^4 + d_2{}^2 + d_2{}^2 + d_2{}^2}{4} \qquad D_3 = \frac{d_1{}^6 + (2\,d_3{}^2) + 3\,d_2{}^3}{6}$$

---

[1] $S_n$ = Drehspiegelachsen oder Inversionsachsen der Zähligkeit $n$, symbolisierte Deckoperation = $s_n$. Drehspiegelung und Drehinversion sind bei vierzähligen Achsen ununterscheidbare Operationen, bei sechszähligen jedoch nicht.

$$D_4 = \frac{d_1^8 + (2 d_4^2 + d_2^4) + 2 d_2^4 + 2 d_2^4}{8}$$

$$D_6 = \frac{d_1^{12} + (2 d_6^2 + 2 d_3^4 + d_2^6) + 3 d_2^6 + 3 d_2^6}{12}$$

$$D_{2d} = \frac{d_1^8 + (2 s_4^2 + d_2^4) + 2 e_2^4 + 2 d_2^4}{8}$$

$$D_{3d} = \frac{d_1^{12} + (2 s_6^2 + 2 d_3^4) + 3 e_2^6 + 3 d_2^6 + z_2^6}{12}$$

$$D_{2h} = \frac{d_1^8 + d_2^4 + d_2^4 + d_2^4 + e_2^4 + e_2^4 + e_2^4 + z_2^4}{8}$$

$$D_{3h} = \frac{d_1^{12} + (2 s_6^2 + 2 d_3^4) + e_2^6 + 3 e_2^6 + 3 d_2^6}{12}$$

$$D_{4h} = \frac{d_1^{16} + (2 d_4^4 + 2 s_4^4 + d_2^8) + e_2^8 + 2 e_2^8 + 2 e_2^8 + 2 d_2^8 + 2 d_2^8 + z_2^8}{16}$$

$$D_{6h} = \frac{d_1^{24} + (2 d_6^4 + 2 d_3^8 + d_2^{12} + 4 s_6^4) + e_2^{12} + 3 e_2^{12} + 3 e_2^{12} + 3 d_2^{12} + 3 d_2^{12} + z_2^{12}}{24}$$

$$T = \frac{d_1^{12} + 3 d_2^6 + 4 (2 d_3^4)}{12} \qquad O = \frac{d_1^{24} + 3 (2 d_4^6 + d_2^{12}) + 4 (2 d_3^8) + 6 d_2^{12}}{24}$$

$$T_h = \frac{d_1^{24} + 3 d_2^{12} + 4 (2 d_3^8 + 2 s_6^4) + 3 e_2^{12} + z_2^{12}}{24}$$

$$T_d = \frac{d_1^{24} + 3 (2 s_4^6 + d_2^{12}) + 4 (2 d_3^8) + 6 e_2^{12}}{24}$$

$$O_h = \frac{d_1^{48} + 3 (2 d_4^{12} + 2 s_4^{12} + d_2^{24}) + 4 (2 d_3^{16} + 2 s_6^8) + 6 d_2^{24} + 3 e_2^{24} + 6 e_2^{24} + z_2^{24}}{48}$$

**Die Punktlagen in den Punktsymmetriegruppen.** Bei gegebener Punktsymmetriegruppe hängen *Zähligkeit, Wertigkeit* und *Symmetriebedingungen* einer Punktlage, also auch die Gestalt des Komplexes geometrisch gleichwertiger Punkte, von der Lage zu den Symmetrieelementen ab. Eine Tabelle, welche die Abhängigkeit der Zahl einander gleichwertiger Punkte (Zähligkeit $\mathfrak{z} = n$ des $n$-Punktners) von der Symmetriebedingung, bzw. Wertigkeit $\omega$ der Punktlage angibt, läßt sich sofort für alle Punktsymmetriegruppen aufstellen. Diejenigen, deren Symbole sich nur durch den Wert von $n$ unterscheiden, sind in Tabelle 4 dargestellt. Eingeschlossen sind als Grenzfälle $C_1$, $C_i = C_{1i}$, $C_s = C_{1v}$. Bei den Symmetriebedingungen der Punktlagen ist als $0F$, $1F$, $2F$, $3F$ der zur Symmetriebedingung gehörige Freiheitsgrad angegeben. In allen Fällen, bei denen nicht $0F$ steht, lassen sich bei gleichem Symmetrieschema beliebig viele verschiedene Punktsorten der betreffenden Symmetriebedingung zu einem komplexen Konfigurationenverband zusammensetzen. Tabelle 5 gibt in analoger Weise über die an $T$, $O$ und $I$ anschließenden Punktsymmetriegruppen Aufschluß.

Da $n$ (bzw. $m$) ganze Zahlen sind, geht aus den Tabellen hervor, daß die Zähligkeiten der verschiedenen Punktlagen in rationalem, d. h. *stöchiometrischem* Verhältnis zueinander stehen. Ist $n$ nicht sehr groß, so sind diese Verhältniszahlen *einfache Werte des rationalen Zahlenkörpers*. Es lohnt sich, einen Augenblick bei dieser an sich trivialen Feststellung zu verweilen. Würden geometrisch gleichwertige Punktlagen stets den Schwerpunkten gleichartiger Atome ent-

TABELLE 4     *Symmetriebedingungen selbständiger Punktlagen innerhalb der Punktsymmetrie-Gruppen*

| Punktsymmetrie-Gruppe | | $C_1$ 3F | $C_2$ 1F | $C_s$ 2F | $C_{2v}$ 1F | $C_n$ 1F | $C_{\frac{n}{2}}$ 1F | $C_{\frac{n}{2}v}$ 1F | $S_n$ 0F | $C_{nv}$ 1F | $C_{nh}$ oder | $C_{ni}$ 0F | $D_n$ 0F | $D_{\frac{n}{2}d}$ 0F | $D_{ni}$ 0F oder | $D_{nh}$ 0F |
|---|---|---|---|---|---|---|---|---|---|---|---|---|---|---|---|---|
| $C_n$ | 3 | $n$ | | | | 1 | | | | | | | | | | |
|  | $\omega$ | 1 | | | | $n$ | | | | | | | | | | |
| $S_n$ ($n=4m$) | 3 | $n$ | | | | | 2 | | 1 | | | | | | | |
|  | $\omega$ | 1 | | | | | $\frac{n}{2}$ | | $n$ | | | | | | | |
| $C_{nv}$ | 3 | $2n$ | | $n$ | | | | | | 1 | | | | | | |
|  | $\omega$ | 1 | | 2 | | | | | | $2n$ | | | | | | |
| $C_{nh}=C_{ni}$ wenn $n=2m$ (gerade) | 3 | $2n$ | | $n$ | | 2 | | | | | 1 | | | | | |
|  | $\omega$ | 1 | | 2 | | $n$ | | | | | $2n$ | | | | | |
| $C_{ni}$ wenn $n \neq 2m$ (unger.) | 3 | $2n$ | | | | 2 | | | | | | 1 | | | | |
|  | $\omega$ | 1 | | | | $n$ | | | | | | $2n$ | | | | |
| $D_n$ | 3 | $2n$ | $n$ | | | 2 | | | | | | | 1 | | | |
|  | $\omega$ | 1 | 2 | | | $n$ | | | | | | | $2n$ | | | |
| $D_{\frac{n}{2}d}$, wenn $n=4m$ (durch 4 teilbar) | 3 | $2n$ | $n$ | $n$ | | | | 2 | | | | | | 1 | | |
|  | $\omega$ | 1 | 2 | 2 | | | | $n$ | | | | | | $2n$ | | |
| $D_{ni}=D_{nd}$ wenn $n \neq 2m$ (unger.) | 3 | $4n$ | $2n$ | $2n$ | | | | | | 2 | | | | | 1 | |
|  | $\omega$ | 1 | 2 | 2 | | | | | | $2n$ | | | | | $4n$ | |
| $D_{nh}=D_{ni}$ wenn $n=2m$ | 3 | $4n$ | | $2n$ | $n$ | | | | | 2 | | | | | | 1 |
|  | $\omega$ | 1 | | 2 | 4 | | | | | $2n$ | | | | | | $4n$ |

TABELLE 5     *Spezielle Symmetriebedingungen und Punktlagen der Punktsymmetrie-Gruppen (Fortsetzung)*

| Punkt-symmetrie-Gruppe | | $C_1$ 3F | $C_2$ 1F | $C_3$ 1F | $C_4$ 1F | $C_5$ 1F | $C_s$ 2F | $C_{2v}$ 1F | $C_{3v}$ 1F | $C_{4v}$ 1F | $C_{5v}$ 1F | Voll-symmetrie 0F |
|---|---|---|---|---|---|---|---|---|---|---|---|---|
| $T$ | 3 / $\omega$ | 12 / 1 | 6 / 2 | 4 / 3 | | | | | | | | 1 / 12 |
| $T_h$ | 3 / $\omega$ | 24 / 1 | | 8 / 3 | | | 12 / 2 | 6 / 4 | | | | 1 / 24 |
| $T_d$ | 3 / $\omega$ | 24 / 1 | | | | | 12 / 2 | 6 / 4 | 4 / 6 | | | 1 / 24 |
| $O$ | 3 / $\omega$ | 24 / 1 | 12 / 2 | 8 / 3 | 6 / 4 | | | | | | | 1 / 24 |
| $O_h$ | 3 / $\omega$ | 48 / 1 | | | | | 24 / 2 | 12 / 4 | 8 / 6 | 6 / 8 | | 1 / 48 |
| $I$ | 3 / $\omega$ | 60 / 1 | 30 / 2 | 20 / 3 | | 12 / 5 | | | | | | 1 / 60 |
| $I_h$ | 3 / $\omega$ | 120 / 1 | | | | | 60 / 20 | 30 / 4 | 20 / 6 | | 12 / 10 | 1 / 120 |

sprechen, geometrisch ungleichwertige denjenigen chemisch verschiedenartiger Atome, so müßten sich daraus die sogenannten stöchiometrischen Gesetze der Molekularchemie, ohne irgend eine Annahme über die Bindekräfte oder Valenzeigenschaften ergeben. Sie würden deutlich sichtbar sein, wenn die Zahl der an einer molekularen Konfiguration teilnehmenden verschiedenen Punktsorten relativ klein ist.

Die molekulare Stöchiometrie, so wie sie experimentell festgestellt werden kann (bei großen Molekülen ist auch diese Feststellung nur eine sehr angenäherte), wäre eine Folge der diskontinuierlichen Struktur der Materie und keine über diese Annahme hinausgehende Gesetzmäßigkeit. In Wirklichkeit trifft dies auch zu, es muß jedoch, um das Naturgegebene ganz verstehen zu können, folgendes beachtet werden:

1. Ein strenger Nachweis der stöchiometrischen Gesetze gelingt tatsächlich nur bei relativ kleinen Molekülen mit relativ geringer Teilchenzahl. Die Bedeutung, welche die Stöchiometrie in der Molekularchemie erlangt hat, läßt daher vermuten, daß «kleine Moleküle» noch relativ häufig auftreten.

2. Atomare Teilchen, denen wir das gleiche Elementensymbol zuordnen, nehmen jedoch in molekularen Konfigurationen oft ungleichwertige Lagen ein. Natürlich sind sie dann im Verband auch ungleich gebunden und die Verleihung des gleichen Symboles ist eine Idealisierung. Die Chemie nützt derartige verschiedene Verbandsverhältnisse aus, indem sie einen Teil der Elementensorte zu substituieren versucht, ohne daß andere, geometrisch ungleichwertige Teilchen der «gleichen» Sorte, angegriffen werden. Daß trotz dieser Komplikation in weiten Bereichen der Molekularchemie einfach stöchiometrische Gesetze zwischen den verschiedenen Elementensymbolen erhalten bleiben, hat seinen Grund darin, daß ein und derselben chemischen Elementensorte nicht eine unbegrenzte Zahl verschiedener Zustände zukommen kann. Zum mindesten stellt sich sehr bald bei größerer Teilchenzahl in der molekularen Konfiguration eine *geometrische Pseudogleichwertigkeit* ein (siehe zum Beispiel die Fig. 13 auf Seite 25). Außerdem sind für das Tatsachenmaterial der Molekularchemie die beschränkte Zahl der chemischen Elemente überhaupt und deren sehr variablen natürlichen Häufigkeiten verantwortlich.

3. Können umgekehrt verschiedenartige Teilchen in einer Punktkonfiguration mit $n$-Punktner von großem $n$ oder in Zuständen, die viele, in erster Annäherung für den Chemiker gleiche Molekularkonfigurationen enthalten, für die Pauschalbetrachtung geometrisch gleichwertige Lagen einnehmen (zueinander diadoch sein), so verschwindet die Einfachheit der rationalen Zahlenverhältnisse. Das gilt beispielsweise für die Isotopenverhältnisse. Recht eigentlich kommt dieses Versagen der Stöchiometrie jedoch erst in den unendlich viele gleichwertige Teilchen enthaltenden kristallinen Konfigurationen zur Geltung, bei denen die Diadochie verschiedener atomarer Teilchen eine große Rolle spielt.

4. Natürlich bleibt, selbst wenn wir so eingesehen haben, daß stöchiometrische Verhältnisse in molekularen Teilchenaggregaten nichts mit «unteilbaren» Valenzen zu tun haben, bestehen, daß jede Bildung haltbarer Teilchenkonfigura-

tionen Bindekräfte irgend welcher Art voraussetzt. Man darf nur nicht, was so oft geschieht, rein geometrische Effekte als Beweise für Energetisches ansehen. Im Aufbau der Materie ist mehr rein geometrisch Beschreibbares vorhanden als gemeiniglich angenommen wird. Nebenbei bemerkt wird jedem Kristallographen die vorhandene tiefe Analogie der stöchiometrischen Gesetze (oder sagen wir nun besser Regeln) mit dem für die Kristallwachstumsformen geltenden sogenannten Rationalitätsgesetz auffallen. Es lassen sich gewisse Begriffe hier wie dort anwenden. So treten bei großen Molekülen *Vizinalformeln* zu relativ einfach stöchiometrischen hinzu, ohne daß sich am Charakter der Teilchenkonfiguration Wesentliches ändert. Die Kohlenwasserstoffe mit sehr hohem $n$ der Formel $C_nH_{(2n+2)}$ werden zum Beispiel bei sehr hohem $n$ einander immer ähnlicher und die Unterscheidungsmöglichkeiten immer schwieriger (siehe darüber im letzten Kapitel).

**Einteilung der molekularen Punktkonfigurationen.** Eine Punktkonfiguration von molekularem Charakter, gebunden an eine Punktsymmetriegruppe, kann lediglich aus geometrisch gleichwertigen Punkten bestehen, dann nennen wir sie in sich *homogen*, bzw. *einfach*. Oder sie kann eine Kombination verschiedener Punktner darstellen, dann heißt sie in sich *heterogen*. Man hat etwa die Bezeichnung *Verband* oder *Verbindung*, übertragen auf entsprechende Teilchenkonfigurationen, nur auf letztere Konfigurationen angewandt. Das ist ungerechtfertigt und unzweckmäßig, da Verband oder Verbindung nur andeuten, daß die betreffende Konfiguration eine Verbandsfestigkeit, d. h. eine Haltbarkeit besitzt, die uns zwingt, die Konfiguration näher zu betrachten und nicht als ephemeres Nebeneinander anzusehen. Das Molekül $O_2$ ist so gut eine Verbindung wie das Molekül $CO_2$. Daß dieser Standpunkt seine Geltung beibehält, wenn wir die Bindekräfte mit in Betracht ziehen, wird später dargetan.

Konfigurationen von molekularem Charakter wollen wir allgemein mit dem Buchstaben $M$ bezeichnen. Hinsichtlich der räumlichen Anordnung der Punkte einer $M$-Konfiguration in ihrer Ruhelage sind folgende Fälle unterscheidbar:

1. Die Konfiguration besteht aus einem einzigen Punkt, sie ist *nulldimensional*: $M^0$.

2. Die zur Konfiguration gehörigen Punkte liegen in der Ruhelage auf einer Geraden, das Molekül ist linear, *eindimensional* gebaut: $M^1$.

3. Die Punkte sind in der Ruhelage alle zueinander komplanar, d. h. sie gehören ein und derselben Ebene an: planare *zweidimensionale* Moleküle $M^2$ sind vorhanden.

4. Die Punkte der Konfiguration sind weder linear noch komplanar zueinander angeordnet, sondern auf einen bestimmten Raumbereich verteilt. Die molekulare Konfiguration ist von *dreidimensionalem* Charakter: $M^3$.

Im letzteren Falle sind nach der Form dieses Raumteiles noch Unterfälle unterscheidbar, nämlich:

Hauptausdehnung parallel einer Richtung: $M^{3\,(1)}$
Hauptausdehnung zwischen zwei Ebenen: $M^{3\,(2)}$
Gleichmäßige Verteilung im Raum um einen Punkt: $M^{3\,(3)}$

Genau wie in der Lehre von den Kristallgestalten (einfache Formen und Kombinationen) müssen wir, um alle Konfigurationsverhältnisse überblicken zu können, die einzelnen Punktner (Komplexe gleichwertiger Punkte) und ihre möglichen Kombinationen betrachten. Sie sind in jeder Punktsymmetriegruppe nach der Lage der Punkte zu den Symmetriegruppenpunkten eindeutig bestimmt. Wir denken uns etwa von einem Hauptsymmetriepunkt (der in sich die totale Symmetrie der Punktgruppe besitzt) zu allen gleichwertigen Punkten Strahlen gezogen. Dadurch entsteht eine Strahlenfigur, die wir als eine Flächennormalenfigur interpretieren können. Dem Punktner wird dann adjektivisch der Name verliehen, den die zugehörige Flächenform tragen würde. Die Namen selbst sind aus der Kristallographie bekannt und lassen sich leicht auf nichtkristallographische Formen erweitern (siehe darüber: Lehrbuch der Mineralogie und Kristallchemie, Bd. I, 3. Auflage). So unterscheiden wir: pediale, pinakoidale, domatische, sphenoidische, disphenoidische bis tetraedrische, prismatische, pyramidale, dipyramidale, allgemein streptoedrische, trapezoedrische, skalenoedrische, rhomboedrische, dodekaedrische, ikositetraedrische bzw. hexakistetraedrische oder dyakisdodekaedrische, hexakisoktaedrische, pentagonikositetraedrische, hekatonikosaedrische, und im speziellen triakistetraedrische, triakisoktaedrische, tetrakishexaedrische, oktaedrische, hexaedrische, triakontaedrische, dodekakispentaedrische, ikosakistriedrische Punktner, die zum Teil durch Bezeichnungen wie $n$-gonal (zum Beispiel hexagonal), di-$n$-gonal (zum Beispiel ditrigonal), pentagon- (zum Beispiel verschiedene pentagondodekaedrische), deltoid- (zum Beispiel deltoidikositetraedrisch), rhomben- (zum Beispiel rhombendodekaedrisch) usw. näher präzisiert werden. Einige Beispiele solcher Punktner sind in den Fig. 26a, b, c, d zu finden.

Von vornherein ist gegeben, welche Punktner (zur gleichen Punktsymmetriegruppe gehörig) miteinander kombiniert auftreten können und wie sich deren Lagebeziehungen generell gestalten. Auch in dieser Hinsicht sei auf das Lehrbuch der Mineralogie und Kristallchemie verwiesen[1]). Auf zwei wichtige Erscheinungen wollen wir aber schon an dieser Stelle aufmerksam machen.

**Isogonale Punktner.** Die vom Hauptsymmetriepunkt zu den gleichwertigen Punkten hinführenden Strahlen bilden bestimmte Winkel miteinander. Ist es möglich, unter Benutzung kleinster Winkel zwischen zwei Strahlen sukzessive von einem Strahl zu allen anderen gleichwertigen Strahlen zu gelangen, so nennen wir die Partikel- oder Punktgruppe *isogonal*. Die Punkte bilden dann unter sich einen *einparametrigen Zusammenhang*, d. h. nimmt man den kürzesten Abstand zweier gleichwertiger Punkte zwischen die Schenkel eines Zirkels, so kann man mit dieser eingeschlossenen Zirkelgröße von einem Punkt sukzessive zu allen gleichwertigen kommen (Fig. 27a).

Es ist eine einfache mathematische Aufgabe, alle in diesem Sinne isogonalen Punktner aufzusuchen und die Bedingungen anzugeben, die in bezug auf die Lage zum Hauptpunkt der Symmetriegruppe erfüllt sein müssen, damit einparametriger Zusammenhang besteht. Da indessen diese Aufgabe bereits Ver-

---

[1]) Einfache Beispiele in der Ebene sind mehrfach im Abschnitt A dieses Kapitels enthalten.

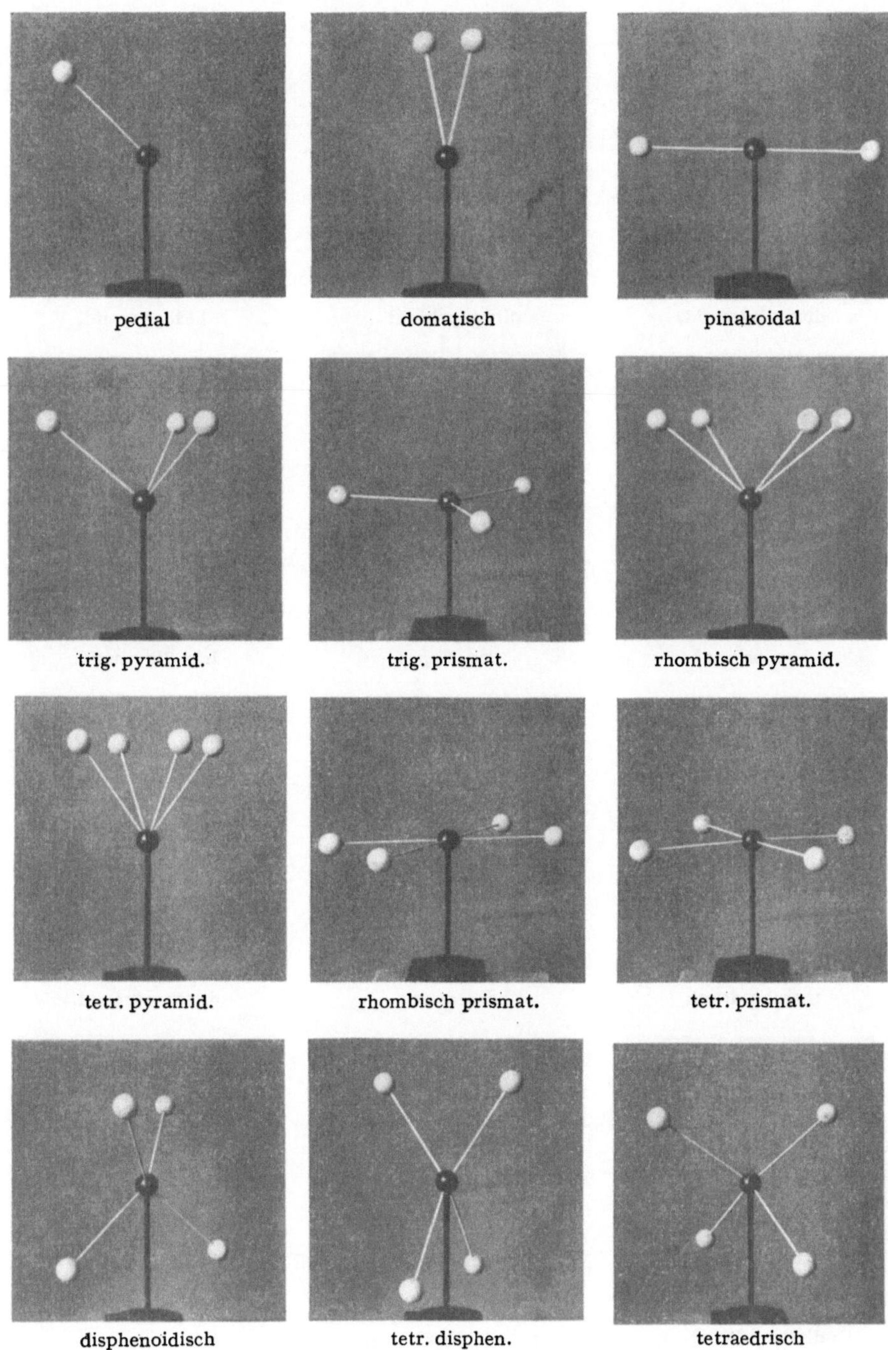



Fig. 26a

Einfache Punktner. Abkürzungen: trig. = trigonal, tetr. = tetragonal, pyramid. = pyramidal, prismat. = prismatisch, disphen. = disphenoidisch.

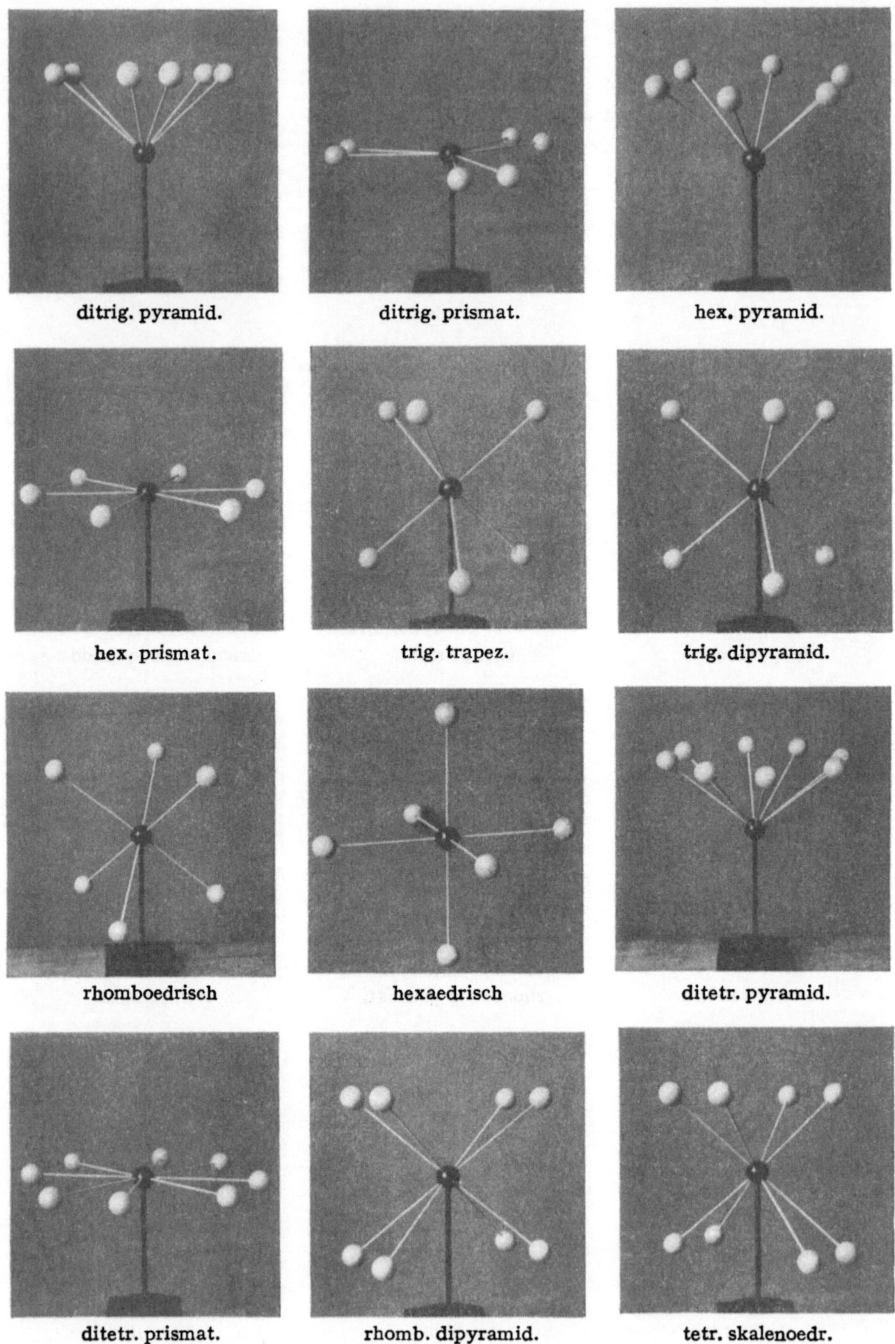


Fig. 26b

Einfache Punktner. Abkürzungen: trapez. = trapezoedrisch, skalenoedr. = skalenoedrisch.

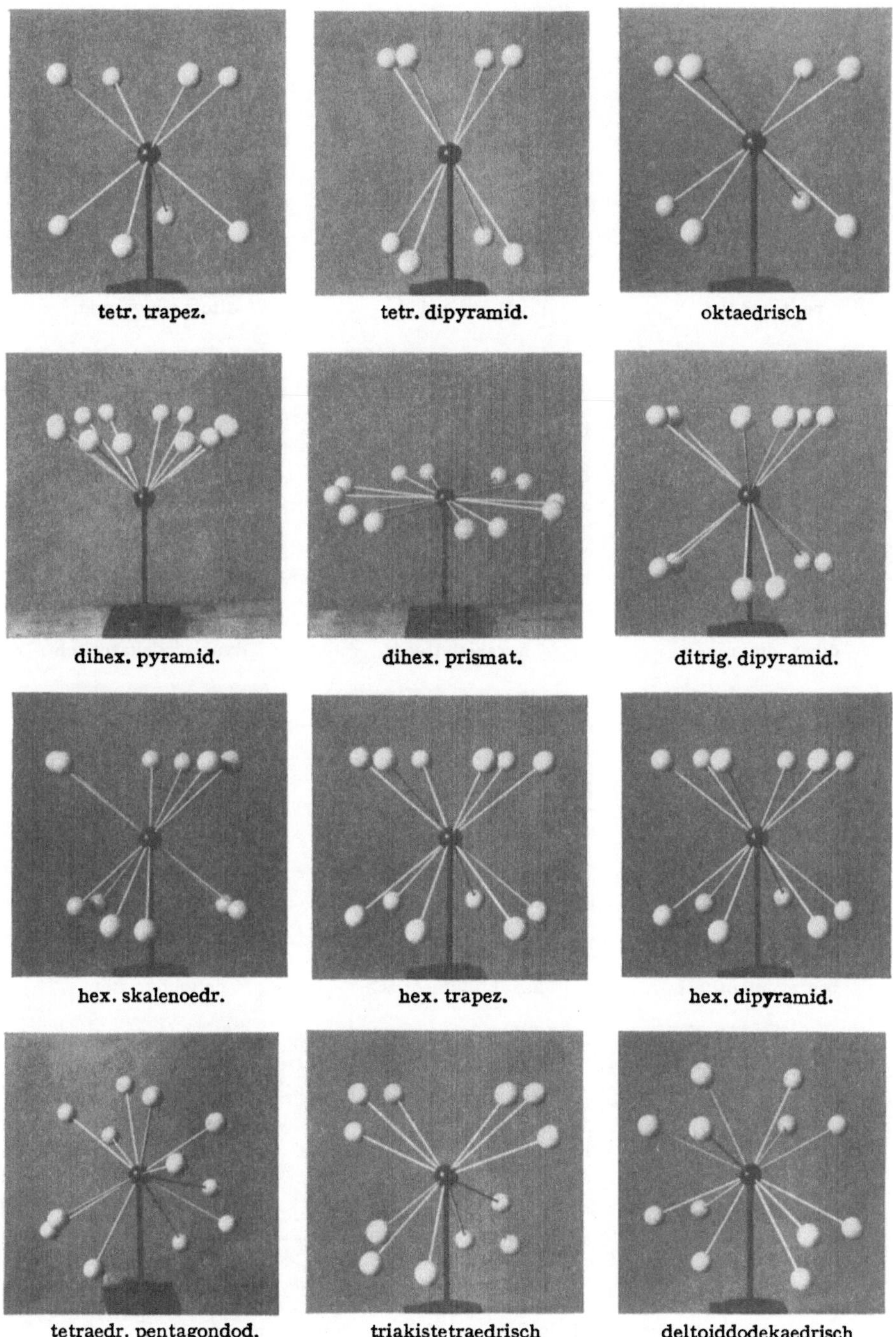



Fig. 26c

Einfache Punktner. Abkürzungen: skalenoedr. = skalenoedrisch, tetraedr. = tetraedrisch.

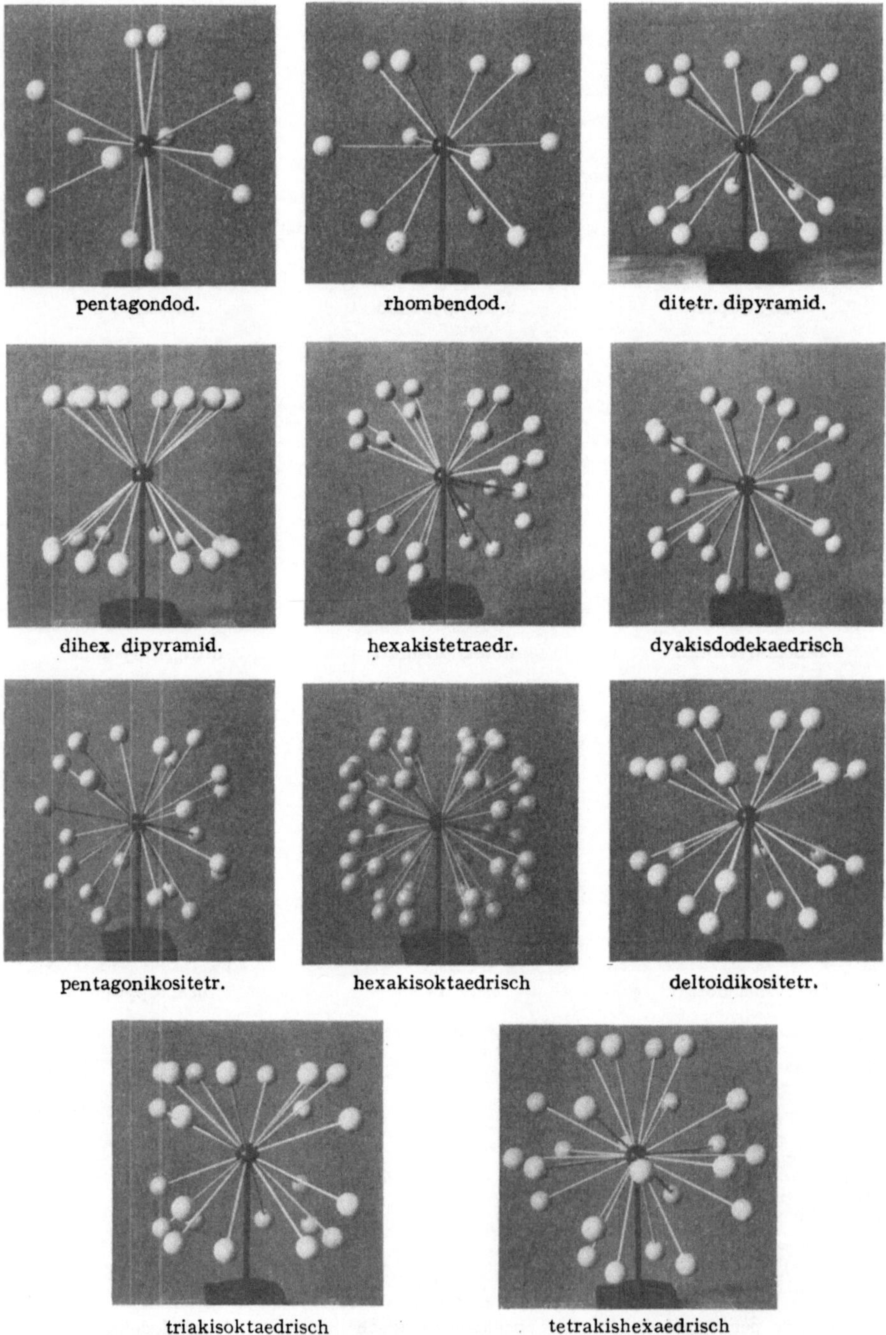



Fig. 26 d

Einfache Punktner. Abkürzungen: dod. = dodekaedrisch, tetraedr. = tetraedrisch.

bandsverhältnisse betrifft, die sich am einfachsten durch Binderichtungen kennzeichnen lassen, wird in einem anderen Abschnitt darauf zurückzukommen sein. Es mußte jedoch diese Isogonalität hier erwähnt werden, weil wir Wert darauf

Fig. 27

Die Punkte der Fig. a stehen in einparametrigem Zusammenhang, diejenigen von b nicht.

legen, die Symmetrielehre so zu entwickeln, daß nicht der falsche Anschein erweckt wird, ihre Ergebnisse hätten bereits etwas mit besonderen Bindungsrichtungen oder Bindekräften zwischen den Partikeln bzw. den Punkten zu tun.

**Pseudosymmetrie der Punktner.** Die zweite Erscheinung ist diejenige der bereits früher erwähnten *Pseudosymmetrien*, bzw. der *Deformationen* hochsymmetrischer Anordnungen unter Verlust gewisser Symmetriebedingungen. Wir werden zum Beispiel später sehen, daß folgende Punktner eine große Rolle spielen: *tetraedrischer Vierpunktner* (Fig. 28 a), *hexaedrischer Sechspunktner*

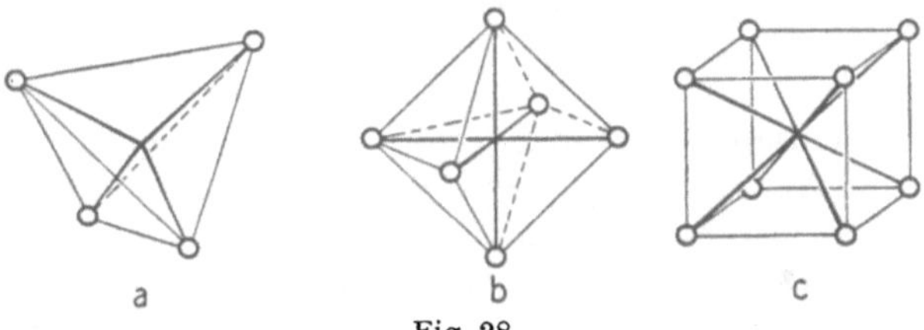

Fig. 28

a = Vierpunktner, b = Sechspunktner, c = Achtpunktner. Die Verbindungslinien zum Symmetriehauptpunkt und die kürzesten Verbindungslinien zwischen gleichwertigen Punkten sind gezeichnet.

(Fig. 28 b), *oktaedrischer Achtpunktner* (Fig. 28 c). Die höchste Anordnungssymmetrie des *Vierpunktners* wird erreicht, wenn jede Verbindungslinie eines Punktes zum Symmetriehauptpunkt eine Trigyre ist (Symmetriegruppe $T$). Das ist die «regulär» tetraedrische Anordnung (kristallographisch gesprochen die tetraedrische Anordnung kurzweg). Zusätzlich können diese Verbindungslinien (in $T_d$) noch Schnittlinien dreier Spiegelebenen sein und deren Winkelhalbierende Tetragyroiden. Deformationen unter Auftreten von zwei verschieden großen Winkeln zwischen den gezeichneten Verbindungslinien zum Symmetriemittelpunkt werden möglich, sofern nur eine der Winkelhalbierenden eine Tetragyroide ist und die Trigyren wegfallen (Symmetriegruppen $S_4$ und $D_{2d}$). Die Punktform wird dann tetragonal disphenoidisch. Sind alle drei Winkelhalbierenden nur noch Digyren, so ergeben sich weitere Deformationen zu orthorhombisch disphenoidisch in der Symmetriegruppe $D_2$. In allen diesen Fällen sind nach wie vor die vier Punkte einander gleichwertig.

Bleibt indessen nur eine Trigyre erhalten, so entsteht aus dem Vierpunktner ein $(3+1)$-Punktner, der aber äußerlich pseudotetraedrische Gestalt bewahren kann (in den Symmetriegruppen $C_3$, $C_{3v}$). Die verschiedenen Symmetrieformeln dieser durch Deformation auseinander hervorgehenden Konfigurationen lauten:

1. echt tetraedrisch in

$$T_d = \frac{d_1{}^4 + 3(2\,s_4{}^1 + d_2{}^2) + 4(2\,d_1{}^1 d_3{}^1) + 6(e_1{}^2 e_2{}^1)}{24}$$

2. echt tetraedrisch in

$$T = \frac{d_1{}^4 + 3\,d_2{}^2 + 4(2\,d_1{}^1\,d_3{}^1)}{12}$$

3. tetragonal
   disphenoidisch in

$$D_{2d} = \frac{d_1{}^4 + (2\,s_4{}^1 + d^2{}_2) + 2\,d_2{}^2 + 2\,e_1{}^2 e_2{}^1}{8}$$

4. tetragonal
   disphenoidisch in

$$S_4 = \frac{d_1{}^4 + (2\,s_4{}^1 + d_2{}^2)}{4}$$

5. orthorhombisch
   disphenoidisch in

$$D_2 = \frac{d_1{}^4 + d_2{}^2 + d_2{}^2 + d_2{}^2}{4}$$

6. trigonal
   pyramidal + pedial in

$$C_{3v} = \frac{[d_1{}^{(3+1)}] + \lceil(2\,d_3{}^1 + 2\,d_1{}^1)\rceil + [3\,e_1{}^1 e_2{}^1 + 3\,e_1{}^1]}{6}$$

7. trigonal
   pyramidal + pedial in

$$C_3 = \frac{[d_1{}^{(3+1)}] + [2\,d_3{}^1 + 2\,d_1{}^1]}{3}$$

als pseudotetraedrische Punktner möglich

Unter Berücksichtigung, daß in $s_4$ immer $d_2$ enthalten ist, in $d_n$ auch $d_1$, ist aus den Formeln der Abbau der Symmetrieelemente und Symmetriebedingungen leicht ersichtlich. Nur Drehungssymmetrien enthalten 2., 5., 7. Der Nenner gibt immer die Zahl der Deckoperationen an. Treten außerhalb des ersten Gliedes $f_1$-Symbole auf, so sind die Punkte speziellen Symmetriebedingungen unterworfen.

Eine höchste Symmetrie des genannten *Sechspunktners* (Fig. 28b) ist vorhanden, wenn durch jeden Oktanten der Punktanordnung eine Trigyre geht und jede Verbindungslinie mit dem Symmetriemittelpunkt eine Tetragyre ist (Symmetriegruppe $O$). Zugleich dürfen die Achsen Schnittlinien von Spiegelebenen sein (in Symmetriegruppe $O_h$), ohne dass sich die Art der Punktverteilung ändert. Statt der Tetragyren können auch nur Tetragyroiden ($T_d$) oder Digyren auftreten ($T_h$, $T$), trotzdem bleiben die Winkel der Verbindungslinie rechte, der Punktner muß in allen drei Fällen als hexaedrisch bezeichnet werden. Ist jedoch nur eine zweiseitige Trigyre vorhanden, so brauchen die Winkel zwischen den Verbindungslinien zum Mittelpunkt nicht mehr $90^\circ$ zu sein, die Anordnung wird eine deformiert rhomboedrische ($D_{3d}$, $D_3$, $C_{3i}$). Die Symmetrieformeln für diese neun Fälle lauten:

echt hexaedrisch in:

$$O_h = \frac{d_1{}^6 + 3(2\,d_1{}^2 d_4{}^1 + 2\,s_2{}^1 s_4{}^1 + d_1{}^2 d_2{}^2) + 4(2\,d_3{}^2 + 2\,s_6{}^1) + 6\,d_2{}^3 + 3\,e_1{}^4 e_2{}^1 + 6\,e_1{}^2 e_2{}^2 + z_2{}^3}{48}$$

$$O = \frac{d_1{}^6 + 3\,(2\,d_1{}^2 d_4{}^1 + d_1{}^2 d_2{}^2) + 4\,(2\,d_3{}^2) + 6\,d_2{}^3}{24}$$

$$T = \frac{d_1{}^6 + 3\,d_1{}^2 d_2{}^2 + 4\,(2\,d_3{}^2)}{12}$$

$$T_h = \frac{d_1{}^6 + 3\,d_1{}^2 d_2{}^2 + 4\,(2\,d_3{}^2 + 2\,s_6{}^1) + 3\,e_1{}^4 e_2{}^1 + z_2{}^3}{24}$$

$$T_d = \frac{d_1{}^6 + 3\,(2\,s_1{}^2 s_4{}^1 + d_1{}^2 d_2{}^2) + 4\,(2\,d_3{}^2) + 6\,e_1{}^2 e_2{}^2}{24} \; ;$$

pseudohexaedrisch — rhomboedrisch in:

$$D_{3d} = \frac{d_1{}^6 + (2\,s_6{}^1 + 2\,d_3{}^2) + 3\,e_1{}^2 e_2{}^2 + 3\,d_2{}^3 + z_2{}^3}{24}$$

$$D_3 = \frac{d_1{}^6 + (2\,d_3{}^2) + 3\,d_2{}^3}{12}$$

$$C_{3i} = \frac{d_1{}^6 + (2\,s_6{}^1 + 2\,d_3{}^2) + z_2{}^3}{12} \, .$$

Verbindet man die sechs Punkte mit kürzesten Geraden unter sich, so entstehen die Kanten eines Oktaeders. In den drei letztgenannten Fällen ist jedoch diese Kantenfigur nur noch ein Pseudo-Oktaeder. Natürlich sind noch weitere Abbaumöglichkeiten der Symmetrie vorhanden, wobei jedoch, wie in den zwei letztgenannten Fällen des Pseudotetraeders, die sechs Punkte zum Teil ungleichwertig werden, also die Punktkonfiguration eine kombinierte wird. Der Metrik nach kann es sich trotzdem noch um pseudohexaedrische Anordnung, bzw. um Polyeder handeln, die Pseudo-Oktaeder sind.

Der *Achtpunktner*, Fig. 28c, hat fixe Gestalt, entsprechend dem oktaedrischen Punktner, in $O_h$, $O$ und $T_h$. Er wird beim Fehlen von Trigyren zum pseudooktaedrischen, tetragonal dipyramidalen Achtpunktner in $D_{4h}$, $D_4$, $D_{2d}$, $C_{4h}$ und zum orthorhombisch dipyramidalen Achtpunktner in $D_{2h}$. In allen diesen Fällen bleiben die acht Punkte gleichwertig. Es können Deformationen hinzukommen unter Verlust der Gleichwertigkeit der acht Punkte. Verbindet man in kürzesten Abständen die Punkte, so entsteht in $O_h$, $O$ und $T_h$ ein Würfel mit den Punkten als Eckpunkten. Er wird in $D_{4h}$ etc. zum Pseudowürfel. Die Symmetrieformeln lauten:

$$O_h = \frac{d_1{}^8 + 3\,(2\,d_4{}^2 + 2\,s_4{}^2 + d_2{}^4) + 4\,(2\,d_1{}^2 d_3{}^2 + 2\,s_2{}^1 s_6{}^1) + 6\,d_2{}^4 + 3\,e_2{}^4 + 6\,e_1{}^4 e_2{}^2 + z_2{}^4}{48}$$

$$O = \frac{d_1{}^8 + 3\,(2\,d_4{}^2 + d_2{}^4) + 4\,(2\,d_1{}^2 d_3{}^2) + 6\,d_2{}^4}{24}$$

$$T_h = \frac{d_1{}^8 + 3\,d_2{}^4 + 4\,(2\,d_1{}^2 d_3{}^2 + 2\,s_2{}^1 s_6{}^1) + 3\,e_2{}^4 + z_2{}^4}{24}$$

$$D_{4h} = \frac{d_1{}^8 + (2\,d_4{}^2 + 2\,s_4{}^2 + d_2{}^4) + e_2{}^4 + 2\,d_2{}^4 + 2\,d_2{}^4 + 2\,e_2{}^4 + 2\,e_1{}^4 e_2{}^2 + z_2{}^4}{16}$$

$$D_4 = \frac{d_1{}^8 + (2\,d_4{}^2 + d_2{}^4) + 2\,d_2{}^4 + 2\,d_2{}^4}{8} \left.\vphantom{\frac{a}{b}}\right\}$$

$$D_{2d} = \frac{d_1{}^8 + (2\,s_4{}^2 + d_2{}^4) + 2\,d_2{}^4 + 2\,e_2{}^4}{8} \left.\vphantom{\frac{a}{b}}\right\} \text{Grenzformen allgemeiner Lage}$$

$$C_{4h} = \frac{d_1{}^8 + (2\,d_4{}^2 + 2\,s_4{}^2 + d_2{}^4) + e_2{}^4 + z_2{}^4}{8}$$
$$D_{2h} = \frac{d_1{}^8 + d_2{}^4 + d_2{}^4 + d_2{}^4 + e_2{}^4 + e_2{}^4 + e_2{}^4 + z_2{}^4}{8}$$

$\left.\right\}$ Formen allgemeiner Lage

An diesen Beispielen sollte nochmals gezeigt werden, daß Punktkonfigurationen von prinzipiell analoger Gestalt durch Verlust von Symmetriebedingungen auseinanderhervorgehen können. Es gibt, wie schon Seite 24 erwähnt wurde, gewisse Konfigurationen, die häufig auftreten, jedoch nicht immer in den höchstsymmetrischen Ausbildungen. So sind neben echt tetraedrischen pseudotetraedrische, neben echt oktaedrischen pseudooktaedrische und neben echt hexaedrischen pseudohexaedrische Teilchenanordnungen vielfach beobachtbar. Mit niedriger Symmetrie kann eine Erhöhung der den Konfigurationen zukommenden Freiheitsgrade verbunden sein, metrische Deformationsmöglichkeiten können ausgenützt werden.

## D. Die kristallinen Konfigurationen

**Allgemeine Bemerkungen über die Symmetrieverhältnisse kristalliner Konfigurationen.** Wollen wir eine Punktkonfiguration konstruieren, deren Punkte durch Deckoperationen gleichwertig sind, ohne daß die zuge-

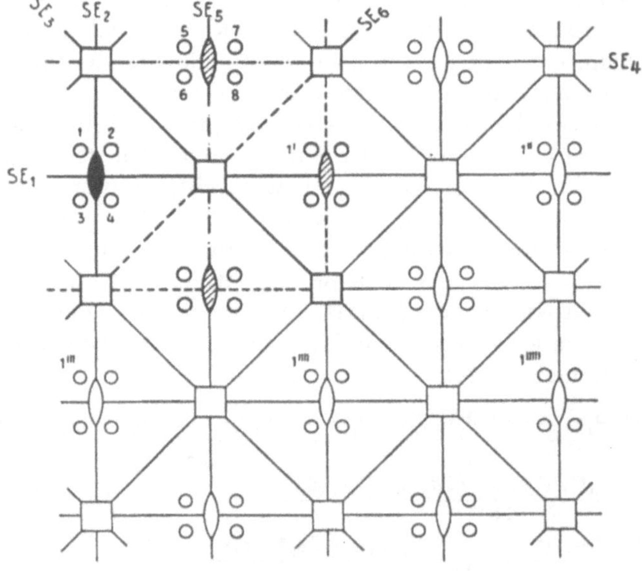

Fig. 29
Die Entstehung kristalliner Symmetriegruppen.

hörigen Symmetrieelemente durch ein und denselben Punkt gehen, so erhalten wir automatisch ins Unendliche reichende Konfigurationen. Ein Beispiel (Fig. 29) soll dies verdeutlichen.

Gegeben sei auf einer Ebene die Symmetriegruppe $C_{2v}$ mit den auf der Ebene senkrecht stehenden Spiegelebenen $SE_1$ und $SE_2$ und mit der Schnittlinie beider Spiegelebenen als Digyre. Die Punkte 1, 2, 3, 4 sind in bezug auf diese Punktgruppe gleichwertig. Außerdem soll nun aber noch $SE_3$, also eine Spiegelebene, die nicht durch den Schnittpunkt der Ebenen $SE_1$ und $SE_2$ geht, auftreten. Diese Spiegelebene führt zunächst die Punkte 1, 2, 3, 4 in die gleichwertigen 5, 6, 7, 8 über. Zugleich aber werden auch die Symmetrieelemente selbst vervielfältigt. $SE_4$ und $SE_5$ werden wie $SE_1$ und $SE_2$ Spuren von Spiegelebenen und $SE_6$ wird eine zu $SE_3$ gleichwertige Spiegelebenenspur.

Aber alle diese neuen Symmetrieelemente, die in den Schnittlinien von vier Spiegelebenen automatisch Tetragyren erzeugen, wirken weiter aufeinander ein, es bilden sich ins Unendliche reichende Parallelscharen von Spiegelebenen, Digyren und Tetragyren. Gleichzeitig entstehen immer neue zu 1, 2, 3, 4 gleichwertige Punkte. Die Punktkonfiguration setzt sich wie diejenige gleichwertiger Punkte eines Tapetenmusters ins «Unendliche» fort. Zu beachten ist jedoch, daß wir $SE_3$ nicht in völlig beliebiger Lage hinzufügen durften. Damit nämlich die Vervielfältigung der Symmetrieelemente nicht zu gleichwertigen Punkten führt, die schließlich unendlich nahe zueinander zu liegen kommen, was mit der diskontinuierlichen Struktur der Materie unverträglich wäre, muß in diesem Falle $SE_3$ mit $SE_1$ und $SE_2$ einen Winkel von 30°, 45°, 60° oder 90° bilden. Wir haben den Wert 45° gewählt. Daraus geht bereits hervor: Soll die diskontinuierliche Struktur mit endlichen Abständen zwischen gleichwertigen Punkten erhalten bleiben, so gibt es nur bestimmte, mathematisch ableitbare Symmetriegruppen, die zu kristallinen Konfigurationen führen. In solchen Symmetriegruppen treten gewisse Symmetrieelemente stets in Parallelscharen auf, die zueinander in besonderen Winkelbeziehungen stehen müssen.

Betrachten wir Fig. 29 etwas genauer, so erkennen wir noch eine weitere Gesetzmäßigkeit, die (mit einer Ausnahme) für alle solchen kristallinen Punktkonfigurationen gilt. Punkt 1 wird durch $SE_2$ in 2 gespiegelt, durch $SE_5$ in 1' rückgespiegelt. 1' und damit auch 1'', 1''', 1'''', 1''''' usw. haben daher *parallel gleiche Stellung* wie 1. Diese Punkte, die unter sich in einem Netzzusammenhang stehen, sind somit hinsichtlich der Lage in der Gesamtkonfiguration zugleich einander *identisch*. Ebenso gibt es zu 2, 3, 4 usw. identische Punkte mit gleichem Netzzusammenhang unter sich. Jede Parallelverschiebung (Translation), die einen Punkt in einen zu ihm identischen überführt, bringt die ganze Konfiguration mit dem dazugehörigen Symmetrieschema zur Deckung, ist also eine *neue Deckoperation*. Es treten somit in kristallinen Konfigurationen *Parallelverschiebungen* (*Translationen* $\tau$) als neue Deckoperationen auf.

Man nennt das System aller Translationen, die zur Deckstellung führen, die der Punktkonfiguration zukommende *Translationsgruppe*. Molekulare und kristalline Konfigurationen unterscheiden sich daher auch dadurch voneinander, daß bei den ersteren Parallelverschiebungen als Deckoperationen fehlen, während sie bei den letzteren vorhanden sind.

Ja, zunächst mag es, besonders wenn wir Fig. 29 betrachten, scheinen, als ob die Symmetrieschemata kristalliner Punktkonfigurationen lediglich durch translative Wiederholung von Schemata bekannter Punktsymmetriegruppen zustande kommen würden, sich also, abgesehen von dieser Wiederholung oder Periodizität, nichts Neues darbietet. In der Tat hat man lange Zeit geglaubt, der Vorgang der Bildung kristalliner Verbände setze unter allen Umständen Bildung von Molekularkonfigurationen voraus und sei lediglich ein diesem Vorgang übergeordneter Ordnungsprozeß. Wir werden später sehen, daß dies nur für einen Teil der kristallinen Konfigurationen zutrifft, können aber schon auf Grund der Symmetrielehre einsehen, daß der Zusammenhang ein weit komplexerer ist.

Zunächst zeigen genaue Untersuchungen, daß die Translationsgruppe ihre eigene Gesetzmäßigkeit besitzt, so daß zum Beispiel für bestimmte kristalline Konfigurationen nicht alle Punktsymmetriegruppen in Betracht kommen. Außerdem aber gilt folgendes:

Wie Drehung und Inversion oder Drehung und Spiegelung in den Punktsymmetriegruppen einzeln oder erst in gekoppelter Ausführung Deckoperation sein können (Gyroiden), ist mit der Einführung der Parallelverschiebung als neuer Deckoperation die Möglichkeit gegeben, daß zum Beispiel statt Drehung allein erst Drehung + Parallelverschiebung und statt Spiegelung allein erst Spiegelung + Parallelverschiebung zur Deckstellung führen. Eine genaue Untersuchung ergibt, daß es genügt, bei kristallinen Symmetriegruppen folgende neuen Symmetrieelemente in Betracht zu ziehen:

a) *Schraubenachsen* oder *Helicogyren*. Die Drehung ist mit einer Translation parallel der Symmetrieachse verbunden. Den Betrag dieser Translation nennt

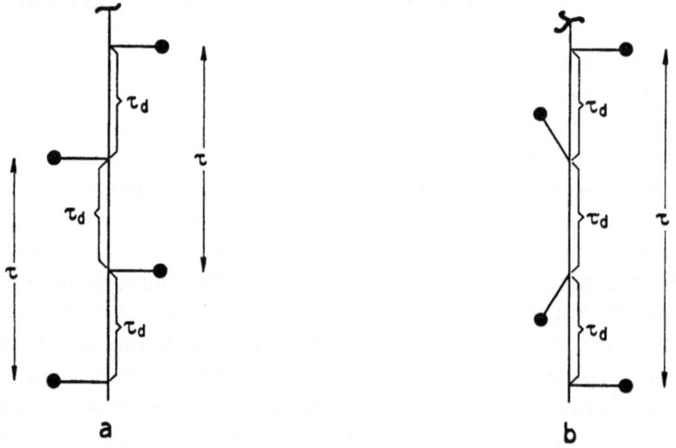


Fig. 30
Schraubenachsen. a = Helicodigyre, b = Helicotrigyre.

man Schraubungskomponente $\tau_d$. Ist die Symmetrieachse $n$-zählig, so muß die Verschiebung $n\tau_d$ unter allen Umständen bereits für sich eine Decktranslation $\tau$ sein.

Fig. 30 a, b stellt nur zwei Beispiele dar. In den Fig. 31, 32, 33 sind weitere Fälle dargestellt, wobei hinsichtlich der Ableitung der Symbolisierung und der

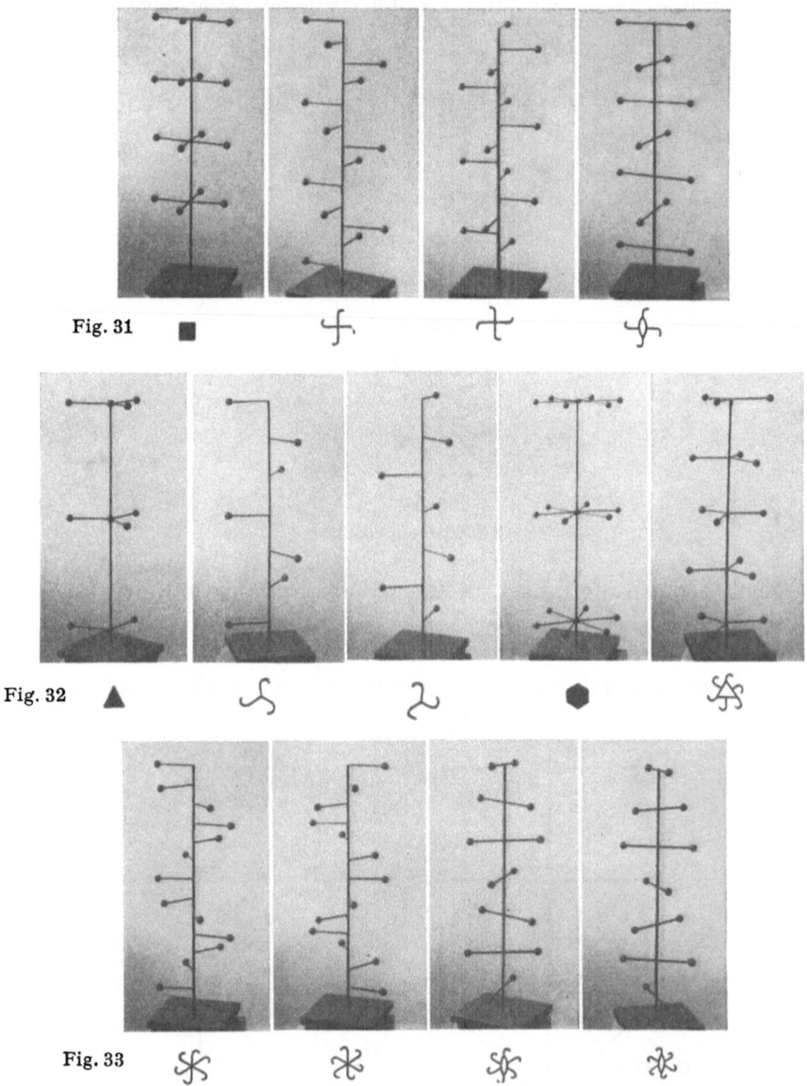

Einzelheiten auf das Lehrbuch der Mineralogie und Kristallchemie verwiesen werden muß.

b) *Gleitspiegelebenen*. Spiegelung an einer Ebene und Translation parallel einer in der Ebene liegenden Richtung können gekoppelt Deckstellung ergeben. Die zur Spiegelung gehörige Translation wird Gleitkomponente $\tau_s$ genannt. $2\tau_s$ muß für sich allein Decktranslation parallel der Gleitspiegelebene sein (Fig. 34).

In dem in Fig. 35 nochmals herausgezeichneten Ausschnitt der Punktkonfiguration von Fig. 29 ist ersichtlich, daß mitten zwischen zwei Spiegelebenen der Parallelscharen $SE_3$ und $SE_6$ Gleitspiegelebenen verlaufen, die zu

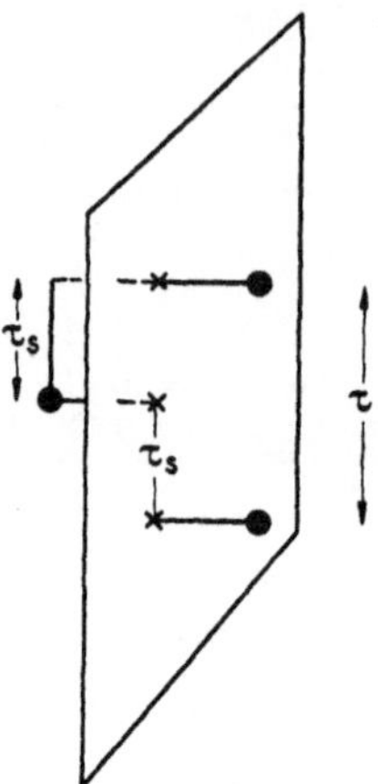

Fig. 34
Schema der Gleitspiegelung.

den Spiegelebenen parallele Lage besitzen. Ihre Spuren sind als gestrichelte Linien eingezeichnet.

Es können sowohl Schraubenachsen wie Gleitspiegelebenen neben Drehungsachsen und Spiegelebenen auftreten, sie sind indessen auch für sich allein als

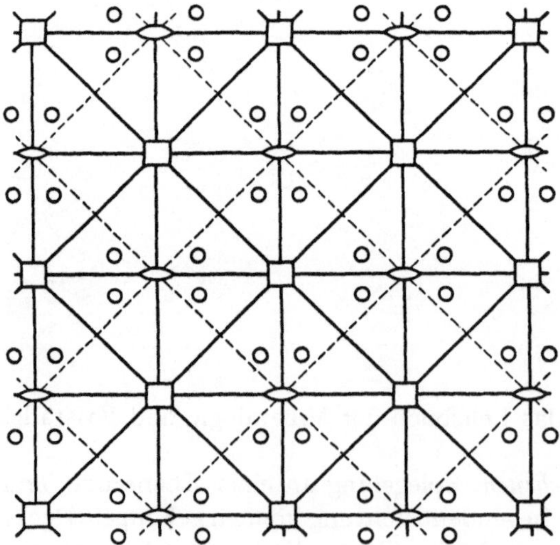

Fig. 35
Analog Fig. 29. Die gestrichelten Geraden sind als Spuren von Gleitspiegelebenen erkennbar, die auf der Zeichenebene senkrecht stehen.

Parallelscharen existent. Zu beachten ist, daß weder auf den Schraubenachsen noch auf den Gleitspiegelebenen liegende Punkte durch die Schraubung bzw. Gleitspiegelung in sich selbst übergeführt werden (siehe zum Beispiel Fig. 36, Punkt 2). Weder Schraubenachsen noch Gleitspiegelebenen stellen daher Örter besonderer Symmetriebedingungen oder Wertigkeiten dar, nur die durch Schraubung oder Gleitspiegelung bedingte Zusammengehörigkeit der Punkte gestaltet sich etwas einfacher (zum Beispiel bilden in Fig. 36 die Punkte 1 unter sich einen Zickzackverband, die Punkte 2 einen linearen Kettenverband). Das Auftreten von Schraubungen und Gleitspiegelungen, neben für sich Deckstellung ergebenden Parallelverschiebungen, zeigt nun deutlich, daß in kristallinen Symmetriegruppen Zusammengehörigkeiten gleichwertiger Punkte er-

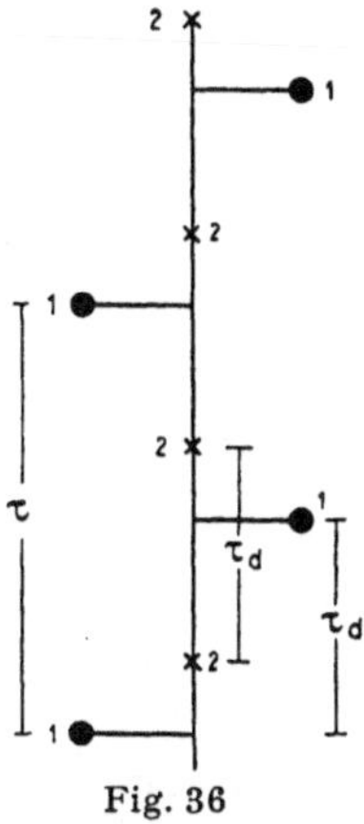

Fig. 36

Die Punkte 2 liegen auf der Dihelicogyre (zweizählige Schraubenachse), die Punkte 1 nicht. Die ersteren bilden eine lineare Kette, die letzteren eine Zickzack-Kette.

zeugt werden können, die keinen an eine spezielle Punktsymmetriegruppe gebundenen Punktverband voraussetzen. Es entstehen neuartige Verbände wie *Kettenverbände, Netzverbände, Gitterverbände*. Obgleich auch hier wiederum auf die Spezialliteratur zu verweisen ist, müssen einige stereochemisch besonders wichtige Problemstellungen gestreift werden, wobei am besten zwischen ein-, zwei- und dreidimensionalen kristallinen Konfigurationen unterschieden wird.

**Eindimensionale kristalline Konfigurationen.** Tritt lediglich in *einer* Richtung Parallelverschiebung als Decktranslation auf, so entsteht eine Punktkonfiguration, die naturnotwendig nur in der Richtung dieser Translation $\tau$ ins Unendliche führt. D. h.: es werden sich alle zu dieser Konfiguration gehörigen Punkte innerhalb eines Zylinders befinden mit der Zylinderachse parallel der Translationsrichtung. Punkte identischen Verhaltens folgen in dieser Richtung in Abständen $\tau$ aufeinander. Jede dieser Richtung zugehörige Parallelverschiebung um einen Betrag $n\tau$ mit $n$ einer beliebigen positiven oder negativen ganzen Zahl ist eine Decktranslation. In der Translationsrichtung (und nur in dieser) kann sowohl eine Schraubenachse oder eine Drehungsachse als Symmetrieelement auftreten. Symmetrieebenen parallel der genannten Richtung können Spiegelebenen oder Gleitspiegelebenen (mit Gleitkomponenten $\tau/2$) sein. Senkrecht zu der ausgezeichneten Richtung sind nur Parallelscharen von Spiegelebenen oder Digyren denkbar, außerdem ist zulässig, daß in Abständen $\tau/2$ Symmetriezentren aufeinanderfolgen. Symmetriegruppen, die eindimensionale kristalline Konfigurationen ergeben, werden *Kettensymmetriegruppen* oder kurzweg *Kettengruppen* genannt und mit $K$ oder $\infty K$ symbolisiert.

Mathematisch läßt sich beweisen, daß (mit einer Ausnahme) auch in Kettengruppen, gleichgültig ob Drehungsachsen oder Schraubenachsen, Spiegelebenen oder Gleitspiegelebenen vorliegen, die nebeneinander auftretenden Symmetrieelemente in den Winkelbeziehungen zueinander stehen müssen, die für Punkt-

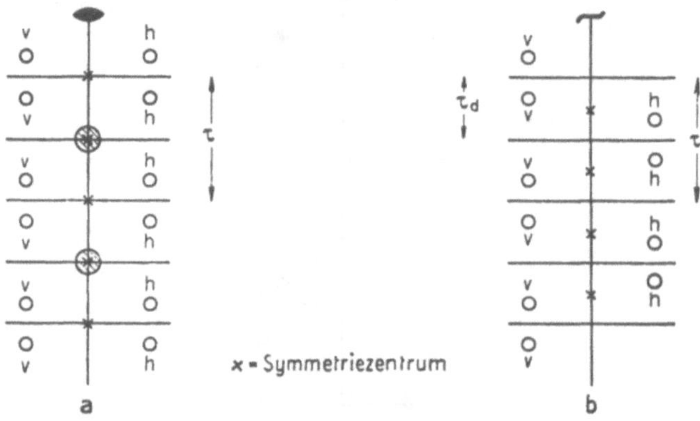


Fig. 37

Zwei Kettengruppen isomorph zu $C_{2h}$. v und h, den Punktnern beigeschrieben, bedeutet vor und hinter der Zeichenebene.

symmetriegruppen gelten. Man kann daher jede Kettensymmetriegruppe geometrisch isomorph zu einer Punktsymmetriegruppe nennen, wobei geometrische Isomorphie gleiche respektive Lage analoger Symmetrieelemente bedeutet. Analog zueinander sind in diesem Sinne alle Symmetrieachsen gleicher Zähligkeit, unabhängig davon, ob es sich um Helicogyren oder Gyren handelt, sowie Spiegelebenen und Gleitspiegelebenen. Es sei dies an zwei Beispielen erläutert.

In Fig. 37a und b sind Ausschnitte aus zwei zu $C_{2h}$ geometrisch isomorphen Kettengruppen gezeichnet, mit einer zweizähligen Drehungsachse (*a*) oder Schraubenachse (*b*) in der Kettenrichtung, einer Schar von senkrecht dazu stehenden Spiegelebenen in Abständen $\tau/2$ und einer Schar von daraus sich ergebenden Symmetriezentren auf der Kettenachse gleichfalls in Abständen $\tau/2$. Die Schraubung trennt jetzt Spiegelebenen und Symmetriezentren voneinander, wie sich in kristallinen Konfigurationen überhaupt Symmetrieuntergruppen in ihre Einzelbestandteile auflösen können. Die Zusammengehörigkeit gleichwertiger Punkte ist in beiden Fällen eine verschiedene. v bedeutet zum Beispiel vor der Zeichenebene, h gleichweit hinter der Zeichenebene. Ohne weiteres ist ersichtlich, daß sich (wie bei den Punktgruppen) hinsichtlich der Lage zu den gewöhnlichen Symmetrieelementen (Spiegelebene, Gyren, Gyroiden, Symmetriezentren) die *Wertigkeiten* und *Symmetriebedingungen* der Punkte und damit auch die Zähligkeiten ändern können. So tritt ein Punkt in einem Symmetriezentrum von Fig. 37a nur einmal auf, wenn Punkte allgemeiner Lage

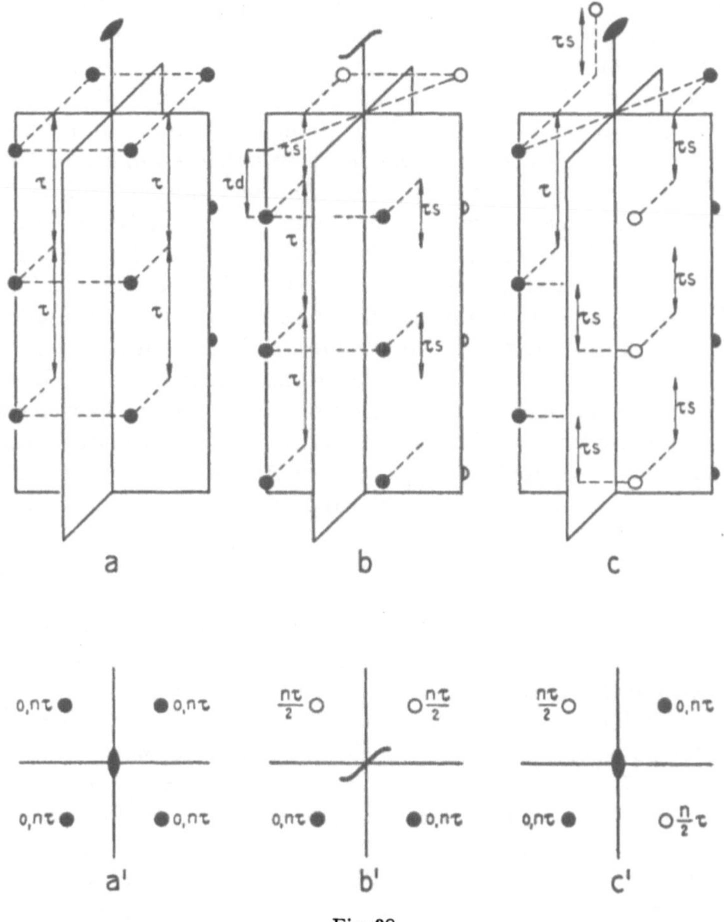

Fig. 38

Drei zu $C_{2v}$ isomorphe Kettengruppen. Oben perspektivische Darstellung, unten Projektion auf Ebene senkrecht zur Kettenachse. Punktlagen sind als Kreise eingezeichnet.

sich vierfach wiederholen. Auch der Begriff der *Freiheitsgrade* behält seine Bedeutung bei.

Ein Abschnitt von der Größe $\tau$ in der Kettenrichtung enthält die gesamte Punktsortenmannigfaltigkeit, die sogenannte *Basis*. Man nennt das einen *Nichtidentitätsbereich* oder *primitiven Bereich*, da von jeder identischen Punktfolge nur ein Punkt dem Bereich angehört und die Gesamtkonfiguration durch lückenlose parallele Aneinanderreihung solcher Identitätsbereiche entsteht. Daß es jedoch nicht angängig ist, diesen Ausschnitt als Molekülgröße zu bezeichnen, zeigt eindringlich Fig. 37 b, in der die vier Punkte allgemeiner Lage so aufgeteilt sind, daß sie keinen in sich geschlossenen Verband bilden, wie er für molekulare Konfigurationen notwendig ist.

In Fig. 38 a, b, c sind die drei zu $C_{2v}$ isomorphen Kettengruppen dargestellt, a besteht aus Digyre und zwei Spiegelebenen wie $C_{2v}$, nur daß sich jetzt die Punktverteilung in Abständen $\tau$ parallel der Achse wiederholt. In der Projektion senkrecht zur Kettenrichtung ergibt sich für Punkte allgemeiner Lage die Fig. a'. Nennen wir eine der Ebenen $\perp$ zur $\tau$-Richtung, in denen die vier Punkte auftreten, die Nullebene, so wiederholen sich alle Punkte in Abständen $n\tau$ mit $n$ einer beliebigen positiven oder negativen ganzen Zahl. In Fig. 38 b ist die zweizählige Achse Schraubenachse, eine Symmetrieebene Gleitspiegelebene. b' zeigt, welche Koten den Punktlagen zukommen. In Fig. c sind beide Symmetrieebenen Gleitspiegelebenen, die zweizähligen Achsen Drehungsachsen; das ergibt für Punkte allgemeiner Lage die Koten der Projektion c' auf eine Nullebene, die zwei der vier Punkte enthält. Man sieht bei weiteren Konstruktionsversuchen leicht ein, daß die Kombinationen zwei Gleitspiegelebenen + Schraubenachse oder eine Gleitspiegelebene, eine Spiegelebene und eine Drehungsachse unmöglich sind, und versteht so, daß mathematisch alle verschiedenen Kettengruppen, also auch die Anzahlen der zu einer Punktsymmetriegruppe isomorphen Kettengruppen, ableitbar sind. Als Punktgruppen kommen nur diejenigen der Tabelle 4 mit ihren Trivialfällen, nicht diejenigen der Tabelle 5 in Frage, da die Auszeichnung einer Richtung als Translationsrichtung $T$-, $O$- und $I$-Gruppen ausschließt.

Indessen ist noch eines Umstandes zu gedenken. Ein eindimensionaler, ins Unendliche reichender Punktverband kann sich auch bei Schraubenachsen mit irrationalem Bruchteil von $360^0$ als Drehungskomponente einstellen, theoretisch wird dann die Translation unendlich groß, praktisch entsteht jedoch ein Vizinalfall zu einer der $C_n$- oder $D_n$-Gruppen mit hohem $n$.

Punktner in Kettengruppen können genau wie in Punktsymmetriegruppen *einparametrige Zusammenhänge* bilden, die aber jetzt ins Unendliche reichen. Das gilt zum Beispiel für die mit großen Kreisen markierten Punkte der Symmetriebedingung $C_{2h}$ in Fig. 37 a, die eine Punktreihe mit einem Abstandswert $\tau$ bilden, es gilt nicht für die eingezeichneten vier Punkte allgemeiner Lage, die deutlich in Einzelbaugruppen zerfallen. Es lassen sich somit, unter Berücksichtigung der neu hinzugekommenen Tatsachen, die bei den Punktsymmetriegruppen erwähnten Begriffe ohne weiteres auf die neuen kettenförmigen Symmetriegruppen übertragen. Hinsichtlich der Symmetrieformeln sei auf den zusammenfassenden Abschnitt am Schlusse dieser Bemerkungen über die kristallinen Konfigurationen verwiesen.

**Zweidimensionale kristalline Konfigurationen.** Gibt es als Decktranslationen zwei voneinander unabhängige Translationsgrößen und -richtungen $\tau_a$ und $\tau_b$ (zwei Translationsvektoren), so sind alle Vektoren, die sich durch

vektorielle Zusammensetzung aus den zwei vorgegebenen ableiten lassen,
Translationsvektoren. Mit anderen Worten: identische Punkte sind in *Netzen*
angeordnet, d. h. sie wiederholen sich in den Ecken gleichgroßer, lückenlos aneinanderschließender Parallelogramme (Fig. 39 a und b).

Jede Verbindungslinie von einem identischen Punkt zu irgend einem anderen identischen Punkt stellt einen Translationsvektor dar, der die gesamte

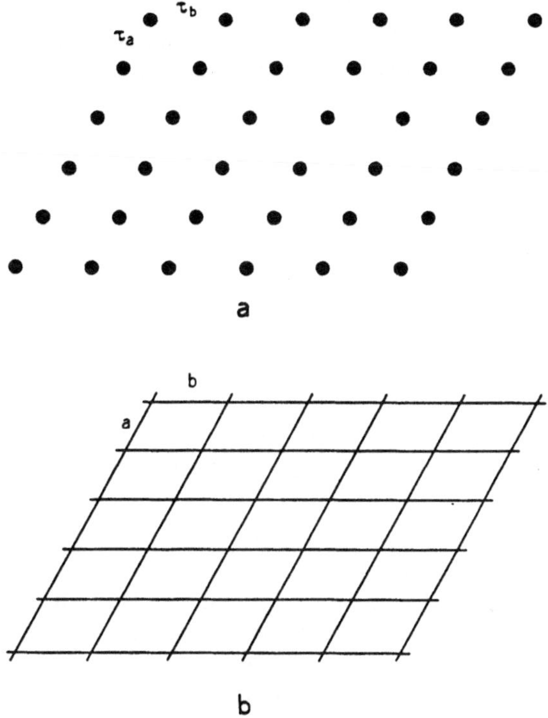

Fig. 39

Verteilung identischer Punkte in einer Netzebene. a = Punktverteilung, b = zur Punktverteilung
gehöriges «Netz».

sich ins Unendliche ausdehnende Punktkonfiguration mit sich selbst zur Dek-
kung bringt. Senkrecht zu der Ebene der Translationsgruppe können Parallelscharen von Drehungsachsen, eventuell Gyroiden, Spiegelebenen oder Gleitspiegelebenen mit Gleitkomponenten von der halben Größe einer Decktranslation vorhanden sein, in der Ebene der Translationsgruppe sind Symmetriezentren, Digyren und Dihelicogyren möglich, auch kann die Translationsebene
Spiegel- oder Gleitspiegelebene sein.

Allein, die so zur Geltung kommenden Symmetrieelemente der einzelnen
zweidimensionalen kristallinen Symmetriegruppen dürfen die Translationsgruppe ihrem Charakter nach nicht zerstören, sondern nur spezialisieren, indem
die Parallelogramme besondere, höhersymmetrische Formen (Rhomben, Qua-

drate, aus zwei gleichseitigen Dreiecken zusammengesetzte Rhomben) annehmen. Daraus folgt, wie in jedem neueren Mineralogiebuch nachgelesen werden kann, daß als Symmetrieachsen senkrecht zur Translationsebene nur Digyren, Trigyren, Tetragyren, Tetragyroiden und Hexagyren in Frage kommen, d.h. daß $n$ in der Tabelle 4 auf Seite 44 nicht mehr beliebige Werte annehmen kann. Unter Berücksichtigung dieses Umstandes ergibt die mathematische Ableitung, daß der Symmetrie nach nur 80 verschiedene Symmetriegruppen zweidimensionaler kristalliner Konfigurationen existieren. Da sich alle Punkte derartiger Punkthaufen in einer Schicht zwischen zwei ins Unendliche reichenden Ebenen befinden und die Translationen ein Netz bilden, werden diese

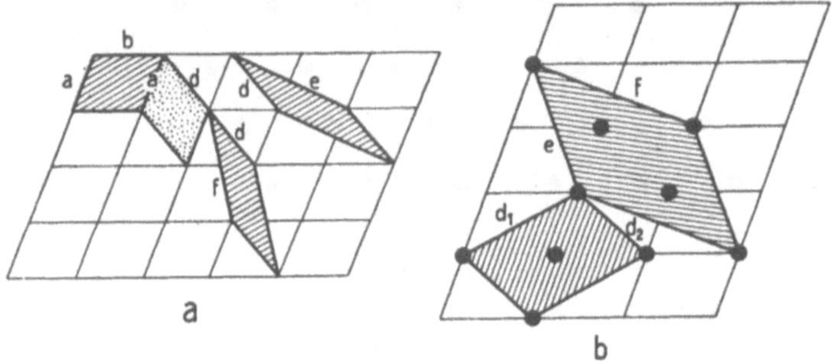

Fig. 40

Verschiedene Netzeinteilungsmöglichkeiten. a = einfach primitive Parallelogramme, b = mehrfach primitive Parallelogramme.

Symmetriegruppen *Netz-* oder *Schichtgruppen* bzw. *Netzsymmetriegruppen* (abgekürzt $N$ bzw. $\infty N$) genannt. Liegen alle Punkte in ein und derselben Ebene, d.h. ist die Schichtdicke = Null, so ist der Bereich der Nichtidentität durch eines der Parallelogramme mit Translationsgrößen als Seiten und mit kleinstmöglichem Inhalt (primitives Parallelogramm) konstruierbar. Es gibt in jedem Netz unendlich viele solcher Parallelogramme, die alle den gleichen Inhalt $J$ besitzen.

Fig. 40a zeigt für eine Netztranslationsgruppe vier solcher *primitiven Parallelogramme.* Sie sind alle dadurch ausgezeichnet, daß keine zu den Eckpunkten identischen Punkte im Innern des Parallelogrammes gehören und die vektorielle Ableitung aus $a$ und $b$, oder $a$ und $d$, oder $d$ und $e$, oder $d$ und $f$ die Gesamtheit aller Decktranslationen ergibt. Zwei Decktranslationen, die dieser Bedingung genügen, heißen ein *primitives Paar.* Werden andere Decktranslationen zur Bildung von Parallelogrammen kombiniert, so umschließen sie einen Bereich, dessen Inhalt $n \cdot J$ ist. In Fig. 40b ist beispielsweise der Inhalt des Parallelogrammes $ef$ dreifach primitiv, zwei zu den Eckpunkten identische Punkte treten im Innern des Parallelogrammes auf. Parallelogramm $d_1 d_2$ ist doppelt primitiv, das Zentrum ist mit den Eckpunkten identisch.

Bei vorhandener Symmetrie wählt man das einfachste, die Symmetriebedingungen in der Gestalt klar zum Ausdruck bringende Parallelogramm als *Elementarparallelogramm* zur Basisdarstellung. Es ist immer einfach oder höchstens doppelt primitiv (flächenzentriert) wählbar. Die Darstellung der Punktverteilung in einem primitiven oder elementaren Parallelogramm genügt zur Charakterisierung der gesamten Punktverteilung, da die darin vorkommende Konfiguration sich lediglich in paralleler Stellung bis ins Unendliche wiederholt. Enthält die Netzebene selbst Symmetrieelemente, so daß gleichwertige Punkte oberhalb und unterhalb des Netzes auftreten können, so ist der Raum der Nichtidentität ein Parallelepiped mit dem primitiven Netzparallelogramm als Mittelebene. Wiederum gilt, daß bei Vorhandensein von Gyren, Gyroiden, Spiegelebenen oder Symmetriezentren die Zähligkeiten, Wertigkeiten und dazugehörige Freiheitsgrade der Punktlagen auf und außerhalb dieser Symmetrie-

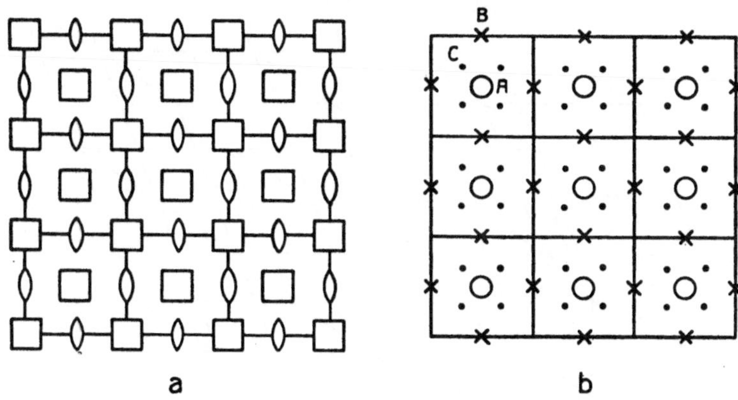

a b

Fig. 41

Netzgruppe mit Schar von Symmetrieachsen isomorph einer Tetragyre. a = Verteilung der Achseneinstichpunkte, b = Punktverteilungen entsprechend der Symmetrie der Achsenschar von a.

elemente verschieden sind. Die Zähligkeiten geben die Zahl der zu einem Elementarparallelogramm gehörigen Punkte einer gleichwertigen Punktsorte an. Sie stehen zueinander im rationalen Verhältnis, d.h. in stöchiometrischer Beziehung.

Fig. 41a zeigt eine Netzsymmetriegruppe mit senkrecht zum Netz stehenden vierzähligen Drehungsachsen, zu denen automatisch parallel zu den Tetragyren Digyren hinzukommen; zugleich wird das Translationsnetz in quadratischer Form darstellbar. Fig. 41b ist eine dazugehörige Punktverteilung. Die Punkte $A$ liegen auf Tetragyren und sind pro Elementarquadrat einzählig, die Punkte $B$ liegen auf Digyren und sind pro Elementarquadrat zweizählig (Punkte auf den Quadratseiten gehören nur zur Hälfte *einem* Quadrat an), Punkte $C$ besitzen beliebige Lage und sind vierzählig. Die ins Unendliche fortgesetzte Konfiguration ergibt somit das Verhältnis der Punkte $A : B : C = 1 : 2 : 4$ entsprechend einer stöchiometrischen Formel $AB_2C_4$. Die homogenen $A$- und $B$-Punktner besitzen in sich einparametrigen Zusammenhang, der $C$-Punktner nicht.

Die Netzsymmetriegruppe der Fig. 41 kann zur Punktsymmetriegruppe $C_4$ geometrisch isomorph genannt werden, sie enthält eine Parallelschar

von Tetragyren, zu denen sich infolge der Auflösung der Symmetrieelemente Parallelscharen von Digyren gesellen, die ja Untergruppen (Teile)
der Tetragyren sind. So treten zum Beispiel auch bei Scharen von sechszähligen Achsen immer zugleich drei- und zweizählige Achsen auf, weil die Drehungen von 120⁰ und 180⁰ als Deckoperationen in den sechszähligen Achsen
enthalten sind.

Allgemein gilt, daß jede der 80 Netzsymmetriegruppen einer Punktsymmetriegruppe in dem Sinne geometrisch isomorph ist, daß sie in Form von
Parallelscharen in analogen Lagebeziehungen die entsprechenden an Symme-

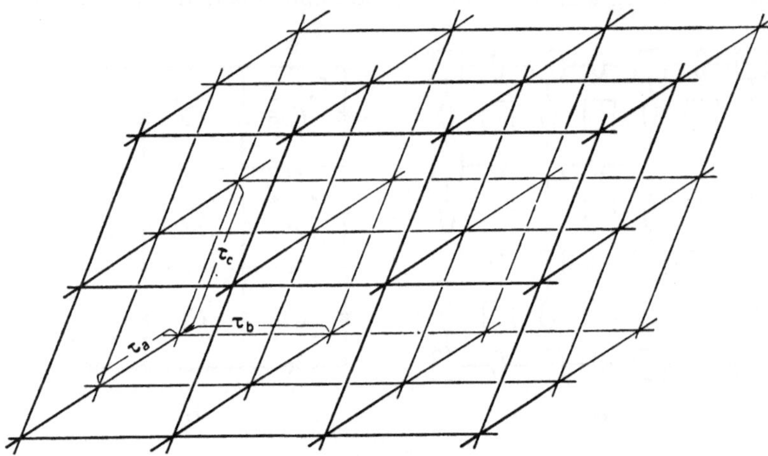


Fig. 42

Schema eines Raumgitters. In den Schnittpunkten der Geraden (Ecken der Parallelepipede) sitzen
identisch sich verhaltende Punkte bzw. Massenteilchen.

trieelemente gebundenen Deckoperationen neben den Parallelverschiebungen
enthält. Da jetzt aber nur zwei-, drei-, vier- und sechszählige Achsen auftreten
können, und eine Ebene, nämlich diejenige der Translationsgruppe, ausgezeichnet ist, kommen als ihnen isomorphe Symmetriegruppen nur in Frage:
$C_1$, $C_i$, $C_2$, $C_s$, $C_{2h}$, $C_{2v}$, $D_2$, $D_{2h}$, $C_3$, $C_{3i}$, $C_{3h}$, $C_{3v}$, $D_3$, $D_{3d}$, $D_{3h}$, $C_4$, $S_4$, $C_{4h}$,
$C_{4v}$, $D_4$, $D_{2d}$, $D_{4h}$, $C_6$, $C_{6h}$, $C_{6v}$, $D_6$, $D_{6h}$. Es können ein und derselben Punktsymmetriegruppe verschiedene Netzsymmetriegruppen geometrisch isomorph
sein, da Symmetrieebenen als Spiegelebenen, Gleitspiegelebenen oder deren
Kombinationen, zweizählige, in der Ebene der Translationsgruppe liegende
Achsen als Drehungsachsen, Schraubenachsen oder deren Kombinationen
darstellbar sind. Außerdem ist zu berücksichtigen, daß $C_2$, $C_s$, $C_{2h}$ und $C_{2v}$ in
zweierlei Stellungen zum Netzebenensystem ($\perp$ oder $\parallel$) möglich sind. Die genaue
Ableitung ergibt die bereits genannten 80 Fälle, die zu 27 Punktsymmetriegruppen isomorph sind. In bezug auf Einzelheiten muß wiederum auf die
Spezialliteratur und das Lehrbuch der Mineralogie und Kristallchemie verwiesen werden; einige, die Symmetrieformeln betreffenden Bemerkungen
erfolgen außerdem nach Abschluß des nächsten Abschnittes.

**Dreidimensionale kristalline Konfigurationen.** Sind drei nicht komplanare Decktranslationen $\tau_a$, $\tau_b$, $\tau_c$ vorhanden, so bildet naturnotwendig die gesamte Translationsgruppe ein Raumgitter (Fig. 42), das sich allseitig ins Unendliche erstreckt. Es resultieren gitterhafte Zusammenhänge, sogenannte *Raumsymmetriegruppen* oder *Raumsysteme*, abgekürzt *G*- oder $\infty$*G*-Gruppen. Die Teilchen sind so angeordnet, wie das seit 100 Jahren für die Teilchenanordnung der normalen dreidimensionalen Kristalle vermutet und im Prinzip seit über 30 Jahren bewiesen wurde. Zueinander identische Punkte bilden die Ecken lückenlos aneinanderschließender, gleich großer Parallelepipede, und rein formal kann jede dreidimensional kristalline Punkt- oder Teilchenkonfiguration als Ineinanderstellung von Punkt- bzw. Teilchengittern dargestellt werden. Jeder Abstand identischer Punkte entspricht einer Decktranslation und alle Decktranslationen gehen aus einem primitiven Tripel von Decktranslationen durch vektorielle Zusammensetzung hervor. Bilden $a$, $b$, $c$ drei solche primitive Translationsvektoren, so ist die Gesamtheit der Translationen vektoriell gegeben durch $\tau = u a + v b + w c$ mit $u, v, w$ als beliebigen ganzen Zahlen.

Parallelscharen von Symmetrieelementen, Drehungsachsen, Schraubenachsen, Spiegelebenen, Gleitspiegelebenen, Gyroiden, Symmetriezentren können wiederum verschiedenen Punktlagen verschiedene Qualitäten (Wertigkeiten, Symmetriebedingungen, Zähligkeiten) verleihen. Den zueinander identischen Punkten gesellen sich dreh-, spiegel-, inversionsgleiche hinzu. Punktner verschiedener Zähligkeit, Wertigkeit und zugeordneten Freiheitsgrades sind die Folge; gleichwertige Punkte brauchen dann nicht mehr einfache Gitter zu bilden, sondern zusammengehörige Gitterkomplexe. Da nur Symmetrieelemente zulässig sind, die den Raumgittercharakter der Translationsgruppe nicht zerstören, sondern lediglich den Parallelepipeden eine spezielle Gestalt verleihen, sind wiederum nur zwei-, drei-, vier-, sechszählige Symmetrieachsen möglich. Jede Raumsymmetriegruppe oder jedes Raumsystem ist einer von 32 Punktsymmetriegruppen geometrisch isomorph, die man die sogenannten *Kristallklassen* nennt. Zu den bei den Netzgruppen erwähnten 27 Fällen kommen hinzu: $T$, $T_h$, $T_d$, $O$, $O_d$. Es gibt im ganzen nach der üblichen Zählweise (zueinander enantiomorphe Gruppen gesondert vermerkt) 230 verschiedene Raumsymmetriegruppen. Die Zahl ist größer als 32, da infolge Ersatzes der Spiegelebenen durch Gleitspiegelebenen, der Drehungsachsen durch Schraubenachsen, der Lage und Art der Symmetrieelemente nach *verschiedene* Raumsysteme *ein* und *derselben* Kristallsymmetrieklasse geometrisch isomorph sein können. Die geometrische Isomorphie der Raumsymmetriegruppen zu den Punktgruppen erhält hier eine einfache Veranschaulichung. Da in den Kristallstrukturen im allgemeinen die kürzesten Teilchenabstände und auch die kürzesten Decktranslationen von der Größenordnung von $10^{-8}$ cm (Ångströmeinheiten) sind, erscheint phänomenologisch, makro- und mikroskopisch der Raum kontinuierlich von Masse erfüllt, jedem individualisierbaren Raumteilchen («Punkt» in übertragenem Sinne) kommt praktisch die Gesamtheit der Deckoperationen zu; ob Spiegelung und Drehung oder Gleitspiegelung und Schraubung mit Translationskomponenten von nur 1/10 000 000 mm vorhanden

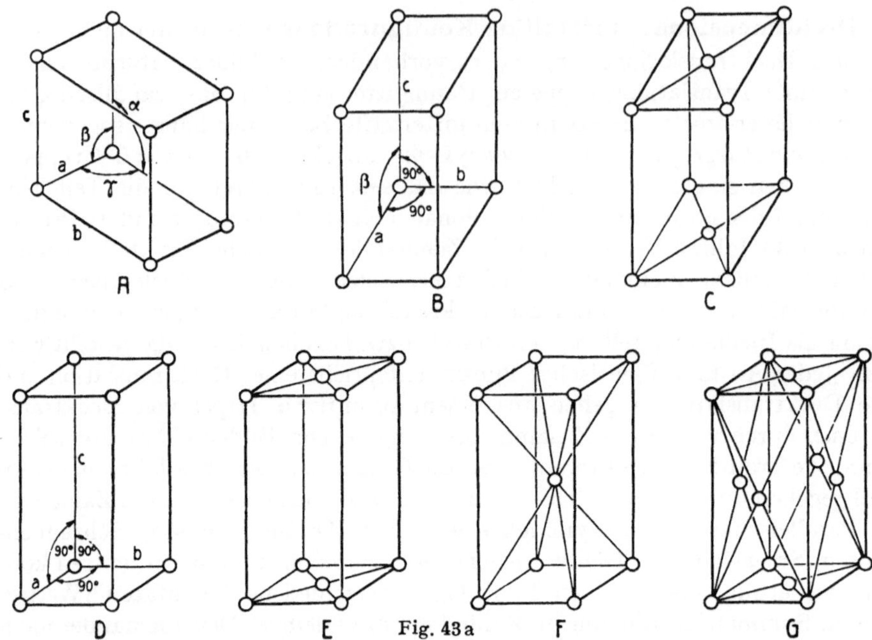

Fig. 43 a

Elementarparallelepipede der Raumgitter. A = triklin, B = monoklin einfach, C = monoklin basisflächenkonzentriert, D = orthorhombisch einfach, E = orthorhombisch basisflächenkonzentriert, F = orthorhombisch innenzentriert, G = orthorhombisch allseitig flächenzentriert.

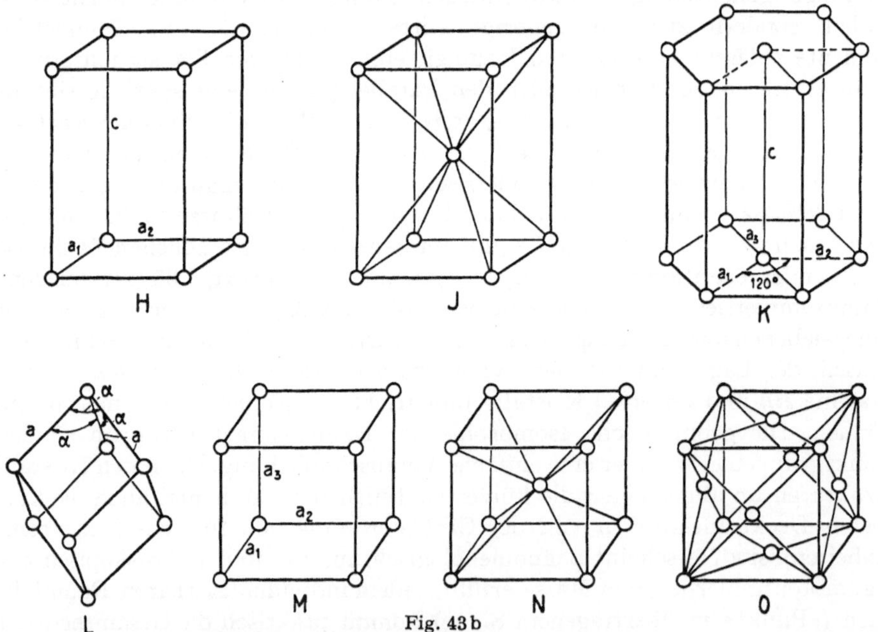

Fig. 43 b

Elementarparallelepipede der Raumgitter (Fortsetzung). H = tetragonal einfach, J = tetragonal innenzentriert, K = hexagonal, L = rhomboedrisch, M = kubisch einfach, N = kubisch innenzentriert, O = kubisch allseitig flächenzentriert.

sind, bleibt ununterscheidbar. Es lassen sich somit für alle Betrachtungen, welche die diskontinuierliche Struktur der Materie nicht erkennen lassen, der Symmetrie nach die zu einer Punktgruppe isomorphen Raumgruppen voneinander nicht mehr unterscheiden. Die 230fache Struktursymmetrievariabilität geht für diese Betrachtung in die 32fache phänomenologische Symmetrievariabilität über.

In Wirklichkeit wird die Punkt- bzw. Teilchenanordnung charakterisiert durch Parallelscharen von Symmetrieelementen, die gewisse Abstände voneinander aufweisen. Der Raum der Nichtidentität ist jetzt ein Parallelepiped mit einem *primitiven Translationstripel* als Kanten. Es genügt vollkommen, die Symmetrie- und Punktverteilung in einem derartigen Parallelepiped anzugeben (als *Basisgruppe*), da sich durch bloße parallele Wiederholung (Periodizität) daraus die ins Unendliche sich erstreckende Gesamtkonfiguration ergibt. Zweckmäßigerweise wählt man zur üblichen Darstellung Parallelepipede mit Translationsgrößen als Kanten, die zu den Symmetrierichtungen in einfacher Beziehung stehen (*Elementarparallelepipede*). Sie sind dann triklin (beliebiges $a, b, c$ mit variabeln Winkeln $\alpha, \beta, \gamma$), monoklin (beliebiges $a, b, c, \alpha = \gamma = 90^0$, $\beta$ variabel), orthorhombisch ($a, b, c$ noch voneinander verschieden, $\alpha = \beta = \gamma = 90^0$), tetragonal ($a = b$, $c$ davon verschieden, $\alpha = \beta = \gamma = 90^0$), hexagonal ($a = b$, c davon verschieden, $\alpha = \beta = 90^0, \gamma = 120^0$), rhomboedrisch ($a = b = c$, $\alpha = \beta = \gamma$, aber nicht $90^0$) oder kubisch ($a = b = c$, $\alpha = \beta = \gamma = 90^0$) wählbar, mit höchstens vierfacher Primitivität (einfach primitiv, doppelt primitiv = einfach flächenzentriert bzw. innenzentriert oder vierfach primitiv = allseitig flächenzentriert) (Fig. 43).

*Im übrigen wird die Symmetrielehre der Raumsymmetriegruppen zur Symmetrielehre der Kristallstrukturen und Kristalle.* Es kann daher wiederum auf die Spezialbücher über Kristallstereochemie und Kristallstrukturlehre verwiesen werden, doch wird man bereits aus der bisherigen Darstellung erkannt haben, daß die früher erwähnten Begriffe der Symmetrielehre der Punktkonfigurationen auch auf die Charakterisierung der $\infty G$-Konfigurationen übertragbar sind.

## E. Symmetrieformeln für kristalline Punktkonfigurationen

**Allgemeines.** Auch für kristalline Punktkonfigurationen lassen sich Symmetrieformeln im Sinne der Formeln von Seite 19ff. aufstellen. Sind an einer Symmetrieoperation Translationen beteiligt, so werden unendlichfache Vertauschbarkeiten in Frage kommen. Es lassen sich jedoch die Größen $\infty$, $\infty^2$, $\infty^3$ vermeiden, wenn nur die Punkte betrachtet werden, die durch die Kleinstzahl primitiver (bzw. elementarer) Translationen zusammengehören, die einen primitiven (oder elementaren) Bereich bestimmen und abgrenzen. Diese zu berücksichtigen erscheint zweckmäßig, damit alle nichtidentischen Symmetrieelemente miterfaßt werden.

In einer Kettengruppe betrachten wir somit alle Punkte, die um eine und nur eine Translation voneinander entfernt sind. Jeder translativ identische

Punkt tritt dann $2^1$ mal auf. In einer Netzgruppe werden alle Punkte betrachtet, die durch die Translationen des primitiven Parallelogrammes auseinanderhervorgehen, also durch Translation nach den Seitenlängen und der Diagonale dieses Nichtidentitätsbereiches. Jeder translativ identische Punkt tritt dann $2^2$ mal auf. In der Raumgruppe werden alle Punkte berücksichtigt, die durch Translationen hervorgehen, die einen Eckpunkt des primitiven Parallelepipedes in die 7 andern Eckpunkte überführen. Jeder translativ identische Punkt tritt dann $2^3$ mal auf.

**Beispiele.** Ein einfachstes Beispiel eines Zweipunktners in ein-, zwei-, dreidimensionaler kristalliner Konfiguration ist durch Fig. 44 a, b, c dargestellt.

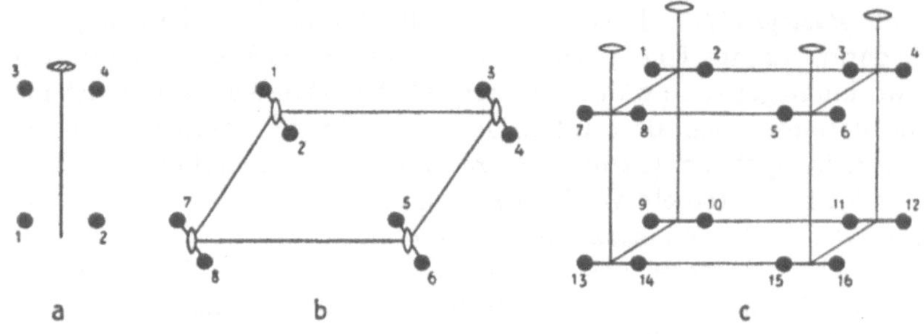

Fig. 44

Digyrischer Zweipunktner in Ketten (a)-, Netz (b)- und Raum(c)-Gruppen isomorph $C_2$.

Translativ identisch sind alle ungeraden Punkte unter sich. Sei $\mathfrak{F}$ die Symmetrieformel der geometrisch isomorphen Punktgruppe, so ist sie zur Erhaltung aller Zyklen in a) mit $2^1$, in b) mit $2^2$, in c) mit $2^3$ zu multiplizieren. Um jedoch lediglich die Zahl gleichwertiger *nichtidentischer* Punkte zu erhalten, ist die Zahl nachher wieder durch $2^1$, bzw. $2^2$, bzw. $2^3$ zu dividieren. Zu $\mathfrak{F}$ als Punktgruppe gehören somit als Kettengruppe die Gruppe $\frac{2^1}{2^1}(\mathfrak{F})$, als Netzgruppe $\frac{2^2}{2^2}(\mathfrak{F})$, als Raumgruppe $\frac{2^3}{2^3}(\mathfrak{F})$.

Als $f_1$-Zyklen bezeichnen wir Überführungen eines Punktes in sich selbst *oder* in einen translativ identischen Punkt. Die Zyklenzahl anderer Operationen braucht dann identische Operationen nicht mehr zu berücksichtigen.

In Fig. 44 a (*Kettengruppe*) wird Überführung von 1 in 1, 1 in 3 einerseits und 2 in 2, 2 in 4 anderseits als $2^1 d_1{}^2$ symbolisiert oder, da wir bei expliziter Darstellung die Punktidentität ($d_1$) von der translativen Identität ($t_1$) unterscheiden, als $d_1{}^2 + t_1{}^2$. Die Vertauschung 1 in 2 ist $d_2{}^1$, mit ihr identisch ist $3 \rightarrow 4$, das also die Zyklenzahl nicht erhöht. Die Vertauschung 1 in 4 (identisch mit 3 in 2) ist jedoch zu erwähnen und gleichfalls als $d_2{}^1$ zu bezeichnen, da es sich um Drehung + Translation um den Identitätsabstand handelt. (Die Grundtranslation ist bereits in $2^1 d_1{}^2 = d_1{}^2 + t_1{}^2$ berücksichtigt und wird bei der Symbolisierung der übrigen Operationen stets als existent betrachtet.) Das Resultat ist für die Kettengruppe der Fig. 44 a:

$$\frac{d_1{}^2 + t_1{}^2 + (2^1) \cdot d_2{}^1}{2^1 \cdot 2}$$

oder abgekürzt und formal $(d_1$ mit $t_1$ vereinigt):

$$\frac{2^1}{2^1}\left(\frac{d_1{}^2 + d_2{}^1}{2}\right) = \frac{2^1}{2^1}\,(C_2).$$

In Fig. 44b (*Netzgruppe*) ergeben nach den gleichen Grundsätzen die Überführungen 1 in 1, 1 in 3, 1 in 5, 1 in 7 einerseits und 2 in 2, 2 in 4, 2 in 6, 2 in 8 anderseits die Formel $2^2 d_1{}^2$, explizite $d_1{}^2 + t_1{}^2 + t_1{}^2 + t_1{}^2$.

1 in 2, 1 in 4, 1 in 6, 1 in 8 können wir, da 4, 6, 8 mit 2 identisch sind, formal als $2^2 d_2{}^1$ bezeichnen. Fig. 44b′ zeigt jedoch, daß die Übergänge 1 in 4 einer Drehung um eine neue Digyre B, 1 in 6 einer Drehung um die neue Digyre D, 1 in 8 der

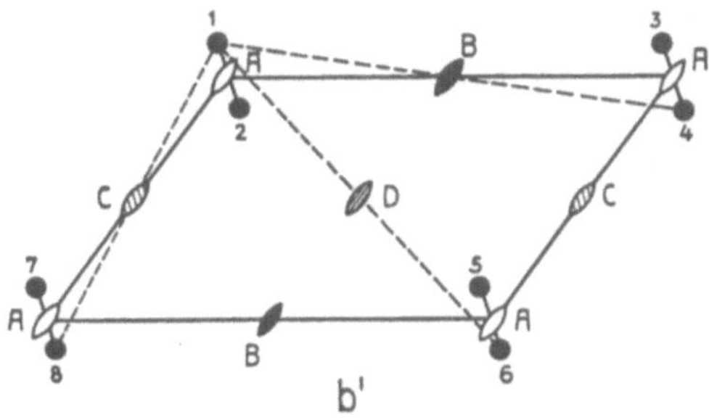


Fig. 44b′

Nachweis, daß neben der Digyrenschar A auch Digyrenscharen B, C und D vorhanden sind.

Drehung um die neue Digyre C entsprechen. $(2^2) d_2{}^1$ wird somit zu der reellen expliziten Aufeinanderfolge $d_2{}^1 + d_2{}^1 + d_2{}^1 + d_2{}^1$.

Allgemein gilt, daß dem primitiven Parallelogramm einer zu $C_2$ isomorphen Netzgruppe viererlei zweizählige Achsen angehören. $\frac{2^2}{2^2}(C_2)$ wird somit formal wohl zu $\frac{2^2}{2^2}\frac{(d_1{}^2 + d_2{}^1)}{4}$, aber explizite zu:

$$\frac{d_1{}^2 + t_1{}^2 + t_1{}^2 + t_1{}^2 + d_2{}^1 + d_2{}^1 + d_2{}^1 + d_2{}^1}{2^2 \cdot 2}.$$

Mit anderen Worten: Die Digyren senkrecht zum Netz treten in Netzgruppen in Parallelscharen von 4 unter sich nicht identischen Digyren auf. $(2^2 d_2{}^1)$ würde nach den Grundsätzen unserer Nomenklatur bedeuten: die $2^2$ Umklappungen beziehen sich auf die gleiche Achse; $d_2{}^1 + d_2{}^1 + d_2{}^1 + d_2{}^1$ sagt aus: es lassen sich im Nichtidentitätsbereich vier voneinander getrennte Achsen unterscheiden. Werden unter dem Einfluß zusätzlicher Symmetrie je 2 von diesen 4 Digyren gleichwertig, so müßten wir schreiben: $2d_2{}^1 + 2d_2{}^1$, da wir stets gleichwertige Elemente addiert haben.

Eine zu $C_2$ geometrisch isomorphe *Raumgruppe* enthält die gleiche Digyrenschar (Fig. 44c) wie die entsprechende Netzgruppe.

Es ergeben 1 in 1 und 2 in 2 $d_1{}^2$, dazu kommen zur Überführung aller identischen Punkte, die in Fig. 44c mit geraden Zahlen bezeichnet sind, die drei

Identitätstranslationen nach $a$, $b$, $c$, diejenigen nach den drei Flächendiagonalen und nach der positiven Körperdiagonale. Keine dieser Translationen ist bei beliebigem $a:b:c$ mit einer anderen gleichwertig, so daß wir explizite schreiben müssen: $d_1{}^2+t_1{}^2+t_1{}^2+t_1{}^2+t_1{}^2+t_1{}^2+t_1{}^2+t_1{}^2$. Die Vertauschungen 1 in 2, 1 in 4, 1 in 6, 1 in 8 entsprechen Drehungen um die in Fig. 44c′ gezeichneten vier Digyren, während die Vertauschungen 1 in 12, 1 in 14, 1 in 10, 1 in 16 keine neuen Symmetrieoperationen ergeben, sondern Drehungen + Translationen um Identitätsabstände darstellen, so daß explizite zu schreiben ist: $(2\,d_2{}^1)+(2\,d_2{}^1)+(2\,d_2{}^1)+(2\,d_2{}^1)$. Die Klammern deuten an, daß sich innerhalb

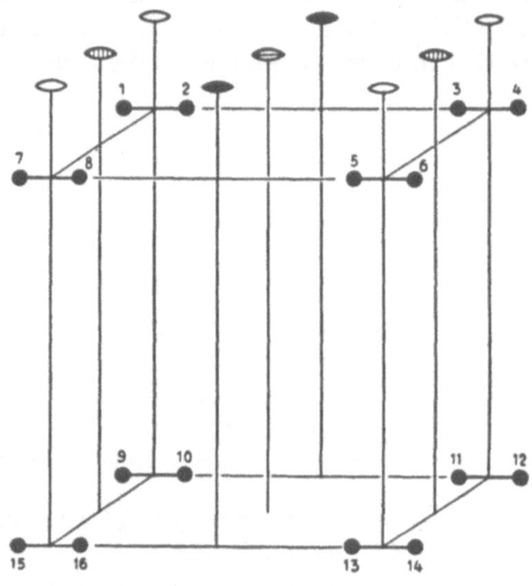


Fig. 44c′

Auch in Raumgruppen sind neben identischen Digyren andere vorhanden.

der Klammern alles auf ein und dasselbe Symmetrieelement bezieht. Somit ist in dieser Darstellung die zu $C_2$ geometrisch isomorphe Raumgruppe $\dfrac{2^3}{2^3}(C^2)$ explizite

$$\frac{d_1{}^2+t_1{}^2+t_1{}^2+t_1{}^2+t_1{}^2+t_1{}^2+t_1{}^2+t_1{}^2+(2\,d_2{}^1)+(2\,d_2{}^1)+(2\,d_2{}^1)+(2\,d_2{}^1)}{2^3\cdot 2}.$$

Formal gilt somit: $\dfrac{2^0}{2^0}\,(\mathfrak{F})=$ Punktgruppe, $\dfrac{2^1}{2^1}\,(\mathfrak{F})=$ Kettengruppe, $\dfrac{2^2}{2^2}\,(\mathfrak{F})=$ Netzgruppe, $\dfrac{2^3}{2^3}\,(\mathfrak{F})=$ Raumgruppe; es ist jedoch in *expliziter Darstellung* die Zahl nichtidentischer Symmetrieoperationen im Nichtidentitätsbereich zu vermerken.

Wie sich nach der Lage der Symmetrieelemente zu den Translationen die Verhältnisse verschieden gestalten können, möge schließlich noch folgendes Beispiel dartun. Es sei eine Digyre senkrecht zu einer Kettenachse vorhanden (Fig. 45a). Auch das ist eine zu $C_2$ geometrisch isomorphe Kettengruppe. Wiederum gilt für sie $\frac{2^1}{2^1}$ $(C_2)$, aber wie leicht aus der Figur ersichtlich ist, tritt nun automatisch zwischen zwei identischen Digyren eine zweite Digyre auf, die 1 in 4, 3 in 6 usw. überführt. Somit müssen wir explizite schreiben:

$$\frac{d_1{}^2 + t_1{}^2 + d_2{}^1 + d_2{}^1}{2^1 \cdot 2} \ .$$

Weiterhin haben wir zu berücksichtigen (siehe Seite 58), daß parallel zu Translationen Schraubenachsen und Gleitspiegelebenen statt Drehungsachsen und Spiegelebenen auftreten können. Schraubenachsen wollen wir mit $h$ (Helicogyren), Gleitspiegelebenen mit $g$ (Gleitspiegelebenen) symbolisieren.

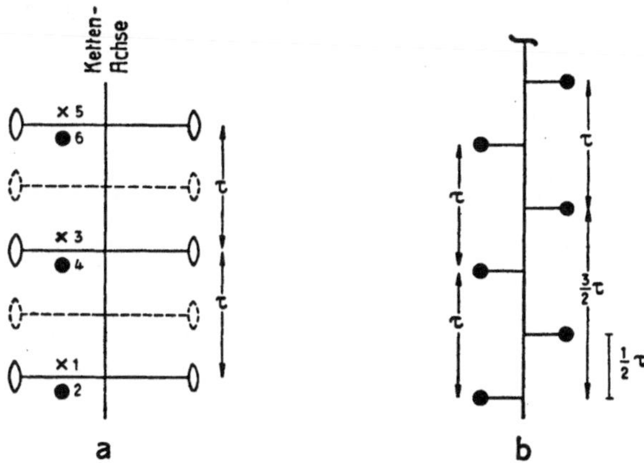


Fig. 45

Kettengruppen isomorph $C_2$. a = Digyren senkrecht zur Kettenachse, b = Helicodigyre parallel Kettenachse.

Da wir zu jedem Punkt der Basis (siehe Seite 72) noch den um 1 $\tau$ entfernten Punkt mitberücksichtigen, ergibt sich für Fig. 45b, einer Kettengruppe, die eine zweizählige Schraubenachse enthält, die Symmetrieformel zu $\frac{d_1{}^2 + t_1{}^2 + (2\,h_2{}^1)}{2^1 \cdot 2}$, entsprechend der Vertauschung identischer und helicodigyrischer Punkte. Auch diese Kettengruppe ist der Punktsymmetriegruppe $C_2$ geometrisch isomorph.

Es gibt somit drei zu $C_2$ geometrisch isomorphe Kettengruppen:

$$\frac{2^1}{2^1}\,(C_2) = \underbrace{\frac{d_1{}^2 + t_1{}^2 + (2d_2{}^1)}{2^1 \cdot 2} \ \text{oder} \ \frac{d_1{}^2 + t_1{}^2 + (2\,h_2{}^1)}{2^1 \cdot 2}}_{\text{Achse} \,\|\, \text{Kettenrichtung}} \ \text{oder} \ \underbrace{\frac{d_1{}^2 + t_1{}^2 + d_2{}^1 + d_2{}^1}{2^1 \cdot 2}}_{\text{Achse} \,\perp\, \text{Kettenrichtung}} \ .$$

Die Zähligkeit von Punkten allgemeiner Lage für den Identitätsbereich ist in allen drei Fällen $= \dfrac{1 \cdot 2 + 1 \cdot 2 + 2 \cdot 1 + 2 \cdot 1}{2 \cdot 2} = 2$, genau so wie in $C_2$ selbst.

Neben der durch Fig. 44b dargestellten Schar zweizähliger Digyren gibt es vor allem in Raumgruppen noch die durch die Figuren 46a, b dar-

gestellten zwei Scharen, die $C_2$ geometrisch isomorph sind. Die Symmetrieformeln lauten, ohne Berücksichtigung der Translation senkrecht zur Zeichenebene:

Fig. 46a
$$\frac{d_1{}^2+t_1{}^2+t_1{}^2+t_1{}^2+h_2{}^1+h_2{}^1+h_2{}^1+h_2{}^1}{2^2\cdot 2}$$

Fig. 46b
$$\frac{d_1{}^2+t_1{}^2+t_1{}^2+t_1{}^2+d_2{}^1+d_2{}^1+h_2{}^1+h_2{}^1}{2^2\cdot 2}\ .$$

In Wirklichkeit sind im Raum $8\,d_1{}^2$ (d. h. $d_1{}^2$ und $7\,t_1{}^2$) vorhanden und sowohl die $h_2{}^1$ wie $d_2{}^1$ mit 2 zu multiplizieren, als Nenner tritt $2^3\cdot 2$ auf. Im

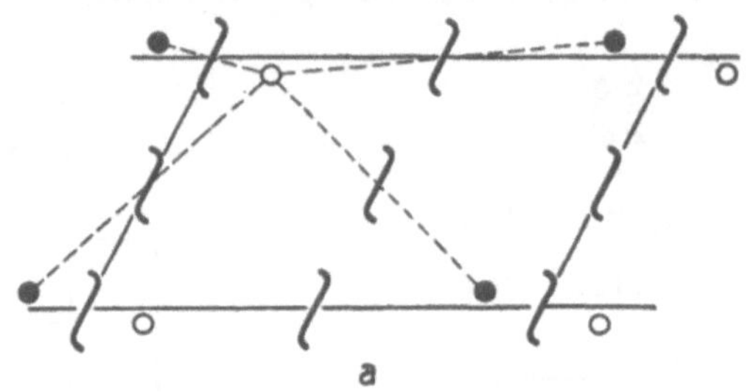



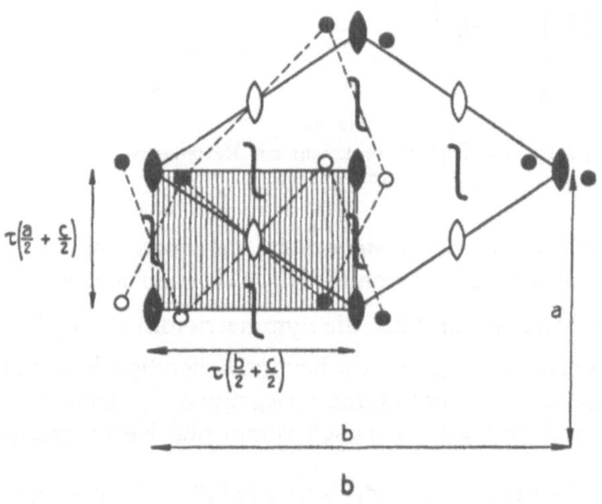



Fig. 46

Raumgruppen mit zweizähligen Symmetrieachsen isomorph $C_2$, wie Fig. 44b′. Die Einstichpunkte
der Achsen sind gekennzeichnet, a enthält nur Schraubenachsen, b enthält Drehungsachsen und
Schraubenachsen.

weiteren sei erwähnt, daß es sechs zu $C_4$ geometrisch isomorphe Raumgruppen
$\frac{2^3}{2^3}(C_4)$ gibt, davon sind beispielhaft vier durch die Figuren 47a, b, c, d dargestellt und durch folgende explizite Formeln charakterisiert:

Fig. 47a ergibt:

$$\frac{d_1{}^4 + 2\,t_1{}^4 + t_1{}^4 + 2\,t_1{}^4 + t_1{}^4 + t_1{}^4 + \left(2\{2\cdot 2\,d_4{}^1 + d_2{}^2\}\right) + \left(2\{2\cdot 2\,d_4{}^1 + d_2{}^2\}\right) + 2\,(2\,d_2{}^2)}{2^3\cdot 4}$$

Fig. 47b ergibt:

$$\frac{d_1{}^4 + 2t_1{}^4 + t_1{}^4 + 2t_1{}^4 + t_1{}^4 + t_1{}^4 + \left(2\{2\cdot 2h_4{}^1 + d_2{}^2\}\right) + \left(2\{2\cdot 2h_4{}^1 + d_2{}^2\}\right) + 2\,(2\,d_2{}^2)}{2^3\cdot 4}$$

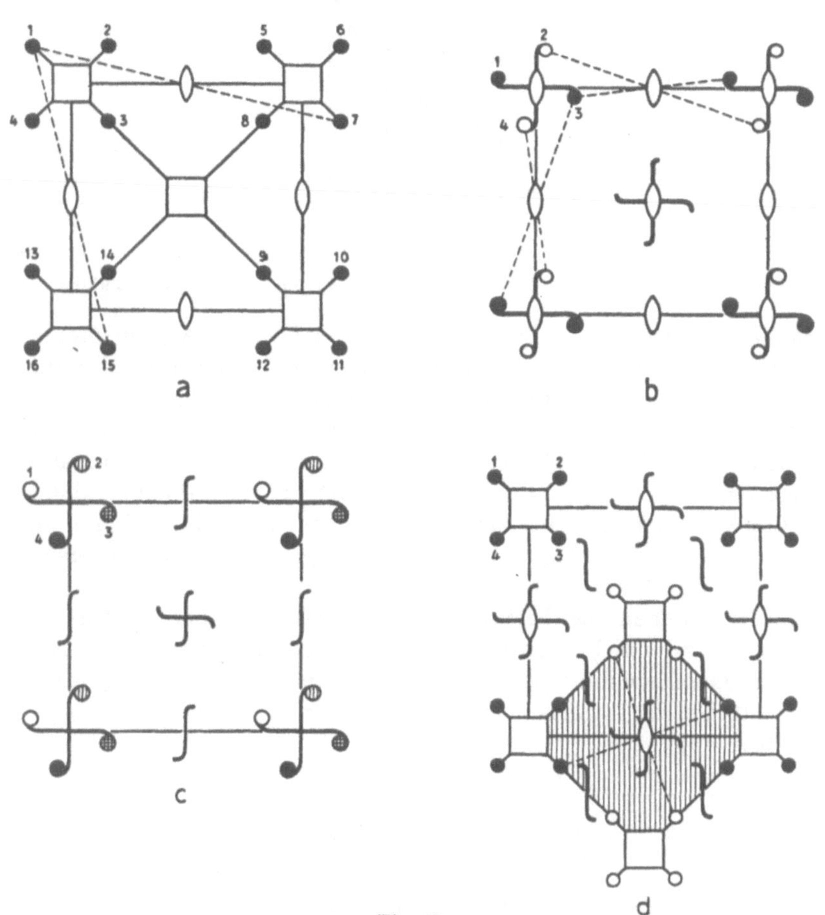


Fig. 47

Vier zu $C_4$ isomorphe Raumgruppen. a enthält nur Drehungsachsen, b enthält zweizählige Drehungsachsen, die teils vierzählige Schraubenachsen sind, c enthält nur Schraubenachsen, d enthält Drehungsachsen und Schraubenachsen. Ausgefüllte Kreise in gleicher Ebene, leere Kreise $\tau/2$ darüber. In Fig. c jedoch sind für $\tau/4$ Höhenunterschiede verschiedene Signaturen verwendet.

Fig. 47c ergibt:

$$\frac{d_1{}^4 + 2t_1{}^4 + t_1{}^4 + 2t_1{}^4 + t_1{}^4 + t_1{}^4 + \left(2\{2\cdot 2h_4{}^1 + h_2{}^2\}\right) + \left(2\{2\cdot 2h_4{}^1 + h_2{}^2\}\right) + 2\,(2\,h_2{}^2)}{2^3\cdot 4}$$

Fig. 47d ergibt:

$$\frac{d_1{}^4 + 2t_1{}^4 + t_1{}^4 + 2t_1{}^4 + t_1{}^4 + t_1{}^4 + \left(2\{2\cdot 2d_4{}^1 + d_2{}^2\}\right) + \left(2\{2\cdot 2h_4{}^1 + d_2{}^2\}\right) + 2\,(2\,h_2{}^2)}{2^3\cdot 4}$$

Die Formeln ergeben sich auf Grund folgender Überlegung. Von den sieben Translationen (Fig. 48) sind jetzt zweimal zwei ($a$ und $a$, $m$ und $m$) gleichwertig. Die Achsen sind teils Drehungsachsen, teils nur Schraubenachsen, teils als vierzählige Achsen Schraubenachsen, als zweizählige Drehungsachsen. Immer gibt es zwei Achsen, die als Ganzes vierzählig sind und neben der Vierzähligkeit die

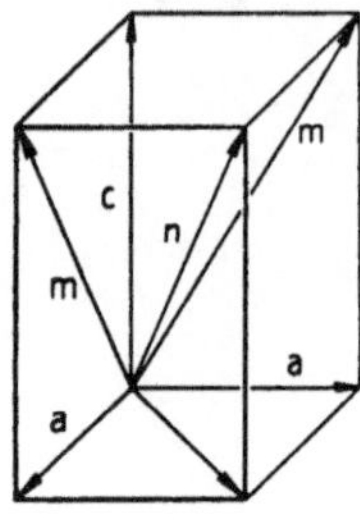


Fig. 48

Die zu einem tetragonalen Elementarparallelepiped gehörigen Decktranslationen.

Zweizähligkeit enthalten, und zwei unter sich gleichwertige Achsen, die nur zweizählig sind. Um die $8 \cdot 4$ durch die Translationen verbundenen Punkte allgemeiner Lage ineinanderüberzuführen, wird jede Achse (unter Berücksichtigung des Ersatzes eines Punktes durch einen identischen) zweimal benutzt. Wieder sind Operationen, die zur gleichen Achsenrichtung gehören, in runden Klammern zusammengefaßt. Leicht wird man in analoger Weise ableiten können, daß immer drei nichtidentische dreizählige Achsen zu einer Schar gehören und daß die zur sechszähligen Achse isomorphe Schar gegeben ist durch eine sechszählige, zwei dreizählige und drei zweizählige Achsen.

Schließlich zeigen die Figuren 49a, b, c, daß zu einer Symmetrieebene Scharen von je zwei nicht identischen Symmetrieebenen geometrisch isomorph sind. Bezeichnen wir die Operationen der Gleitspiegelung mit $g_2$, so werden auf die Netzebenensymmetrie bezogen die Symmetrieformeln der Figuren 49a bis zu 49c.

Fig. 49a ergibt:
$$\frac{d_1{}^2 + t_1{}^2 + t_1{}^2 + t_1{}^2 + (2e_2{}^1) + (2e_2{}^1)}{2^2 \cdot 2}$$

Fig. 49b ergibt:
$$\frac{d_1{}^2 + t_1{}^2 + t_1{}^2 + t_1{}^2 + (2g_2{}^1) + (2g_2{}^1)}{2^2 \cdot 2}$$

Fig. 49c ergibt:
$$\frac{d_1{}^2 + 2t_1{}^2 + t_1{}^2 + (2e_2{}^1) + (2g_2{}^1)}{2^2 \cdot 2} \, .$$

Die Fig. 49d, mit zweierlei verschiedenartigen Gleitspiegelebenen, wovon die eine Gleitkomponenten senkrecht zur gezeichneten Ebene enthält, tritt als mögliche Schar erst in Raumgruppen auf.

Ein weiterer, leicht ableitbarer Satz ist der folgende: Die Symmetriezentren treten in der Ebene immer als vier nichtidentische Zentren pro primitiven Bereich auf, im Raum als 8, d.h. die Multiplikationen mit $2^2$ oder $2^3$ sind stets explizite darzustellen, da sie in Inversionen um verschiedene Punkte auflösbar sind.

Weitere Sätze betreffen die Kombinationen der Symmetrieelement-scharen. Es kann hier nicht der Ort sein darzutun, wie sich auf diese Weise alle verschiedenen Ketten-, Netz- und Raumgruppensymmetrien durch charakteristische Symmetrieformeln darstellen lassen. Die Hinweise werden wohl zur Erläuterung des Prinzipes genügen. Nur ganz kurz sei noch auf zweierlei hingewiesen:

1. Liegen Punkte auf $d$-, $e$-, $s$- oder $z$-Elementen bzw. auf Schnittpunkten solcher Elemente, wird, wie bereits Seite 63 dargetan, die Punktzähligkeit pro

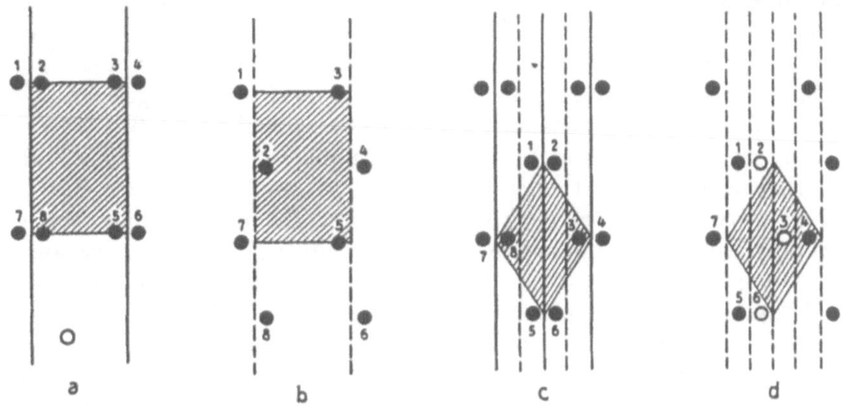

Fig. 49

Aufeinanderfolge von Symmetrieebenen in Netzgruppen isomorph $C_s$. a nur Spiegelebenen, b nur Gleitspiegelebenen. Mitten zwischen den gezeichneten Symmetrieebenen von a und b befindet sich, wie leicht ersichtlich, die Spur einer weitern, nicht gezeichneten gleichartigen Symmetrieebene. c = Spiegel- und Gleitspiegelebenen, $d$ = zweierlei Gleitspiegelebenen. Schraffiert = primitives Parallelogramm. Gefüllte Punkte in Zeichenebene, leere Kreise in $\tau/2$ darüber.

Nichtidentitätsbereich erniedrigt. So ergibt sich für einen Punkt auf einer Spiegelebene der Fig. 49a automatisch die Formel:

$$\frac{d_1{}^1 + t_1{}^1 + t_1{}^1 + t_1{}^1 + (2e_1{}^1) + (2e_1{}^1)}{2^2 \cdot 2},$$

d.h. die Zähligkeit

$$\frac{1+1+1+1+2 \cdot 1 + 2 \cdot 1}{4 \cdot 2} = 1.$$

Dabei muß berücksichtigt werden, daß die Spiegelung an der zweiten Ebene Punkte in identische überführt, was wiederum $e_1{}^1$ und nicht $e_2{}^1$ ergibt.

2. Mit Hilfe von Symmetrieformeln würden sich auch die Mannigfaltigkeiten erläutern lassen, die in bezug auf die Punktverteilung entstehen, wenn einzelne der Punkte durch unterscheidbare ersetzt werden (entsprechend den Isomerien bei Substitutionen in Punktsymmetriegruppen, siehe Seite 23ff.). Es ist dies von Bedeutung für die Mischkristallbildung durch Atomsubstitution. Allein es wäre dann unrichtig, nur die nächsten translativ identischen Punkte zu betrachten, theoretisch ist die ∞fache Vertauschbarkeit zu berücksichtigen. Deshalb lohnt es sich nicht, diesbezügliche Rechnungen anzustellen. Eine in-

dessen ohne weiteres evidente Schlußfolgerung ist folgende: Es wird sich selbst bei endlicher Größe einer kristallinen Konfiguration eine ungeheuer große Zahl verschiedener Verteilungen diadocher Partikelchen ergeben.

## F. Allgemeines über die Anwendung der Symmetrielehre auf Teilchenkonfigurationen

**Erste Schlußfolgerungen.** Die Symmetrielehre, von der hier, unter ständigem Hinweis auf die Spezialliteratur, nur einige Grundbegriffe erläutert wurden, ist für das Verständnis und die wissenschaftliche Behandlung stereochemischer Probleme unerläßlich. Sie stellt ein mathematisch vollständig in sich abgeschlossenes Kapitel dar. Kein denkbarer Fall einer gesetzmäßigen starren Punkt- oder Teilchenanordnung wird von ihr nicht erfaßt. Ein Denkschema ist aufgestellt, das nicht nur alle Einzelfälle in sich enthält und diese nach wissenschaftlich wertvollen Prinzipien ordnen läßt, sondern das auch scharf definierte Begriffe zu entwickeln gestattet, die allein ermöglichen, eine Punkt- oder Teilchenkonfiguration so zu beschreiben, daß unmittelbar aus der Beschreibung wichtige Aussagen für das stereochemische Verhalten folgen. Leider hat sich diese wissenschaftliche Betrachtungsweise in der Lehre von den molekularen, endlich in sich abgeschlossenen Teilchenkonfigurationen noch nicht durchgesetzt. Schaden entsteht nicht nur dadurch, daß Übersicht und Vergleichsmöglichkeiten weitgehend erschwert werden und die Molekülspektroskopie nicht unmittelbar aus der Formelsymbolik zu resultieren scheint, sondern es werden zur Bezeichnung der «Gestalt» molekularer Konfigurationen oft in hilfloser Weise nichtssagende Namen geprägt (wie «Sesselform» der Moleküle), die einen unnötigen Ballast darstellen.

Ganz anders haben sich die Verhältnisse für die Stereochemie kristalliner Teilchenkonfigurationen gestaltet. Hier ist von Anfang an das wissenschaftliche Rüstzeug in seinem ganzen Umfang mitberücksichtigt oder doch mitentwickelt worden. Eine Folge dieser Diskrepanz zwischen molekularer und kristalliner Stereochemie ist das häufig anzutreffende Vorurteil, es handle sich um zwei verschiedene Wissenszweige oder es sei an sich bei der Beschreibung des molekularen Verhaltens eine weniger präzise Ausdrucksweise erlaubt. Dadurch geht für die Betrachtungsart die Einheit verloren. Es muß sich daher im Interesse der Begriffsklärung auf dem Gesamtgebiet der Formelchemie die Darstellung der molekularen Stereochemie derjenigen der Kristallstereochemie anpassen.

Die Untersuchung der Symmetrieverhältnisse gibt über die im Konfigurationenverband geometrisch gleichwertigen Punkte bzw. über die durch diese Punkte gekennzeichneten Partikelchen Auskunft. Bereits Seite 46 ist darauf hingewiesen worden, daß die Zähligkeiten dieser (homogenen) Punktner zueinander in rationalem Verhältnis stehen. Bei molekularen Konfigurationen hat es (siehe Seite 37) einen Sinn, nach der Gesamtzahl der die Konfiguration bestimmenden Punkte oder Teilchen zu fragen. Letzteres gilt für die kristallinen Konfigurationen nicht mehr, da an sich zu jeder Punktsorte unendlich viele Teilchen gehören sollten. Das, was man also im erstgenannten Fall Molekulargröße oder Molekulargewicht nennen kann, hat seine Bedeutung verloren. Man kann, auf Formeln bestimmter Atomzahl bezogen, nur noch von Äquivalentgrößen und Äquivalentgewichten oder Formelgewichten sprechen. Bestehen bleibt indessen, daß die Zähligkeiten verschiedener Punktsorten im rationalen Verhältnis zueinander stehen. Zu jedem Raumsystem gehören wie zu jeder Punktgruppe, Netzgruppe oder Kettengruppe bestimmte Zähligkeiten der einander gleichwertigen Punkte. Ja, für die Netz- und Raumgruppen gilt noch eine weit selektiver wirkende Einschränkung. Es kommen nur Zähligkeiten gleichwertiger Punktlagen in Frage, die zueinander im Verhältnis stehen

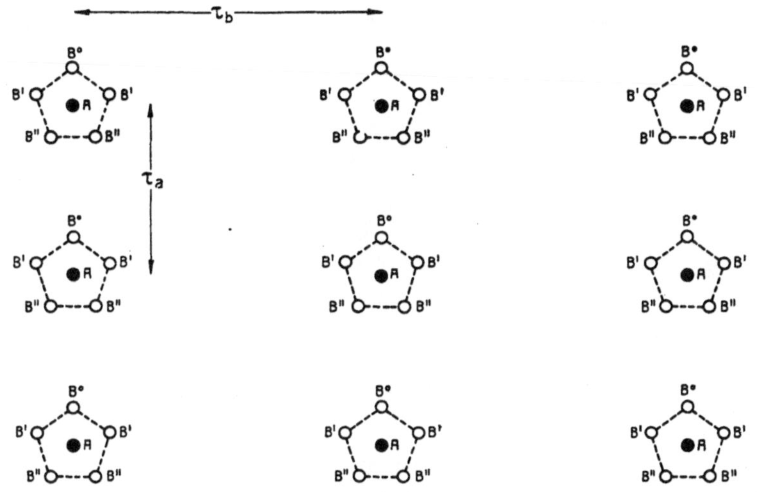

Fig. 50

Anordnung von pentagyrisch zueinander stehenden Punkten in einer Netzebene. Die $B$ sind nicht gleichwertig.

wie die Teiler von 48 (wobei 48 selbst für die Netzgruppen wegfällt), also Verhältniszahlen wie $1:2:3:4:6:8:12:16:24:48$. Daraus läßt sich übrigens für diese Symmetriegruppen von vornherein aussagen, daß in anderen Verhältnissen zueinander stehende Teilchen (zum Beispiel $1:5:7$) nie geometrisch vollkommen gleichwertigen Punktlagen angehören können. Würde man beispielsweise auf chemische Elementensymbole bezogen ein Verhältnis $A_1B_5$ in zwei- oder dreidimensionalen Kristallen finden, so ist mit Sicherheit zu schließen, daß hinsichtlich des Verhaltens in der Konfiguration nicht alle $B$ geometrisch gleichwertig sind, während in Punkt- oder Kettengruppen diese Schlußfolgerung unzulässig wäre. Naturgemäß braucht aber diese reelle geometrische Ungleichwertigkeit nicht total anderes Verhalten zu bedeuten, da verschiedene Punktlagen in einigermaßen analoger Beziehung zueinander stehen können unter Vortäuschung einer gewissen Pseudosymmetrie. Denn auch Pseudosymmetrien und Pseudogleichwertigkeiten spielen in den kristallinen Konfigurationen eine große Rolle, man muß sich ja nur überlegen, wie die Seite 71 erwähnten verschiedenen Translationsgruppen durch Deformationen auseinander ableitbar sind. So kann eine Translationsgruppe oder Punktanordnung triklinen Charakter besitzen, jedoch, weil zum Beispiel $a \sim b \sim c$ sind und $\alpha, \beta, \gamma$ wenig von $90^0$ abweichen, pseudokubisch erscheinen.

In dem Netzebenensystem der Fig. 50 (isomorph $C_s$, mit einer Spiegelebenenschar) sind die unter sich gleichwertigen $A$-Punkte regelmäßig von je 5 $B$-Punkten umgeben, allein diese $B$-Punkte zerfallen in drei Punktsorten $B^0$, $B'$ und $B''$. Nur die $B^0$-Punkte sind untereinander gleichwertig und gleichzählig wie $A$-Punkte, die unter sich gleichwertigen $B'$-Punkte sind zweizählig, die $B''$-Punkte ebenfalls. Es ist somit statt $A_1 B_5$ eigentlich zu schreiben $A_1 B_1^0 B_2' B_2''$. Das im Verband verschiedene Verhalten der verschiedenen $B$-Punkte ist am besten ersichtlich, wenn man Parallelen zu $\tau_b$ betrachtet.

**Fig. 51**

Zwei kristalline Punktkonfigurationen vom «Steinsalztypus». Rechts: kubische Symmetrie. Links: nur trikline Symmetrie. Weiße und schwarze Kugeln bedeuten verschiedene Atomarten.

Längs diesen haben die $B^0$ Abstände $\tau_b$ voneinander, die $B'$ und $B''$ je zweierlei Abstände, die für $B'$ andere als für $B''$ sind. Das weitere Nachbarschaftsbild ist also für die verschiedenen $B$ ungleich, die pentagonale Anordnung der $B$ um $A$ ist nur eine pseudosymmetrische.

Fig. 51 zeigt Ausschnitte zweier einfacher Punktanordnungen im Raume, die eine mit kubischer, die andere mit trikliner pseudokubischer Translationsgruppe. Die Umgebungsbilder für den kubischen Fall sind hochsymmetrisch, für den triklinen Fall nur pseudohochsymmetrisch.

Für die Verwandtschaftslehre kristalliner Konfigurationen kommt derartigen vergleichenden Betrachtungen eine außerordentlich große Bedeutung zu, besonders deshalb, weil auch für sie das Seite 24 erwähnte Symmetrieprinzip gilt und man, ausgehend von hochsymmetrischen Anordnungen, oft niedrigsymmetrische als deren Deformationsbilder beschreiben kann. Ja die Frage, warum bei gewissen Teilchen die Deformationsstrukturen an Stelle der verwandten hochsymmetrischen treten, ergibt wertvolle Problemstellungen atomphysikalischer Art.

Für den Chemiker sind kristalline Punktkonfigurationen als Vergleichsbilder stets endlich zu umgrenzen. Immerhin enthält im allgemeinen ein

Kriställchen von $^1/_{10}$ mm Kantenlänge schon Trillionen Räume der Nichtidentität, so daß die Zuordnung zu einem an sich ins Unendliche reichenden Bauprinzip nicht zuviel Phantasie verlangt. Bei einem Ornament oder einer Tapete haben wir ja diesen Eindruck bereits bei geringer Zahl der Wiederholungen des Grundmotivs. Aber es bleibt bestehen, daß jeder endliche Abschluß einer derartigen Konfiguration künstlicher Art ist, das Prinzip des Aufbaues stört und besondere Randbedingungen schafft. Zuordnung gewisser Teilchenanordnungen zu ein-, zwei- oder dreidimensional ins Unendliche sich erstreckenden Punktkonfigurationen bedeutet daher immer eine Idealisierung der Verhältnisse. Allerdings handelt es sich um die Einführung einer Idealvorstellung, wie sie jede Naturbeschreibung benötigt. Ohne derartige Idealisierungen wäre es uns unmöglich, das Naturgeschehen dem Verständnisziel zu erschließen. Die Vorstellung vermag in unserem Falle so viel Licht auszubreiten, daß wir sie als eine der Natur selbst zugrunde liegende Idee ansehen, als eines ihrer Gestaltungsprinzipien.

Das enthebt uns natürlich nicht der Aufgabe festzustellen, wie sich die Wirklichkeit von dieser Idealvorstellung entfernt. Zunächst sind die Punkte durch Teilchen verschiedener Qualität zu ersetzen, denen wir nicht von vornherein die einem Punkt entsprechende Kugelgestalt zuschreiben dürfen. Das war ja mit ein Grund, die Punktlagen selbst zu werten, ihnen die entsprechenden Symmetriebedingungen zuzuordnen, damit, sofern Morphologisches der Teilchen für die Symmetrie der Konfiguration mitbestimmend wird, die Effekte sofort überblickt werden können. Auch hiebei müssen vergleichende Studien zu Hilfe gezogen werden. Sie führen unter anderem zu dem wichtigen, in jeder Kristallkunde bei Besprechung der Wachstumsgestalt erörterten Begriff der *Ein-* oder *Vieldeutigkeit* einer gegebenen Gestalt oder Form, wozu wir ja auch die Teilchenkonfiguration rechnen dürfen. Es ist zu bestimmen, welches die Minimalbedingungen an Symmetrie sind, damit eine bestimmte Punktverteilung die für sie spezifischen Kennzeichen notwendigerweise besitzen muß; dann ist zu fragen, ob jetzt nicht noch Symmetrieelemente hinzukommen können, die nichts Neues schaffen, sondern nur die Punkte bzw. Teilchen in sich selbst überführen (siehe Seite 21 und Seite 53). Ist dies der Fall, so wirkt Abbau dieser zusätzlichen Symmetrien nicht konfigurationsändernd. Mit anderen Worten: bei verschiedenen, den Punkten zukommenden Symmetriebedingungen bleibt die Punktverteilung gleich, sie ist symmetriegemäß *vieldeutig*. Es leuchtet ein, daß dies bei Fragen nach dem Einfluß von Substitutionen durch körperlich darstellbare Gebilde bestimmter Symmetrie von entscheidender Bedeutung ist.

Jede Punktverteilung wird ferner vorerst wiederum als *starres* Schema betrachtet, die ihr zugeordneten Teilchenhaufwerke aber befinden sich in Bewegung. Dieser Umstand braucht keineswegs die Zuordnung zu erschweren, so lange es möglich ist, Teilchen durch ihre Bewegungsschwerpunkte oder Mittellagen zu ersetzen. Ja gerade dadurch, daß wir wissenschaftliche Darstellungsprinzipien und vergleichende Methoden verwenden, ist es möglich geworden, über den Einfluß gerichteter Lageverschiebungen genaue Auskunft zu geben, das Starrerscheinende in ein Bewegungsbild aufzulösen. Es ist dies die Methode, welche JAKOB STEINER in der Geometrie zur Blüte gebracht hat. Selbst wenn Teilchen um andere rotieren oder bestimmte gekoppelte Bewegungen ausführen, läßt sich der damit verbundene Symmetrieeffekt angeben. Genau so, wie erst durch die vergleichende Morphologie der Lebewesen der Entwicklungsgedanke seine eigentliche Auswirkungsmöglichkeit fand, setzen das Auseinanderentwickeln von Konfigurationen und das Studium der durch Deformationen und Bewegungen erzeugten Veränderlichkeit die begriffsstrenge, vergleichende Symmetrielehre voraus. Es ist unrichtig, zu vermuten, die genaue Analyse der Einzel- oder Mittelbilder von Teilchenkonfigurationen sei zwecklos, weil in Wirklichkeit Bewegung statt Starrheit herrscht. Derartige Vergleiche bleiben nur für diejenigen Spielereien, die ein Momentanbild zu entwerfen versuchen, ohne dieses aus Mangel an Kenntnissen in die geometrische Mannigfaltigkeit eingliedern zu können.

**Abweichungen von den Idealgesetzen.** Aber es ist selbstverständlich, daß hinsichtlich der Zuordnung von natürlichen Konfigurationen zu bestimmten Symmetriefällen der geometrischen Punktverteilungslehre die Mitberücksichtigung von Bewegungen und Deformationen besondere Probleme schafft. So ist denkbar, daß gewisse Teilchen Gitterkomplexe bilden, also einer Raumsymmetriegruppe zugeordnet werden können, während in diesem Gitterfeld andere Teilchen mehr oder weniger *vagabundierend* eingelagert sind, ohne sich an das starre kristalline Verteilungsgesetz zu halten. Welchen Einfluß dies auf das Gesamtverhalten ausübt, kann nur die Erfahrung zeigen. Sie entscheidet, wohin zweckmäßigerweise derartige Teilchenhaufwerke zu stellen sind. Weiterhin ist denkbar, daß gegenüber einem strengen Bauprinzip eine bestimmte Teilchenanordnung *Baufehler* besitzt, beispielsweise einzelne Gitterpunkte unbesetzt sind (Leerstellen). Es ist ja stets zu berücksichtigen, daß es sich bei jeder wirklichen Partikelkonfiguration um etwas Gewordenes handelt, um etwas, das unter dem Einfluß verschiedener Faktoren entstehen und sich aufbauen mußte. Dieser Einordnungsprozeß wird sich nicht immer hindernislos vollziehen können. Wiederum hat die Erfahrung am Naturgegebenen zu entscheiden, wie sich auf das Ganze bezogen derartige *Baufehler* oder *Fehlordnungen* auswirken. Aber auch hier wird erstes Erfordernis sein, die Abweichungen vom Normalverhalten scharf zu charakterisieren und das ist nur möglich, nachdem die *Norm* aufgestellt ist. Besondere Fälle entstehen, wenn in einem sonst gesetzmäßig gebauten Teilchenaggregat Fremdbestandteile eingelagert werden, wodurch die Homogenität (d.h. auf diskontinuierliche Struktur bezogen Periodizität) streng genommen gleichfalls verlorengeht.

Mit dieser *Homogenität* hat es übrigens noch eine besondere Bewandtnis. Sie sollte sich in einer kristallinen Konfiguration in ununterbrochenem Zusammenhang durch das Ganze fortsetzen. Allein es wird im Hinblick auf die Entstehungsgeschichte der Teilchenaggregate nicht verwundern, wenn sie oft nur blockweise verwirklicht ist und von Block zu Block die Translationsgruppen etwas gegeneinander abgesetzt, zum Beispiel verdreht sind (Fig.207). Es handelt sich dann um sogenannte *mosaikartige kristalline Konfigurationen*

(*Mosaikkristalle*), also um Aggregate kristalliner Teilbereiche mit inneren Inhomogenitätsflächen. Sind diese Bereiche um geringe und willkürliche Beträge gegeneinander verschoben, so kann im Mittel phänomenologisch noch das Bild eines Einkristalles entstehen, während strukturell die absolute Einheitlichkeit fehlt (wie das für eine aus Streifen zusammengesetzte Tapete mit nur kleinen Versetzungen der Streifen gegeneinander gilt).

Die große Mehrzahl aller beobachteten Kristalle weist Mosaikstruktur oder andere Baufehler auf, so daß man den *Idealkristallen* die *Realkristalle* gegenübergestellt hat; deshalb wird bei der Verwirklichung der geometrischen Aufbauprinzipien auf diese Fragen nochmals hingewiesen werden müssen.

Eine besonders interessante Erscheinung ist die Aggregatbildung kristalliner Teilbereiche nach bestimmten *Orientierungsgesetzen*, beispielsweise unter Parallelstellung wichtiger und analoger Gittergeraden oder Netzebenen. Auch sie ist nach streng geometrischen Prinzipien darstellbar. Es entstehen bei Verwachsungen verschiedenartiger kristalliner Teilbereiche die sogenannten gesetzmäßigen, *geregelten* bzw. *orientierten Aggregate*, bei Verwachsungen gleichartiger Teilbereiche die *Zwillings-* bzw. *Viellingsbildungen*. Wiederum muß auf die Lehrbücher der Kristallographie, bzw. Mineralogie verwiesen werden, in denen die Erscheinungen und ihre Beziehungen zur Teilchenanordnung jeweilen eingehend besprochen werden.

Genetisch bedeutet das Vorkommen dieser spezifischen Verwachsungsgesetze, daß von jeder kristallinen Partikelkonfiguration ein gewisses Kraftfeld ausgeht, das auf andere entstehende Teilbereiche richtend wirkt. Nun wird dies für jede in sich geordnete Partikelgruppe, selbst wenn sie abgeschlossen erscheint, bis zu einem gewissen Grad zutreffen. Bedenken wir, daß in kristallinen Konfigurationen Einzelteilchen oder Konfigurationen von molekularem Charakter zu neuen, bzw. übergeordneten Verbänden zusammentreten können, daß in der dreidimensionalen Kristallstruktur ein- und zweidimensionale Zusammenhänge enthalten sind, so wird uns, schon nach Abschluß des an sich noch rein geometrischen Teiles, verständlich, daß die klassische Lehre von den Punktkonfigurationen nur die *Grenzfälle der Ordnung* betrachtet und noch viel Platz frei läßt für teilweise Regelungen, d. h. Abweichungen von dem Zustand des völligen Ungeordnetseins ohne Erreichung völliger Einordnung. Gegenseitige Beeinflussungen von haltbaren Teilchenverbänden oder Einzelteilchen machen sich dann bemerkbar, ohne zu einer bereits stabilen höheren Ordnung zu führen.

Es ist wohlbekannt, daß zur Hauptsache der sogenannte *flüssige und amorph feste Zustand der Materie* derartige Übergangsstadien enthält und sich zwischen den Grenzfällen «idealer Gaszustand und kristalliner Zustand» einschaltet. Auch kennt man die Schwierigkeiten einer mathematisch-physikalischen Behandlung dieser Aggregatzustände und die Methodik, einerseits ausgehend von den Gasgesetzen (zum Beispiel verdünnte Lösungen), anderseits ausgehend von den Kristallgesetzen (Behandlung als quasikristalliner und pseudokristalliner Zustand), den hiebei auftretenden Problemen Meister zu werden. *Schwarmbildungen* unter angenäherter Parallelstellung linearer oder tafeliger

Moleküle (oder Bruchteilen von Ketten- oder Schichtkristallen) lassen bereits das Walten neuer ordnender Kräfte erkennen und führen in Sonderfällen auch zu den sogenannten *flüssigen Kristallen* oder *kristallinen Flüssigkeiten* über.

Eine andere Erscheinung, die dartut, daß molekulare und kristalline Teilchenordnung nur als Grenzfälle im Aufbau der Materie zu bewerten sind, ist diejenige der *Kolloidchemie*. Je kleiner kristalline Teilbereiche sind (und derartige Stadien werden beim Kristallisationsprozeß durchlaufen, weil kristalline Konfigurationen durch Angliederung, d. h. durch Wachstum entstehen), umso größer ist der Effekt der Randbedingungen. Der Aufbau ist nach außen gestört und muß sich in der abschließenden Hülle dem Milieu anpassen. Ob man daher solche Großpartikelgruppen oder Gruppenaggregate (Primär- und Sekundärteilchen) kristallinen, nach außen gestörten Bauprinzipien oder in der Umhüllung variabeln, großen Molekülen zuordnen will, ist oft eine Ansichtssache. Läßt sich durch irgend ein Hilfsmittel, beispielsweise durch Röntgenstrahlen, eine vorhandene innere Periodizität nachweisen, so ist wohl die erstere Deutung am Platze. Es ist jedoch zu bedenken, daß vielen Molekülen, zum Beispiel solchen von der Gestalt der Fig. 13 und Seite 25 gleichfalls eine Pseudoperiodizität zukommt. Ein sehr großes $C_nH_{(2n+2)}$-Kettenmolekül ist ebenso gut als Bruchstück eines $C_nH_{2n}$-Kettenkristalles zu deuten, dessen unabgesättigte Enden durch zusätzliches H abgesättigt werden, wie als Molekül. Nebenbei mag dieses Beispiel eines Kettenmoleküles oder Faserkristalles noch dazu dienen, auf andere Zwischenstadien aufmerksam zu machen, die durch *Verbiegung* normaler Teilchenanordnungen entstehen, in diesem Falle etwa durch *Knäuelbildung* oder *Verzwirnung*. Auch auf diese Erscheinungen wird im letzten Kapitel zurückzukommen sein.

So wird offensichtlich, daß der natürlichen Mannigfaltigkeit gegenüber die besprochene Symmetrielehre der Punktkonfigurationen eine ungeheure Vereinfachung bedeutet. Aber sie gibt die Zielpunkte an, nach denen sich im anorganischen Geschehen der Aufbau der Materie vollzieht. Die Ableitung der Grundgesetze ist für das Gelingen des Versuches, die reelle Mannigfaltigkeit dem Verständnis zu erschließen, notwendig.

II. KAPITEL

# Die Verbandsverhältnisse innerhalb der Punktkonfigurationen

## A. Die homogenen Bauverbände

**Kennzeichnung der Bauverbände und Koordinationsverhältnisse.**
Im vorangegangenen Abschnitt sind die Symmetrien der Punktkonfigurationen
betrachtet worden, vorwiegend unter Berücksichtigung des qualitativen Verhaltens. Die exakte Beschreibung verlangt Kenntnis der Punktabstände und
der genauen Lagebeziehungen der Punkte zueinander. Sie ist durchführbar,
wenn, bezogen auf einen bestimmten Punkt als Nullpunkt und bestimmte
Richtungen als Koordinatenachsen, die Koordinaten der einzelnen Punkte angegeben werden. Aus Zweckmäßigkeitsgründen wählt man das Koordinaten-
system nicht beliebig, sondern symmetriegerecht, so daß gleichwertige Punkte
einfache Koordinatenbeziehungen zueinander aufweisen. Aus dem gleichen
Grunde wird man einen Punkt mit höchster Symmetriebedingung als Nullpunkt bezeichnen. Bei kristallinen Konfigurationen genügt es, die Lagen der
Punkte in einem Elementarbereich als sogenannte *Basiskoordinaten* anzugeben,
wobei als Einheitsmaßstäbe in den Translationsrichtungen die Translationsgrößen festgesetzt werden. Mit anderen Worten: man paßt das Koordinaten-
system der Symmetrie und Metrik der Konfiguration an. Auch diese Darstellung hat in der Kristallkunde ihre vollständige Durchbildung erfahren, so
daß auf die diesbezügliche Literatur verwiesen werden kann. Wesentlich ist,
daß man sich bei der Anwendung dieser Methode im Transformieren auf andere Koordinatensysteme übt, weil oft nur durch Transformationen Analogien
zwischen verschiedenen Punktsystemen sichtbar werden.

Dem Chemiker liegt seit alters eine andere, gleichfalls quantitativ ausbau-
bare Darstellungsmethode näher. Er verbindet die einzelnen Punkte durch
Striche miteinander und gibt bei präziserer Formulierung die Punktabstände
und die Winkel zwischen den Verbindungslinien an. Allerdings sollte ursprünglich diese Konstruktion mehr als nur ein geometrisches Hilfsmittel sein, die
Striche wurden als Valenzen, Kraft- oder Binderichtungen gedeutet. Die
Stereochemie wird indessen nur dann zu sauberen Begriffsbestimmungen gelangen, wenn sie die verschiedenen Gesichtspunkte vorerst völlig voneinander
trennt. Und es ist unzweifelhaft möglich, in rein geometrischer Weise über
Verbandsverhältnisse, d. h. *Bauzusammenhänge*, einer Punktkonfiguration Aus-

kunft zu geben. Diesen Weg wollen wir beschreiten, bevor nach den Bindekräften gefragt wird, und bevor die Umdeutung des geometrischen Bildes in ein energetisches Bild erfolgt.

Ist eine Punktkonfiguration irgendwelcher Art gegeben, so lassen sich zwischen den Punkten alle möglichen Verbindungsgeraden ziehen. Aus dem Strahlenwirrwarr können wir nach verschiedenen Gesichtspunkten eine Auswahl treffen, beispielsweise nur diejenigen Strahlen stehen lassen, die gleichwertige Punkte miteinander verbinden oder in kristallinen Konfigurationen solche, die identische Punkte als Endpunkte der Strecken aufweisen usw. Als Minimalbedingung kann auch angesehen werden, ein Verbindungssystem zu entwerfen, das nach einem bestimmten Prinzip einen vollständigen Zusammenhang zwischen den Punkten herstellt, jedoch keine über die Erzielung dieses Zusammenhanges hinaus unnötigen Linien besitzt. Anderseits sind Zerlegungen der Punktkonfiguration in Punktverbände möglich derart, daß die verschiedenen Punktverbände miteinander alle oder keinen Punkt gemeinsam haben usw. *Bauzusammenhänge*, die nur gleichwertige Punkte umfassen, werden *homogene*, diejenigen zwischen ungleichwertigen *heterogene* genannt. Sind nur einerlei Punkte vorhanden, so fallen von selbst heterogene Bauverbände außer Betracht.

Unter allen Verbindungsstrecken, die als Endpunkte geometrisch gleichwertige Punkte besitzen, gibt es eine, mehrere oder unendlich viele, die den absolut *kleinsten* Wert aufweisen. Werden die gleichwertigen Punkte durch gleiche Buchstaben, zum Beispiel $A$ bezeichnet, so wird die kürzeste Verbindungsstrecke $d_A$ genannt. Denkt man sich jetzt bei einem $A$-Punktner alle Verbindungsstrecken, die größer als $d_A$ sind, ausgelöscht, so bleiben durch Verbindungslinien markierte Verbände übrig, die wir *homogene Bauverbände* der Punkte $A$ in *1. Sphäre* (oder auch *1. Ordnung*) heißen. Läßt man nur die zweitkleinsten Verbindungsstrecken bestehen, so bilden diese den *homogenen Bauverband* der $A$-Punkte *2. Sphäre* usw.

Der homogene Bauverband 1. Sphäre wird *primärer* homogener Bauverband genannt. Von jedem gleichwertigen Punkt gehen natürlich gleichviele Verbindungslinien $n^{\text{ter}}$ Sphäre aus. Die Zahl wird die *homogene Koordinationszahl* $n^{\text{ter}}$ *Sphäre* genannt (Koordinationszahl abgekürzt: kz). Spricht man kurzweg von *der* homogenen kz, so meint man die kz 1. Sphäre. Das von einem Punkt ausgehende Strahlenbüschel der Verbindungslinien zu gleichwertigen Punkten $n^{\text{ter}}$ Sphäre heißt das zugehörige homogene *Koordinationsschema*: ksch. Es muß den Symmetriebedingungen der Punktlage genügen.

**Die Arten der homogenen Bauverbände.** Es treten nun bei gegebener homogener Punktkonfiguration in bezug auf den homogenen Bauverband 1. Sphäre zwei Möglichkeiten auf:

1. Durch die Verbindungslinien 1. Sphäre wird ein Zusammenhang zwischen *allen* gleichwertigen Punkten $A$ der Konfiguration hergestellt, die Punkte stehen unter sich in *einparametrigem Zusammenhang*, mit $d_A$ als Parameter. Eine Gliederung der Punktmenge $A$ nach ihren Abstandsverhältnissen in Unterverbände ist nicht durchführbar (Isogonalität siehe Seite 48 und 53).

2. Durch die Verbindungslinien $d_A$ entstehen nur *Teilzusammenhänge*. Die Gesamtpunktmenge $A$ zerfällt in gleichwertige, durch $d_A$ zusammengehaltene *Unterverbände*, deren Grenzpunkte voneinander weiter entfernt sind als dem Abstand $d_A$ entspricht. Ihrem Aufbau nach ist die Punktkonfiguration $A$ *stufenförmig* gegliedert. Die Unterverbände werden homogene *Bau-Inseln* oder kurzweg homogene *Inseln* genannt, wenn die durch $d_A$ miteinander verbundenen Punkte innerhalb einer Kugel mit endlichem Radius liegen. In molekularen Konfigurationen wird dies (sofern Unterverbände auftreten) immer der

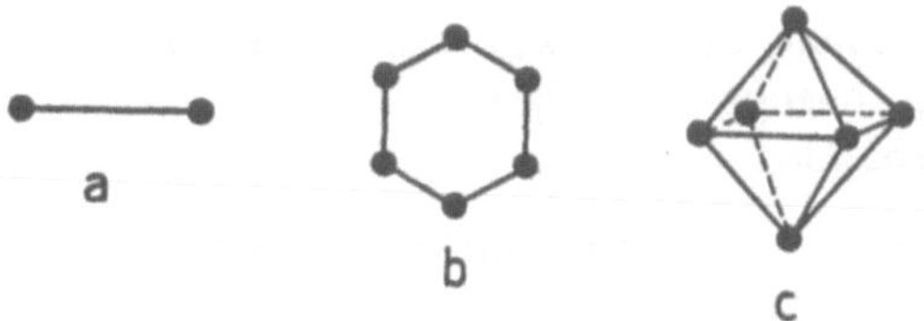


Fig. 52
Bau-Inseln. a $= I^1$, b $= I^2$, c $= I^3$.

Fall sein, in kristallinen können solche Bau-Inseln auftreten. Homogene Bauverbände heißen homogene *Bauketten* oder homogene *Kettenverbände*, wenn die durch $d_A$ verbundenen Punkte innerhalb eines Zylinders mit endlichem Radius und unendlich langer Achse liegen. Derartige Verbände sind in Ketten-, Netz- oder Raumgruppen möglich. Von homogenen *Baunetzen* (*Netzverbänden*) spricht man, wenn die durch $d_A$ miteinander verbundenen gleichwertigen Punkte zwischen zwei parallelen, unendlich ausgedehnten Ebenen mit endlichem Abstand liegen. Erstreckt sich der $d_A$-Verband dreidimensional ins Unendliche, so sind *Baugitter* (*Gitterverbände*) vorhanden. Baunetze treten nur in zwei- oder dreidimensionalen kristallinen Punktkonfigurationen auf, Gitterverbände nur in dreidimensionalen. Weitere Unterscheidungen sind nach F. LAVES wie folgt möglich:

*Homogene Bau-Inseln:*

   *eindimensional* $= I^1$, wenn die Zahl $k$ der verbindenden Strecken gleich ist
   der Zahl $n$ der zur Insel gehörigen Teilchen weniger eins,
   $n = k + 1$.
   *zweidimensional* $= I^2$, $n = k$.
   *dreidimensional* $= I^3$, $n < k$.

Die Figuren 52 a, b, c veranschaulichen Beispiele. In Fig. 52 b brauchen die Verbindungsstrecken nicht alle in einer Ebene zu liegen, neben planaren, gyrischen können auch aplanare, gyroidische (Auf- und Ab-) Ringe als zweidimensionale bezeichnet werden (in der Ausdrucksweise von Seite 47 also $M^2$ und $M^{3(2)}$ umfassen).

*Homogene Bauketten.* Es gibt:

   $K^1$, wenn $k + 1 = n$ ist,

$K^2$ $n < k+1$, jedoch liegen alle $d_A$ in einer zusammenhängenden Fläche (Band, Balken),

$K^3$ $n < k+1$, $d_A$ nicht ein und derselben zusammenhängenden Fläche angehörig (Balken).

Auf eine Ebene bezogen sind die Figuren 53a, b und c Beispiele von $K^1$ und $K^2$.

*Homogene Baunetze.* Es ist nur zwischen $N^2$ und $N^3$ unterscheidbar. $N^2$ ist vorhanden, wenn alle $d_A$ in einer einfach zusammenhängenden Fläche, zum Beispiel in einer Ebene, liegen. Es gibt auf die Ebene als einfach zusammenhängende Fläche bezogen der Symmetrie nach 31 verschiedene einparametrige Netzverbände.

Zerfällt eine homogene Punktkonfiguration nach $d_A$ in Unterverbände, so ist sie *zusammengesetzt*. Man kann vorerst die durch $d_A$ gebildeten Unterver-

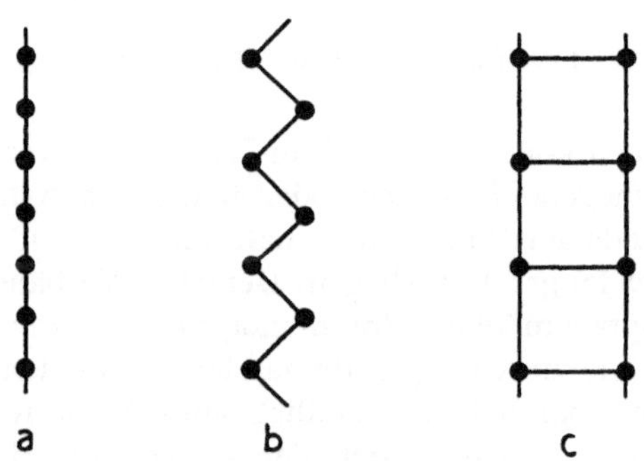

Fig. 53

Bauketten. a = K$^1$, b = K$^1$, c = K$^2$.

bände als *Bauelemente 1. Ordnung* bezeichnen und nun rein beschreibungstechnisch folgendes Verfahren anwenden: Man ersetzt die Punktkonfigurationen der Unterverbände 1. Ordnung durch deren Schwerpunkte $P_1$ und untersucht daraufhin die Verbandsverhältnisse der $P_1$-Punkte. Das heißt: es wird der kürzeste Abstand $d_{P_1}$ dieser $P_1$-Punkte voneinander bestimmt und festgestellt, wieviele $P_1$-Punkte unter sich einparametrig durch $d_{P_1}$ verbunden werden. Sind es alle, so ist in 2. Ordnung der Verband einparametrig geworden. Zerfällt auch noch in bezug auf $d_{P_1}$ die Punktmenge $P_1$ in Unterverbände, so erhält man *Bauelemente 2. Ordnung*. Auch diese können durch ihre Schwerpunkte $P_2$ ersetzt werden, worauf weiterhin die Verbandsverhältnisse der $P_2$-Punkte durch $d_{P_2}$ untersucht werden usw., bis man zu $P_s$-Punkten gelangt, die alle einparametrig im $d_{P_s}$-Verband stehen. Tritt, wie das zum Beispiel in dreidimensionalen, homogenen kristallinen Punktkonfigurationen ohne weiteres der Fall sein kann, als Unterverband $P_n$ ein selbst ins Unendliche reichender Ketten- oder Netzverband auf, so werden zur Auffindung des $P_{(n+1)}$-Verbandes die kürzesten Abstände der Kettenmittelachsen oder Netzmittelebenen benutzt. Dadurch

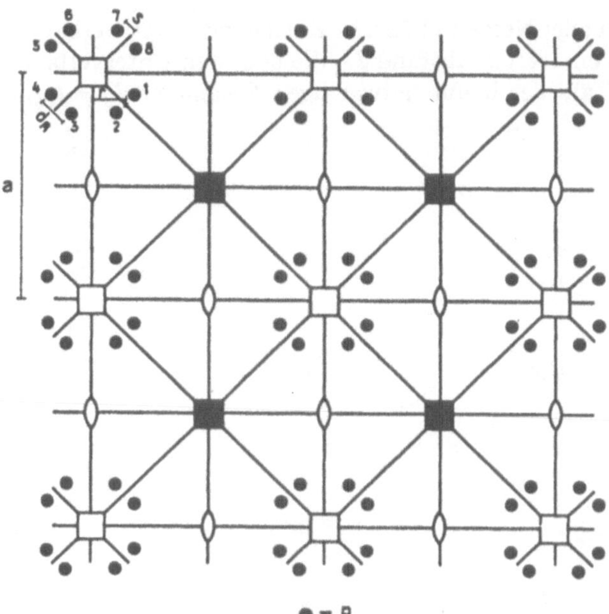



Fig. 54

Punktanordnung in einem Netz isomorph $C_{4v}$. Eingezeichnet sind die Einstichpunkte der Drehungsachsen und die Spuren der Spiegelebenen. $d_A$ = kürzester Punktabstand. Durch Übereinanderschichtung solcher Netzebenen entsteht ein zu $D_{4h}$ isomorphes Raumsystem.

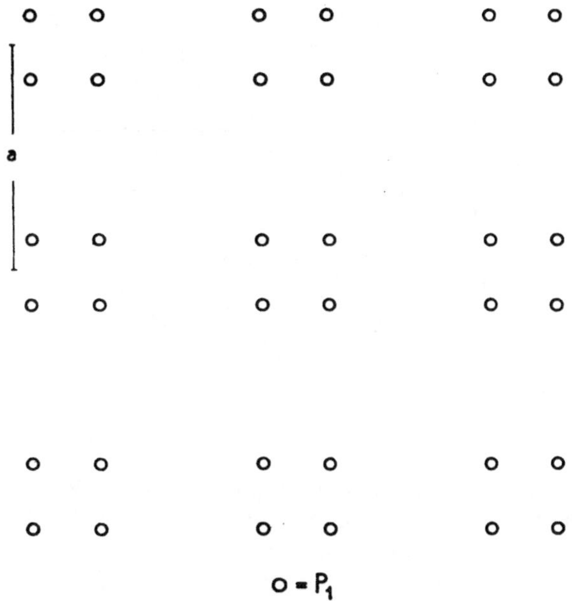

Fig. 55

Die Anordnung der $P_1$-Punkte der Fig. 54.

werden Ketten oder Netze zu höheren Ketten- oder Netzverbänden verbunden, bis schließlich ein letzter Abstand $d_{P_s}$ die höchsten Unterverbände zusammenschließt. Die Zahl der hiefür notwendigen Parameter $d_A = d_{P_0}, d_{P_1} \ldots\ldots d_{P_s}$

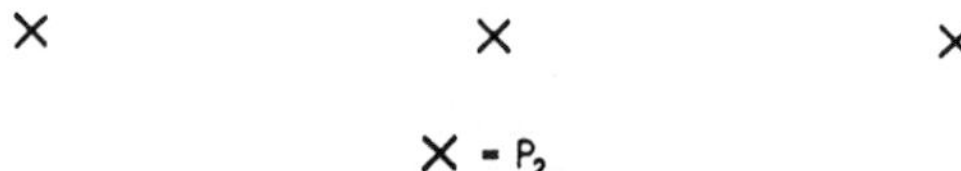



Fig. 56
Die Anordnung der $P_2$-Punkte der Fig. 54.

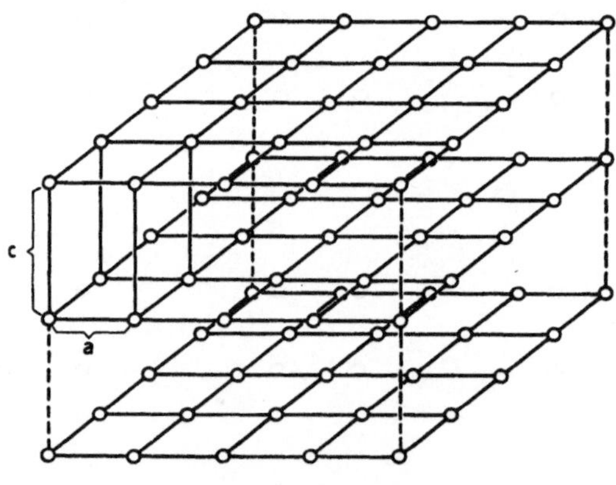

Fig. 57
Anordnung der $P_2$-Punkte von Fig. 54 im Raum, wenn $c > a$.

gibt über die Zusammensetzung der homogenen Punktkonfigurationen der $A$-Punkte Auskunft. Ein schon von F. LAVES in seiner Zürcher Dissertation behandelter Einzelfall diene zur Illustration.

Fig. 54 sei ein Ausschnitt aus einer dreidimensionalen kristallinen homogenen Punktkonfiguration. Auf der in der Zeichenebene in unendlich vielen Quadraten der Kantenlänge $a$ sich wiederholenden Punktverteilung sollen in Abständen $nc$ mit $n = 0, 1, 2, 3 \ldots$ bis $\pm \infty$ gleiche Netzebenen senkrecht übereinander folgen. Die Ausgangspunktlagen $A$ sind durch kleine gefüllte Kreise gekennzeichnet, die auf der Zeichenebene senkrecht stehenden Gyren durch ihre Symbole, die Spiegelebenen durch ihre Spuren. In der Zeichenebene selbst verbindet der kürzeste Abstand $d_A$ zwei spiegelbildlich gleichwertige Punkte wie 1 und 2 oder 3 und 4 oder 5 und 6 oder 7 und 8 usw. Der Bau-

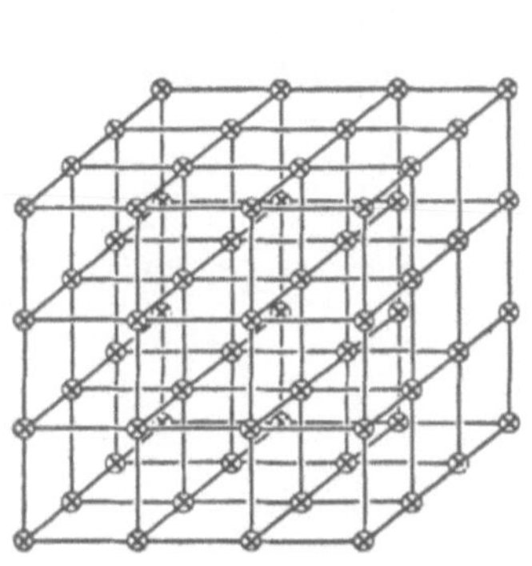

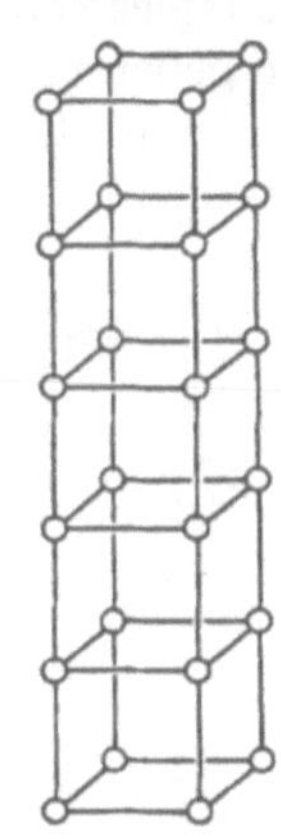

Fig. 58

Gitter der $P_2$-Punkte der
Fig. 54, wenn $c = a$.

Fig. 59

Balken der $P_1$-Punkte der
Fig. 54, wenn $c = 2r$.

zusammenhang 1. Ordnung ist ein *inselförmiger Zweipunktner*, also vom Charakter $I^1$ (Fig. 52). Die Schwerpunkte $P_1$ dieser $I^1$ liegen auf den diagonalen Spiegelebenen (Fig. 55). Der neue Bauzusammenhang 2. Ordnung dieser $P_1$-Punkte liefert Bauinseln $I^2$. Die Schwerpunkte $P_2$ dieser $I^2$ fallen mit den Tetragyren zusammen und der Bauzusammenhang 3. Ordnung in der Ebene ist nun bereits ein netzförmig, ins Unendliche reichender ($N^2$), der alle gleichwertigen Punkte $P_2$ umfaßt (Fig. 56). So lange $c > a$ ist (Fig. 57), bleibt auch für das räumliche Punktsystem die Stufenfolge die gleiche. Nächster Schritt wäre dann die Zusammenfassung dieser $N^2$ durch die Abstände c zum Gitterverband $G^{3n}$. Ist $c = a$, so bilden die $P_2$-Punkte direkt einen einparametrigen Gitterverband $G$, ein Würfelgitter (Fig. 58). Ist·$c < a$, aber $c > 2r$ $(2r = d_{P_1})$, so bilden die $P_2$-Kettenverbände nach der c-Achse, da $d_{P_2} > c$ wird. Es entstehen Ketten $K^1$. Der letzte Schritt ist die Verbandsbildung dieser Ketten im Abstande $a$ zum Gitterverband $G^{3k}$. Mit $c = 2r = d_{P_1}$ ist bereits der $P_1$-Verband als Balken kettenförmig zu symbolisieren. Es resultiert (siehe Fig. 59) $K^{3k} \| c$. Im Abstande $a$ fügen sich die Mittellinien dieser Balken zum Gitterverband $G^{3k}$ zusammen. Liegt der Abstand $c$ zwischen $2s$ und $2r$, also zwischen $d_A$ und $d_{P_1}$, so bilden schon die $P_1$-Punkte Ketten $K^1$ nach $c$. Diese Ketten treten dann zu vieren verbunden durch den Abstand $d_{2r} = d_{P_1}$ zu dreidimensionalen Ketten $K^3$ zusammen usw. Ist schließlich $c < 2s$, so bilden bereits die $A$-Punkte Ketten, die zunächst als $K^{2k}$ und dann $K^{3k}$ und $G^{3k}$ in Bauverbände höherer Ordnung eingehen.

**Homogene Bauverbände und Symmetriebereiche.** Das Beispiel läßt verschiedene allgemeine Gesetzmäßigkeiten homogener Bauverbände erkennen. Die geschilderten Verbandsverhältnisse sind bei gegebener Symmetriegruppe von der Lage der Punkte zu den Symmetrieelementen und den Entfernungen der konstituierenden Punkte von diesen abhängig. Da es immer eine mit einem Symmetrieelement (Drehungsachse, Drehspiegelachse, Schraubenachse, Spiegelebene, Gleitspiegelebene, Symmetriezentrum, Translation) verbundene Deckoperation geben muß, die einen Punkt in einen gleichwertigen überführt, lassen sich die einen Unterverband bildenden Punkte gewissen Symmetrieelementen zuordnen. Sie gehören den *Symmetriebereichen* dieser Symmetrie-

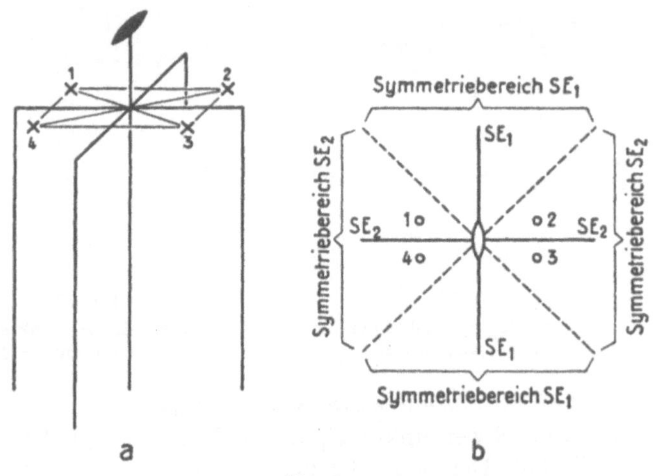


Fig. 60
Symmetriebereiche der Spiegelebenen in $C_{2v}$.

elemente an, wenn wir den Symmetriebereich eines Symmetrieelementes wie folgt definieren: *Innerhalb des Symmetriebereiches eines Symmetrieelementes haben die in bezug auf das Symmetrieelement gleichwertigen Punkte voneinander kleinere Abstände als von allen übrigen gleichwertigen Punkten.*

Man kann bei gegebener Metrik alle zu einer Symmetriegruppe gehörigen Symmetriebereiche konstruieren. Ihre Gesamtheit muß den ganzen für Punktlagen in Frage kommenden Raum bedecken. Es braucht jedoch in einer aus verschiedenen Symmetrieelementen bestehenden Symmetriegruppe nicht jedem Symmetrieelement ein eigener Symmetriebereich zuzukommen. Ist zum Beispiel die Symmetriegruppe $C_{2v}$ (zwei aufeinander senkrecht stehende Spiegelebenen mit der Schnittlinie als Digyre) gegeben, so sind bei allgemeiner Lage vier Punkte einander gleichwertig, die in den Ecken eines Rechteckes sitzen (Fig. 60). Je nach der Seitenlänge dieses Rechteckes können die spiegelbildlich zueinander stehenden 1 und 4, bzw. 2 und 3 oder 1 und 2, bzw. 4 und 3 kürzesten Abstand voneinander besitzen, nie aber 1 und 3, bzw. 2 und 4, die digyrisch zusammengehören. Es haben somit nur die Spiegelebenen eigene Symmetriebereiche, nicht aber die Digyren. Wie leicht ersichtlich, werden die Symmetrie-

bereiche der Spiegelebenen durch Ebenen, die zu ihnen im Winkel von 45⁰
stehen, voneinander getrennt.

Wir wollen zunächst für eine Punktsymmetriegruppe $D_{2h}$ (drei aufeinander
senkrecht stehende Spiegelebenen, deren Schnittlinien Digyren und deren
Hauptsymmetriepunkt ein Symmetriezentrum ist) (siehe Fig. 61 a) die Sym-

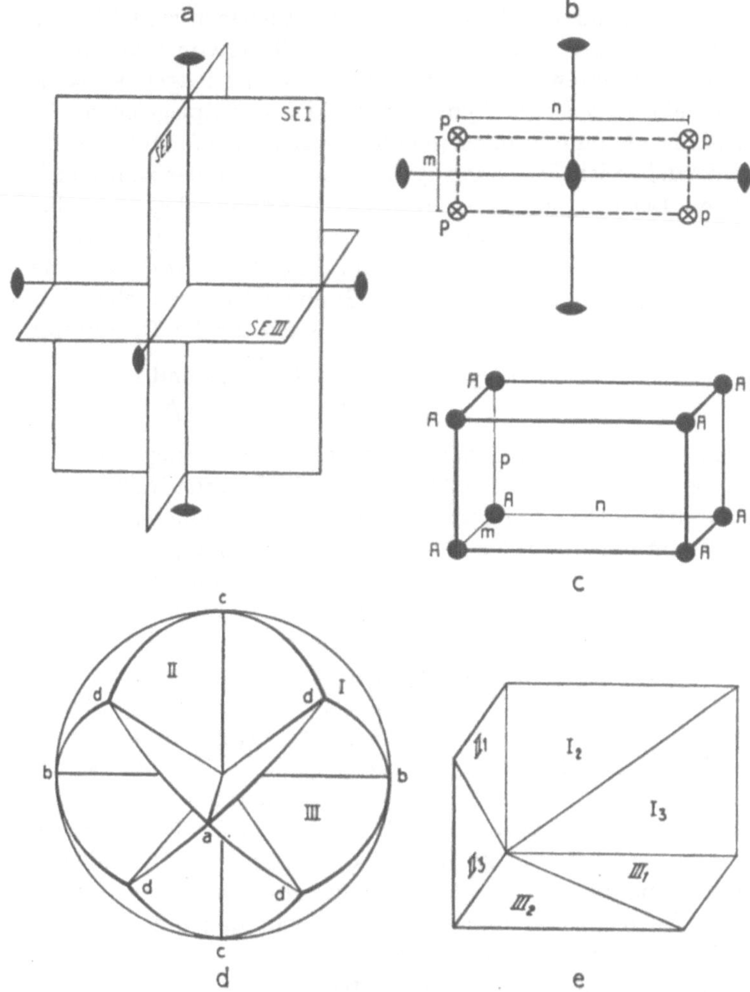


Fig. 61
Symmetriebereiche in $D_{2h}$.

metriebereiche konstruieren, wobei nach dem Vorausgegangenen evident ist,
daß nur die Spiegelebenen, nicht aber die Digyren und das Symmetriezentrum
eigene Bereiche besitzen. Die acht einander gleichwertigen Punkte $A$ dieser
Punktsymmetriegruppe bilden die Ecken eines rechtwinkligen Parallelepipedes
mit dessen Schwerpunkt im Hauptsymmetriepunkt (Fig. 61 b und 61 c). Ist

$m$ die kürzeste Parallelepipedkante, so bilden die in bezug auf Spiegelebene $I$ spiegelbildlichen Punkte die Unterverbände 1. Ordnung, $d_A = m$. Ist $n$ die kürzeste Kante, so fallen die Punkte in den Symmetriebereich der Spiegelebene $II$, $d_A = n$; ist $p$ die kürzeste Kante, so ist, bei $d_A = p$, $A$ im Symmetriebereich der Spiegelebene $III$ gelegen. Alle acht gleichwertigen Punkte $A$ liegen auf einer Kugeloberfläche mit dem Hauptsymmetriepunkt als Mittelpunkt. Die Grenzen der Symmetriebereiche der Spiegelebenen sind Ebenen, die mit ihnen 45° bilden. Sie schneiden auf der Kugel Teile von Großkreisen heraus, die sich in den $d$-Punkten der Fig. 61d treffen. Auf der Kugeloberfläche gehören Punkte im Feld $a\,d\,b\,d$ zum Symmetriebereich der Spiegelebene $III$, innerhalb $d\,b\,c$ ($d$ hinten) zum Symmetriebereich der Ebene $I$, und innerhalb $a\,d\,c\,d$ zum Symmetriebereich $II$. Es genügt natürlich, einen der acht gleichwertigen Punkte (zum Beispiel im oberen rechten Oktanten gelegen) zu betrachten.

Im Bereich $III$ ist der Unterverband 1. Ordnung somit ein Zweipunktner mit $d_A = p$, im Bereich $I$ mit $d_A = m$ und im Bereich $II$ mit $d_A = n$. Die Schwerpunkte dieser Zweipunktner fallen auf die Symmetrieebenen selbst. Konstruiert man in diesen die 45°-Linien (Fig. 61e), so gelten für die $P_1$-Punkte:

$$d_{P_1} = \quad \begin{array}{ccc} \text{Feld } II_1 \text{ und } III_1 & I_2 \text{ und } III_2 & I_3 \text{ und } II_3 \\ m & n & p \end{array}$$

Schließlich ergibt der jeweilen noch nicht in Erscheinung getretene Abstand des Tripels $m$, $n$, $p$ den kürzesten Abstand der $P_2$-Punkte. Nach dem Verhalten in bezug auf die Bildung von Unterverbänden 1. und höherer Ordnung zerfällt somit der Raum um $D_{2h}$ in die durch die Ebenen der Fig. 61d = Fig. 25h gebildeten Teilräume bzw. (bei gegebenem Abstand $r$ der Punktlagen von Symmetriehauptpunkt $D_{2h}$) in die von den Ebenen herausgeschnittenen sphärischen Dreiecke auf der entsprechenden Kugel mit dem Radius $r$.

Liegt nun ein Punkt auf den *Grenzen zweier Symmetriebereiche*, beispielsweise auf $a\,d$ oder $b\,d$ oder $c\,d$, so sind zwei der Größen $m$, $n$, $p$ gleich, d. h. die $A$-Punkte ergeben in 1. Ordnung einen einparametrigen (quadratischen) Vierpunktner. Fallen die $A$-Punkte auf die Bogenteilstücke $d\,d$, so formen die $P_1$-Punkte (Schwerpunkte 2. Ordnung) einen einparametrigen, quadratischen Vierpunktner. Die $d$ entsprechenden Punkte, d. h. die Eckpunkte der Symmetriebereiche, ergeben bereits in 1. Ordnung einen vollständigen einparametrigen Verband mit $m = n = p$, also einen Achtpunktner (Punkte in den Ecken eines Würfels). Das steht in Übereinstimmung mit den Erörterungen von Seite 55, wonach der oktaedrische Achtpunktner (Hexaederecken) in $D_{2h}$ auftreten kann. Punkte auf den Symmetrieebenen selbst besitzen von vornherein nur die Zähligkeit 4 (Symmetriebedingung $C_s$) und schließlich sind Punkte $a$ oder $b$ oder $c$ nur Zweipunktner mit einparametrigem Zusammenhang. Daraus geht hervor:

1. Bei gegebener Symmetriegruppe läßt sich der zur Symmetriegruppe gehörige Raum in Symmetriebereiche der Definition von Seite 94 einteilen.

2. Diese Einteilung läßt für den einfachen Punktner jeder Punktlage angeben, ob in bezug auf die Abstandsverhältnisse Unterverbände auftreten und

wie diese beschaffen sind. Liegen die Punkte im Innern eines Symmetriebereiches, so gehören zum Verband 1. Ordnung $\omega$ Punkte, wenn das Symmetrieelement des Bereiches die Wertigkeit $\omega$ hat. Die Verbindungsstrecken sind einander gleichwertig, doch nennt man kz und ksch. nur dann *einfach*, wenn sie in bezug auf die Symmetriebedingung des Punktes, von dem sie ausgehen, gleichwertig sind.

3. Punkte auf den Grenzen der Symmetriebereiche liegen definitionsgemäß so, daß die Abstände gleichwertiger Punkte in bezug auf zwei oder (Eckpunkte von Symmetriebereichen) mehrere Symmetrieelemente gleich groß werden. Die kz 1. Sphäre wird gegenüber den Punkten im Innern der Symmetriebereiche erhöht. Fallen jedoch die Grenzpunkte nicht selbst auf ein gewöhnliches Symmetrieelement, so sind die neu hinzugekommenen Koordinationsrichtungen nicht mit denen gleichwertig, die Punkte *eines* Symmetriebereiches verbinden. Die kz wird *zusammengesetzt* genannt, wenn die von einem Punkt ausgehenden Koordinationsrichtungen nicht gleichwertig sind in bezug auf die Punktsymmetrie selbst. Die Parametergleichheit für solche Grenzpunkte ist somit teils symmetriebedingt, teils «zufällig». So ist in $D_{2h}$ die Gleichheit $m = n = p$ *nicht* symmetriebedingt. Es müssen in $D_{2h}$ an sich nur die $m$ unter sich, die $n$ unter sich und die $p$ unter sich gleich groß sein. Ist in den $d$-Punkten der Fig. 61 $m = n = p$, so ist die kz 3 der $A$-Punkte zusammengesetzt. In $T_h$ kommen die in den $d$-Punkten (Fig. 61 d) ausstechenden Richtungen als Trigyren zu den Symmetrieelementen von $D_{2h}$. Dann wird für die in $d$-Punkten liegenden $A$ notwendigerweise $m = n = p$. Eine Würfelgestalt des Parallelepipedes Fig. 61 c ist jetzt symmetriebedingt, die kz 3 der $A$-Punkte einfach (siehe darüber auch die Erörterungen von Seite 55).

4. Die einparametrigen Zusammenhänge von $A$-Punkten oder von $P_n$-Punkten, die aus Unterverbänden derselben abgeleitet werden, symbolisieren wir folgendermaßen: Wir schreiben zu den Punkten die kz 1. Sphäre, aufgelöst in die in bezug auf die Symmetriebedingung der Punktlage gleichwertigen Koordinationsrichtungen (also im behandelten $D_{2h}$-Falle bei Innenpunkten der Symmetriebereiche 1, bei Grenzpunkten auf $ad$, $bd$, $cd$ $1+1$, bei $d$-Punkten $1+1+1$), geben aber zugleich als Nenner eines Bruches in analoger Weise an, mit wievielen anderen Punkten die mit der Ausgangspunktlage verbundenen Punkte einparametrig zusammenhängen. Besonders, d.h. außerhalb einer eckigen Klammer, wird die Gesamtzahl der zum einparametrigen Zusammenhang gehörigen Punkte vermerkt. So lange alle $A$- oder $P_n$-Punkte jeweilen unter sich gleichwertig sind, was bei Betrachtung von nur homogenen Bauzusammenhängen stets der Fall ist, müssen natürlich Zähler und Nenner des Bruches gleich gebaut sein.

Eine allgemeine Punktlage im Innern der Symmetriebereiche von $D_{2h}$ ergibt nach dieser Regel den Unterverband 1. Ordnung $\left[A\,\dfrac{1}{1}\right]_2$, und die Gesamtkonfiguration setzt sich aus vier solchen $\left[A\,\dfrac{1}{1}\right]_2$-Verbänden, also gewissermaßen aus vier Zweipunktnern zusammen. Für Punkte auf $ad$, $bd$, oder $cd$ resultiert in $D_{2h}\left[A\,\frac{1+1}{\overline{1+1}}\right]_4$ als Unterverband 1. Ordnung, und die Punktkonfiguration zer-

fällt in zwei solche «quadratische» Vierpunktner. Allgemein bedeutet $\left[A\,\frac{1+1}{\overline{1+1}}\right]_4$ :

jedes $A$ ist in 1. Sphäre von $1+1\,(=2)\,A$ umgeben, besitzt somit die kz 2, wobei jedoch die beiden Koordinationsrichtungen nicht gleichwertig sind; jedes an ein willkürlich herausgegriffenes $A$ gebundene andere $A$ gehört den erstgenann-

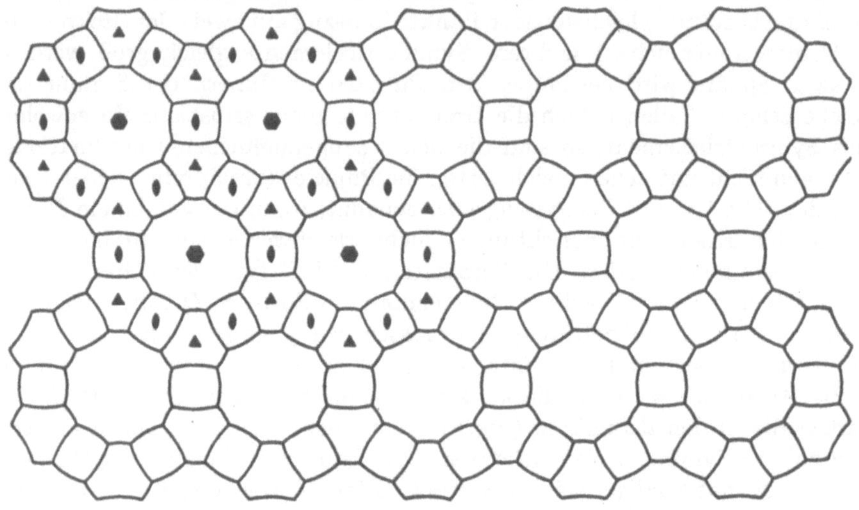

Fig. 62

Symmetriebereiche um Hexagyren, Trigyren, Digyren in einer Netzebene isomorph $C_6$.

ten nur zur Hälfte an, da es ja auch an $2A=(1+1)\,A$ gebunden ist. Im ganzen sind $4\,A$ so einparametrig zusammenhängend.

Um die erste Übersicht zu erleichtern, kann man auch statt $A\,\frac{1+1}{\overline{1+1}}$ schreiben

$A\,\frac{2'}{\overline{2'}}$ (jedes $A$ von $2\,A$ umgeben, die nur zur Hälfte zu einem $A$ gehören), wobei jetzt der Strich bei 2 andeuten soll, daß es sich um zusammengesetzte Koordinationszahlen handelt. Die $d$-Lage (Fig. 61 d) für $A$ ergibt für alle gleichwertigen 8 Punkte *einen* einparametrigen Zusammenhang entsprechend der Formel $\left[A\,\frac{1+1+1}{\overline{1+1+1}}\right]_8$ oder abgekürzt $\left[A\,\frac{3'}{\overline{3'}}\right]_8$ einen in sich geschlossenen Acht-

punktner der zusammengesetzten kz 3. Er wird in $T_h$ zu $\left[A\,\frac{3}{\overline{3}}\right]_8$ mit einfacher kz 3.

5. Stehen unter sich alle gleichwertigen Punkte in einparametrigem Zusammenhang, so sagen wir: sie bilden eine *homogene Kugelpackung*. Denken wir uns nämlich um jeden Punkt Kugeln konstruiert mit gleichmäßig wachsendem Radius, so werden sich alle diese Kugeln berühren, wenn der Radius die Hälfte des kürzesten Abstandes erlangt hat. Die Zahl der Berührungspunkte einer Kugel mit den Nachbarkugeln ist gleich der Koordinationszahl. Die in

Punktsymmetriegruppen auftretenden homogenen Kugelpackungen (wie zum Beispiel in $D_{2h}$ bei allgemeiner Lage $d$ die $\left[A\,\frac{1+1+1}{1+1+1}\right]_8$ -Kugelpackung) enthalten eine bestimmte Zahl $n$ gleichwertiger Kugeln. In kristallinen Konfigurationen wird, sofern ein Parameter *alle* gleichwertigen Punkte erfaßt, $n$ immer $\infty$ sein, jedoch bei endlich bleibender kz.

**Symmetriebereiche in kristallinen Symmetriegruppen.** Die an Punktsymmetriegruppen erläuterte Betrachtung läßt sich in ihrer Gesamtheit auf kristalline Konfigurationen übertragen. In Raumsymmetriegruppen sind die Symmetriebereiche begrenzt von Ebenen und von verschiedenen Flächen 2. Grades (zum Beispiel Flächen von Zylindern, Kegeln, Ellipsoiden, zwei-

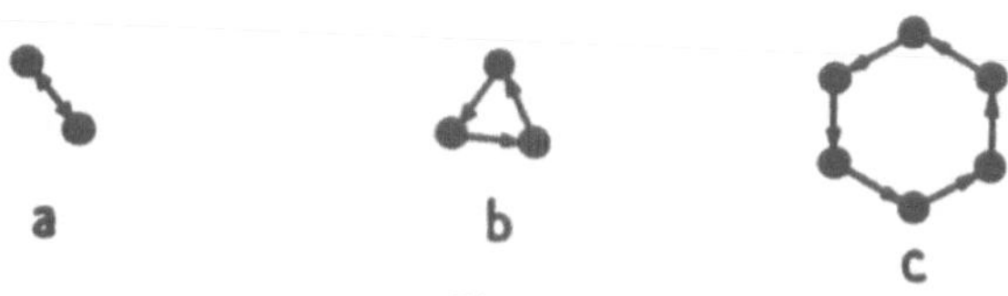

Fig. 63

Inselkonfigurationen im Symmetriebereich: a einer Digyre, b einer Trigyre, c einer Hexagyre.

schaligen Hyperboloiden usw.) und den zugehörigen Schnittlinien und Schnittpunkten, die auch als ebensolche Kurven in zwei- oder eindimensionalen kristallinen Symmetriegruppen auftreten. Ist zum Beispiel eine Parallelschar von Hexagyren vorhanden (zwischen denen nach Seite 78 immer gesetzmäßig Trigyren und Digyren liegen), also eine zu $C_6$ isomorphe Netzgruppe, so sind die Symmetriebereiche senkrecht zu den Gyren so umgrenzt, wie das Fig. 62 zeigt. Jede Drehungsachse hat ihren eigenen Symmetriebereich, innerhalb dessen die darauf bezogenen gleichwertigen Punkte im engeren Verbandsverhältnis stehen. Im digyrischen Symmetriebereich ist es $\left[A\,\frac{1}{1}\right]_2$, im trigyrischen $\left[A\,\frac{2'}{2'}\right]_3$, im hexagyrischen $\left[A\,\frac{2'}{2'}\right]_6$ entsprechend den Figuren 63a, b, c, in denen die Pfeile die gleichwertigen Enden gleichwertiger Koordinationsrichtungen angeben. Die Grenzkurven sind Teile von Hyperbelästen. Es bilden in diesem Falle alle Punkte der Grenzen der Symmetriebereiche ins Unendliche reichende einparametrige Zusammenhänge, also planare homogene Kugelpackungen oder auf die Ebene bezogen Kreispackungen. Sie sind in den Figuren 64a, b, c, d, e, f, g dargestellt.

Fig. 64a veranschaulicht die Kugelpackung eines an sich beliebigen Punktes an der Grenze Symmetriebereich Digyre-Hexagyre: es ist ein $\left[A\,\frac{3'}{3'}\right]_\infty$ $N$-Verband. Liegt der Punkt auf der Verbindungslinie Einstichpunkt Digyre-Hexagyre selbst, so entsteht Fig. 64b. Fig. 64c ist eine $\left[A\,\frac{4'}{4'}\right]_\infty$ $N$-Packung. Sie wird von Punkten gebildet an der Grenze der Symmetriebereiche Trigyre-Hexagyre. Im Schnittpunkte der Verbindungslinie der Einstichpunkte Trigyre-Hexagyre resultiert die äußerlich symmetrischere Verteilung Fig. 64d. An der

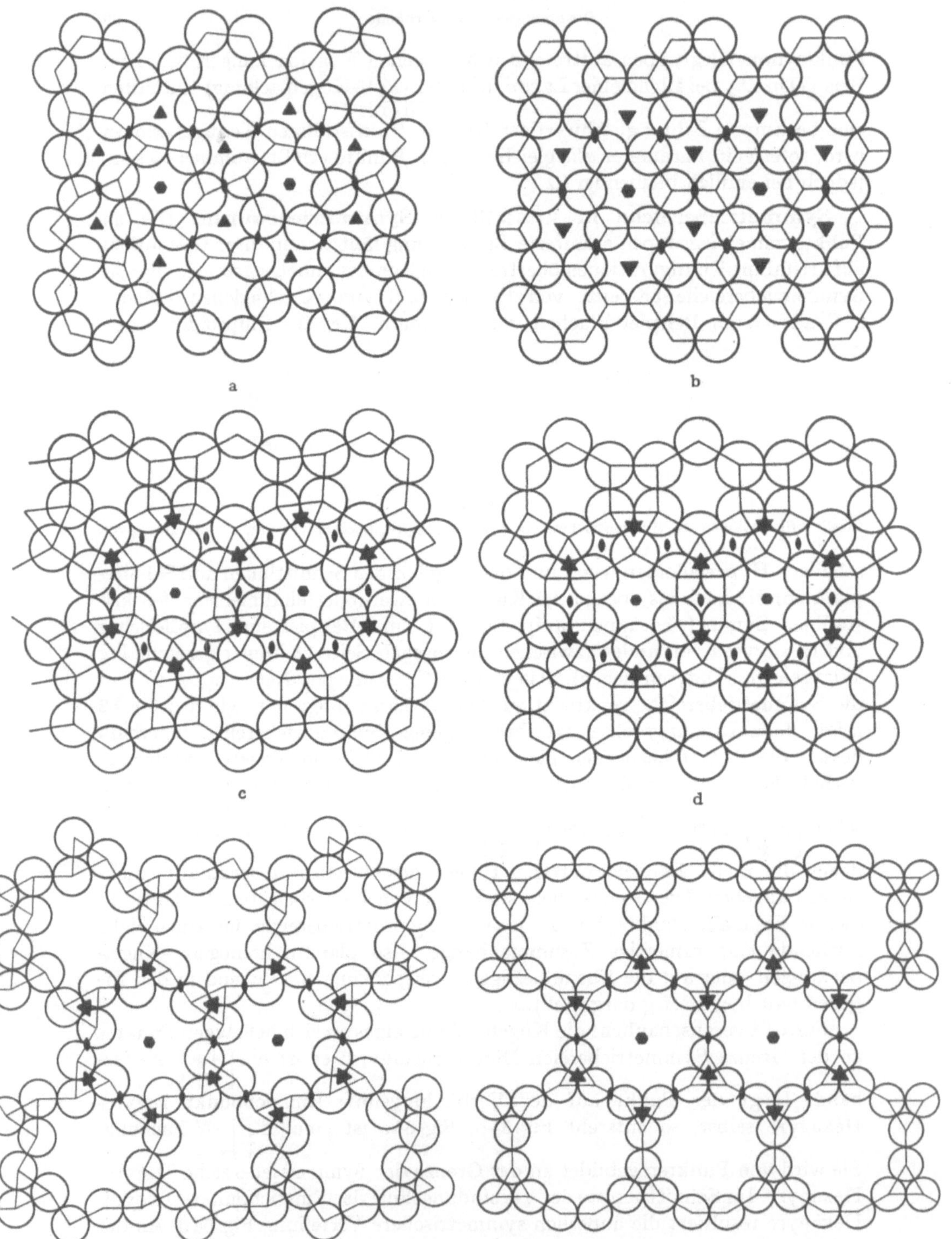

e         Fig. 64a, b, c, d, e, f         f

Kreis-, bzw. Kugelpackungen für verschiedene Punktlagen der Fig. 62. Zur Orientierung sind innerhalb eines Streifens die Achseneinstichpunkte gezeichnet.

Grenze Symmetriebereich Digyre-Trigyre resultiert die $\left[A\frac{3'}{3'}\right]_\infty$ $N$-Packung der Fig. 64 e, die auf der Verbindungslinie der zugehörigen Achsen in Fig. 64 f übergeht. Schließlich bilden die Eckpunkte der Symmetriebereiche $\left[A\frac{5'}{5'}\right]_\infty$ $N$-Packungen von der Art der Fig. 64 g.

In der gezeichneten, nur zu $C_6$ isomorphen Netzgruppe besitzen alle betrachteten Punktlagen die Symmetriebedingung $C_1$, woraus bereits folgt, daß die kz 3, 4, 5 stets zusammengesetzt sind. Die Fig. 64 b, d, f stellen Fälle dar,

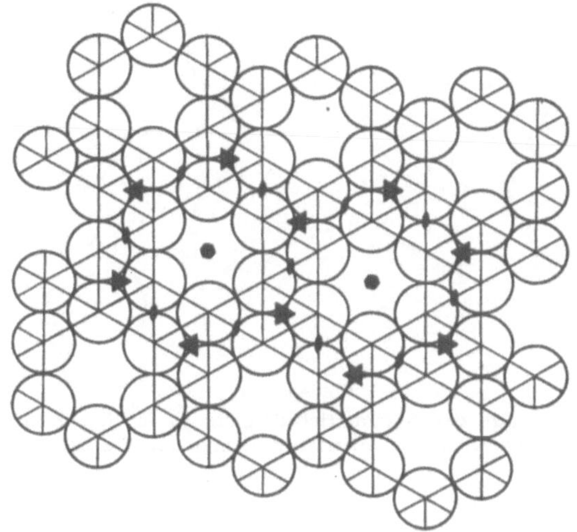

Fig. 64 g

Typus der $\left[A\frac{5'}{5'}\right]$-Packung für Punkte der Fig. 62.

die schon äußerlich höhere Symmetrie besitzen als a, c, e. Die Ausgangspunkte liegen auf Verbindungslinien der Achseneinstichpunkte und diese Geradenrichtungen können in $C_{6v}$-Systemen Spuren von Spiegelebenen sein. Sind sie das, so werden einzelne der in $C_6$ noch ungleichwertigen Koordinationsrichtungen in gleichwertige umgewandelt. Diese Kugelpackungen sind somit vieldeutig, sie treten auch in höhersymmetrischen Netzgruppen auf.

In dem gezeichneten Netzsystem $C_6$ liegen nur auf den Gyren Punkte mit Symmetriebedingungen. Punkte auf den Hexagyren ergeben die in Fig. 65 a gezeichnete planare Kugelpackung $\left[A\frac{6}{6}\right]_\infty$ $N$, in der alle Koordinationsrichtungen einander gleichwertig sind. Punkte auf den Trigyren führen zu $\left[A\frac{3}{3}\right]_\infty$ $N$ vom Charakter der Fig. 64 b, aber mit anderen $d_A$ und nun mit drei gleichwertigen Koordinationsrichtungen. Schließlich ergeben Punkte $C_2$ die $\left[A\frac{4'}{4'}\right]_\infty$ $N$-Packung der Fig. 66, die bei Auftreten von Spiegelebenen in $\left[A\frac{4}{4}\right]_\infty$ $N$ von gleicher Gestalt übergeht. Somit erzeugt die gezeichnete Netzsymmetriegruppe je nach der Lage der Punkte zu den Symmetrieelementen und zur Symmetrie-

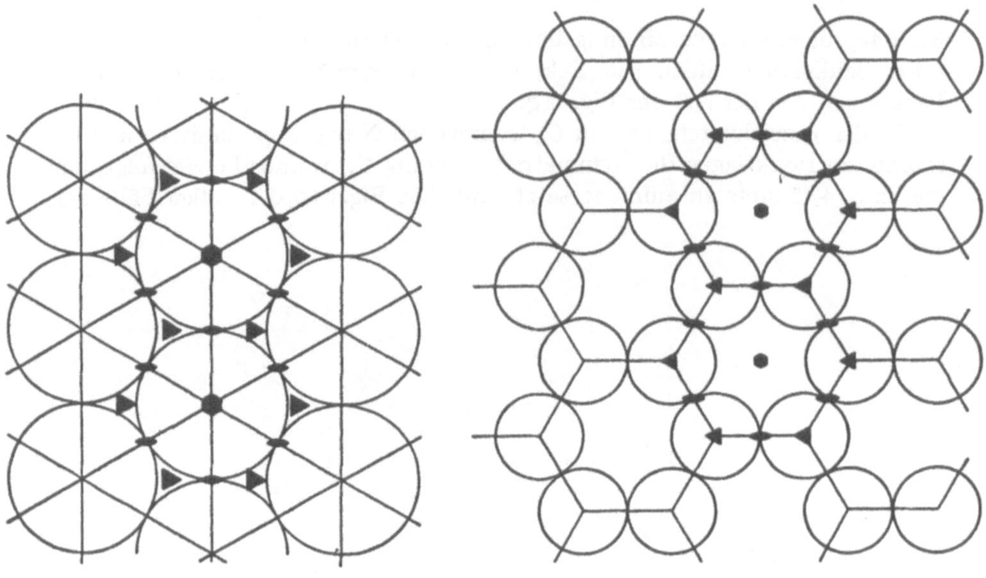

a        Fig. 65a, b        b

a = Kugelpackung für Punkte der Symmetriebedingung $C_6$ in Fig. 62.   b = Kugelpackung für Punkte der Symmetriebedingung $C_3$ in Fig. 62.

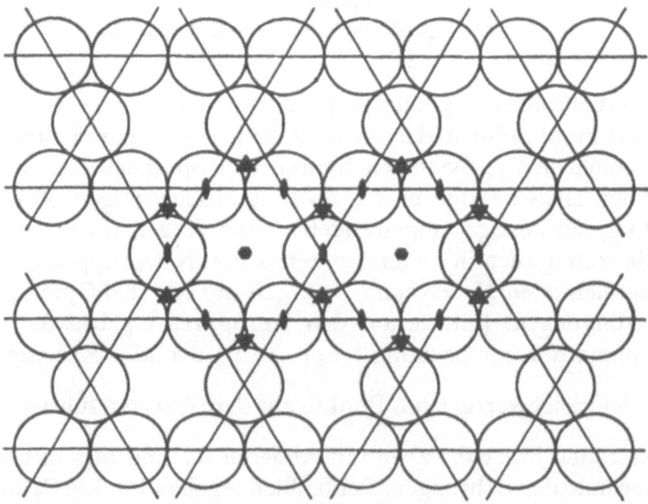

Fig. 66

Kugelpackung für Punkte der Symmetriebedingung $C_2$ in Fig. 62.

bereicheinteilung ganz verschiedene Bauverbände, und das gilt allgemein für alle kristallinen Symmetriegruppen.

Ist jedoch noch die Metrik der Translationsgruppe variabel, so hängt die Einteilung in Symmetriebereiche auch von dieser Metrik ab. Es sei dies am

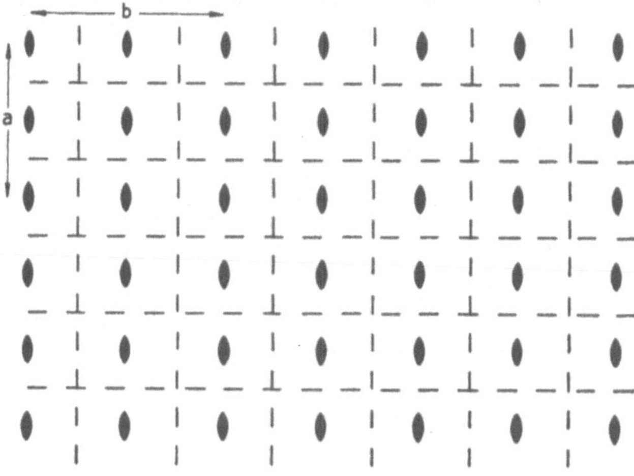

Fig. 67

Die Spuren der Gleitspiegelebenen und die Einstichpunkte der Digyren sind für ein zu $C_{2v}$ isomorphes Netzsystem gezeichnet.

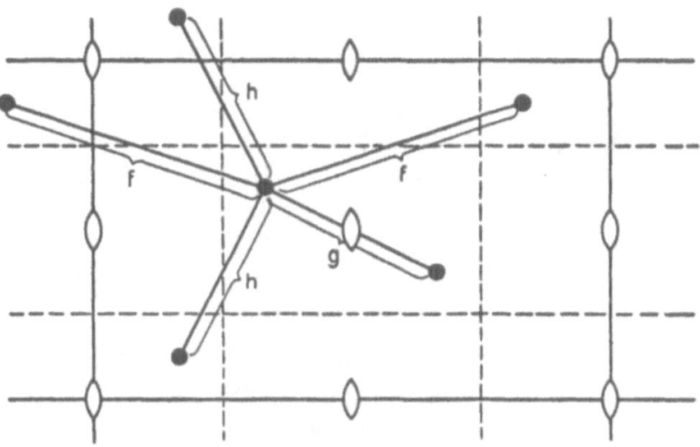

Fig. 68

Ausschnitt aus Fig. 67 mit eingezeichneten benachbarten gleichwertigen Punkten.

Beispiel einer zu $C_{2v}$ isomorphen Netzsymmetriegruppe erläutert, in der die Symmetrieebenen als Gleitspiegelebenen, die Symmetrieachsen als Digyren auftreten. Die Lage der Symmetrieelemente zueinander ist dann diejenige der Fig. 67, in der die Spuren der Gleitspiegelebenen als durchbrochene Linien dargestellt sind.

Die beiden senkrecht aufeinander stehenden Elementartranslationen sind durch $a$ und $b$ gekennzeichnet. Die Gleitkomponenten der Symmetrieebenen sind respektiv $a/2$ und $b/2$. In Fig. 68 ist ein Elementarparallelogramm herausgezeichnet, ferner sind die möglicherweise zu einem Punkt nächsten gleichwertigen Punkte miteinander verbunden und die entsprechenden Abstände $h, g, f$ genannt. $a$ sei definitionsgemäß kleiner als $b$. Die Grenzen der Symmetriebereiche werden durch Aufsuchen der geometrischen Örter aller Punkte erhalten, für die zwei der drei Größen $h, g, f$ gleich werden. $h$ ist die kürzeste

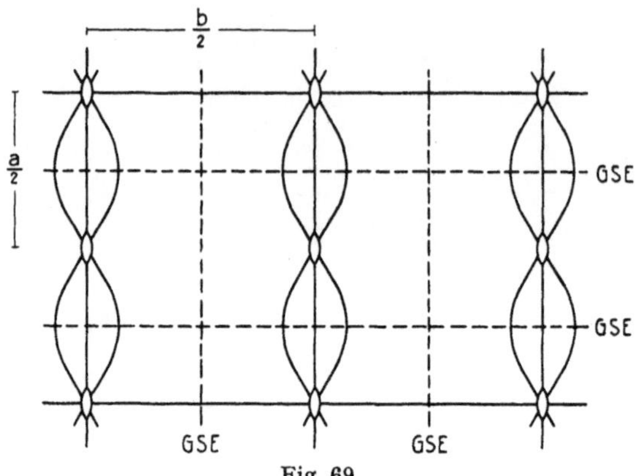


Fig. 69
Symmetriebereiche gleitgespiegelter Punkte.

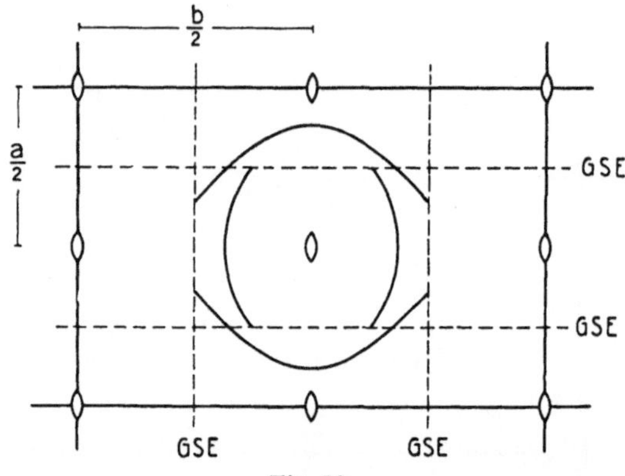


Fig. 70
Grenzkurven von Symmetriebereichen Digyre: Gleitspiegelebene.

Entfernung zweier durch Gleitspiegelung (an von vorn nach hinten verlaufenden Symmetrieebenen) gleichwertiger Punkte, $f$ verbindet die an den anderen Symmetrieebenen gleitgespiegelten Punkte und $g$ die digyrisch gleichwertigen. Wird der Nullpunkt der Koordinatenachsen parallel $a$ und $b$ in den Schnittpunkt zweier Gleitspiegelebenen gelegt, mit $x$ und $y$ als den Koordinaten eines beliebigen Punktes, so wird $f = h$, wenn $y^2 - x^2 = \dfrac{b^2 - a^2}{16}$. Das ergibt eine gleichseitige Hyperbel mit dem gewählten Nullpunkt als Mittelpunkt. Die Hyperbel-

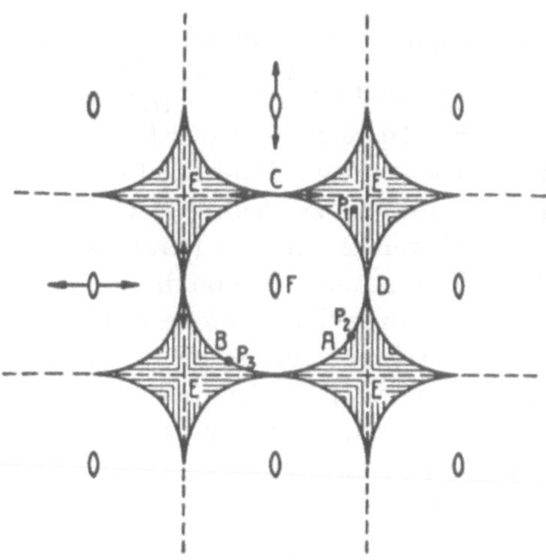

Fig. 71

Symmetriebereiche für ein Netzsystem analog Fig. 67 mit a = b. Die A-, B-, C- und D-Punkte wiederholen sich um F digyrisch, sind jedoch nur an einer Stelle als solche bezeichnet. Die Gleitspiegelbereiche parallel b sind horizontal, die parallel a vertikal schraffiert.

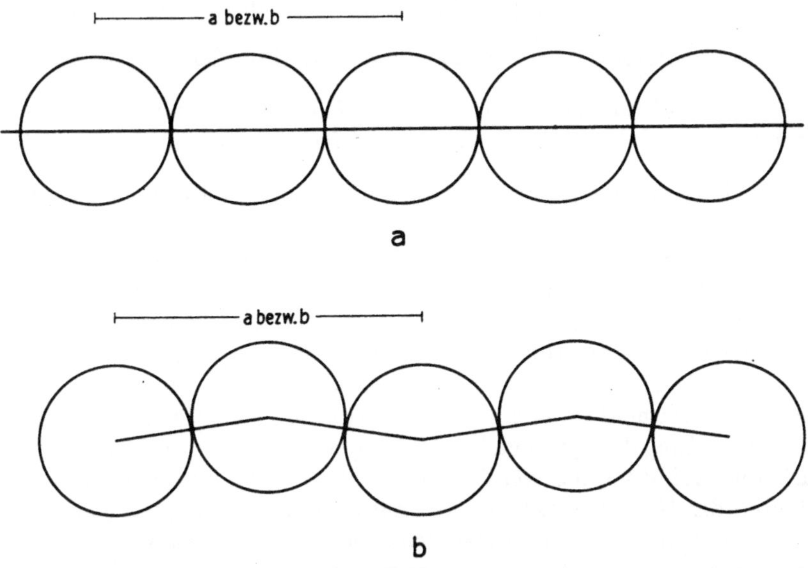

Fig. 72

Ketten für Punkte innerhalb der Gleitspiegelebenenbereiche von Fig. 71. a: der Punkt liegt auf den Gleitspiegelebenen selbst. b: der Punkt liegt nicht auf der Gleitspiegelebene.

äste gehen durch die Einstichpunkte der Digyren (Fig. 69). Innerhalb der geschlossenen Hyperbelzweiecke besitzen die mit b/2 gleitgespiegelten Punkte kürzere Distanz voneinander als die mit a/2 gleitgespiegelten ($f < h$). Außerhalb der Zweiecke tritt gerade das Umgekehrte auf. Dabei bleibt vorerst unberücksichtigt, ob digyrisch gleichwertige Punkte noch kleineren Abstand besitzen.

Bezogen auf einen Einstichpunkt der Digyren als Nullpunkt wird $h=g$, wenn $x^2+\dfrac{b}{2}\,y=\dfrac{a^2+b^2}{16}$, und $g=f$, wenn $y+\dfrac{a}{2}\,x=\dfrac{a^2+b^2}{16}$. Die Kurven sind Parabeln von der Form, wie sie in Fig. 70 gezeichnet wurden. Welches nun, bezogen auf die kürzeste Entfernung gleichwertiger Punkte, also $d_A$, die reellen Symmetriebereiche sind, hängt von $a$ und $b$, bzw. dem Verhältnis $a:b$ ab. Für $b/a=1$ sind die digyrischen Symmetriebereiche von vier Parabelkurven umgrenzt, die sich (Fig. 71) in $A$- und $B$-Punkten schneiden. Von diesen $A$- und $B$-Punkten gehen zu den Schnittpunkten der Spuren der Gleitspiegelebenen (in Fig. 71 mit $E$ bezeichnet) Geraden, welche die Gleitspiegelebenenbereiche nach $a/2$ und $b/2$ voneinander trennen. Innerhalb horizontal schraffierter Zwickel sind mit $b/2$ gleitgespiegelte Punkte enger benachbart, innerhalb vertikal schraffierter mit $a/2$ gleitgespiegelte. Es entstehen somit im Innern der dreierlei Symmetriebereiche bei im übrigen allgemeiner Punktlage Unterverbände: $\left[A\,\frac{1}{\overline{1}}\right]_2$ (Digyrenbereich) oder $\left[A\,\frac{2'}{\overline{2'}}\right]_\infty$ $K$ vom Charakter der Figuren 72a oder 72b nach $a$ oder $b$ (Gleitspiegelebenenbereiche). Die Punkte $A$ einerseits und $B$ andererseits bilden einen einparametrigen Gesamtverband $\left[A\,\frac{5'}{\overline{5'}}\right]_\infty$ $N$ vom Charakter der Fig. 73. Punkte $P_2$ oder $P_3$ der Fig. 71 ergeben $\left[A\,\frac{3'}{\overline{3'}}\right]_\infty$ $N$-Verbände vom allgemeinen Charakter der Fig. 74, Punkte $P_1$ $\left[A\,\frac{4'}{\overline{4'}}\right]_\infty$ $N$-Verbände vom Charakter der Fig. 75a. Schließlich resultieren sowohl für die Punkte $C$, $D$ wie $E$ der Fig. 71 die scheinbar hochsymmetrischen und daher vieldeutigen $\left[A\,\frac{4'}{\overline{4'}}\right]_\infty$ $N$-Verbände der Fig. 75b. Gleiches (mit doppelt so großen Quadratseiten) gilt für die $F$-Punkte der Symmetriebedingung $C_2$.

Lassen wir nun, ausgehend von $b/a=1$, $b$ sukzessive anwachsen ($b/a>1$), so werden die Gleitspiegelebenenbereiche sich verändern, hyperbelartig umgrenzt, bis schließlich nur noch *ein* Gleitspiegelebenenbereich kürzeste Abstände enthält. In einem begrenzten Intervall $b/a>1$ ist dann zum Beispiel eine Anordnung möglich, wie sie Fig. 76 wiedergibt. Lassen wir im übrigen einige Zwischenstadien außer Betracht und gehen wir direkt zu $b/a>2/3\sqrt{3}$ über. Dann ergibt sich eine Einteilung der Symmetriebereiche analog Fig. 77. Die digyrischen Symmetriebereiche sind seitlich von Parabeln und oben und unten von Teilstrecken der Spuren der Gleitspiegelebenen $\|\,b$ umgrenzt. Die Gleitspiegelebenen $\|\,b$ besitzen keine eigenen Symmetriebereiche mehr. In den Kanälen $\|$ den Gleitspiegelebenen $a$ sind $\left[A\,\frac{2'}{\overline{2'}}\right]_\infty$ $K$ die Unterverbände, in den digyrischen Bereichen $\left[A\,\frac{1}{\overline{1}}\right]_2$.

Für zwei Grenzpunkte sind die Koordinationsnetze in Fig. 77 eingezeichnet (offene und gefüllte Kreise und ihre Verbindungslinien). Die zugehörigen Kugel-, bzw. Kreispackungen werden durch die Fig. 78a und 78b veranschaulicht. $\left[A\,\frac{4'}{\overline{4'}}\right]_\infty$ $N$ wird bei $b/a=2$ quadratisch (analog Fig. 75b) und bei $b/a=2\sqrt{3}$ zu $\left[A\,\frac{6'}{\overline{6'}}\right]_\infty$ $N$ der Fig. 65a. Die Hyperbelscheitelpunkte bilden einen symmetrischen

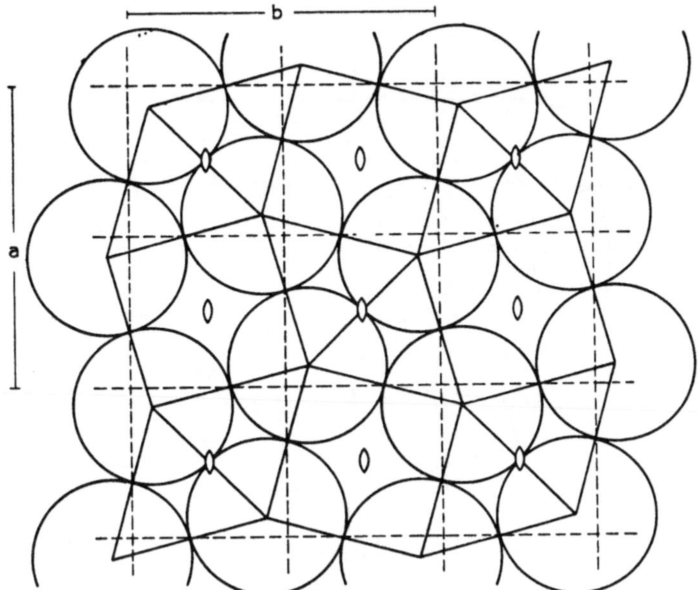

Fig. 73
Kugelpackung für Punkte A oder B der Fig. 71.

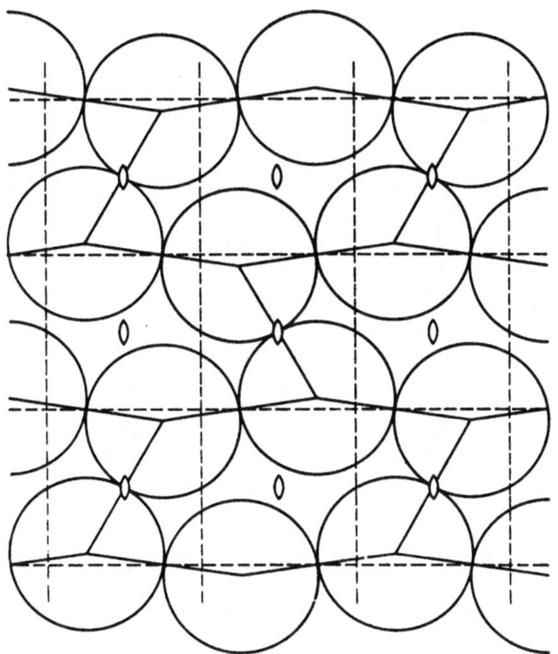

Fig. 74
Kugelpackung für Punkte $P_2$ oder $P_3$ der Fig. 71, an der Grenze Digyrenbereich — Gleitspiegel-
ebenenbereich liegend.

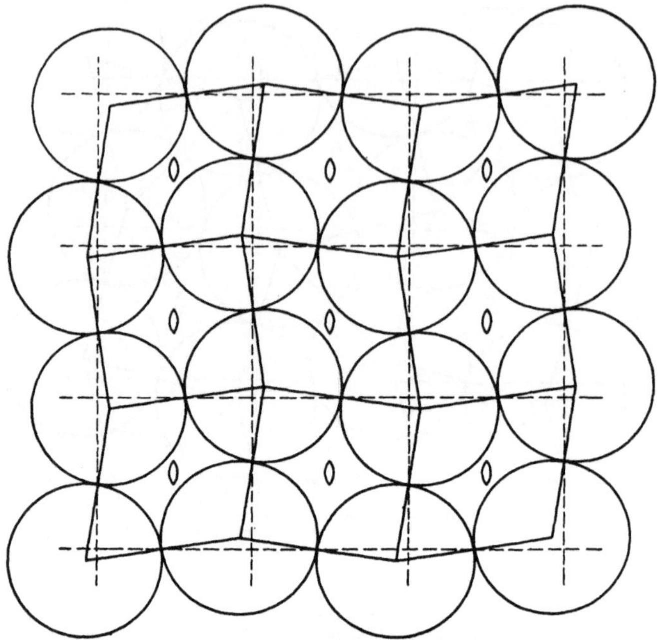

Fig. 75a

**Kugelpackung für Punkte $P_1$ der Fig. 71, an der Grenze zweier Gleitspiegelebenenbereiche liegend.**

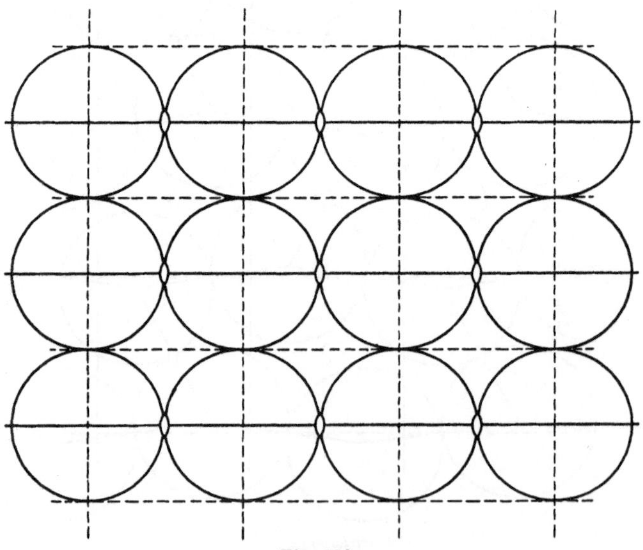

Fig. 75b

Kugelpackung für Punkte D der Fig. 71.

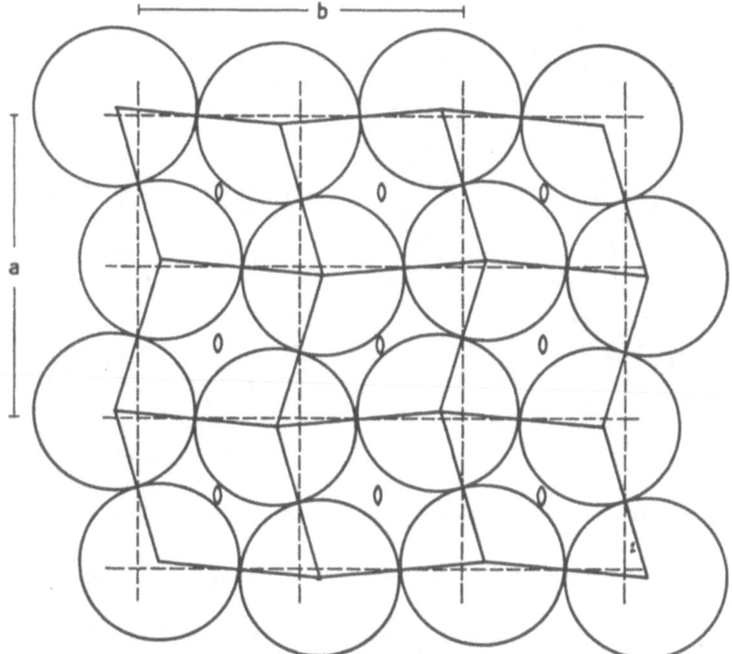

Fig. 76
Analog wie Fig. 75, b ist jedoch etwas größer als a.

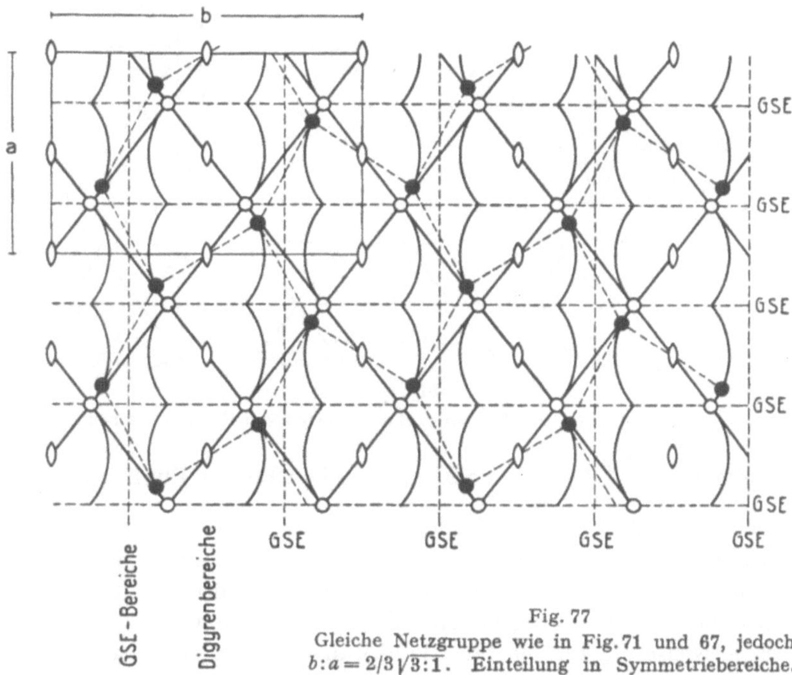



Fig. 77
Gleiche Netzgruppe wie in Fig. 71 und 67, jedoch
$b:a = 2/3\sqrt{3}:1$. Einteilung in Symmetriebereiche.
Zwei Punktlagen an den Grenzen der Symmetriebereiche sind eingezeichnet.

Fig. 78a

Die Kugelpackung entsprechend den schwarz ausgefüllten Punkten von Fig. 77.

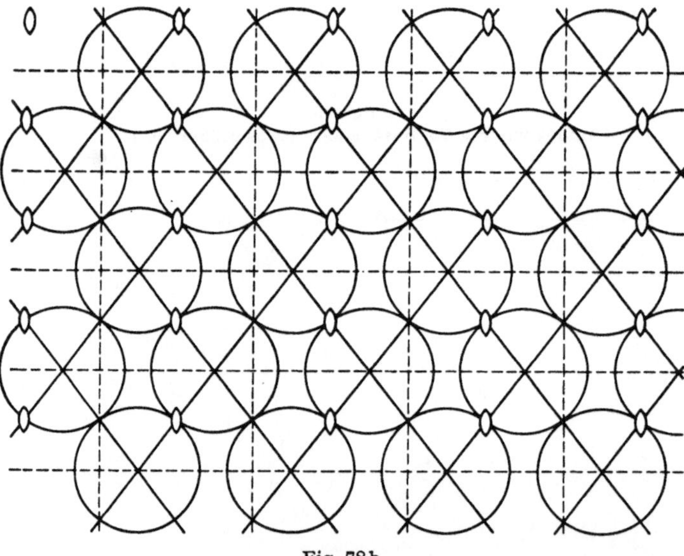

Fig. 78b

Die Kugelpackung, die den leeren Kreispunkten von Fig. 77 entspricht.

Fall der allgemeinen $\left[A\frac{3'}{3'}\right]_\infty$ $N$-Packung, nämlich Fig. 79. Punkte an den Grenzen zweier digyrischer Bereiche bilden Ketten.

Neue Möglichkeiten von Symmetriebereichen stellen sich ein, wenn $b/a > 2\sqrt{3}$ wird. Dann gibt es nämlich Punkte translativer Zugehörigkeit nach $a$, die kleineren Abstand besitzen als digyrische oder gleitgespiegelte. Bei $b/a = 3{,}6$ ergibt sich beispielsweise die Fig. 80. Die kleinen, dreieckigen, schraffierten Bereiche

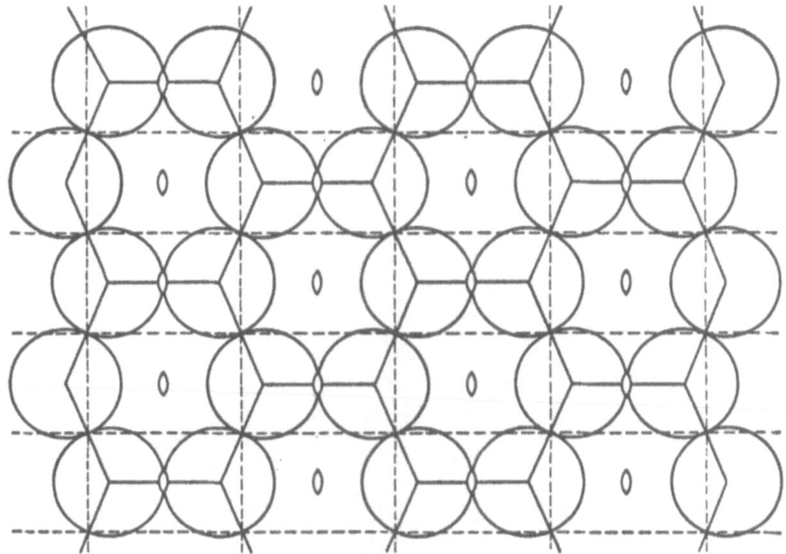

Fig. 79

Kugelpackung bei $b:a = {}^2/_3 \sqrt{3}:1$.

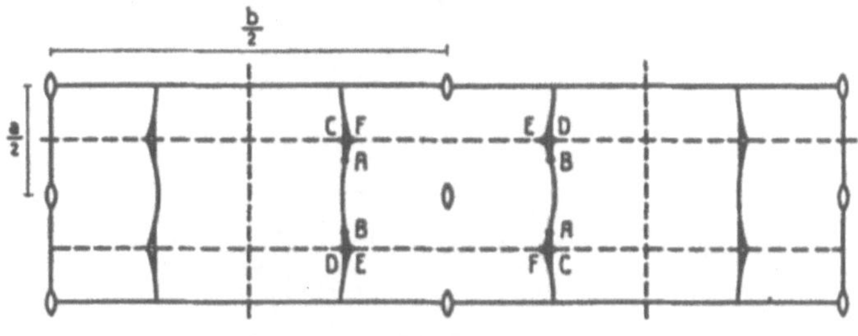

Fig. 80

Symmetriebereiche einer Netzgruppe analog Fig. 67 bei großem b. Innerhalb der Punkte CFA und DEB liegen bereits Translationsbereiche vor.

sind jetzt Translationsbereiche nach $a$. Punkte im Innern dieser Bereiche bilden einfache Ketten nach $a$ mit dem Parameter $a$. Punkte $C$, $D$, $F$ oder $E$ würden Bänder entstehen lassen, zum Beispiel analog der Fig. 81a und als $\left[A \dfrac{4'}{4'}\right]_\infty K$ symbolisierbar. Die Punkte $A$ und $B$ der Fig. 80 ergeben einzeln den interessanten $\left[A \dfrac{5'}{5'}\right]_\infty$ $N$-Zusammenhang der Fig. 81b usw.

Ist schließlich $b/a > 2 + \sqrt{3}$, so sind bereits neben digyrischen Symmetriebereichen und Gleitspiegelebenenbereichen zusammenhängende Translationsbereiche vorhanden entsprechend Fig. 82 mit einigen im oberen oder untern Teil eingezeichneten Punkten.

Diese Beispiele mögen, da es sich hier nur um die Darstellung der Prinzipien handelt, genügen, um darzutun, daß:

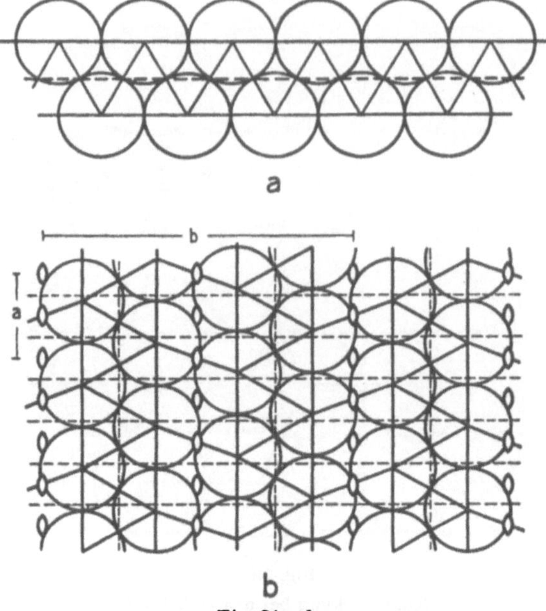

Fig. 81 a, b
Bänder und Netze von Kugelpackungen der Fig. 80.

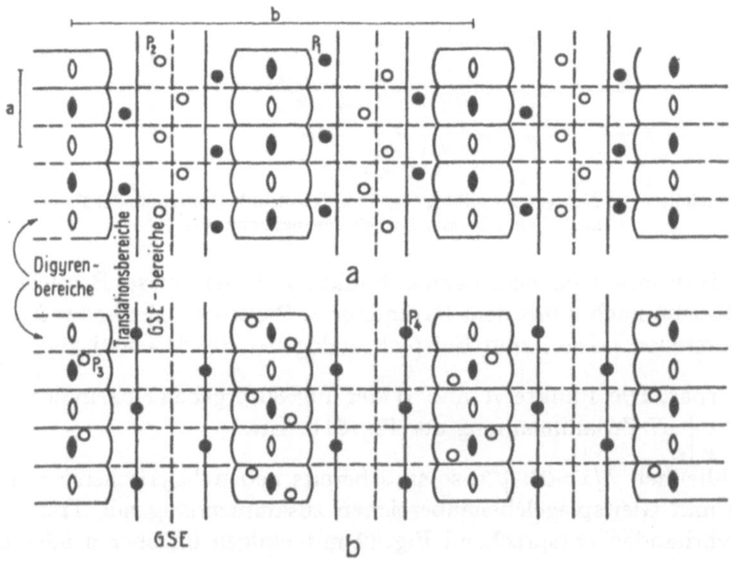

Fig. 82

Bei $b > (2 + \sqrt{3})a$ ergibt sich für Netzgruppe Fig. 67 die obenstehende Einteilung in Symmetriebereiche. In a und b sind verschiedenartige Punkte in ihrer Wiederholung dargestellt.

1. bei gleicher Gesamtsymmetrie die Verbandsverhältnisse der Punkte nach ihrer Lage stark wechseln, jedoch stets in ihrer ganzen Mannigfaltigkeit vorausberechenbar sind.

2. an den Grenzen von Symmetriebereichen ins Unendliche reichende einparametrige ketten-(band-), netz-(schicht-) oder gitterhafte Zusammenhänge auftreten können, die homogenen Kugelpackungen entsprechen. Sie können vieldeutig sein.

3. die Packungsdichte dieser Kugelaggregate stark variabel ist, wie ein Blick auf die gezeichneten Figuren sofort erkennen läßt.

Die räumlichen Kugelpackungen sind in letzter Zeit eingehend von SINOGOWITZ behandelt worden. Schon MINKOWSKI hat gezeigt, daß es zwei der Maxi-

Fig. 83
Dichteste Packung von einerlei Kugeln in einer Ebene.

malsymmetrie nach verschiedene dichteste und gleichdichte räumliche Kugelpackungen (kz = 12 oder 12′) gibt, wobei die *Raumerfüllungszahl* $\varphi = 0{,}741$ ist. $\varphi$ ist Raum der Kugeln dividiert durch Gesamtraum. Eine dieser Packungen weist hexagonale, die andere kubische Symmetrie auf. Beide bauen sich aus Schichten der Fig. 83 (siehe auch Fig. 65a) auf. Die Schichten liegen so übereinander, daß die Kugeln einer nächsten Schicht in die «Gruben» der vorhergehenden fallen, wobei zwischen hexagonal und kubisch (da stets nur die Hälfte der «Gruben» benutzt wird) ein Unterschied in der Periodizität der schließlich wieder senkrecht übereinander stehenden Kugeln besteht. In der kubischen Anordnung liegt die vierte Schicht senkrecht über der ersten, in der hexagonalen bereits die dritte Schicht (Fig. 84 b, a). LAVES und HEESCH haben auf homogene Kugelpackungen im Raume aufmerksam gemacht (kz = 3′), denen eine sehr geringe Raumerfüllung, zum Beispiel $\varphi = 0{,}056$ zukommt.

Den Chemiker wird bei der Untersuchung einer durch Punkte oder Kugeln gekennzeichneten Konfiguration gleichwertiger Teilchen (zum Beispiel Verbindung von chemischen Elementen unter sich, wie Metallkristalle) zunächst kz und ksch 1. Sphäre interessieren; weiterhin etwa noch die entsprechenden Größen 2. Sphäre. Er möchte wissen, in welcher Zahl und Anordnung im kürzesten (und evtl. zweitkürzesten) Abstand Teilchen um ein Zentralteilchen gruppiert sind. Wie bereits erwähnt und an Beispielen erläutert, kann die kz einfach oder zusammengesetzt sein. Einfach ist sie, wenn in bezug auf die Symmetriebedingung des Punktes alle Koordinationsrichtungen einander gleichwertig sind. Sehr häufig aber ist die kz zusammengesetzt, d. h. obschon die Punktabstände gleichlang sind, entsprechen sie nicht gleichwertigen Richtungen. Faßt man die Koordinationsrichtungen gleicher Sphäre als Flächennormalenrichtungen auf, so bilden die zugeordneten Flächen bei einfacher kz eine einfache Form, bei zusammengesetzter kz eine Kombination verschiedener Formen. Sind die Koordinationsrichtungen einander gleichwertig, so ist deren Längengleichheit symmetriebedingt; sind sie nicht gleichwertig, so ist die Ab-

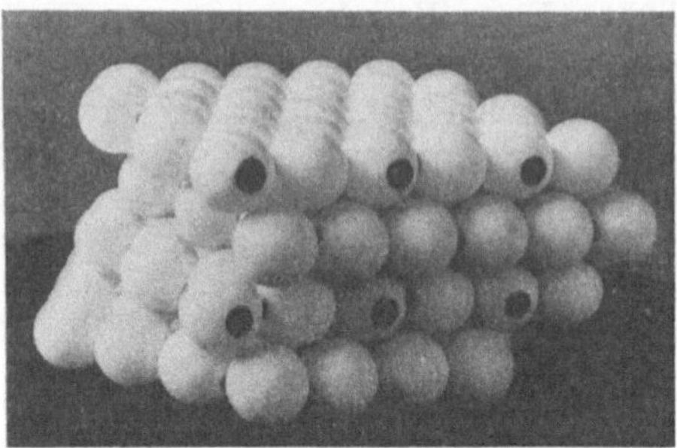

**Fig. 84a**

Dichteste hexagonale Kugelpackung im Raume. Die Kugeln mit schwarzen Flecken stehen senkrecht übereinander.

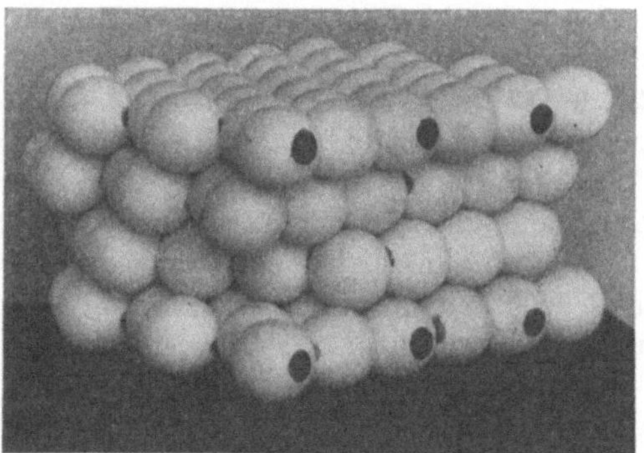

**Fig. 84b**

Dichteste kubische Kugelpackung im Raume. Gleiches $\varphi$ wie Fig. 84a. Die Kugeln mit schwarzen Flecken stehen senkrecht übereinander.

standsgleichheit «zufällig», sie braucht bei Bedingungsänderungen (zum Beispiel Temperaturänderungen) trotz Bewahrung der Gesamtsymmetrie des Teilchenaggregates nicht erhalten zu bleiben.

Man kann nun, da bereits die wenigen Beispiele gezeigt haben, wie groß die Mannigfaltigkeit ist, versuchen, nach dem Symmetrieprinzip Einschränkungen vorzunehmen, um wenigstens für gewisse höhersymmetrische Fälle den Überblick zu erleichtern.

**Die einparametrigen regulären Bauverbände.** Liegen lauter gleichartige Teilchen vor, so ist bei hoher Teilchensymmetrie (idealisiert: Kugelgestalt) nicht ohne weiteres einzusehen, warum sich im Verband die gleichartigen Teilchen verschieden (d. h. nicht gleichwertig) verhalten sollten. Wir erwarten also eine homogene Punktkonfiguration. Zerfällt diese Punktkonfiguration dem Abstandsverhältnis nach in Unterverbände, so ist es gerechtfertigt, den Aufbau der Konfiguration in Stufen zu zerlegen. Die am engsten benachbarten Teilchen werden ein erstes Stadium des Zusammenschlusses repräsentieren, das mit anderen und weniger intensiven Bindekräften in die Verbände höherer Ordnung eingeht.

Es sollen daher vorerst nur die durch $d_A$ verbundenen Teilchenkonfigurationen betrachtet werden, gewissermaßen als erste Äußerungen des Zusammenschlusses. Sie, die molekularen oder ein-, zwei-, dreidimensionalen kristallinen Charakter besitzen können, bilden die primären Baueinheiten (1. Ordnung),

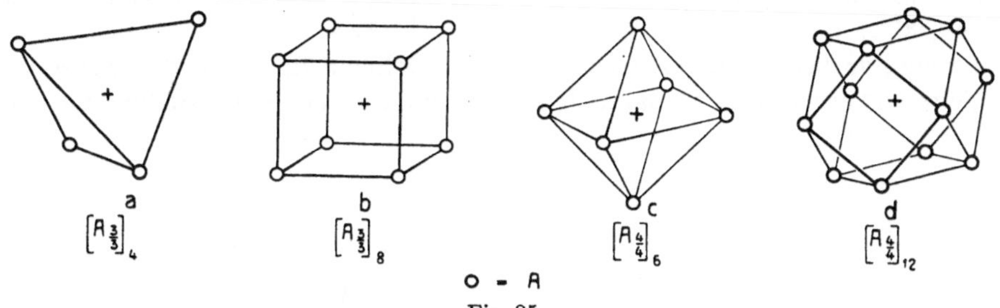



Fig. 85

Einparametrige reguläre Konfigurationen von in sich abgeschlossenem, molekularen Charakter. Der Symmetriehauptpunkt ist durch ein Kreuz gekennzeichnet.

von denen erst später untersucht wird, ob sie ihrerseits noch in Verbände höherer Ordnung eingehen. Kommt diesen Baueinheiten eine gewisse Symmetrie des ksch zu, so wollen wir diese nicht als Zufall betrachten, sondern als Ausfluß einer den Teilchen zukommenden Symmetrie. Mit anderen Worten: wenn sich ein Teilchen im kürzesten gleichen Abstand von $n$-Teilchen umgibt, sollen die zugeordneten Koordinationsrichtungen einander wirklich gleichwertig sein (einfache Koordinationszahl). Da alle Teilchen gleichwertig sind und wir nur die mit dem Abstand $d_A$ verbundenen Teilchen zusammenfassen, verhalten sich die Koordinationsstellen koordinativ genau gleich wie die willkürlich herausgegriffene Zentralstelle. Wir nennen so definierte einparametrige homogene Teilchenverbände und die zugehörigen homogenen Kugelpackungen (mit lauter gleichwertigen Koordinationsrichtungen 1. Sphäre) *regulär*. Es sind, bezogen auf die Kugelpackungen, auch die Berührungsstellen der Kugeln in bezug auf die Symmetriebedingung des Kugelmittelpunktes einander gleichwertig.

Die Ableitung aller möglichen einparametrigen, homogenen und regulären Teilchenverbände dieser Art ist mathematisch durchführbar und führt zu einer endlichen Zahl von Möglichkeiten.

*Molekulare Konfigurationen.* Es treten (siehe Lehrbuch der Mineralogie und Kristallchemie) auf als $I^1$ die Hantel, $\left[A\,\tfrac{1}{\overline{1}}\right]_2$, als $I^2$ die gyrischen und gyroidischen (Auf- und Ab-)Ringe $\left[A\,\tfrac{2}{2}\right]_n$ ,bzw. $\left[A\,\tfrac{2}{2}\right]_{2m}$ und als $I^3$ sieben verschiedene

Punktner der kz 3, 4 oder 5, stets mit einem k sch, das einseitigen (polaren) Charakter hat. Diese $I^3$ sind:

$$\left[A\frac{3}{3}\right]_4 \text{(Fig. 85 a),} \quad \left[A\frac{4}{4}\right]_8 \text{(Fig. 85 b),} \quad \left[A\frac{4}{4}\right]_6 \text{(Fig. 85 c),} \quad \left[A\frac{4}{4}\right]_{12} \text{(Fig. 85 d)}$$

und noch drei im Bilde hier nicht wiedergegebene Punktner mit $I_h$ als Symmetriebedingung. (Siehe Fig. 176, Seite 219).

*Kristalline Kettenkonfigurationen.* Regulär einparametrig und homogen können sein die bereits in den Figuren 53a und b gezeichneten einfachen und zickzackartigen Ketten $\left[A\frac{2}{2}\right]_\infty K$, ferner nicht planare Schraubenketten $\left[A\frac{2}{2}\right]_\infty K$ mit $n$-zähliger Schraubenachse, zum Beispiel entsprechend Fig. 86 a und in einzelnen $D_{nd}$-Gruppen mit geradem $n$ $\left[A\frac{4}{4}\right]_\infty$ K-Verbände vom Typus der Fig. 86 b.

*Kristalline Netzkonfigurationen.* Man sieht leicht ein, daß unter den Seite 100 bis Seite 114 erwähnten planaren Kugelpackungen wenige der Bedingung der

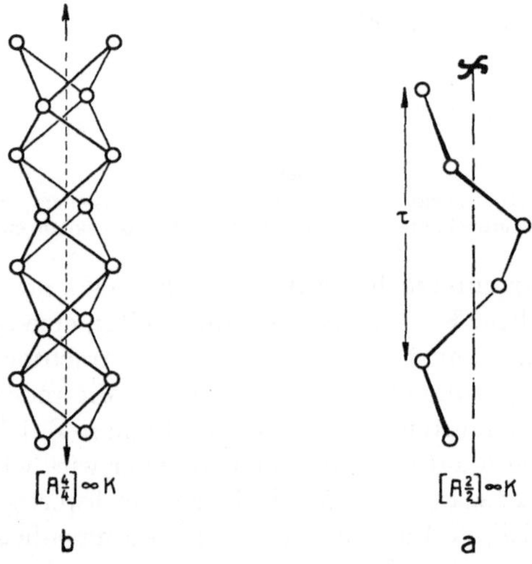


Fig. 86
Beispiele von ketten- und balkenartigen einparametrigen Punktzusammenhängen.

Regularität entsprechen, d. h. gleichwertige Koordinationsrichtungen besitzen können. Es gibt fünf verschiedene streng planare, einparametrige homogene Punktzusammenhänge. Sie seien nochmals in Fig. 87 a, b, c, d, e zusammengestellt.

$$\left[A\frac{3}{3}\right]_\infty N \qquad \left[A\frac{4}{4}\right]_\infty N \qquad \left[A\frac{4}{4}\right]_\infty N \qquad \left[A\frac{4}{4}\right]_\infty N \qquad \left[A\frac{6}{6}\right]_\infty N$$
$$C_3 \qquad\qquad C_4 \qquad\qquad C_{2v} \qquad\qquad C_{2v} \qquad\qquad C_6$$

Minimale Symmetriebedingung der Punktlage

Auf zwei Ebenen sind die Punkte der $\left[A\frac{3}{3}\right]_\infty N$ und $\left[A\frac{4}{4}\right]_\infty N$ der Fig. 88 a und b verteilt.

*Kristalline Raumgitterkonfigurationen.* Auch hier ergibt sich eine endliche, relativ kleine Zahl von einparametrigen homogenen regulären Punktverbänden. Hinsichtlich der Gesamtdarstellung ist wieder auf das Lehrbuch der Mineralogie und Kristallchemie zu verweisen. Hier seien nur diejenigen erwähnt, deren ksch eine Symmetrie aufweist, die mindestens einer Symmetriegruppe

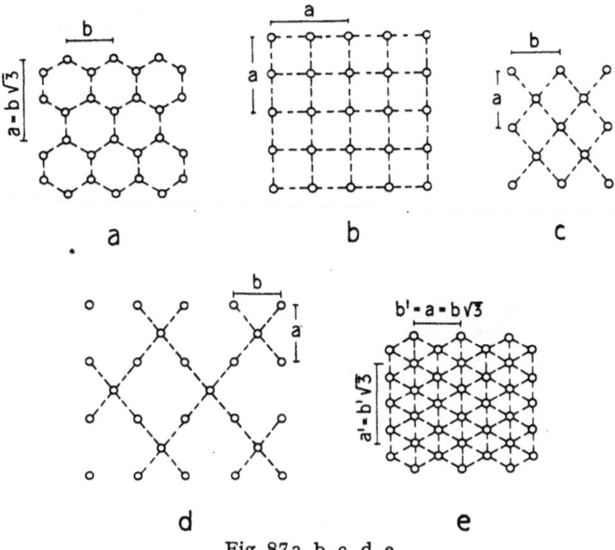


Fig. 87 a, b, c, d, e

Einparametrige reguläre Punktkonfigurationen in einer Ebene. Die missratene Figur d ist durch diejenige der *B*-Punkte der Fig. 101 c zu ersetzen.

angehört, die bereits von sich aus die der ganzen Punktkonfiguration zukommende Translationsgruppe bestimmt. Außerdem verfolgen wir zunächst bei prinzipiell analogem ksch nur den jeweilen höchstsymmetrischen Fall.

Die in Frage kommenden ksch sind in Fig. 89 a—f dargestellt. a ist höchstsymmetrisch tetraedrisch, b hexaedrisch, c oktaedrisch, d rhombendodekaedrisch, e rhomboedrisch, was (siehe Seite 54) bereits als deformiert hexaedrisch bezeichnet werden kann, f trigonal dipyramidal. Daß bei erst im Raume gleichmäßig verteilten Koordinationsrichtungen gitterhafte, allseitig ins Unendliche sich erstreckende einparametrige Zusammenhänge, also gewöhnliche Kristallstrukturen, entstehen müssen, ist evident. Denn von jeder Koordinationsstelle müssen wieder in entsprechender räumlicher Verteilung gleichviele Koordinationsrichtungen ausstrahlen wie von der willkürlich herausgegriffenen Zentralstelle, und für die neuen Koordinationsstellen gilt das gleiche. *Daraus ist ersichtlich: Lassen sich von vornherein gewissen Teilchen bestimmte kz und bestimmte ksch zuordnen, so sind unter Umständen dreidimensionale, ins Unendliche reichende Zusammenhänge, d.h. gitterhafte kristalline Verbände, die notwendige Folge.*

So ergibt in höchster Symmetrie Fig. 89 a die kubische Diamantstruktur $\left[A\,\frac{4}{4}\right]_\infty G$ (Fig. 90 a), Fig. 89 b und e die idealisierte Wismutstruktur $\left[A\,\frac{6}{6}\right]_\infty G$, d.h. ein einfaches kubisches Gitter (Fig. 90b), Fig. 89c die Wolframstruktur $\left[A\frac{8}{8}\right]_\infty$ $G$, d.h. ein kubisch innenzentriertes Gitter (Fig. 90c), Fig. 89d die Kupfer- oder Goldstruktur $\left[A\frac{12}{12}\right]_\infty$ $G$, d.h. ein allseitig flächenzentriertes Gitter (Fig. 90d), Fig. 89f die hexagonale Magnesiumstruktur $\left[A\frac{6}{6}\right]_\infty$ $G$, die beim Achsenverhältnis $a:c = 1:1{,}633$ in eine $\left[A\frac{6+6}{6+6}\right]_\infty$ $G$-Struktur übergeht (Fig. 90e).

Das tetraedrische Baumotiv kann zum tetragonal- oder orthorhombisch-disphenoidischen, das hexaedrische zum rhomboedrischen, das oktaedrische

a

b

Fig. 88

Reguläre, einparametrige Punktzusammenhänge in «Doppelschichten». a mit kz = 3, b mit kz = 4.

zum tetragonal- oder orthorhombisch-dipyramidalen Baumotiv deformiert werden (siehe Seite 53), so daß schon auf diese Weise prinzipiell ähnliche, als Ganzes jedoch niedrigersymmetrische, indessen immer noch reguläre Strukturen resultieren können. Andere treten auf, wenn bei analogen Baumotiven oder tetragonal- bzw. trigonal- oder monoklin-prismatischem bzw. trigonal trapezo-edrischem ksch erst durch mehrfachen Stellungswechsel die Gesamtsymme-trie resultiert. 3, 4, 6, 8, 12 bleiben jedoch die einzig in Frage kommenden kz.

Einparametrige, homogene, reguläre Punktkonfigurationen lassen somit nur die einfachen kz 1, 2, 3, 4, 5, 6, 8, 12 zu; 6, 8, 12 ergeben stets, 4 bei räumlich gleichmäßiger Verteilung, dreidimensional kristalline Verbände, die homogene

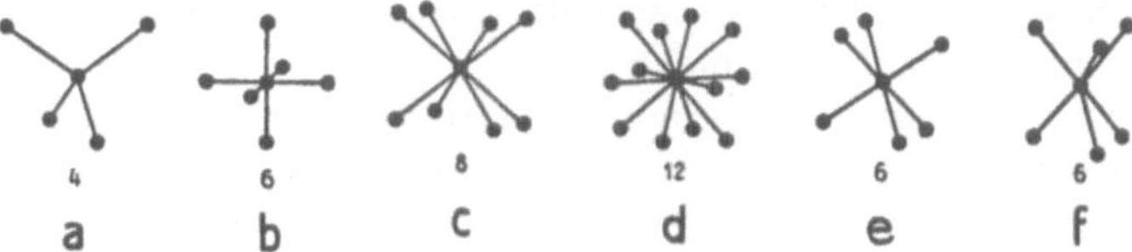

Fig. 89

Einfache Koordinationsschemata, die zu regulären gitterhaften Punktverbänden führen.

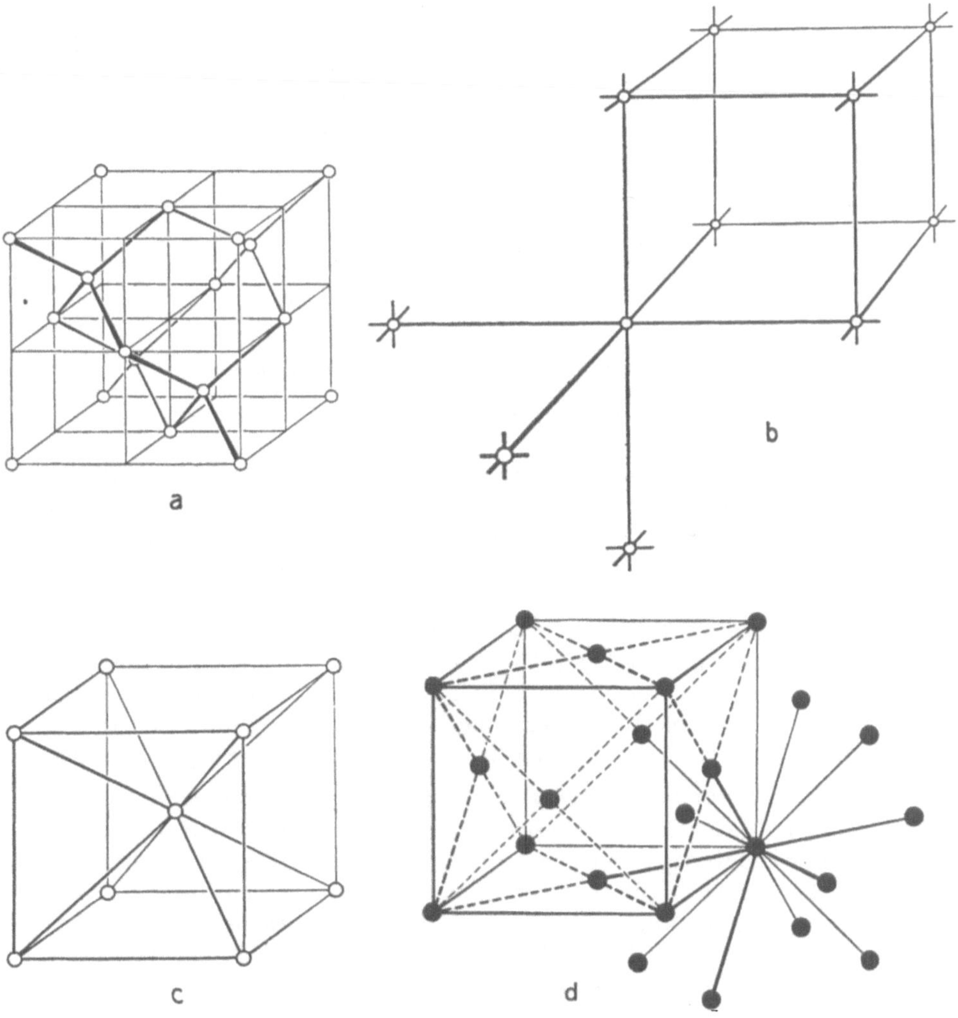

Fig. 90a, b, c, d

Vier reguläre einparametrige Gitterstrukturen. a = Diamanttypus, b = idealisierter **Wismuttypus,** c = Wolframtypus, d = Gold- oder Kupfertypus.

kz 1 ist auf molekularen Unter- oder Totalverband beschränkt, 5 auf molekulare bis kettenartige Bauzusammenhänge.

Auch daraus ist wieder ersichtlich, daß unter bestimmten Voraussetzungen und bei gegebenen Punktkonfigurationen bereits rein geometrische Betrachtungen gewisse kz oder (und) ksch ausschließen. Die homogene kz kann zum Beispiel in regulären Verbänden nicht über 12 steigen.

Von den gewonnenen Resultaten aus läßt sich nun die Forschung leicht weiterführen. So sind besonders bei trigonaler, tetragonaler oder hexagonaler

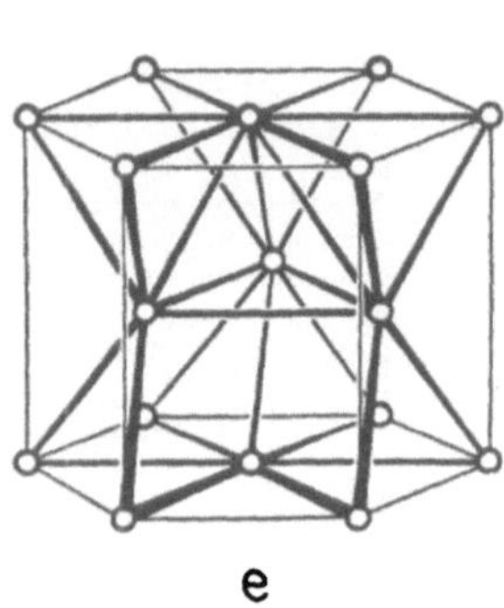
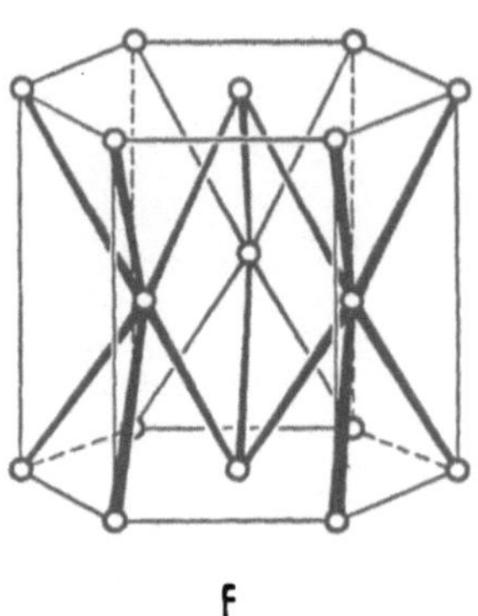



Fig. 90e, f

Zwei weitere reguläre einparametrige Gitterstrukturen. In e ist c = 1,632 a, sodaß die Abstände in den Basisflächen gleich den eingezeichneten schiefgelegenen Abständen werden. In f ist nur das Schema Fig. 79f als Koordinationsschema gezeichnet (Magnesiumstrukturtypen).

Symmetrie noch hochsymmetrische einparametrige homogene Baugitterverbände mit zusammengesetzter kz möglich. Fig. 91 stellt einige wesentliche ksch trigonaler, hexagonaler bzw. tetragonaler Symmetrie mit zusammengesetzten kz dar. Der Aufbau der kz ist den Baumotiven beigeschrieben. Es ist ersichtlich, daß man nach kz und ksch, also nach den Verbandsverhältnissen, alle aus einerlei Teilchen bestehenden Verbände auch in Rücksicht auf die Symmetrie klassifizieren kann. Die den Chemiker besonders interessierende Frage ist dann folgende: Welche dieser Fälle sind nun als Teilchenkonfiguration verwirklicht und was für Beziehungen bestehen zwischen Teilchenart und kz und ksch? Darauf kann erst in einem späteren Abschnitt eingegangen werden.

**Pseudogleichwertigkeit und Pseudosphären.** Nur kurz sei noch folgenden Umstandes gedacht. Wie bereits früher erwähnt, darf man den Begriff geometrisch gleichwertige Teilchen nicht ohne weiteres mit dem Begriff chemisch gleiche Atomart (mit gleichem Elementensymbol) identifizieren. Es ist durchaus möglich, daß in einer Verbindung nur Atome des gleichen generellen Symboles (zum Beispiel Mn oder Cr) auftreten, sich jedoch ein Teil dieser Atome in anderen Verbandsverhältnissen befindet als ein anderer Teil, da wir ganz verschiedenen Zuständen immer noch das gleiche chemische Grundsymbol verleihen. Geometrisch besteht dann die Konfiguration aus ungleichwertigen Punkten, die wir jedoch bei Aufstellung des Nachbarschaftsbildes zunächst als pseudogleichwertig ansehen. Dann kann die kz in doppeltem Sinne zusammengesetzt erscheinen, da jetzt streng geometrisch nicht nur die Koordinationsrichtungen, sondern auch die Koordinationsstellen ungleichwertig sind.

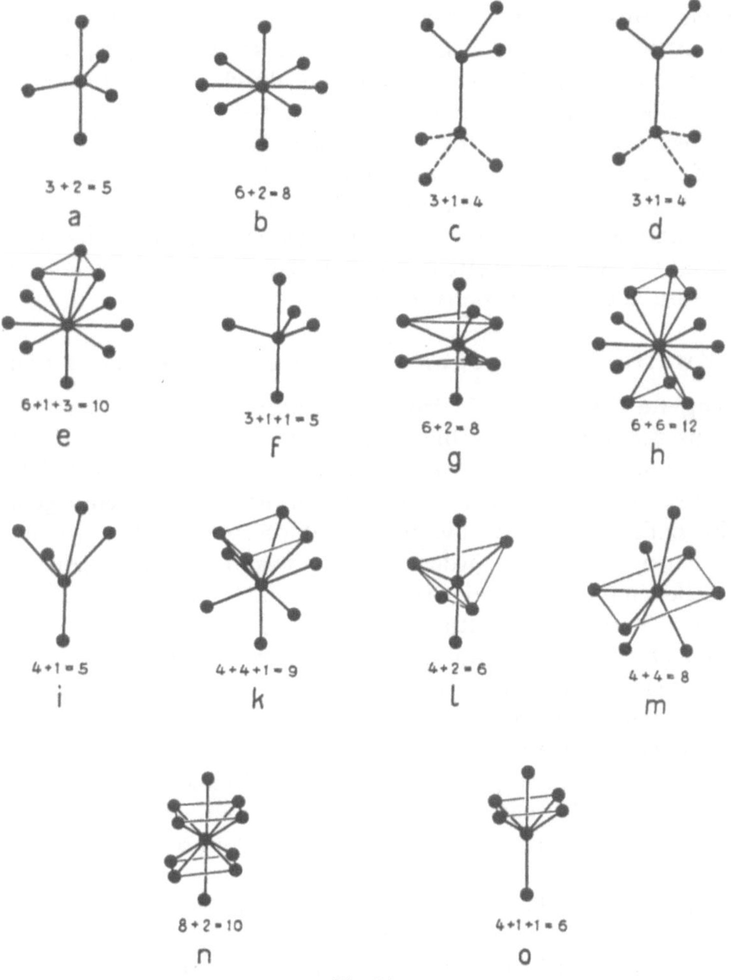

Fig. 91

Beispiele zusammengesetzter Koordinationsschemata unter Angabe der Art der Zusammensetzung.

Ja es ist möglich, daß wir für eine erste Orientierung verschiedenartige Teilchen, wie zum Beispiel OH und F in anorganischen Verbindungen oder N, C, H und O usw. in organischen Verbindungen, insofern als analog betrachten können, daß die Frage berechtigt ist, wieviele derartiger Teilchen insgesamt mit einem Kation (anorganisch) oder einem C (organisch) in unmittelbarem Verband stehen. Naturgemäß werden dann die Abstände nicht genau gleich sein, wie sie ja schon in homogenen Teilchenkonfigurationen mit zusammengesetzter kz das nicht sein werden. Dennoch dürfen wir sie vielleicht zu einer ersten Pseudosphäre um ein Zentralteilchen zusammenfassen.

Also auch in dieser Beziehung mag es zweckmäßig sein, den vorerst sehr strengen Begriff 1. Sphäre (Teilchen mit gleichem kürzestem Abstand von der Zentralstelle) aufzulockern und zu ersetzen durch Teilchen mit ähnlichem kürzestem Abstand von der Zentralstelle oder schließlich gar, allerdings mit bereits chemisch-physikalischer Begründung, durch den aller unmittelbar an die Zentralstelle chemisch gebundenen Teilchen. Selbstverständlich kann darauf erst nach Behandlung des rein geometrischen Teiles eingegangen werden. Es mußte an dieser Stelle nur erwähnt werden, daß auch eine derartige, durchaus statthafte Auflockerung des Grundbegriffes letzten Endes den Idealfall als Grenzfall voraussetzt. Zugleich haben uns derartige Bemerkungen bereits zu dem übergeführt, was auf weiten Gebieten der Stereochemie als Wichtigstes erscheint, zum heterogenen Bauverband.

## B. Zweifach heterogene und reguläre Bauverbände

**Heterogene Bauverbände im allgemeinen.** Besteht eine Punktkonfiguration aus geometrisch verschiedenen Punktsorten, so interessieren uns im allgemeinen vor allem die Verbandsverhältnisse zwischen ungleichwertigen Teilchen, erst in zweiter Linie die der gleichwertigen, die dann genau so zu behandeln sind, als ob nur die ihnen entsprechenden homogenen Punktkonfigurationen vorliegen würden. In angewandten Fällen (Punkte durch atomare Teilchen oder Radikale ersetzt) wird man meist leicht beurteilen können, welchen Verbandsverhältnissen die größere Bedeutung zukommt. So werden zunächst in sogenannten heteropolaren Verbindungen die elektropositiven den elektronegativen Teilchen oder die Kationen den Anionen gegenübergestellt. Daher läßt sich oft eine relativ komplizierte Punktverteilung zu Übersichtszwecken auf einen *zweifach heterogenen Aufbau* zurückführen, in dem die $A$-Schwerpunkte elektropositive, die $B$-Schwerpunkte elektronegative Bauelemente umfassen. Wir betrachten daher vorerst nur diesen zweifach heterogenen Verband und nehmen vorerst an, die $A$-Punkte seien unter sich, die $B$-Punkte gleichfalls unter sich gleichwertig.

Die Zahl der $B$-Teilchen, die in gleichem *kürzesten* Abstand $d_{AB}$ ein $A$-Teilchen in 1. Sphäre umgeben, ist die kz $n$ von $A$ in bezug auf $B$. Die Zahl der $A$-Teilchen, die im gleichen Abstand $d_{AB}$ ein $B$-Teilchen umgeben, ist die kz $m$ von $B$ in bezug auf $A$. Sind voraussetzungsgemäß alle $A$ unter sich und alle $B$ unter sich geometrisch gleichwertig, so kommen jedem $A$ die gleiche Zahl $n$ und jedem $B$ die gleiche Zahl $m$ zu. Das stöchiometrische Verhältnis ist daher $A:B=m:n$ und die Koordinationsformel, bezogen auf $A$ als Zentralstelle, $AB_{\frac{n}{m}}$. Sie bedeutet, um es nochmals zu wiederholen: jedes $A$ ist in 1. Sphäre von $n\,B$ umgeben, jedes $B$ aber ist seinerseits an $m\,A$ gebunden, also nur zu $\frac{1}{m}$ zu *einem* $A$ gehörig. Es veranschaulichen somit die Formeln $AB_3$, $AB_{\frac{6}{4}}$, $AB_{\frac{12}{8}}$ trotz gleicher Verhältniszahl $\frac{n}{m}$ stereochemisch Verschiedenartiges, $AB_{\frac{3}{2}}$

sagt aus, jedes $A$ ist in 1. Sphäre von 3 $B$ umgeben, jedes $B$ von 2 $A$; $AB_{\frac{6}{4}}$: jedes $A$ ist in 1. Sphäre von 6 $B$ umgeben, jedes $B$ von 4 $A$, usw. Ist $m=1$, so ist der Verband $A \to B$ eine *einkernige molekulare Konfiguration*, eine *Bauinsel, die in bezug auf A als Zentralstelle einkernig ist*. Ist $m>1$, so werden durch $d_{AB}$ Konfigurationen verbunden mit mehreren $A$-Teilchen, sie sind in bezug auf $A$ als Zentralstelle *mehrkernig*. Die Anzahl der im $d_{AB}$-Zusammenhang stehenden $A$ sei $x$. Dann lautet die Gesamtformel für einen einparametrigen regulären $d_{AB}$-Verband: $\left[AB_{\frac{n}{m}}\right]_x$. Ist $x$ eine endliche Zahl, so ist der $d_{AB}$-Verband eine molekulare (insulare) Konfiguration mit $x$ $A$-Kernen, denen $x \cdot \frac{n}{m} B$ zugeordnet sind. Ist $x=\infty$, so ist der $d_{AB}$-Verband von ein-, zwei- oder dreidimensionalem kristallinem Charakter, entspricht somit einer in bezug auf $A$ unendlichkernigen Kristallverbindung. Die weitere Unterteilung erfolgt nach ganz analogen Prinzipien, wie sie Seite 88 bis 90 bei Besprechung der homogenen Bauverbände erfolgte.

So stellen beispielsweise Fig. 92 a, b, c respektive heterogene Bauinseln bzw. homogene, einparametrige molekulare Verbände $AB_{\frac{n}{m}}$ vom Charakter $I^1$, $I^2$ und $I^3$ dar. Fig. 92 a hat die Formel $\left[AB_{\frac{2}{1}}\right]_1$, Fig. 92 b die Formel $\left[AB_{\frac{2}{2}}\right]_3$, Fig. 92 c die Formel $\left[AB_{\frac{4}{2}}\right]_2$. In Fig. 92 a ist der $A$-Zusammenhang $A_0$ ein Einpunktner, der $B$-Zusammenhang $\left[B_{\frac{1}{1}}\right]_2$, es ist $d_{AB}=\tfrac{1}{2}d_B$; in Fig. 92 b ist der $A$-Zusammenhang $\left[A_{\frac{2}{2}}\right]_3$, der $B$-Zusammenhang $\left[B_{\frac{2}{2}}\right]_3$, es ist $d_B=d_A=\sqrt{3}\,d_{AB}$; in Fig. 92 c ist der $A$-Zusammenhang $\left[A_{\frac{1}{1}}\right]_2$, der $B$-Zusammenhang $\left[B_{\frac{2}{2}}\right]_4$. Würden die Punkte in den Ecken eines Oktaeders liegen, so wären $d_{AB}=d_B$ und $d_A=\sqrt{2}\cdot d_{AB}$.

In den genannten Fällen sind somit sowohl die $d_{AB}$- wie die $d_A$- und $d_B$-Bauzusammenhänge einparametrig, und zugleich können bei bestimmten Symmetriebedingungen der Punktlagen (zum Beispiel $C_3$ für $A$ und $B$ der Fig. 92 b und $C_2$ für $B$ der Fig. 92 c, sowie $C_4$ für $A$ der gleichen Figur) die von einem Punkt ausstrahlenden in Betracht gezogenen Koordinationsrichtungen einander gleichwertig sein. Bauzusammenhänge dieser Art werden in $d_{AB}$, $d_A$ und $d_B$ einparametrige *reguläre* Bauzusammenhänge genannt.

Es gibt bei gegebenem Verhältnis $A:B$ stets nur eine beschränkte Zahl derartiger regulärer Bauzusammenhänge. Wiederum hat man nicht nur die kz, sondern auch das ksch anzugeben, das bei regulären Verbänden eine Verteilung der Koordinationsrichtungen aufweist, die der Verteilung von Flächennormalen einer zur Symmetriebedingung der Punktlage gehörigen einfachen Form entspricht.

Bei heterogenen Verbänden ist es jedoch oft zweckmäßig, das ksch um eine Punktsorte, zum Beispiel um $A$, besonders hervorzuheben. Dann verbindet man die zu einem $A$ gehörigen $B$-Teilchen durch die $d_B$-Geraden und erhält einen Polygonzug bzw. die Kanten eines Polyeders. Dieses Polyeder wird das zu $A$ gehörige *Koordinationspolyeder* (*-Polygon*) kpo der $B$ genannt. Eine reguläre Struktur $\left[AB_{\frac{n}{m}}\right]_x$ baut sich dann aus $x$ solchen Koordinationspolyedern auf, von denen jedes $n$ gleichwertige Ecken besitzt. An jeder Ecke stoßen $m$ Polyeder zusammen. In den Ecken dieser Koordinationspolyeder liegen die Schwerpunkte der $B$.

Man sieht sofort ein, daß diese Darstellung über die Konstruktionsmöglichkeiten regulärer $AB$-Strukturen Auskunft gibt, da es offenbar aus mit der Raumteilung zusammenhängenden Gründen nicht möglich sein wird, an der

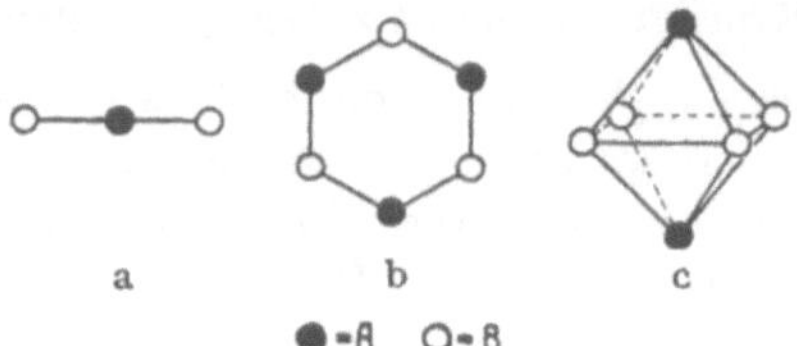



Fig. 92. Heterogene Bau-Inseln.

Ecke eines Polyeders eine *beliebige* Zahl gleichartiger Polyeder sich berühren zu lassen. Nehmen wir zum Beispiel an, das Koordinationspolyeder der $B$ um $A$ sei ein Würfel, d.h. um jedes $A$ seien in oktaedrischem ksch 8 $B$ gruppiert,

Fig. 93 und 94
Koordinationsschemata und Koordinationspolyeder der B um A.
Fig. 93 kz = 8, kpo = Würfel. Fig. 94 a und b kz = 6, kpo = Oktaeder.

die um die Ecken eines Würfels kpo bilden (Fig. 93). Das Schema für sich hat die Formel $\left[AB_{\frac{8}{1}}\right]$ und das Verhältnis $d_{AB} : d_B = \frac{1}{2}\sqrt{3} : 1$. Sind nun die $B$ an $m$ $A$ gebunden, so bedeutet dies, daß an einer Ecke $m$ gleiche Würfel zusammenstoßen. Die $B$ werden zu *Brückenpunkten* bzw. *Brückenteilchen*, die mehrere, sagen wir $m$ $A$, über $d_{AB}$-Abstände verbinden. Die allgemeine Formel lautet dann $\left[AB_{\frac{8}{m}}\right]_x$. Es ist nun leicht einzusehen, daß aus sterischen Gründen an einer Würfelecke nicht mehr als 8 Würfel zusammenstoßen können, so daß bei diesem gegebenen ksch, bzw. kpo, $m$ *maximal* acht sein kann. Übrigens ist in diesem Falle auch evident, daß $x$ zu $\infty$ wird, denn, wenn alle $B$ gleichwertig sein sollen, müssen sich immer neue kpo anlagern, es entsteht automatisch ein $\left[AB_{\frac{8}{8}}\right]_\infty$ G-Verband, eine Kristallverbindung. Zwischen ksch und zugehörigen kpo bestehen naturgemäß einfache mathematische Be-

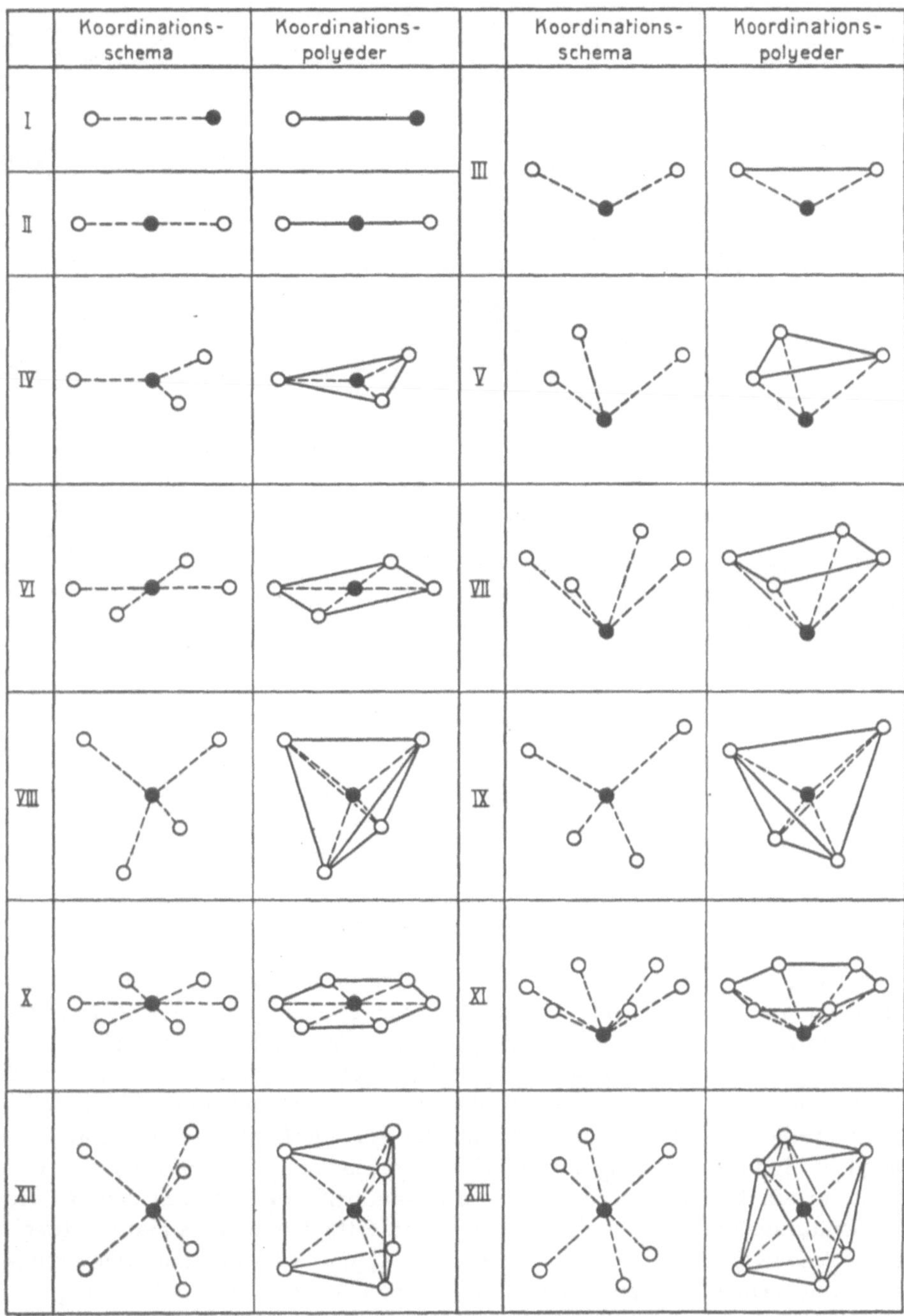

Fig. 95

Hochsymmetrische Koordinationsschemata und zugehörige Koordinationspolygone oder Koordinationspolyeder. Die Koordinationsrichtungen sind gestrichelt, die Polygonzüge ausgezogen. Gefüllter Kreis = A, leerer Kreis = B.

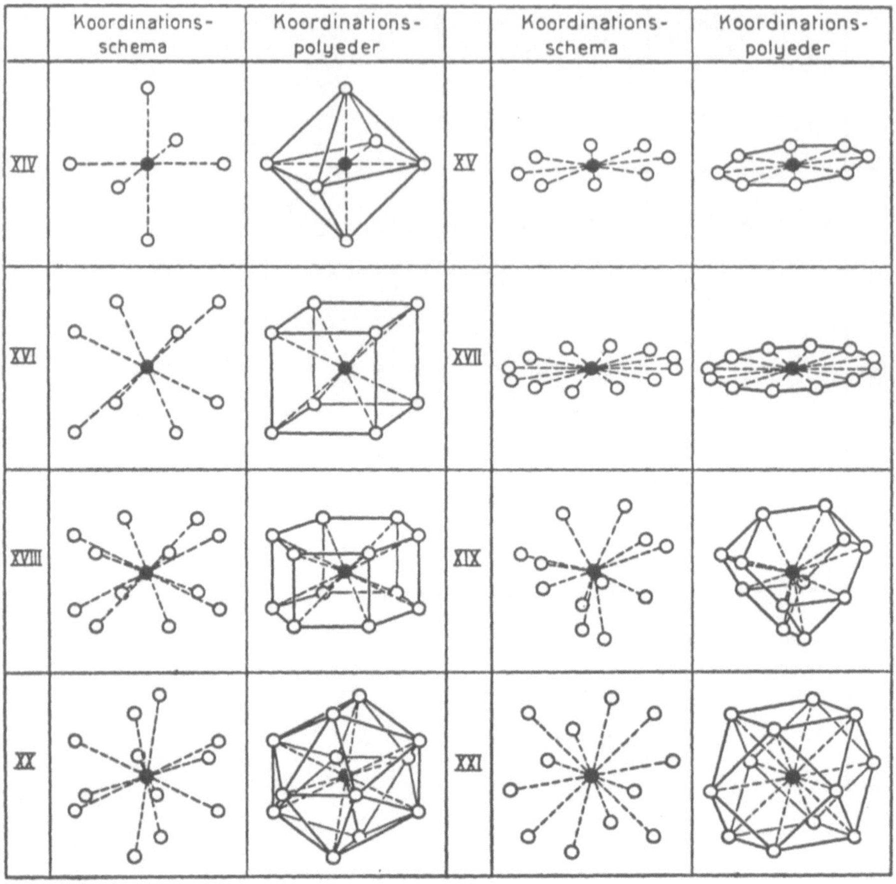

Fig. 96
Fortsetzung von Fig. 95.

ziehungen; zum hexaedrischen ksch der Fig. 94a gehört zum Beispiel das Oktaeder als kpo, Fig. 94b, während wir oben gesehen haben, daß dem oktaedrischen ksch das Hexaeder (Würfel) als kpo (Fig. 93) zugeordnet ist.

In Fig. 95 und Fig. 96 sind (nach dem Lehrbuch für Mineralogie und Kristallchemie) ksch und kpo in ihrer Beziehung zueinander dargestellt. Nicht in allen gezeichneten Fällen sind die Polyederkanten in bezug auf die mögliche Symmetriebedingung der Ecken gleichwertig. Entweder vermittelt dann nur ein Teil den einparametrigen Zusammenhang zwischen den $B$ oder die homogene kz der $B$ ist zusammengesetzt. Offenbar wird es mathematisch keine Schwierigkeiten bereiten, alle in $d_{AB}$, $d_A$ und $d_B$ einparametrigen regulären Bauverbände aufzusuchen. Einige Beispiele seien zur Befestigung der Begriffsbildung erwähnt.

**Molekulare Konfigurationen. Reguläre Verbindungen $A_m B_n$.** *Einkernige* reguläre $A$, $B$-Verbände erhält man aus den homogenen regulären Konfigurationen (die man nun als $B$-Verbände ansieht), indem $A$ in den Hauptsymmetriepunkt eingesetzt wird. Dazu gehören alle Fälle der Fig. 95, soweit durch gleichwertige Polyederkanten ein einparametriger $d_B$-Zusammenhang

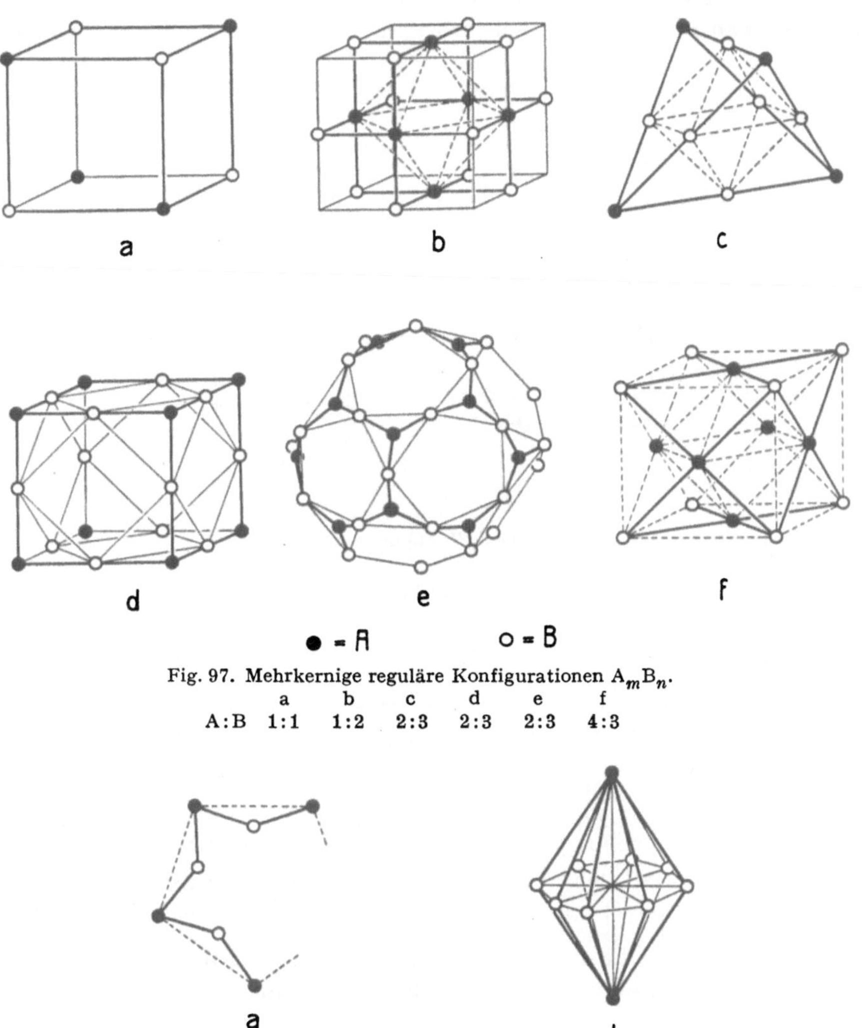



Fig. 97. Mehrkernige reguläre Konfigurationen $A_m B_n$.

|        | a   | b   | c   | d   | e   | f   |
|--------|-----|-----|-----|-----|-----|-----|
| A:B    | 1:1 | 1:2 | 2:3 | 2:3 | 2:3 | 4:3 |



Fig. 98

Bruchstück eines Polygonzuges streptoedrischer Art. Fig. 98 b entspricht $\left[ \mathrm{AB}_{\frac{8}{2}} \right]_2$.

hergestellt werden kann, außerdem die in Fig. 96 zusammengestellten, sowie alle planaren, durch $A$ zentrierten ebenen Polygone und streptoedrischen Polygone mit $n =$ gerade (Auf- und Ab-Ringe). *Mehrkernige* reguläre $A$, $B$-Verbände besitzen unter anderem einen Charakter wie die Figuren 97 a, b, c, d, e, f mit $\left[ A B_{\frac{3}{3}} \right]_4$,

$\left[AB_{\frac{4}{2}}\right]_6$, $\left[AB_{\frac{3}{2}}\right]_4$, $\left[AB_{\frac{3}{2}}\right]_8$, $\left[AB_{\frac{3}{2}}\right]_{20}$, $\left[AB_{\frac{4}{3}}\right]_6$ als zugehörigen Formeln.

$\left[AB_{\frac{2}{2}}\right]_n$ -Verbände treten als Polygonzüge auf (Fig. 98a) und $\left[AB_{\frac{n}{2}}\right]_2$ -Verbände mit $d_B$-Verband = regelmäßiges Polygon, $d_{AB}$-Verband = Pyramidenkanten (Fig. 98b). Man beachte: bei allen mehrkernigen molekularen Konfigurationen

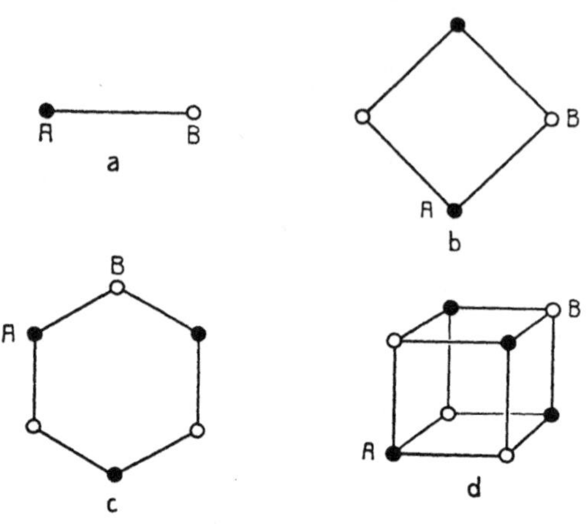

Fig. 99

Polymere Konfigurationen.

(Bau-Inseln in höherem Verband) ist das ksch um $A$ planar oder polar einseitig angelegt.

Fälle wie $\left[AB_{\frac{1}{1}}\right]_1$, $\left[AB_{\frac{2}{2}}\right]_2$ bis $\left[AB_{\frac{2}{2}}\right]_n$ und $\left[AB_{\frac{3}{3}}\right]_4$ besitzen das gleiche stöchiometrische Verhältnis $A:B = 1:1$. Man nennt sie *zueinander polymer* und das $x$ der Formel $\left[AB_{\frac{n}{n}}\right]_x$ die *Polymerisationszahl*. Ausgehend von $\left[AB_{\frac{1}{1}}\right]_1$ der Fig. 99a stellt $\left[AB_{\frac{2}{2}}\right]_2$ (Fig. 99b) zugleich eine Erhöhung der kz von $A$ gegenüber $B$ (Verdoppelung) dar. Die Erweiterung des Vierringes zum $2n$-Ring erhöht die Polymerisationszahl, jedoch nicht die kz von $A$ gegenüber $B$ (zum Beispiel Fig. 99c $= \left[AB_{\frac{2}{2}}\right]_3$). Hingegen kann im zur Diskussion stehenden Fall die kz $A \to B$ durch die Anordnung der Fig. 99d bis auf 3 erhöht werden: $\left[AB_{\frac{3}{3}}\right]_4$. Mit sogenannten *Polymerisationen* (Erhöhung der zu einem Verband gehörigen Teilchenzahl bei gleichbleibendem Teilchenverhältnis $A:B$) kann somit Erhöhung der kz verbunden sein, aber es ist dies nicht in allen Fällen notwendig.

**Eindimensionale kristalline Konfigurationen. Reguläre heterogene Bauverbände $A_m B_n$.** Stets können definitionsgemäß die *regulären* einparametrigen $A,B$-Verbände als unendlichkernige Verbindungen oder unendlichfache Polymerisationen eines $A_m B_n$-Verhältnisses beschrieben werden. Es reihen sich in unserer Darstellungsmethode kettenartig die um $A$ errichteten Koordinationspolyeder mit gemeinsamen Ecken aneinander (zum Beispiel Fig. 100 c, d) mit den Trivialfällen der Fig. 100 a und b.

Fig. 100 a ist $\left[A\,\frac{2}{2}\right]_\infty K$. Es bedarf kaum des Hinweises, daß zwischen einem Ring $\left[A\,\frac{2}{2}\right]_n$ mit großem $n$ und einer Kette in bezug auf die Verbandsverhältnisse kein prinzipieller Unterschied besteht. In der Kette der Fig. 100 a ist

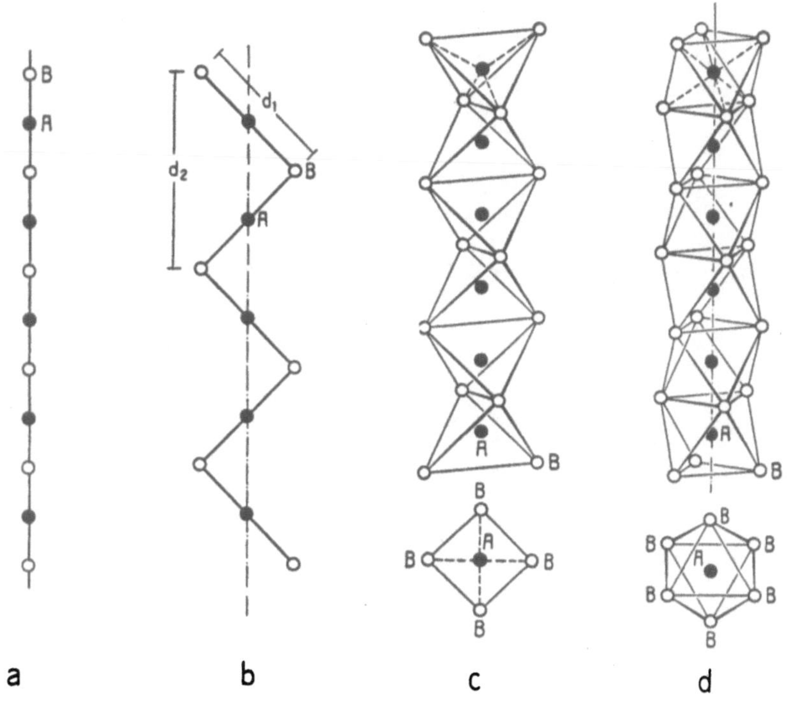

a       b       c       d

Fig. 100

Einparametrige reguläre Kettenzusammenhänge von A und B. In c und d sind auch Projektionen senkrecht zur Kettenrichtung gezeichnet.

$d_B = d_A = 2d_{AB}$, bei den Zickzackketten der Fig. 100 b ist noch $d_B = 2d_{AB}$, $d_A$ jedoch $< 2d_{AB}$.

Für Fig. 100 c gelten: $\left[AB\,\frac{4}{2}\right]_\infty K$ und $\left[A\,\frac{2}{2}\right]_\infty K$ sowie $\left[B\,\frac{4}{4}\right]_\infty K$. Ist das kpo ein Tetraeder, so wird die Kante senkrecht zur Kettenrichtung gleich den Seitenkanten, der $B$-Zusammenhang ist $\left[B\,\frac{4+1}{4+1}\right]_\infty K = \left[B\,\frac{5'}{5'}\right]_\infty K$.

Fig. 100 d entspricht der Formel $\left[AB\,\frac{6}{2}\right]_\infty K$ mit dem $B$-Zusammenhang $\left[B\,\frac{4}{4}\right]_\infty K$, der jedoch für das Oktaeder als kpo zu $\left[B\,\frac{4+2}{4+2}\right]_\infty K$ wird. Die kz für $B$ ist von vornherein eine zur Erzielung des einparametrigen Zusammenhanges zusammengesetzte, wenn die kpo Prisma-Pinakoide sind.

Niggli 9

**Zweidimensionale kristalline Konfigurationen. Reguläre heterogene Bauverbände $A_m B_n$.** Alle im $A, B$-, $A$- und $B$-Zusammenhang regulär einparametrigen Strukturen sind wiederum von vornherein ableitbar. Das ksch der $B$ um $A$ ist prismatisch oder pyramidal ($A$ und $B$ in der gleichen oder in zwei verschiedenen parallelen Ebenen). Es entstehen zu $A$ gehörige $n$-gonale Polygone. Die Figuren 101 a, b, c, d, e veranschaulichen die Fälle, wobei $A$ und $B$

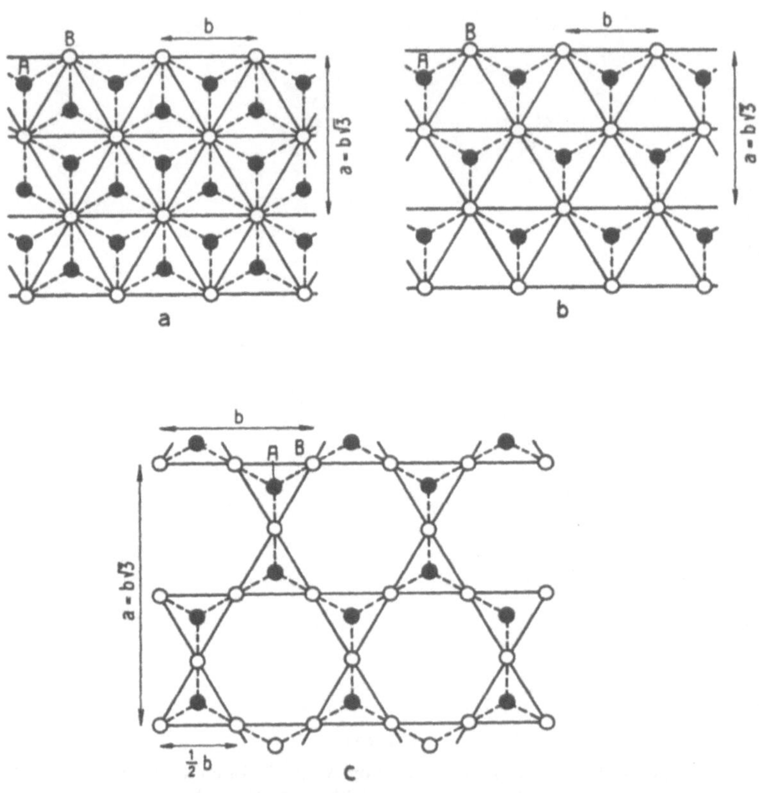

Fig. 101 a, b, c

Drei reguläre heterogene Bauzusammenhänge in Netzsystemen.

komplanar oder nicht komplanar angenommen werden können und bei ungleichen $n$ und $m$ Vertauschung von $A$ und $B$ für $A$ etwas Neues ergibt. Die Formeln lauten einschließlich Fig. 101 f und g:

$$\left[AB_{\frac{3}{6}}\right]N, \ \left[AB_{\frac{3}{3}}\right]N, \ \left[AB_{\frac{3}{2}}\right]N, \ \left[AB_{\frac{4}{4}}\right]N, \ \left[AB_{\frac{4}{2}}\right]N, \ \left[AB_{\frac{6}{2}}\right]N, \ \left[AB_{\frac{6}{2}}\right]N.$$

$$\phantom{x}\ \ \text{a} \qquad\quad \text{b} \qquad\quad \text{c} \qquad\quad \text{d} \qquad\quad \text{e} \qquad\quad \text{f} \qquad\quad \text{g}$$

b und d besitzen unter sich gleiches stöchiometrisches Verhältnis, jedoch verschiedene kz. Polymer zueinander kann man sie nicht nennen, da ja beide unendlichkernig sind. Gleiches würde für Fig. 101a, mit vertauschten $A$ und $B$

und Fig. 101 e gelten. Außerdem zeigen uns diese Figuren eine andere wichtige Erscheinung. Die Figuren 101 a, b besitzen das Baumotiv $AB_3$ und (soweit jeweilen vorhanden) die gleiche Anordnung dieses Motives. Fig. 101 a ist die Vollstruktur; in der maximalmöglichen Zahl 6 berühren sich Dreiecke an einer

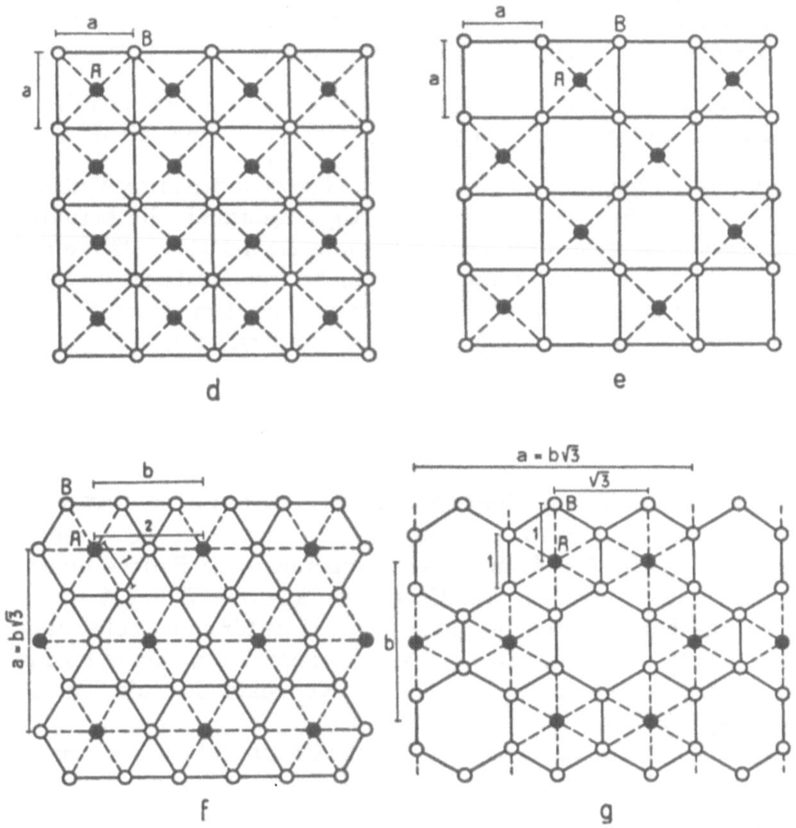

Fig. 101 f, g

Fortsetzung von 101 a, b, c. Vier weitere ganz oder teilweise reguläre heterogene Bauzusammenhänge in Netzsystemen.

Dreiecksecke. In gesetzmäßiger Alternanz ist in Fig. 101 b die Hälfte der $A$-Zentralstellen ausgefallen, dadurch wird das Verhältnis $A:B$ von 6:3 in 3:3 umgewandelt. Im gleichen Verhältnis stehen zueinander die Fig. 101 d und e, aus $A:B=4:4$ wird 2:4.

Man kann somit die Strukturen Fig. 101 b als Struktur Fig. 101 a *mit Leerstellen für A* bezeichnen, ebenso die Struktur Fig. 101 e als Fig. 101 d *mit Leerstellen für A*. Allgemein gilt: Hat man eine relativ hochsymmetrische Struktur $A_m B_n$ in Form zusammenhängender kpo der $B$ um $A$ dargestellt bei maximaler Eckenberührungszahl der kpo, so lassen sich durch symmetrisch verteilte Leerstellenbildung (Ausfall einiger Zentren der kpo ohne Herabsetzung der $B$-Zahl) im allgemeinen neue hochsymmetrische Strukturen mit gleichem Baumotiv, jedoch verändertem Verhältnis $A:B$ gewinnen. Dadurch lassen sich verschiedene Strukturen zueinander in verwandtschaftliche Beziehungen bringen. Komplizierter ist die Verwandtschaft der Struktur Fig. 101a und c, bei immer noch gleichem Baumotiv $AB_3$. In Fig. 101c sind gegenüber Fig. 101a nicht nur $A$-Punkte, sondern auch $B$-Punkte weggefallen, so daß jetzt der $B$-Zusammenhang nicht mehr ein $\left[B\frac{6}{6}\right]_\infty$ $N$-, sondern ein $\left[B\frac{4}{4}\right]_\infty$ $N$-Verband ist.

Ein wiederum anderer Verwandtschaftsgrad herrscht zwischen den Strukturen Fig. 101f und g der gleichen Formel $\left[AB\frac{6}{2}\right]_\infty$ $N$ und mit dem gleichen Baumotiv des Verbandes $A$ zu $B$. Die um $A$ vorhandenen regelmäßigen $B$-Sechsecke sind in beiden Typen andersartig angeordnet. Sie berühren sich beispielsweise in Fig. f nur in Ecken, in Fig. g in Kanten. Die letztere Struktur ist übrigens im $d_B$-Zusammenhang nicht mehr regulär, da die kz $B \to B = 3'$ $= 2 + 1$ ist. Zwei derartige in der Gesamtformel und dem Baumotiv ähnliche, in der Anordnung der kpo verschiedene Verbände sind gelegentlich zueinander *strukturisomer* genannt worden.

So ergeben sich bereits auf geometrischer Grundlage enge Beziehungen zwischen verschiedenen Bauzusammenhängen, die auch von einer chemischen Klassifikation der Verbindungen nicht übersehen werden dürfen.

**Dreidimensionale, vorwiegend reguläre, kristalline Bauverbände.** Als streng regulär würden wir jene Strukturen bezeichnen, die sowohl für die Bauverbände $A \to B$, $A \to A$ und $B \to B$ einparametrige Bauzusammenhänge mit einfachen ksch ergeben. Die Ecken der kpo der $B$ um $A$ sind gleichwertig, aber auch die Kanten, mindestens soweit sie für einen Totalzusammenhang der $B$ notwendig sind. Die höchstsymmetrischen in Frage kommenden kpo sind Tetraeder, Oktaeder, Würfel und Kubooktaeder mit den zu $A$ gehörigen kz 4, 6, 8, 12.

*Beispiele von Tetraederverbänden.* Die maximale Zahl der an einer Ecke zusammenstossenden gleichgroßen Tetraeder ist 8. Die Tetraeder haben zugleich Kanten gemeinsam und umschließen oktaedrische Hohlräume. Es entsteht eine kubische $\left[AB\frac{4}{8}\right]_\infty$ $G$-Struktur mit $\left[A\frac{6}{6}\right]_\infty$ $G$ und $\left[B\frac{12}{12}\right]_\infty$ $G$ (Fig. 102). Die Anordnung heißt Antifluorittypus.

In Fig. 102 ist das Motiv der Tetraederanordnung, wobei auch weiterhin an jeder Kante Tetraeder anstoßen würden, gezeichnet. Fällt gesetzmäßig die Hälfte der Tetraederschwerpunkte $A$ aus, entsprechend Fig. 103, so resultiert der reguläre kubisch hemimorphe Kristallverband $\left[AB\frac{4}{4}\right]_\infty$ $G$ vom Zinkblendetypus mit $\left[A\frac{12}{12}\right]_\infty$ $G$ und $\left[B\frac{12}{12}\right]_\infty$ $G$. Die Fortsetzung der Tetraederverbände ist so, daß an jeder Ecke sich 4 Tetraeder berühren, jedoch ohne Kanten gemeinsam zu haben, die Hälfte der Tetraeder von Fig. 102 ist als kpo ausgefallen.

Bleibt nur 1/4 der $A$-Atome der Fig. 102 erhalten, so entsteht eine $\left[AB\frac{4}{2}\right]_\infty$ $G$-Struktur mit $\left[A\frac{8}{8}\right]_\infty$ $G$ und $\left[B\frac{12}{12}\right]_\infty$ $G$, die sogenannte Anti-Cupritstruktur

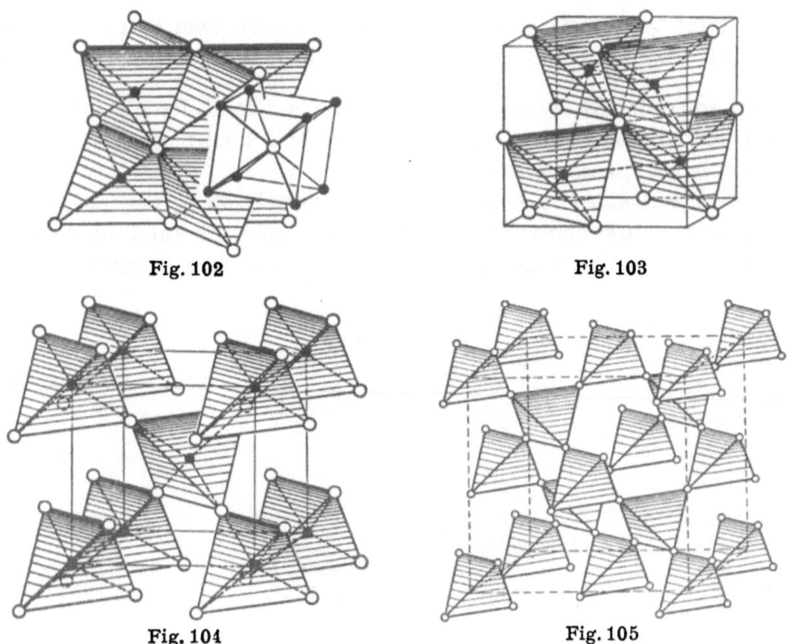

Fig. 102  Fig. 103

Fig. 104  Fig. 105

Fig. 102 bis 105. Räumliche Anordnung von Koordinationstetraedern. Fig. 102 = maximale Berührungszahl (Antifluorittypus) (an einer Ecke ist das ksch der $A$ um $B$ dargestellt). Fig. 103 = Zinkblendetypus. Fig. 104 = Anticuprittypus, Fig. 105 = Cristobalittypus.

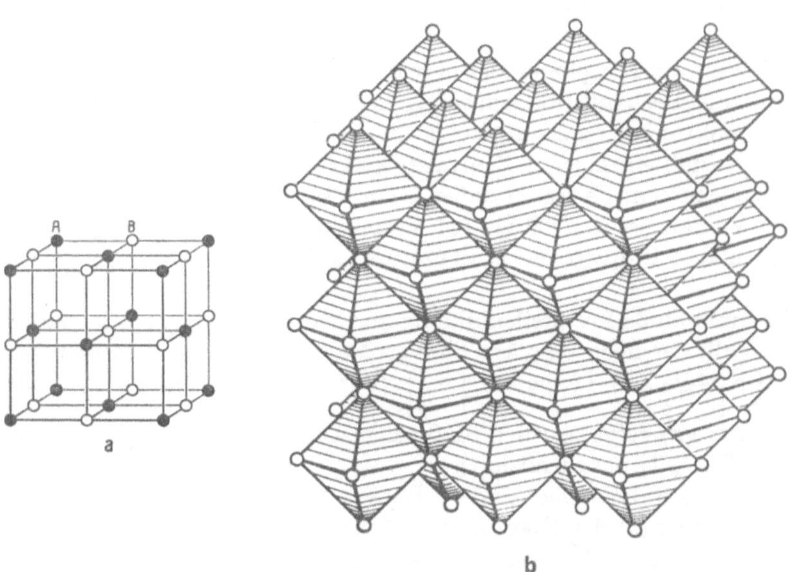

Fig. 106 a, b

Oktaederverband des Steinsalztypus. In Fig. 106 a ist die Punktanordnung, in Fig. 106 b, soweit durchführbar, die Anordnung der Koordinationsoktaeder der $B$ um die $A$ dargestellt.

(Fig. 104). Jetzt berühren sich an jeder Ecke nur noch zwei Tetraeder statt der acht von Fig. 102. Ebenfalls eine reguläre $\left[AB_{\frac{4}{2}}\right]_\infty$ $G$-Struktur mit Tetraederzusammenhang entsteht, wenn sowohl einzelne $A$ wie $B$ der Fig. 102 nicht besetzt sind, jedoch das Verhältnis $A:B=2:4$ übrig bleibt usw. Es ist der kubische Cristobalittypus (Fig. 105).

*Beispiele von Oktaederverbänden.* Die maximale Zahl der sich an einer Oktaederecke berührenden Oktaeder kann sechs sein. Es entsteht durch diese Anordnung eine hochsymmetrische, (kubische) reguläre Kristallverbindung

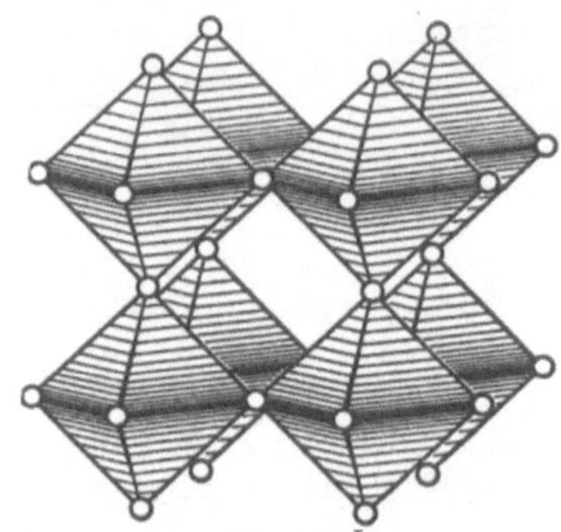

**Fig. 107**
Oktaederanordnung mit nur Eckenberührung.

$\left[AB_{\frac{6}{6}}\right]_\infty$ $G$ mit $\left[A_{\frac{12}{12}}\right]_\infty$ $G$ und $\left[B_{\frac{12}{12}}\right]_\infty$ $G$, der Steinsalztypus. Fig. 106a zeigt die Atomanordnung, Fig. 106b das Motiv des Oktaederverbandes, soweit es ohne Überdeckung darstellbar ist.

Da bereits am Einzeloktaeder in jeder Ecke 4 Kanten zusammenstoßen, die bei regulären Verbänden gleichwertig in bezug auf die Symmetriebedingung des Eckpunktes sein müssen, ist es hier schwierig, durch bloße Leerstellenbildung (Ausfall einzelner $A$-Zentralstellen) in sich völlig reguläre Bauverbände $AB$ zu erhalten. Es treten daher beim Oktaeder als k po der $B$ um $A$ bei anderen Verhältnissen $A:B$ als 1:1 Verbindungstypen auf, die oft in $B$ nicht mehr regulären Bauverband besitzen und auf die wir später zurückkommen müssen.

Ein durch bloße Leerstellenbildung aus dem Steinsalztypus zustande kommender Fall, der noch reguläre Bauverbände aufweist, sei indessen erwähnt. Es ist der $\left[AB_{\frac{6}{2}}\right]_\infty$ $G$-Typus mit $\left[A_{\frac{6}{6}}\right]_\infty$ $G$ und $\left[B_{\frac{8}{8}}\right]_\infty$ $G$. Die Fig. 107 (*ohne* zentrales Oktaeder) zeigt deutlich, daß sich jetzt an jeder Ecke nur 2 Oktaeder berühren ($WO_3$-Typus idealisiert).

*Beispiele von Würfelverbänden.* Bereits ist die Struktur mit maximaler Eckenberührung (8) der Koordinationshexaeder erwähnt worden, es ist die in Fig. 108a und b dargestellte $\left[AB_{\frac{8}{8}}\right]_\infty$ $G$ Struktur mit $\left[A_{\frac{6}{6}}\right]_\infty$ $G$ und $\left[B_{\frac{6}{6}}\right]_\infty$ $G$ (CsJ-Typus). Hochsymmetrisch kubisch und regulär bleibt der Bauverband, wenn die Hälfte der $A$ gesetzmäßig ausfallen, wie das in Fig. 109 dargestellt ist. Es resultiert $\left[A\,B\,\frac{8}{4}\right]_\infty G$ mit $\left[A\,\frac{12}{12}\right]_\infty G$ und $\left[B\,\frac{6}{6}\right]_\infty G$ (Fluorittypus). Weitere Abwandlungen können wiederum erst später erwähnt werden.

Die kz 12 kann mit dem Kubooktaeder oder Hexagon-Ditetraeder als kpo auftreten und in $A \to B$, $A \to A$ oder $B \to B$ gitterhafte Bauverbände liefern, doch sei auch für diese wie für alle anderen Fälle auf das Lehrbuch der Mineralogie und Kristallchemie verwiesen.

Selbstverständlich stellen die Voraussetzungen, die wir an die kristallinen $A$, $B$-Bauverbände gestellt haben: alle $A$ unter sich geometrisch gleichwertig,

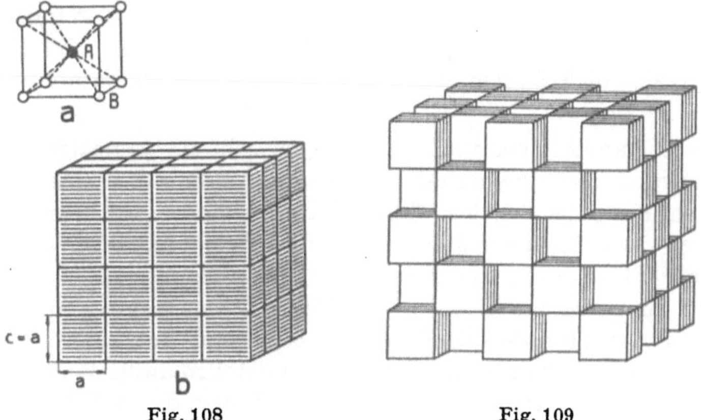

Fig. 108              Fig. 109

Anordnung von Koordinationswürfeln. In Fig.108 (oben ksch) maximale Polyederberührung (CsJ-Typus); in Fig.109 ist nur die Hälfte der Würfel von Fig.108 existent (Fluorittypus).

alle $B$ unter sich geometrisch gleichwertig, die Bauverbände $AB$, $AA$ und $BB$ einparametrig regulär, d.h. durch einfaches ksch zusammenhängend, kpo möglichst hochsymmetrisch, Bedingungen dar, die nur bei hochsymmetrischer Kraftfeldwirkung der die Punkte ersetzenden Teilchen und auch dann nur unter besonderen Umständen innegehalten werden können.

**Dominanz eines Bauverbandes.** Es ist nun aber nicht schwierig, von diesen Grenzfällen ausgehend die weitere Mannigfaltigkeit zu entwickeln, was hier nur andeutungsweise geschehen kann. Ein erstes Gruppenpaar von $A_m B_n$-Kristallverbindungen entsteht auf folgende Weise:

1. $A$ ist koordinativ dominierend, das kpo der $B$ um $A$ bleibt das maßgebende, die Koordinationsrichtungen und Abstände $d_{AB}$ sind nach wie vor gleichwertig, aber das durch die Aneinanderreihung der kpo um $B$ entstehende ksch oder kpo der $B$ um $A$ besitzt nur sekundäre Bedeutung. Es braucht kein einfaches zu sein, d.h. es sind nicht alle von $B$ nach $A$ gehenden Koordinationsrichtungen in bezug auf die Symmetriebedingung von $B$ geometrisch gleichwertig, selbst wenn sie angenähert gleich lang sind. Ja der $B$-Verband kann unter Umständen ein nicht völlig einparametriger sein. Vereinzelt ist bereits auf derartige Fälle hingewiesen worden.

2. Auch wenn $A$ koordinativ die dominierende Rolle spielt, kann es sein, daß das kpo der $B$ um $A$ wohl hohe Symmetrie anstrebt, ohne sie vollkommen zu erreichen. Es ist auf die Gesamtsymmetrie und die $A$ zukommende Symmetriebedingung bezogen nur ein Pseudotetraeder, Pseudooktaeder, Pseudowürfel usw. Es handelt sich gewissermaßen um Deformationen der höchstsymmetrischen Gestalt, wobei die Erfahrung zeigt, daß metrisch diese Deformationen zumeist relativ geringfügiger Art sind. Die Deformation kann die $d_{AB}$ gleichwertig lassen oder ungleichwertig, jedoch nahezu gleich groß gestalten. Im letzteren Fall ist auch das ksch der $B$ um $A$ zusammengesetzt, die 1. Sphäre wird zu einer Pseudosphäre, die $B$-Teilchen im nur angenähert gleichen Abstand um $A$ umfaßt. Natürlich werden für derartiges Verhalten immer irgendwelche Ursachen vorliegen, die jedoch mit der Art der Teilchen im Zusammenhang stehen, also nicht in den geometrisch grundlegenden Kapiteln zu behandeln sind.

Umgekehrt kann es aber auch sein, daß der echt einparametrige kristalline oder pseudoeinparametrige kristalline Zusammenhang der $B$ das Wesentliche und Persistente ist, die $A$ sich in diesen Bauverband an den koordinativ günstigen Stellen gewissermaßen einlagern. Auf derartiges hat schon der Vergleich verschiedener Strukturen, die durch Leerstellenbildung der $A$ auseinander hervorgehen, hingedeutet. Hier war das $B$-Gerüst das gleiche, die $B$ waren so angeordnet, daß sie zum Beispiel Oktaeder- oder (und) Tetraeder- oder Würfelecken bildeten, aber es wurden nicht alle Zentralstellen dieser Polyeder besetzt. Wenn der $B$-Teilchenverband (oder in anderen Fällen der $A$-Teilchenverband) und nicht der $AB$-Verband als das bei Veränderungsmöglichkeiten Persistente erscheint, können wir von einem homogenen *Träger der kristallinen Konfiguration*, zum Beispiel einem *Gitterträger*, sprechen.

### C. Zweifach heterogene, nicht in allen Teilen reguläre Bauverbände

Wir wollen nun einige derartige Beispiele geometrisch charakterisieren, wobei zunächst immer noch vorausgesetzt bleibt, es seien alle $A$ unter sich und alle $B$ unter sich geometrisch gleichwertig und es handle sich um Bauverbände 1. Ordnung, in denen weder ein Teil der $A$ noch ein Teil der $B$ einen engeren Verband bildet als die Gesamtheit aller $A$ bzw. aller $B$.

**Beispiele pseudoregulärer und «deformierter» Verbindungen $A_mB_n$ mit gleichartigen $A$ und gleichartigen $B$.** Wir beschränken uns auf die Erwähnung einiger Fälle zwei- und dreidimensionaler kristalliner Konfigurationen. In Netz- oder Schichtverbänden können kubische kpo, wie Tetraeder, Oktaeder und Würfel, nur als allerdings geometrisch oft von ihnen kaum unterscheidbare Pseudotetraeder, Pseudooktaeder oder Pseudowürfel auftreten (siehe bereits Seite 53 ff). Es gibt ja in diesen Konfigurationen keine Punktlagen mit der Symmetriebedingung einer kubischen Symmetrieklasse. Trotzdem sind Pseudotetraeder-, Pseudooktaeder- oder Pseudowürfelschichten häufig anzutreffen mit $A$ in den Zentren dieser kpo, $B$ an den Ecken. Die Figuren 110a und b entsprechen folgenden Verhältnissen:

$$
\begin{array}{cccc}
 & AB\text{-Verband} & A\text{-Verband} & B\text{-Verband} \\[4pt]
\text{Fig. 110a} & \left[AB_{\frac{4}{4}}\right]_\infty^N & \left[A_{\frac{4}{4}}\right]_\infty^N & \left[B_{\frac{4+4}{4+4}}\right]_\infty^N \\[10pt]
\text{Fig. 110b} & \left[AB_{\frac{4}{2}}\right]_\infty^N & \left[A_{\frac{4}{4}}\right]_\infty^N & \left[B_{\frac{2+2+2}{2+2+2}}\right]_\infty^N
\end{array}
$$

Fig. 110b ist wieder als Fig. 110a mit Leerstellen deutbar. Die Schichten selbst sind Teilelemente der gitterhaften Verbände der Fig. 102, so daß die

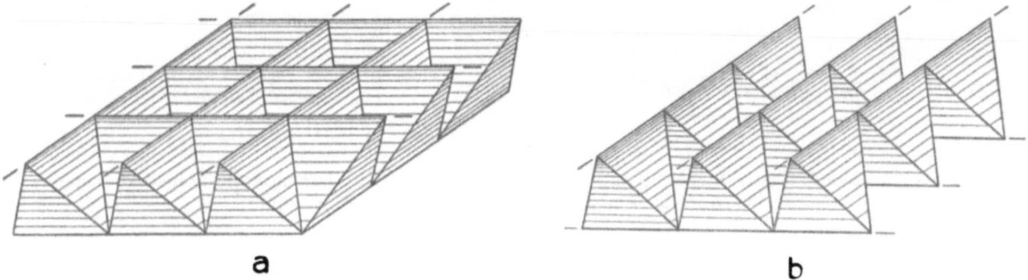



Fig. 110a, b

Zwei Tetraederschichten. Im Zentrum der Tetraeder befindet sich $A$, in den Ecken $B$. Die Fig. 110b läßt sich aus Fig. 110a durch Leerstellenbildung ableiten.

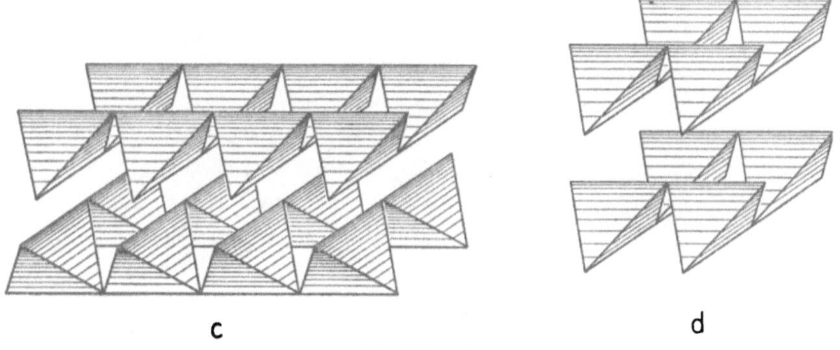



Fig. 110c, d

Anordnungen von Tetraederschichten des Typus Fig. 110b senkrecht übereinander.

Strukturen auch von jenen abgeleitet werden können. Anderseits können durch Kräfte zweiter Ordnung die Schichten zu dreidimensionalen Kristallverbindungen zusammentreten. Selbst wenn Leerschichten zwischen ihnen auftreten, wie in Fig. 110c und d, braucht rein abstandsmäßig der einparametrige Zusammenhang der $B$ nicht verlorenzugehen. Aber auch hier sind die kpo nur Pseudotetraeder (zum Beispiel tetragonale Disphenoide), da eine solche Schichtstruktur nie kubisch sein kann.

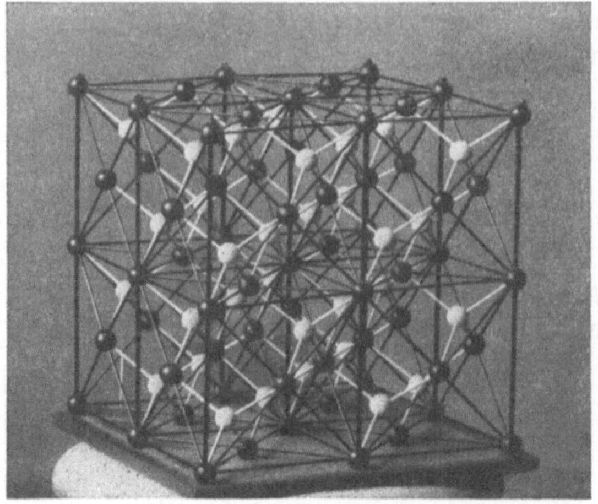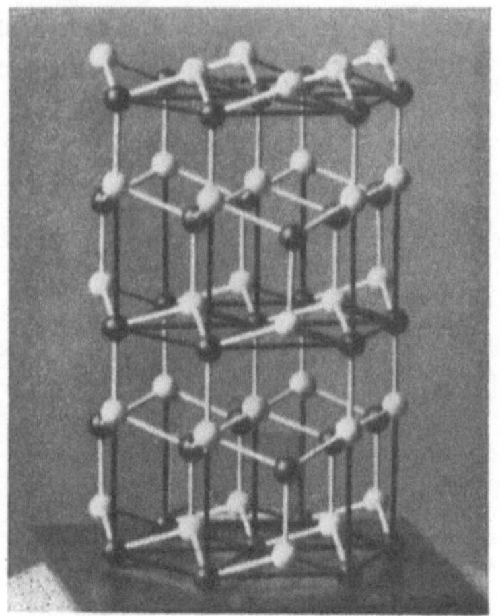

Fig. 111a, b

Fig. 111a Zinkblendetypus (kubisch) und Fig. 111b Wurtzittypus (hexagonal). Schwarze Kugeln
Schwerpunkte von Zn, weiße von S (oder umgekehrt).

Fig. 112

Schema der Anordnung nach Links- oder Rechtsschrauben in der Quarzstruktur.
Weiße Kugeln = Si, schwarze Kugeln = O.

Ein auf die Spitze gestelltes Tetraeder ist zudem unmittelbar als die Konfiguration von trigonaler Pyramide mit Basispedion erkennbar. Es kann den
Winkeln nach ein Pseudotetraeder sein, doch ist jetzt bereits die kz $A \rightarrow B$ zusammengesetzt, nämlich $3 + 1$ (siehe auch Seite 54). Solche trigonalen Pseudotetraeder lassen sich derart anordnen, daß hexagonale Varianten zu kubischen
Verbindungen entstehen. Fig. 111a und 111b stellen in Punktdarstellung
einander gegenüber die früher genannte Struktur vom Zinkblendetypus
$\left[ A B_{\frac{4}{4}} \right]_\infty G$ und die Wurtzitstruktur $\left[ A B_{\frac{3+1}{3+1}} \right]_\infty G$. Schließlich sei, um ein weite-

res Beispiel zu erwähnen, auf den Hochtemperaturquarztypus hingewiesen, bei dem Pseudotetraeder von orthorhombisch-disphenoidischer Symmetrie nach Schraubenachsen zu einer $\left[AB_{\frac{4}{2}}\right]_\infty$ $G$-Struktur angeordnet sind. Es können dann nach dem Windungssinn der Achsen zueinander *enantiomorphe* Struk-

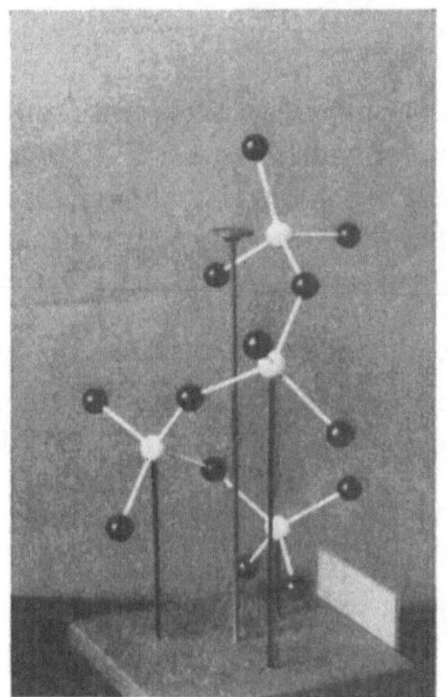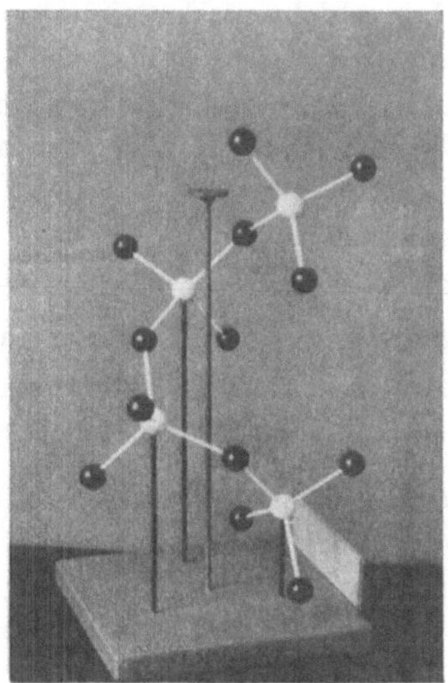

Fig. 113 a, b

Weiße Kugeln = Si, schwarze Kugeln = O. Anordnung der SiO$_4$-Tetraeder nach linken oder rechten Schraubenachsen.

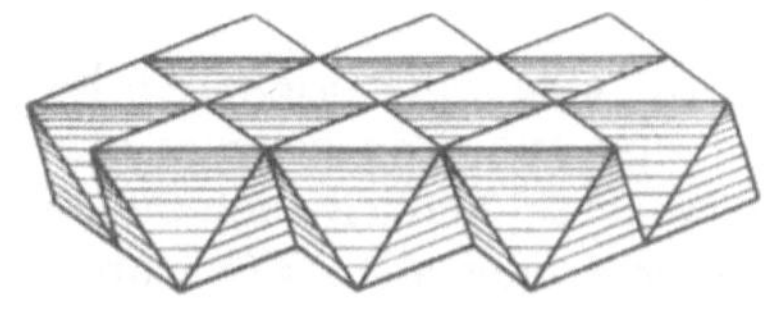

Fig. 114a, b

Oktaederschicht. a von oben gesehen, b von der Seite gesehen.

turen entstehen, deren Anordnungsmotiv durch die Fig. 112a und b und größere Strukturausschnitte durch die Fig. 113a und b dargestellt sind.

In mancher Beziehung analoge Verhältnisse resultieren mit dem *Pseudooktaeder* als kpo. In einer Schicht ist die dichteste Pseudooktaederanordnung diejenige der Fig. 114. Sie entspricht $\left[AB_{\frac{6}{3}}\right]_\infty N$ mit $\left[A_{\frac{6}{6}}\right]_\infty N$ und $\left[B_{\frac{6+3}{6+3}}\right]_\infty N$.

Sie ist zugleich ein Bestandteil der Struktur vom Steinsalztypus (siehe Seite 133) und findet sich in dieser Struktur senkrecht zu den Trigyren. Einerseits können nun gesetzmäßig in der Schicht $A$ Zentren (d. h. kpo) fehlen, so daß zum Beispiel bei immer noch einparametrigem $B$-Zusammenhang $\left[AB_{\frac{6}{2}}\right]_{\infty} N$ entsteht, oder es können sich die Voll- bzw. Teilschichten so übereinanderlagern, daß trotz «Leerschichten» der einparametrige gitterhafte Zusammenhang der $B$ gewahrt wird.

Fig. 115 stellt nur einen der möglichen Fälle dar, die Schichten können auch gegeneinander verdreht oder verschoben sein. Wieder andere Fälle entstehen durch Leerstellenbildung aus den früher genannten gitterhaften Zusammenhängen ohne Wahrung der Symmetrie, so daß alle kz zusammengesetzt werden. Es genügt, das Beispiel einer $\left[AB_{\frac{6'}{3'}}\right]$-Struktur zu veranschaulichen, bei der kettenartige Oktaederverbände als Unteranordnungen deutlich sind (Fig. 116).

Naturgemäß kann man die Oktaeder auch andersartig anordnen als in den regulären Ausgangsstrukturen. Zwei Strukturisomere von $\left[AB_{\frac{6'}{3'}}\right]$-Strukturen dieser Art, wie man sie bei den Kristallen vom Verhältnis Ti:$=$O$\,1:2$ findet, sind durch die Figuren 117a und b dargestellt (Rutil- und Brookittypus).

Indem für alle weiteren Erläuterungen auf das Lehrbuch der Mineralogie und Kristallchemie verwiesen sei, genügt es, für Strukturen mit Pseudowürfeln als kpo der $B$ um $A$ auf die in Fig. 118a, b und c dargestellten Beispiele aufmerksam zu machen, um einzusehen, daß nach analogen Prinzipien mit andersartigen kpo neue Strukturtypen aus einem gegebenen ableitbar sind. Fig. 118a ist eine $\left[AB_{\frac{8}{4}}\right]_{\infty} N$-Struktur, Fig. 118b eine $\left[AB_{\frac{8}{4}}\right]_{\infty} G$-Struktur, bei der jetzt jedoch, wie übrigens auch in der oben genannten Struktur vom Rutiltypus, bereits ein kettenartiger Unterverband für $A$ besteht, indem die kürzesten $A$-Abstände (Würfelzentren) nur die $A$ verbinden, deren kpo gemeinsame Flächen haben. Fig. 118c schließlich ist eine $\left[AB_{\frac{8}{2}}\right]_{\infty} G$-Struktur.

Es wird keine Schwierigkeiten bereiten, sich vorzustellen, wie man bei gegebenem kpo und vorgegebener Eckenberührungszahl zu weiteren Verbänden gelangt, wobei schließlich auch die Bedingung des einparametrigen Zusammenhanges aller $A$ oder aller $B$ (wie oben in Fig. 115a und Fig. 118a) aufzugeben ist. Ja, bei solchen zunächst rein konstruktiven Aufgaben wird man erkennen, daß trotz gleichartigem koordinativem Verhalten die $A$ oder $B$ unter sich in $n$ für die Gesamtsymmetrie des Polyederhaufwerkes geometrisch ungleichwertige Punktlagen zerfallen können. Die $A$ einerseits oder $B$ anderseits sind dann unter sich geometrisch nur noch pseudogleichwertig, aber es kann im angewandten Falle der kleinere oder etwas größere Unterschied im Nachbarschaftsbild bereits zu verschiedenartigem Verhalten bei der Substitution Veranlassung geben.

Im Grunde genommen haben wir ja derartiges bereits Seite 28 besprochen. Wird im Ring Fig. 119a ein $A$ durch ein $B$ substituiert zu Fig. 119b, so sind

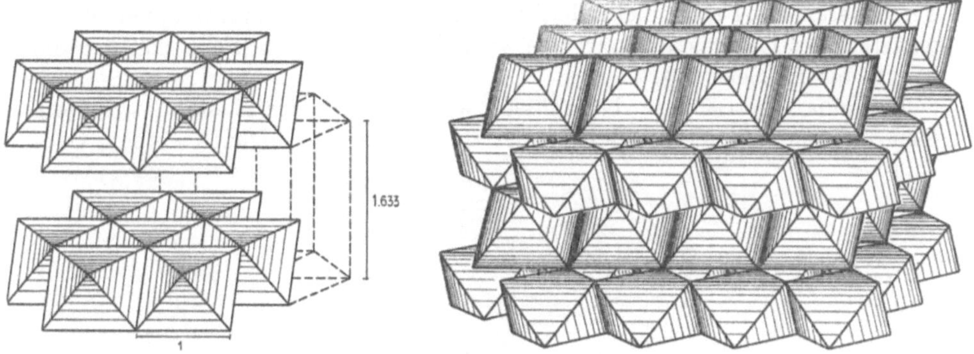

Fig. 115            Fig. 116

Zwei Oktaederstrukturen. Fig. 115 = Cadmiumjodidtypus, Fig. 116 = Manganittypus.

a            b

Fig. 117. a = Rutilstruktur, b = Brookitstruktur. Im Zentrum der Oktaeder Ti, an denEcken O.

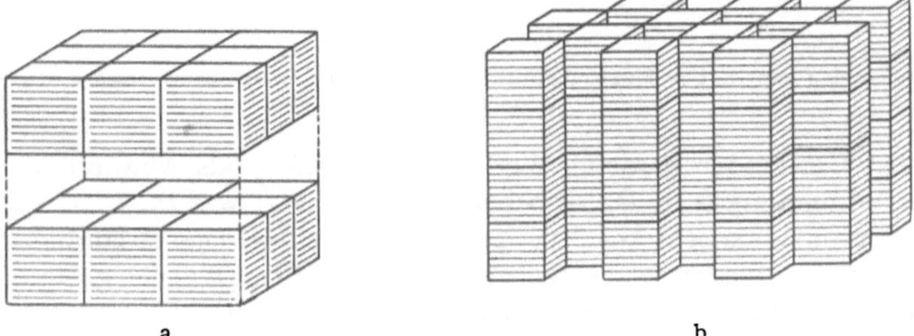

a            b

Fig. 118. Strukturen mit dem Würfel als Koordinationspolyeder. a = Schichtstruktur, b = gitterhafte Struktur mit Ketten als Unterverbänden.

die restierenden $A$ nicht mehr gleichwertig, sie zerfallen in drei Gruppen, deren weitere Substitutionsfähigkeit eine verschiedenartige ist (siehe darüber die Fig. 14 bis 17, Seite 27).

Besonders betrachten aber müssen wir den Fall, der entsteht, wenn die Koordinationszahlen, zum Beispiel der $B$ gegenüber $A$, ungleich werden. Geo-

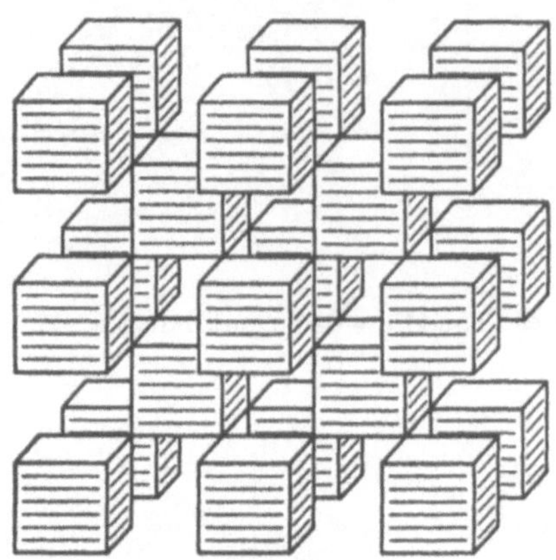

**Fig. 118 c**
Würfel als Koordinationspolyeder. Loser, gitterhafter Zusammenhang.

metrisch und stereochemisch haben wir es dann mit deutlich verschiedenartigen $B$ zu tun, d. h. eigentlich mit einer *mehrfach heterogenen* Struktur, die auch nicht angenähert als aus einerlei $A$ und einerlei $B$ aufgebaut gedacht werden kann. Eine einfache Überlegung zeigt uns jedoch, daß es doch zweckmäßig ist, unter

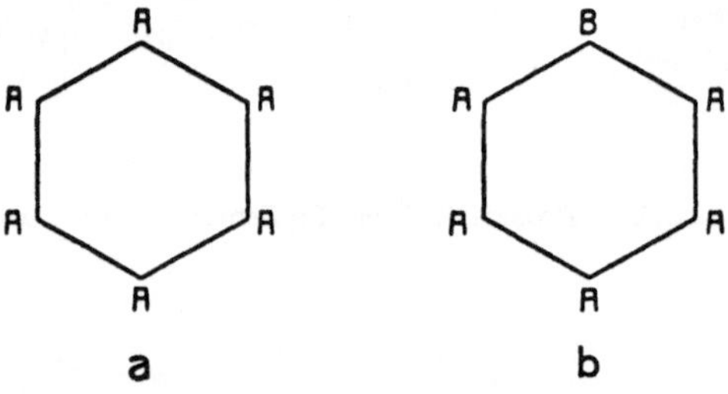


**Fig. 119a, b**
a = Sechserring von $A$, b = Monosubstitutionsprodukt. Die Substitution eines $A$ durch $B$ hat dreierlei $A$ erzeugt.

gewissen Umständen derartige Verbandsverhältnisse als Abwandlungen einfacher Verbindungen $A_m B_n$ zu betrachten. Bis jetzt war es so, daß an jeder Ecke der um $A$ errichteten kpo 1. Sphäre gleichviel kpo zusammenstießen. Dadurch wurde die kz für die $B$ gegenüber den $A$ überall gleich groß, oder mit anderen Worten: jedes $B$ war an gleichviele $A$ gebunden.

Es ist indessen nicht unwahrscheinlich, daß bei der Polymerisation eines Grundmotives mit $A$ als Zentralstelle und mit *ursprünglich* gleichartigen $B$

an den Koordinationsstellen nur an gewissen Koordinationsstellen ($B$-Teilchen)
eine größere Anzahl weiterer kpo hinzutreten kann und dann infolge interner
Kräfteumlagerung an anderen Koordinationsstellen die Anlagerungsfähigkeit
geschwächt wird, so daß sich dort nur noch eine kleine Zahl kpo berühren
kann. Bestünden die $B$ aus Teilchen der gleichen Atomart, so würde trotzdem
der Chemiker diesen nun koordinativ verschieden sich verhaltenden $B$, die

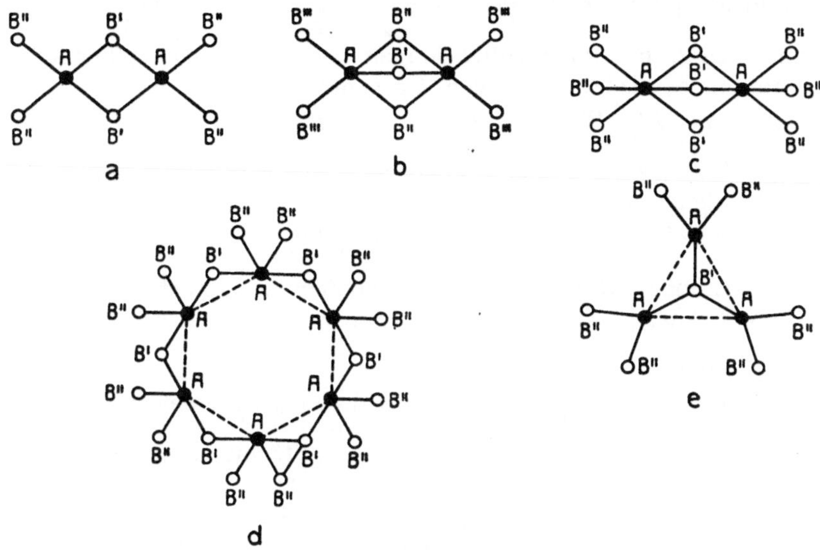

Fig. 120

Einfach, doppelt und dreifach an $A$ gebundene $B$ in schematischen Figuren, entsprechend den
stöchiometrischen Formeln:

|  | a | b | c | d | e |
|---|---|---|---|---|---|
| $A:B$ | 2:6 | 2:7 | 2:9 | 6:18 | 3:7 |

eigentlich als $B'$, $B''$.... anzusprechen sind, weiterhin das gleiche Symbol
geben. Er wird nur sagen: ihre koordinative Stellung (oder schließlich übertragen: ihre Bindung) sei verschieden. Das mag die grundsätzliche Behandlung
an dieser Stelle rechtfertigen.


D. $A_m B_n$ $(B', B'', B'''$ usw.$)$ -Verbandsverhältnisse

mit koordinativ sich verschieden verhaltenden $B$

bei gleichem $AB$-Koordinationsschema und

Auftreten der $B$ $(B', B''$ usw.$)$ in der gleichen Pseudosphäre um $A$


**Beispiele molekularer Konfigurationen.** Die Figuren 120*a*, *b*, *c*, *d*, *e*
stellen planare oder auf eine Ebene projizierte Moleküle dar. Ob das eine oder
andere in Frage kommen kann, geht schon aus dem Umstand hervor, daß in
Wirklichkeit alle $d_{AB}$ einander ähnlich sein müssen.

Fig. 120a hat die Formel $\left[A\,B'_{\frac{2}{2}}\ B''_{\frac{2}{1}}\right]_2$ oder zusammengezogen $\left[A\,B_{\left(\frac{2}{2}+\frac{2}{1}\right)}\right]_2$, was bedeutet, 2 $B\,(=B')$ sind an $A$ doppelt koordinativ gebunden, also einem $A$ nur halb zugehörig, 2 $B\,(=B'')$ sind einfach gebunden, und der Gesamtverband enthält 2 $A$ (bzw. 2 dieser Baumotive). Das stöchiometrische Verhältnis ergibt sich sofort durch Addieren und Ausmultiplizieren: $(A\,B_{(1+2)})_2=(A\,B_3)_2=$ $=A_2B_6.$ kz 4′ von $A$ gegenüber $B$.

Fig. 120b entspricht den Formeln $\left[A\,B'_{\frac{1}{2}}\ B''_{\frac{2}{2}}\ B'''_{\frac{2}{1}}\right]_2=\left[A\,B_{\left(\frac{3'}{2}+\frac{2}{1}\right)}\right]_2$, d. h. stöchiometrisch $A:B=2:7$ mit drei doppelt und zwei einfach gebundenen $B$ und der zusammengesetzten kz 5 von $A$ gegenüber $B$.

Fig. 120c ist $\left[A\,B'_{\frac{3}{2}}\ B''_{\frac{3}{1}}\right]_2=\left[A\,B_{\left(\frac{3}{2}+\frac{3}{1}\right)}\right]_2$ mit der zusammengesetzten kz 6 von $A$ gegenüber $B$, drei in 1. Sphäre koordinativ doppelt gebundenen $B$ und drei einfach gebundenen $B$ pro ein $A$, also mit der stöchiometrischen Formel $A_2B_9$.

Fig. 120d ist ein Ringmolekül der Formel $\left[A\,B_{\left(\frac{2}{2}+\frac{2}{1}\right)}\right]_6$ mit der zusammengesetzten kz 1. Sphäre $A$ gegenüber $B=4$ und dem stöchiometrischen Verhältnis $A:B=1:3$. Analoge Ringe $\left[A\,B_{\left(\frac{2}{2}+\frac{2}{1}\right)}\right]_n$ mit verschiedenen $n$ sind zueinander polymere Konfigurationen.

Fig. 120e ist $\left[A\,B_{\left(\frac{1}{3}+\frac{2}{1}\right)}\right]_3$ mit je einem dreifach gebundenen $B$ und zwei einfach gebundenen $B$ pro ein $A$. kz $A$ zu $B=3'$. Stöchiometrisches Verhältnis $A:B=3:7$.

Die zwei Figuren 121a und b geben in perspektivischer Darstellung mit dem Pseudotetraeder, bzw. Pseudooktaeder als kpo Moleküle der Formeln $\left[A\,B_{\left(\frac{2}{2}+\frac{2}{1}\right)}\right]_2$ bzw. $\left[A\,B_{\left(\frac{3}{2}+\frac{3}{1}\right)}\right]_2$ wieder. Die Photographien räumlicher Modelle der Fig. 122a, b, c, d, e entsprechen den Formeln $\left[A\,B_{\left(\frac{1}{2}+\frac{3}{1}\right)}\right]_2$ und den Ringen $\left[A\,B_{\frac{2}{2}+\frac{2}{1}}\right]_n$ mit $n=3,\,4,\,6.$

Die Beispiele mögen genügen, um darzutun, wie derartige mehrkernige Molekularstrukturen charakterisiert werden können. Die Gesamtsumme der Zähler ergibt die pseudohomogene kz der $B$ um $A$; ist der Nenner größer als 1, so sind die zugehörigen $B$ Brückenteilchen, die koordinativ in 1. Sphäre mehrfach an $A$ gebunden sind. Selbstverständlich wird zu erwarten sein, daß die mehrfach an $A$ gebundenen $B$ etwas andere Abstände gegenüber $A$ aufweisen als die nur einfach gebundenen und daß, wenn, wie im Falle der Fig. 120b, dreierlei koordinative Bindungen auftreten, auch dreierlei $d_{AB}$-Abstände sich einstellen werden.

Fig. 123 ist $\left[A\,B_{\left(\frac{1}{3}+\frac{2}{2}+\frac{1}{1}\right)}\right]_3$ mit der zusammengesetzten kz 1. Pseudosphäre $=$ $=1+2+1=4'$ und dem stöchiometrischen Verhältnis $A:B=3:7$. Aber der Abstandsunterschied wird nicht so groß sein, daß die Zusammenfassung der $B$ um ein $A$ zur 1. koordinativen Pseudosphäre nicht verantwortet werden darf.

**Beispiele kristalliner Konfigurationen.** Die Übertragung des Prinzips auf ins Unendliche sich erstreckende Bauverbände bietet keinerlei Schwierig-

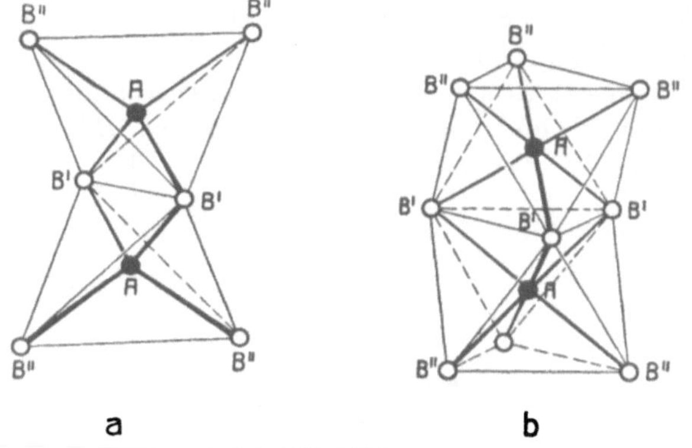

a        b

Fig. 121

a = Tetraedrische Koordinationspolyeder für $\left[AB_{\left(\frac{2}{2}+\frac{2}{1}\right)}\right]_2$

b = Oktaedrische Koordinationspolyeder für $\left[AB_{\left(\frac{3}{2}+\frac{3}{1}\right)}\right]_2$

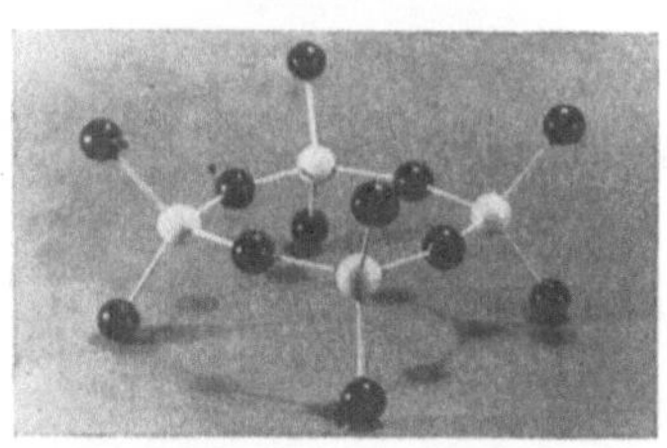

Fig. 122

Modelle von Molekülen oder Radikalen mit tetraedrischem Koordinationsschema. Weiße Kugeln $= A$, zum Beispiel $=$ Si. Schwarze Kugeln $= B$, zum Beispiel $=$ O. Modelle für a $=$ Si$_2$O$_7$ $=$ $\left[\text{SiO}_{\left(\frac{1}{2}+\frac{3}{1}\right)}\right]_2$ und b,c,d $=$ SiO$_3$ $=$ $\left[\text{SiO}_{\left(\frac{2}{2}+\frac{2}{1}\right)}\right]_n$

keiten. Wir brauchen uns ja nur einen Ring aufgespalten zu denken, um sofort den entsprechenden *Kettenverband* zu bekommen, etwa schematisch nach Fig. 124.

Fig. 124 ist ein $\left[AB_{\left(\frac{2}{2}+\frac{2}{1}\right)}\right]_\infty K$ mit kz 1. Sphäre von $A$ gegenüber $B = 4$ und dem stöchiometrischen Verhältnis $1:3$. Das $n$ der Figuren 122 ist $\infty$ geworden.

Räumlich kann beim Pseudotetraeder als kpo um $A$ ein Bruchstück der Kette die Fig. 125 ergeben.

Die Fig. 127 stellt das Bruchstück eines Schichtverbandes dar, in welchem jedes $A$ von drei doppelt und einem einfach gebundenen $B$ in Pseudotetraederanordnung umgeben ist. Die Formel lautet $\left[AB_{\frac{3}{2}+\frac{1}{1}}\right]_\infty N$ entsprechend dem stöchiometrischen Verhältnis $A:B=2:5$.

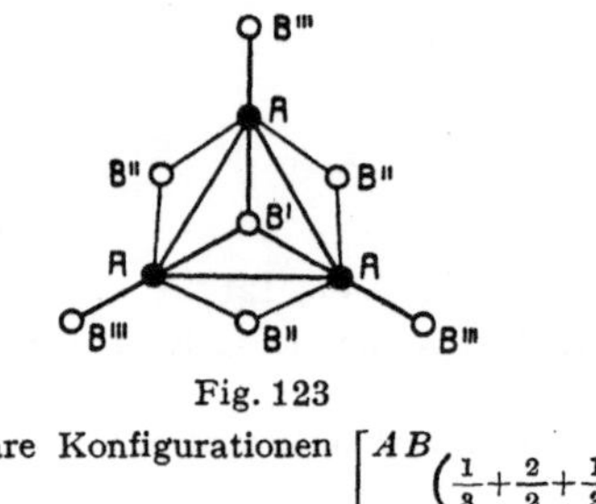

Fig. 123

Molekulare Konfigurationen $\left[AB_{\left(\frac{1}{3}+\frac{2}{2}+\frac{1}{3}\right)}\right]_3$

Es ist nun naturgemäß auch möglich, daß bei prinzipiell gleichbleibendem Baumotiv (zum Beispiel $B$ in Tetraederecken um $A$) einzelne $A$ sich voneinander durch das koordinative Verhalten der ihnen zugehörigen $B$ unterscheiden.

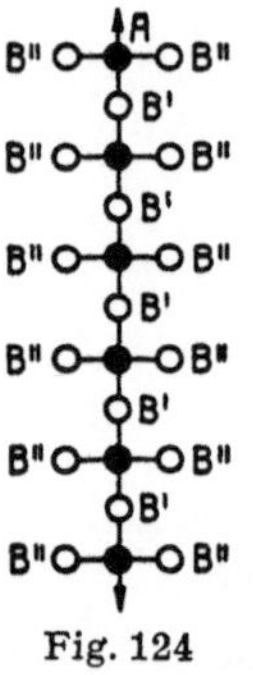

Fig. 124

Bruchstück eines Kettenverbandes $\left[AB_{\left(\frac{2}{2}+\frac{2}{1}\right)}\right]_\infty$

Fig. 126, als Band ins Unendliche fortgesetzt gedacht, enthält gleichviele $A$ der Baumotive $AB_{\left(\frac{2}{2}+\frac{2}{1}\right)}$ und $AB_{\left(\frac{3}{2}+\frac{1}{1}\right)}$. Sie läßt sich somit als $\left[AB_{\left(\frac{2}{2}+\frac{2}{1}\right)}+AB_{\left(\frac{3}{2}+\frac{1}{1}\right)}\right]_\infty K$ formulieren, woraus stöchiometrisch folgt: $AB_3+AB_{\frac{5}{2}}=A:B=2:(3+\frac{5}{2})=4:11$.

Fig. 128 schließlich stellt perspektivisch eine Oktaederkette der Formel $\left[AB_{\left(\frac{4}{2}+\frac{2}{1}\right)}\right]_\infty$ dar, d. h. des stöchiometrischen Verhältnisses $A:B=1:4$.

Es ist an diesen oder an anderen der genannten Beispiele leicht vorstellbar, daß derartige Ketten (oder Schichten) in paralleler oder andersartiger Stellung

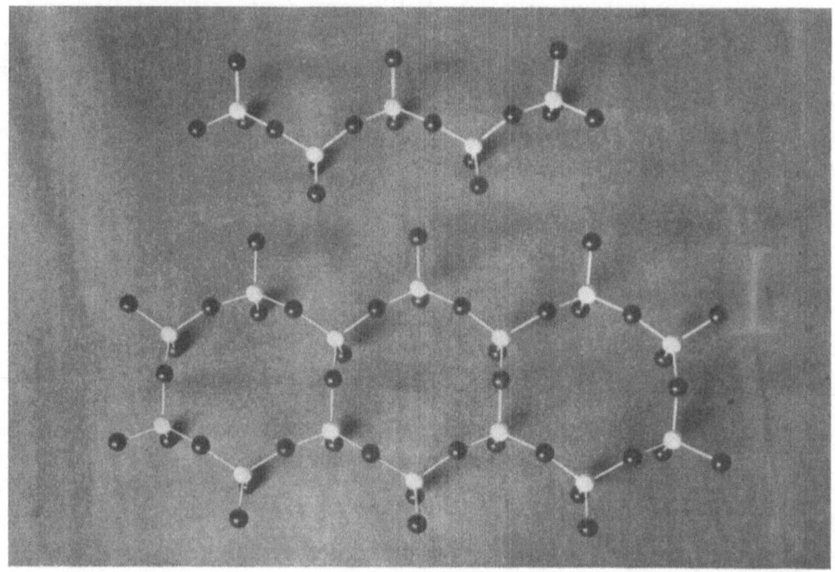

Fig. 125, 126

Oben: Bruchstück einer Kette $\left[AB_{\left(\frac{2}{2}+\frac{2}{1}\right)}\right]_\infty$ zum Beispiel $\left[SiO_{\left(\frac{2}{2}+\frac{2}{1}\right)}\right]_\infty$

Unten: Bruchstück eines Bandes, zum Beispiel $\left[SiO_{\left(\frac{2}{2}+\frac{2}{1}\right)} + SiO_{\left(\frac{3}{2}+\frac{1}{1}\right)}\right]_\infty$

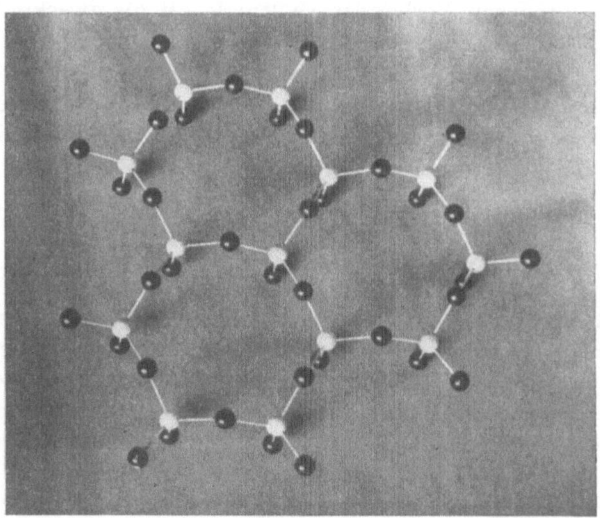

Fig. 127

Bruchstück einer Schicht $\left[AB_{\left(\frac{3}{2}+\frac{1}{1}\right)}\right]_\infty$ bzw. $\left[SiO_{\left(\frac{3}{2}+\frac{1}{1}\right)}\right]_\infty$

zu einem übergeordnet gitterhaften $B$-Verband (evtl. auch $A$-Verband) zusammentreten, wobei die totale Zahl der Oktaederberührungen für die verschiedenen Ecken ungleich oder gleich wird. Dadurch entstehen im ersten Falle $\infty$ $G$-Verbände mit koordinativ verschiedenwertigen $B$, im zweiten Falle die schon behandelten mit koordinativ gleichwertigen $B$. Immer wird es beim Studium dieser oder der früher erwähnten kpo-Verbände wesentlich sein zu

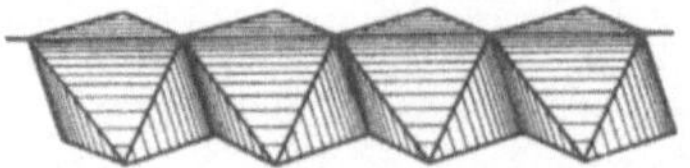

Fig. 128

Oktaederkette. Ist $A$ im Zentrum der Oktaeder und $B$ an den Ecken, so resultiert $\left[A\,B\left(\frac{4}{2}+\frac{2}{1}\right)\right]_\infty$

wissen, ob die Polyeder nur Ecken oder Ecken und Kanten, oder Ecken, Kanten und Flächen gemeinsam haben. Das bestimmt ja bei gegebenem kpo die Abstände $d_A$. Sie sind, wie sich zum Beispiel für Tetraeder, Oktaeder und Würfel leicht berechnen läßt (siehe darüber das Lehrbuch der Mineralogie und Kristallchemie), am größten bei bloßer Eckenberührung und am kleinsten bei Flächenberührung. Beim Würfel verhalten sich beispielsweise die Abstände wie folgt:

| extremer Fall, bloße Eckenberührung | extremer Fall, bloße Kantenberührung | Flächenberührung |
|---|---|---|
| wie $\sqrt{3}$ : | $\sqrt{2}$ : | 1 |

Nachdem an Hand von Beispielen gezeigt wurde, wie es sich beim Studium der zweifach heterogenen Verbandsverhältnisse oft als zweckmäßig erweist, die eine Punktart $A$ zu Zentralstellen von Koordinationspolyedern zu wählen und der anderen Punktart $B$ die Rolle von Koordinationsstellen zuzuweisen, wollen wir uns nun der allgemeinen Frage zuwenden, ob es bei gegebener $A$-Verteilung von vornherein bestimmbar ist, welche Lagen den $B$ zukommen müssen, damit sie von einem oder von $n$ $A$ gleichen Abstand besitzen.

## E. Allgemeines
### über die Untersuchung der Verbandsverhältnisse $A$-$B$-$A$

**Wirkungsbereiche (WB).** Wir gehen wiederum von der geometrischen Gleichwertigkeit aller $A$ aus. Irgendwelche Punkte, die wir in symmetriegemäßer Wiederholung zwischen die $A$-Punkte hinzufügen, liegen entweder einem $A$-Punkt näher als allen anderen $A$-Punkten, oder sie haben von mehreren $A$-Punkten gleichen Abstand. Um sofort überblicken zu können, welcher dieser Fälle zutrifft, konstruieren wir um die $A$ ihre *Wirkungsbereiche* (*WB*) (verallgemeinerte Voronoische Bereiche, spezielle Fundamentalbereiche). Die Definition lautet: Ein um einen Punkt $A$ konstruierter Wirkungsbereich umfaßt alle Punkte, die dem betreffenden $A$ enger benachbart sind als irgendeinem zu $A$ gleichwertigen Punkt. Die Wirkungsbereiche müssen den ganzen einer Konfiguration zur Verfügung stehenden Raum lückenlos erfüllen. Die Einteilung in Wirkungsbereiche wird daher im allgemeinsten Fall zu einer Raumteilung in lauter gleichwertige, ebenflächige, konvexe, endlichflächige Polyeder. In der letzten Zeit hat unter Bezugnahme auf ältere Arbeiten W. Nowacki das Problem dieser Raumteilung behandelt.

Polyeder der Wirkungsbereiche stoßen immer Fläche auf Fläche, Kante auf Kante, Ecke auf Ecke aneinander. Drehungsachsen, Spiegelebenen, Sym-

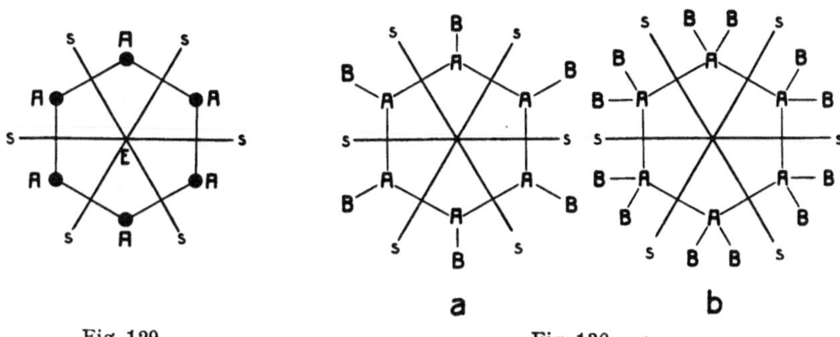

Fig. 129         Fig. 130

Fig. 129. Wirkungsbereiche der einzelnen $A$ eines Sechserringes.
Fig. 130. Die eingezeichneten $A$ gehören nur zu einem $B$. a = $[AB]_6$, b = $[AB_2]_6$. Vollständige Formeln siehe Text.

metriezentren und Schnittpunkte von Drehspiegelachsen und Drehspiegelebenen, die nicht durch die Punkte $A$ gehen, können nur auf der Oberfläche der um $A$ konstruierten Wirkungsbereiche ($WB$) liegen. Schraubenachsen und Gleitspiegelebenen können die $WB$ durchdringen. Die Symmetrie der $WB$ um $A$ muß naturgemäß mindestens diejenige der Symmetriebedingung des Punktes $A$ sein. Besitzt der Punkt $A$ innerhalb der ihm zukommenden Symmetriebedingung Freiheitsgrade, so läßt sich theoretisch ableiten, wie die Grenzflächen des Wirkungsbereiches ihre Lage ändern, wenn sich die $A$-Punkte innerhalb der ihnen zukommenden Freiheitsgrade verschieben. Die Symmetrien der einen $WB$ begrenzenden Elemente sind im dreidimensionalen kristallinen Bauverband:

| Ebenen | Kanten oder ausgezeichnete Geraden | Ecken oder ausgezeichnete Oberflächenpunkte |
|---|---|---|
| $C_1$ oder $C_s$ | $C_1$, $C_s$, $C_n$ oder $C_{nv}$ | von irgendwelcher mit Raumgitterstruktur verträglicher Punktsymmetrie |

Definitionsgemäß sind Punkte im Innern eines zu $A$ gehörigen Wirkungsbereiches in 1. Sphäre koordinativ nur an *ein* $A$ gebunden, Punkte auf Grenzflächen an *zwei* und Punkte auf Kanten oder in Ecken an soviele $A$, als $WB$ an der Kante oder Ecke zusammenstoßen. Die Konstruktionen sind sowohl für molekulare vielkernige als auch kristalline Konfigurationen durchführbar. Naturgemäß wird jedoch das Polyeder bei nicht dreidimensionalen kristallinen Konfigurationen degenerieren, sich in gewissen Richtungen ins Unendliche erstrecken.

Liegt zum Beispiel wie in Fig. 129 eine molekulare planare $\left[A_{\frac{2}{2}}\right]_6$ -Konfiguration vor, so sind die Wirkungsbereiche nur von zwei einen Winkel von $60^0$ einschließenden Ebenen begrenzt, die zugleich Spiegelebenen sein können. Sie stoßen zu sechsen in $E$, dem Hexagyrenpunkt, zusammen. Innerhalb eines Zweieckes $sEs$ gelegene $B$-Punkte liegen nur um *ein* $A$ in erster Sphäre. Der Zu-

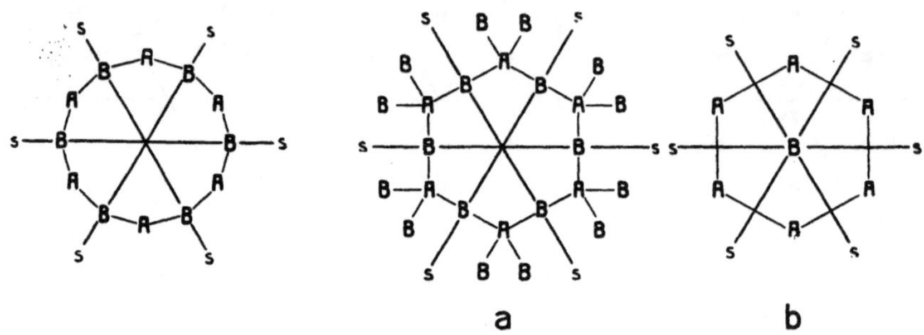

Fig. 131                    Fig. 132

Es liegen $B$ auf den Grenzen der Symmetriebereiche von $A$. Fig. 131 $= \left[AB_{\frac{2}{2}}\right]_6$ , Fig. 132a $=$

$$= \left[AB_{\left(\frac{2}{2}+\frac{2}{1}\right)}\right]_6 , \text{Fig. 132b} = \left[AB_{\frac{1}{6}}\right]_6$$

sammenhang $AB$ in einem der sechs Sektoren, zum Beispiel entsprechend den Figuren 130a und b, ist ein inselartiger Unterverband des Gesamtzusammenhanges.

Bei einer Kennzeichnung der vollständigen molekularen Konfiguration würde man als Baueinheiten die inselartigen Unterverbände wählen und die Konfiguration Fig. 130a nennen $\left[\left(AB_{\frac{1}{1}}\right)_{\frac{2}{2}}\right]_6$ , die der Fig. 130b $\left[\left(AB_{\frac{2}{1}}\right)_{\frac{2}{2}}\right]_6$ . Es bedeutet $\left[\left(AB_{\frac{1}{1}}\right)_{\frac{2}{2}}\right]_6$ : An jedes $A$ ist ein $B$ gebunden und dieses $AB$ wiederholt sich derart (sechsmal), daß die kz von $A$ (bzw. $A$, verbunden mit $B$) gegenüber $A$ (bzw. $A$ verbunden mit $B$) 2 ist. Die Benzolformel $\left[\left(CH_{\frac{1}{1}}\right)_{\frac{2}{2}}\right]_6$ ist ein Beispiel.

Liegen die $B$ auf den $s$, so sind sie gleicherweise koordinativ zwei $A$ zugehörig. Jetzt ist eine ganz andere koordinative Formulierung notwendig, nämlich $\left[AB_{\frac{2}{2}}\right]_6$ , d.h. $AB$ bildet keinen inselartigen Unterverband $(AB)$, sondern jedes $A$ ist von 2 $B$ in 1. Sphäre umgeben und jedes $B$ von 2 $A$ (Fig. 131).

Weiterhin kommen wir zu der schon durch Fig. 120d, Seite 143, dargestellten Formulierung $\left[AB_{\left(\frac{2}{2}+\frac{2}{1}\right)}\right]_6$ , wenn 2 $B$ innerhalb des $WB$ liegen und ein $B$ an der Grenze des $WB$ (Fig. 132a).

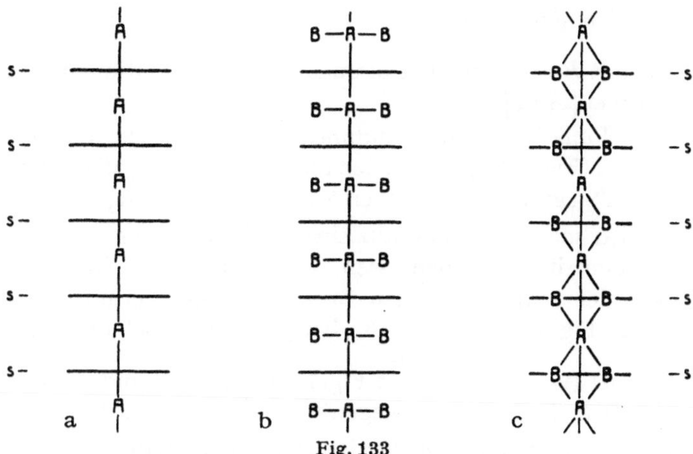

Fig. 133

Einfache Kette von $A$-Teilchen. Die s.s.-Spuren trennen die Wirkungsbereiche ab, in c liegen die $B$ an den Grenzen der Wirkungsbereiche.

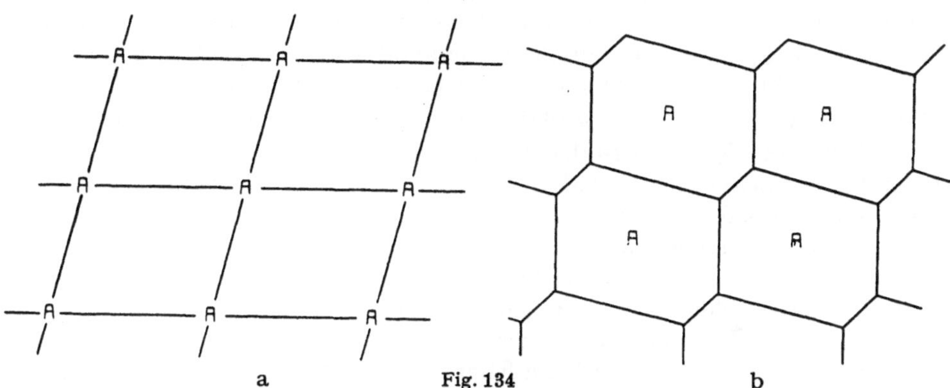

a     Fig. 134     b

Netz von $A$-Punkten und zugehörige Wirkungsbereiche.

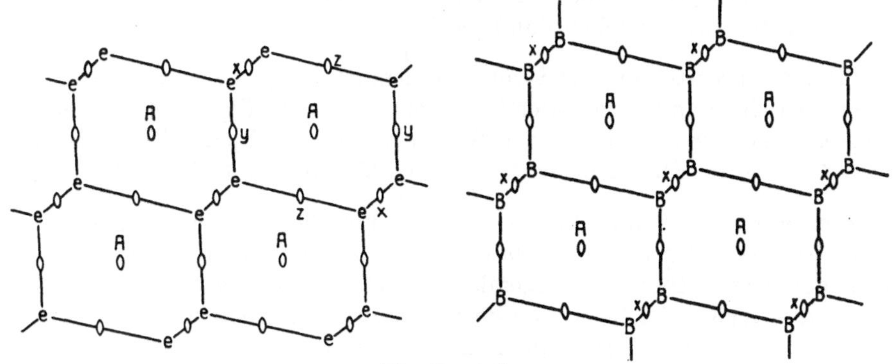

Fig. 135, 136

Fig. 135. Mögliche Digyrenschar, gehörig zum Netz der Fig. 134.

Fig. 136. $\left[AB_{\frac{6}{3}}\right]_{\infty}$ N-Struktur mit $B_2$-Radikalen.

Liegt schließlich ein Punkt $B$ in $E$ der Fig. 129, so resultiert $\left[AB_{\frac{1}{6}}\right]_6$ (Fig. 132 b), was mit $B$ als Zentralstelle und $A$ als Koordinationsstelle identisch wird mit der Formel $\left[AB_6\right]_1$.

Bilden die $A$-Punkte in einer eindimensional kristallinen Konfiguration eine einfache Kette (Fig. 133 a), so werden die $WB$ durch parallele Mittelebenen $(ss)$ voneinander abgegrenzt und können 2 $A$ gleichzeitig zugehören.

Wiederum wird man die innerhalb eines $WB$ liegenden Punkte zu einer inselartigen Baueinheit zusammenfassen, während an den Grenzen der $WB$ liegende Punkte den einparametrigen Zusammenhang vermitteln. Fig. 133 b ist $\left[\left(AB_{\frac{2}{1}}\right)_{\frac{2}{2}}\right]_\infty K$, Fig. 133 c $\left[AB_{\frac{4}{2}}\right]_\infty K$, bei gleichem stöchiometrischen Verhältnis von $A:B$ ist (von Fig. 133 b zu Fig. 133 c) durch Wandern der $B$ an die Grenzfläche der $WB$ die kz von $A$ gegenüber $B$ von 2 auf 4 erhöht worden.

In Fig. 134 a ist eine planare netzartige $A$-Punktverteilung gezeichnet. Die $WB$ haben die Gestalt von Fig. 134 b. In Fig. 135 wird gezeigt, daß die $A$-Punkte sowie die Seitenmitten Einstichpunkte von Digyren sein können. Die Wirkungsbereiche sind Sechsecke, bei denen trotz der verschiedenen Kantenlängen die Eckpunkte gleichgroße Entfernung von dem zentral gelegenen $A$ haben. Der Zusammenhang kann nun je nach der Metrik der Grundparallelogramme (Fig. 134 a) und der Situation von $B$ ein recht verschiedener sein.

a) Liegen die $B$ im Innern der $WB$, so wird man sie mit $A$ zu einem Inselradikal zusammenfassen (1. Stufe) und in zweiter Stufe die Verbandsverhältnisse dieser Radikalschwerpunkte (die bei $C_2$-Symmetrie mit $A$ zusammenfallen) studieren. Dabei ergeben sich, wenn eine Parallelogrammkante der Fig. 134 a kleiner ist als die andere, vorerst kettenartige Zusammenhänge, die Parallelscharen bilden. Bilden die Grundparallelogramme Rhomben, so entstehen, sofern nicht eine Diagonale kürzer als die Seitenlänge wird, direkt netzartige Zusammenhänge der kz 4 oder beim Rhombus mit 120⁰ der kz 6.

b) Liegen die $B$-Punkte in $x$ oder $y$ oder $z$, so liegen sie wie $A$ auch auf Digyren und, bezogen auf die Grundeinteilung der Fig. 134 a, in Kanten- oder Diagonalmitten. Es entstehen dann $\left[AB_{\frac{2}{2}}\right]_\infty K$-Scharen.

Wie aus der Verteilung der Symmetrieelemente leicht hervorgeht, sind alle Ecken der $WB$ einander gleichwertig. Liegen also wie in Fig. 136 die $B$-Punkte in diesen Ecken, so ist jedes $A$ in 1. Sphäre von 6 $B$ und jedes $B$ in 1. Sphäre von 3 $A$ umgeben. Die Koordinationsformel könnte somit als $\left[AB_{\frac{6}{3}}\right]_\infty N$ geschrieben werden. Ist nun aber, wie das die Fig. 136 zeigt, das Sechseck ungleichseitig, so bilden die $B$ keinen einparametrigen Zusammenhang. Die um einen Digyreneinstichpunkt $x$ liegenden zwei $B$ sind viel enger benachbart und es sollte dies auch in der Koordinationsformel zum Ausdruck kommen. Es wäre dann wohl der erste Schritt, die $B$ zu $B_2$-Gruppen zusammenfassen, deren Schwerpunkte auf $x$ fallen. Das ergibt $\left[A(B_2)_{\frac{2}{2}}\right]_\infty K$. Um anzudeuten, daß trotzdem $d_{AB}$ in gleicher Größe 6 noch auftritt, schreibt man $\left[A(B_2)_{\frac{2}{2}}\right]_\infty K$

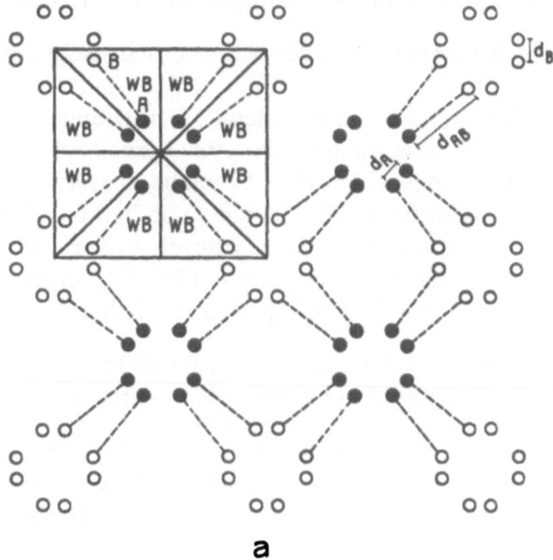

a

Fig. 137a

Links oben sind die WB der $A$ abgegrenzt. $d_A$ und $d_B$ führen jedoch zu Inselradikalen.

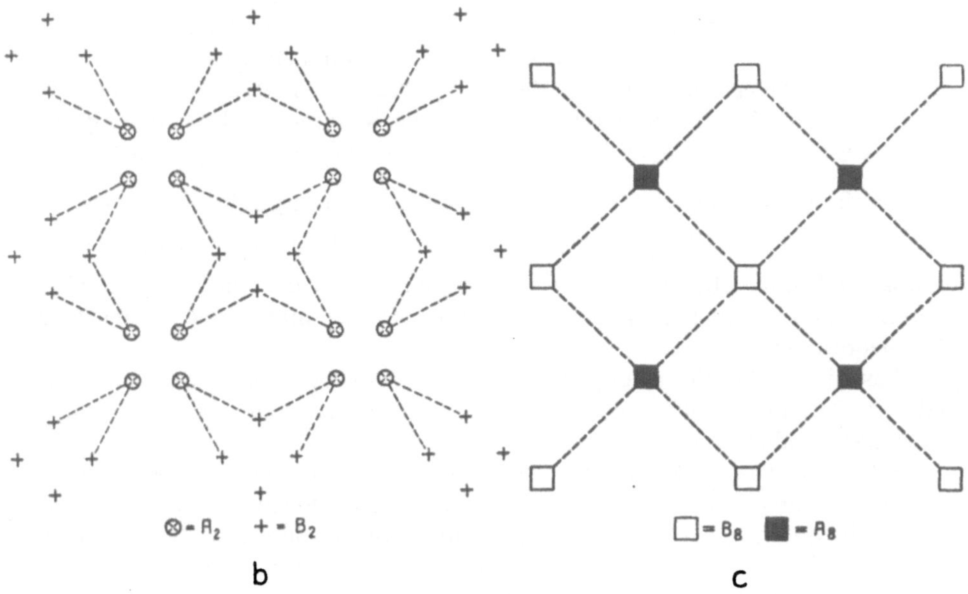



b          c

Fig. 137 b, c

Fig. 137 b zeigt die Zusammenfassung zu $A_2$ und $B_2$ der Fig. 137a. Fig. 137c zeigt die weitere Zusammenfassung von je $4\,A_2$ und $4\,B_2$ zu den Schwerpunkten von je $8\,A$ und $8\,B$.

mit $\left[AB_{\frac{6}{3}}\right]_{\infty}$ $N$. Analoge Zusammenfassungen der $B$ zu $B_2$ drängen sich auf, wenn die $B$ auf Seite der Sechsecke in der Nähe der Einstichpunkte von Digyren liegen.

Daraus ist ersichtlich, daß verschiedene Darstellungen möglich sind, je nachdem, ob man $d_{AB}$, $d_A$ oder $d_B$ in erster Linie berücksichtigen will. In vielen Fällen wird im Anwendungsgebiet das Tatsachenmaterial der Chemie entscheiden, welche Formulierung an die Spitze zu stellen ist. Vergleichende Untersuchungen zeigen indessen oft, daß es wünschenswert ist, keine der Darstellungsmöglichkeiten außer acht zu lassen. Eine Verbindung beispielsweise wie die des Pyrites wird als $\left[Fe(S_2)_{\frac{6}{6}}\right]_{\infty}$ $G$ sicherlich richtig wiedergegeben, aber es ist für die Verteilung der S in den $S_2$-Hanteln und gegenüber Fe von Bedeutung, daß auch angenähert ein $\left[FeS_{\frac{6}{3}}\right]_{\infty}$ $G$ entsteht. Das ist in genauer Analogie zu dem soeben genannten Beispiel. (Siehe Fig. 194IIa, Seite 239).

In Fig. 137a ist ein Ausschnitt aus einer zweifach heterogenen tetragonalen Punktmannigfaltigkeit gezeichnet. Die $WB$ der $A$ sind Dreiecke und jedem $A$ gehört im kürzesten Abstand $d_{AB}$ nur ein $B$ an. Doch zeigt die Figur, daß diese Zusammenfassung von $AB$ erste in die Augen springende Verteilungsgesetze kaum anschaulich wiedergibt. $d_A$ und $d_B$ sind sehr klein. Man kann in einer ersten Stufe je 2 $A$ und 2 $B$ mit kürzesten $d_A$ und $d_B$ zusammenfassen und durch ihren Schwerpunkt ersetzen (Fig. 137b). Aber auch jetzt noch bilden je 4 $(A_2)$ und 4 $(B_2)$ engeren Zusammenhang, so daß auch deren Ersetzung in dritter Stufe durch Schwerpunkte sich aufdrängt (Fig. 137c). Mit anderen Worten: man beginnt von Anfang an die relativ eng benachbarten 8 $A$ unter sich und die 8 $B$ unter sich zu Inselradikalen zusammenzufassen und erhält dann die einfache quadratische Verteilung dieser Insel-Schwerpunkte. Die Konfiguration würde durch folgendes Symbol in ihrer Punktverteilung gut wiedergegeben: $\left[\{(A_2)_4\}\{(B_2)_4\}_{\frac{4}{4}}\right]_{\infty}$ $N$, was bedeutet: $A_2$-Gruppen treten zu vieren zu $A_8$ zusammen, ebenso die $B$, und die Schwerpunkte dieser Unterverbände bilden einen $\frac{4}{4}$-Verband. Die acht $WB$ der Fig. 137a sind jetzt zu großen $WB$ ihrer Haupteckpunkte zusammengezogen und die Schwerpunkte der $B_8$ liegen in den Ecken dieser um deren Schwerpunkt von $A_8$ errichteten übergeordneten $WB$.

Aus diesen Beispielen folgt, daß bei nicht einparametrigem $d_{AB}$- oder $d_A$- oder $d_B$-Zusammenhang die verschiedenen Möglichkeiten von Zusammenfassungen studiert werden müssen.

Schon DELAUNAY, FEDOROW, VORONOI, WULFF und andere haben gezeigt, daß in dreidimensional kristallinen Punktkonfigurationen die $WB$ von nur translativ gleichwertigen Punkten ($A$ bildet *ein* gewöhnliches Raumgitter), entweder Kubooktaeder, Kuben (Hexaeder), Rhombendodekaeder, verlängertes Rhombendodekaeder, hexagonale Prismen+Basispinakoid sind (Fig. 138), oder Körper, die aus diesen durch affine Deformationen hervorgehen. Wirkungsbereiche anderer Punktlagen im Raume hat NOWACKI ab-

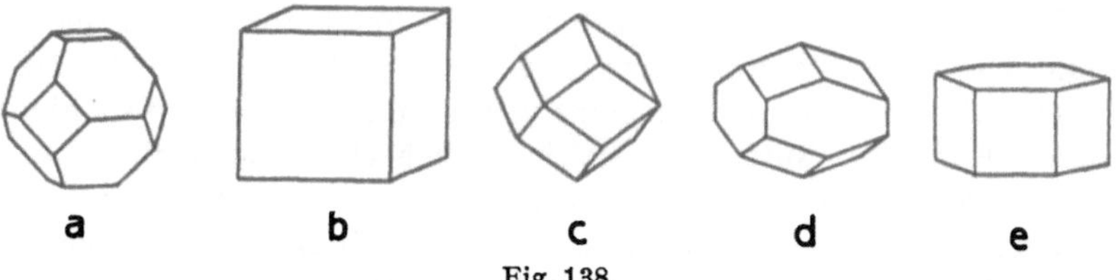

Fig. 138

Kubooktaeder, Würfel, Rhombendodekaeder, deformiertes Rhombendodekaeder, hexagonales Prisma mit Basispinakoid. Für translativ gleichwertige Raumgitterpunkte sind diese und die daraus durch affine Deformation hervorgehenden Gestalten die Wirkungsbereiche.

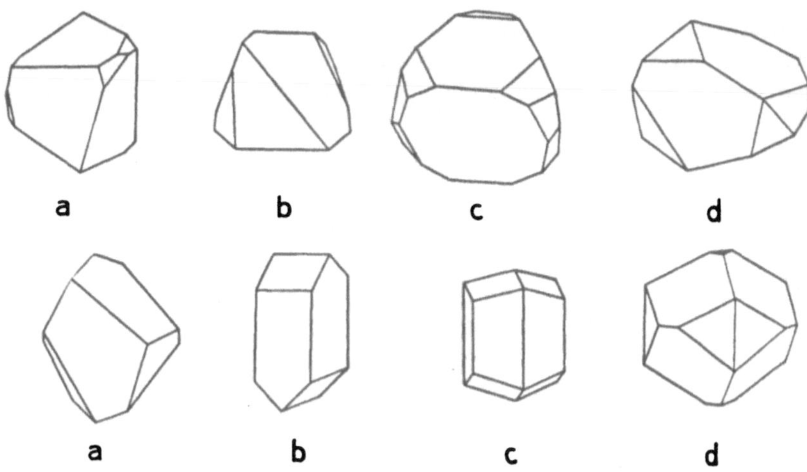

Fig. 139, 140

Beispiele der Gestalt von Wirkungsbereichen um Punkte eines homogenen Gitterkomplexes.

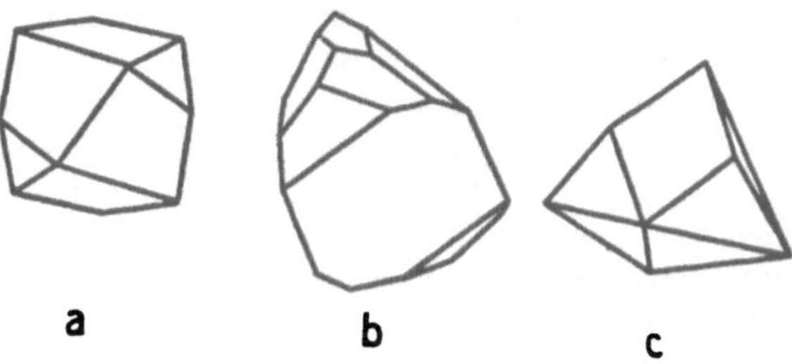

Fig. 141

Weitere Beispiele der Gestalt von Wirkungsbereichen um Punkte eines homogenen Gitterkomplexes.

geleitet, von besonderem Interesse sind diejenigen von Punkten ohne Freiheitsgrad. Die Figuren 139, 140, 141 veranschaulichen einige der Fälle. Wiederum entstehen einparametrige $AB$-Zusammenhänge, wenn die $B$ Oberflächenpunkte der $WB$ der $A$ sind.

Es läßt sich somit in jedem Einzelfall, bei jeder gegebenen Symmetrie und für jede Punktlage der Symmetriegruppe das Problem der koordinativen Verbandsverhältnisse irgendeines zweifach heterogenen Verbandes mathematisch behandeln. Die wünschenswerte Erweiterung für $AB$-Verbände (binäre Verbände), deren $A$ und $B$ zusammengefaßt werden dürfen, obschon sie nicht alle geometrisch gleichwertig sind, ergibt sich in ähnlicher Weise wie früher (Seite 136) erwähnt. Man kann statt der idealen Kugelsphäre 1. Ordnung einen Sphärenbereich (Kugelschale) 1. Ordnung annehmen oder $WB$ zwischen geometrisch gleichwertigen und ungleichwertigen, jedoch ähnlichen Punktlagen konstruieren.

## F. Mehrfach heterogene Bauverbände

**Methode der Beschreibung.** Im übrigen ist es naturgemäß möglich, schrittweise mehrfach heterogene Bauverbände (mit mehr als zwei ungleichwertigen Punktlagen) so zu behandeln wie zweifach heterogene, indem paar-

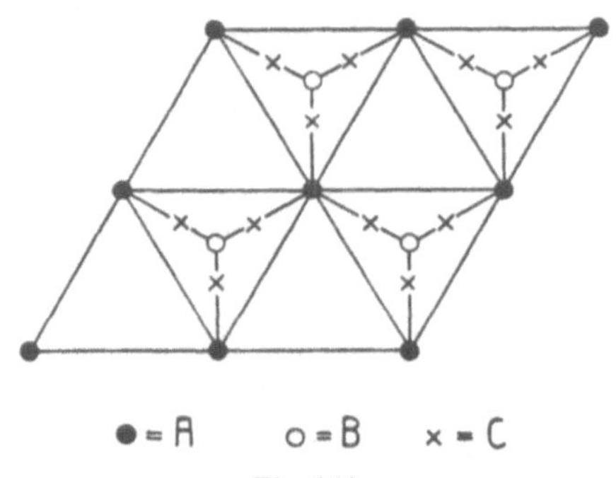



Fig. 142

Es lassen sich einander gegenüberstellen $BC_3$ und $A$.

weise die Verbände studiert werden. Aber auch hier wird man sehr häufig aus rein geometrischen Gründen (oder im Anwendungsfall auf Grund chemischer Überlegungen) oft Zusammenfassungen vornehmen (zum Beispiel zu Inselradikalen) und dadurch die Mannigfaltigkeit herabsetzen dürfen, bis schließlich wie bei manchen Salzen nur noch Anionen den Kationen gegenüberstehen, was einer einfachen oder erweiterten binären Mannigfaltigkeit entspricht.

So ist Fig. 142 als Ausschnitt aus einer zweidimensionalen kristallinen Mannigfaltigkeit leicht deutbar als $\left[A(BC_3)_{\frac{3}{3}}\right]_\infty N$, mit $A$ und $BC_3$ als eigentlichen Baugruppen, wobei immerhin noch interessant ist zu erwähnen, daß auch jedes $A$ in unter sich gleichen Abständen von $3\,C$ umgeben ist.

In Fig. 143a ließen sich zunächst je 4 $B$-Teilchen und je 2 $C$-Teilchen zu Gruppen zusammenfassen. Dann erhält man das vereinfachte Schwerpunktsbild Fig. 143b der Baugruppen. Es ließe sich die Koordinationsformel mit $A$ als Hauptbauelement schreiben: $\left[\frac{}{4}(B_4)A(C_2)\frac{}{2}\right]_\infty N$, was natürlich ausmultipliziert das richtige stöchiometrische Verhältnis $4\,B:A:4\,C$ ergibt. Wiederum wäre es daneben interessant zu vermerken, wie das direkte Nachbarschaftsbild der $A$ gegenüber den einzelnen $B$- und $C$-Teilchen ist, nämlich $\left[\,\underset{1}{_4}B\,A\,C\,\underset{2}{_8}\right]$, was gleichfalls $4\,B:A:4\,C$ ergibt.

Nicht immer wird es jedoch möglich sein, das koordinative Verhalten in so einfachen Formeln angenähert richtig wiederzugeben. Man kann ja weder in einer Projektion noch in einer Symbolisierung die einzig maßgebenden räumlichen Anordnungsverhältnisse voll zur Geltung bringen. Erst das Raummodell vermittelt den richtigen Einblick. Man wird dann zu verschiedenen

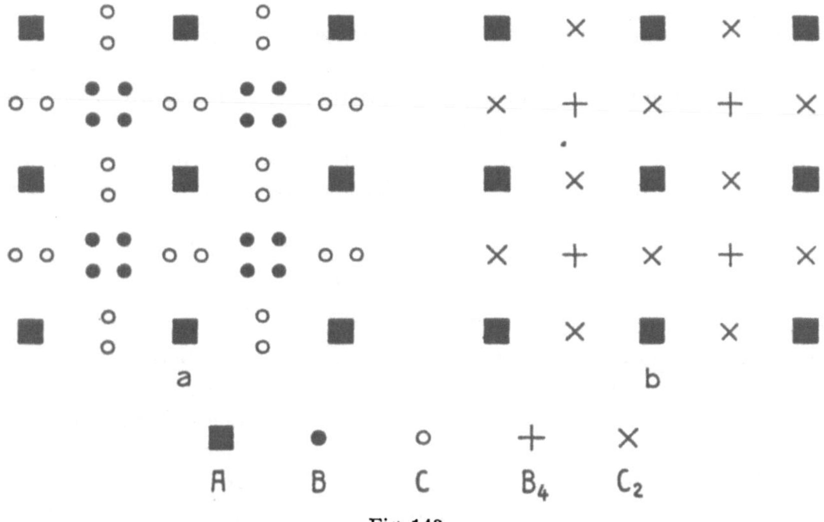


Fig. 143

Das Punktschema der Fig. 143a läßt sich in zweiter Ordnung als ein Schema von $A$-Punkten, $B_4$-Radikalen und $C_2$-Radikalen beschreiben (Fig. 143b).

Hilfsmitteln Zuflucht nehmen müssen, um wenigstens einige der wesentlich erscheinenden stereochemischen Tatsachen nicht verlorengehen zu lassen.

**Hilfsformeln.** Es sei hier zunächst für kristalline Verbände ein Beispiel genannt, das sich für eine große Gruppe von Verbindungen, die *Silikate*, als zweckmäßig erwiesen hat. In ihnen bilden im allgemeinen die an Si und Metallatome gebundenen O und OH einen praktisch einparametrigen Zusammenhang. Sie sind an Viererkoordinationszentren wie Si, Al oder (und) an Sechserkoordinationszentren wie Al, Mg, Fe, Ti relativ stark gebunden, während andere kationenartige Bestandteile wie Na, K, Ca in größere Hohlräume eingelagert sind, ohne am eigentlichen Gittergerüste teilzunehmen. Nennt man die sich O gegenüber als Viererkoordinationszentren betätigenden Teilchen $B^{IV}$, die Sechserkoordinationszentren $B^{VI}$, die eingelagerten Kationen $A$ und schreibt man die an $B^{IV}$ direkt tetraedrisch gebundenen O (die auch an $B^{VI}$ gebunden sein können) unmittelbar an $B^{IV}$ anschließend, die nur zu $B^{VI}$ in 1. Sphäre gehörigen (O, OH) darunter, so erhält man eine bereits für viele Silikate gültige Generalformel:

$$\left[\begin{array}{c} B_m{}^{IV} O_n \\ (O, OH)_p \end{array} \ \Big| \ B_q{}^{VI} \right] A_r \, .$$

Dabei können in Spezialfällen $p$ oder $q$ oder $r$ oder zwei von ihnen 0 sein. Lagern sich in eine solche Struktur noch andere Anionen oder Moleküle (wie $H_2O$) usw. als X ein, so entsteht:

$$\left[\begin{array}{c} B_m{}^{IV} O_n \\ (O, OH)_p \end{array} \ \Big| \ B_q{}^{VI} \right] A_r \cdot X_s \, .$$

Da die $n$ O immer zu vieren ein $B^{IV}$ umgeben, folgt aus dem Verhältnis $m:n$, das maximal $1:4$ sein kann, bereits, ob an $B^{IV}$ doppelt gebundene O auftreten. Es werden das zum Beispiel im Mittel (siehe die Figuren 122 und 125) zwei von vier Sauerstoff sein, wenn $m:n = 1:3$ ist.

Ein Kohlenwasserstoffmolekül $C_nH_{2n+2}$ (analog der Formel Fig. 13, Seite 25) läßt sich bei Zusammenfassung der pseudogleichwertigen $CH_2$-Gruppe formulieren:

$$H_3C-(n-2) \left(CH_{\frac{2}{1}}\right)_{\frac{2}{2}}-CH_3$$

Schon bei der Formulierung der Fig. 143 auf Seite 157 sind in bezug auf A die Inselschwerpunkte $B_4$ und $C_2$, trotz verschiedenen Abständen von A, zur 1. Sphäre um A gerechnet worden, da ja von vornherein zu erwarten ist, daß ungleichwertige Punkte von A nicht genau die gleichen Abstände besitzen werden. Manchmal aber ist die zusammengesetzte und heterogene kz gerade die für eine Zentralstelle typische. Sie wäre in jenem Beispiel $4+4=8$.

So wird man auch in organischen Molekülen, *sofern gewisse Abstände nicht überschritten werden*, um C gelegene C, O, OH, N, S, Cl usw. als koordinativ zur 1. Sphäre gehörig betrachten. In den beiden Molekülen von Harnstoff und Thioharnstoff (Fig. 144a und b) wird man den Entfernungen nach dem C die zusammengesetzte und heterogene kz 3 zuordnen müssen, so daß die Formeln $_1^1OC(NH_2)_2^1$ und $_1^1SC(NH_2)_2^1$ schon richtige Bilder ergeben. Auch die zwei Kohlenstoffatome der Oxalsäure (Fig. 145) haben die zusammengesetzte heterogene kz 3, mit den Abständen $C-C = 1{,}43\,\text{Å}$, $C-O = 1{,}24\,\text{Å}$, $C-(OH) = 1{,}30\,\text{Å}$. Hier ist bereits die an sich mögliche Schreibweise $\left[ _1^1OC(OH)_1^1 \right]_2$ ungenügend, da gerade aus ihr diese wichtige Tatsache nicht unmittelbar hervorgeht. Man wird daher zweckmäßigerweise das koordinative Schema der Verbandsverhältnisse mitangeben. Gleiches gilt naturgemäß für noch komplexere Konfigurationen, von denen Fig. 146a und Fig. 146b erste, noch leicht übersehbare Beispiele sind.

Bei der *Adsorbinsäure* ist offenbar wichtig, daß 4 C koordinativ dreiwertig sind, zwei davon mit 2 C und einem OH in den Koordinationsstellen, eines mit einem C, einem nur einem C zugehörigen O und einem zu 2 C gehörigen O, und eines mit 2 C und einem zu 2 C gehörigen O. 2 C würden wir als koordinativ vierwertig bezeichnen müssen, davon eines mit 2 C, einem OH und einem H

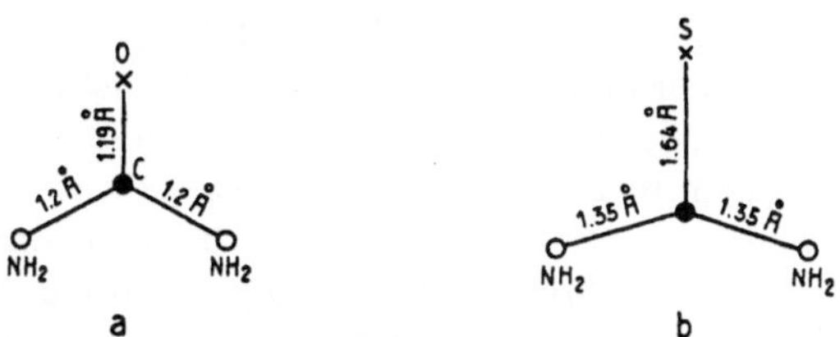

Fig. 144

Atomanordnung im Harnstoffmolekül und im Thioharnstoffmolekül.

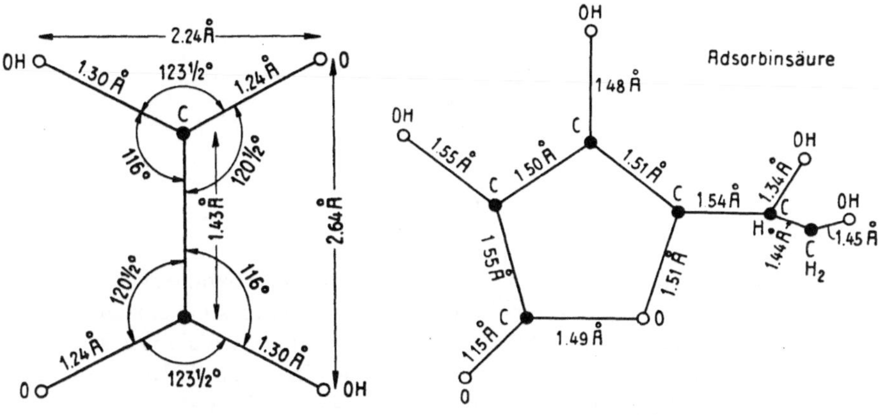

Fig. 145

Fig. 146a

Fig. 145. Schema der Schwerpunktsverteilung der Atome in einer Oxalsäure.
Fig. 146a. Schema der Teilchenanordnung in der Adsorbinsäure.

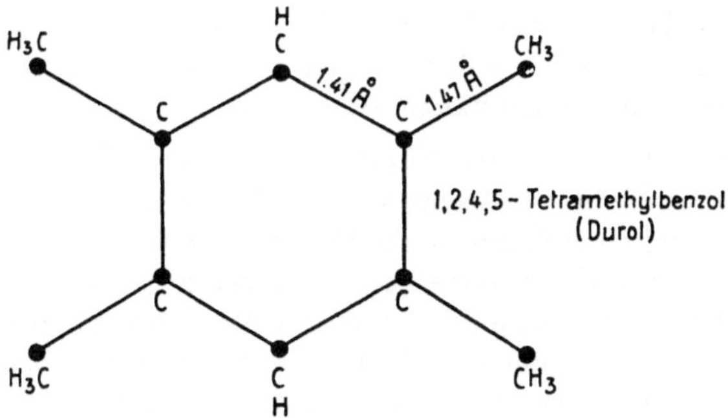

Fig. 146b

Schema der Teilchenanordnung im Durol.

in 1. Pseudosphäre, und das andere mit einem C, einem OH und 2 H in
1. Sphäre. Deutlich ist ersichtlich, daß, bezogen auf die Gesamtkonfiguration,
nicht 2 C einander völlig gleichartig sind, es entsteht jedoch mit 4 C und einem O
ein pseudoregelmäßiger Fünfring.

Wesentlich höhersymmetrisch ist das *Durol* (1, 2, 4, 5 -Tetramethylbenzol). Bei vollsymmetrischer Anordnung können die 10 Kohlenstoffatome in zweimal vier gleichwertige + einmal zwei gleichwertige zerfallen. 4 C sind, allerdings bei ungleichen Abständen, in 1. Sphäre mit 3 C (kz = 3'), weitere 4 mit 3 H + 1 C (kz = 4') und weitere 2 mit 2 C + 1 H (kz = 3') koordinativ verbunden.

Selbst wenn somit eine Schreibformel versagt, muß das Prinzip der geometrischen Analyse das gleiche bleiben, damit zunächst einmal alle chemischen Verbindungen miteinander verglichen werden können.

Betrachtet man, was hier durchwegs der Fall war, nur die Lagebeziehungen der Atomschwerpunkte zueinander, so ist weder in den Figuren 144 noch bei

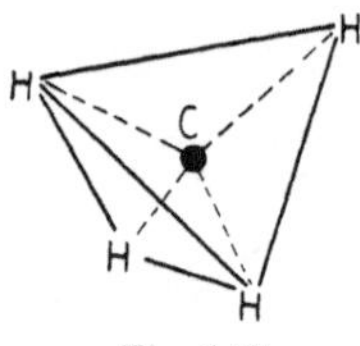

Fig. 147
Methan.

einzelnen C der Figuren 145, 146 von einem Tetraederverband etwas zu sehen. Selbst in der zusammengesetzten heterogenen 1. Sphäre sind einzelne C nur koordinativ dreiwertig, ja es gibt außerdem auch Fälle, wo sie nur koordinativ zweiwertig sind. Das in der Kohlenstoffchemie eine so große Rolle spielende «Tetraeder» ist ja als Ganzes genommen kein Koordinationstetraeder, sondern ein postuliertes Valenztetraeder, das lediglich in Einzelfällen zum Koordinationstetraeder wird (zum Beispiel in Methan und seinen unmittelbaren Derivaten) (siehe Fig. 147).

Wir werden später sehen, daß auch in der Stereochemie der organischen Verbindungen die konsequente Unterscheidung von Valenz- und Koordinationsverhältnissen und die Einführung der rein geometrischen kz wertvolle Gesichtspunkte und Zusammenhänge vermittelt.

**Schlußbemerkungen.** Dieses Kapitel abschließend sei nochmals betont, daß sowohl Symmetrielehre wie Lehre von den Verbandsverhältnissen mit Absicht im rein geometrischen Sinne auf die Punkt-, bzw. Teilchenkonfigurationen angewandt wurden. Die eingeführte kz ist *nur* geometrisch interpretiert worden. Es erscheint absolut notwendig, zunächst die geometrischen Gesetze von Punkt- oder Teilchenanordnungen zu kennen, bevor man Erscheinungen dynamisch und energetisch interpretieren will. Gibt es doch tatsächlich sehr viele Phänomene, die nicht selten physikalische Deutungen erfuhren, jedoch einfache Konsequenzen geometrischer Gesetze sind. Manchmal ist bereits expressis verbis auf solche Ergebnisse hingewiesen worden, in anderen Fällen lassen sie sich aus der Darstellung folgern. Es sei nur etwa daran erinnert, daß unter gewissen Voraussetzungen in bestimmten Verbandstypen keine anderen homogenen kz 1. Sphäre als 1 bis 5 oder 2 bis 4, in andern wieder nur 3, 4, 6, 8, 12 auftreten können.

Beim aufmerksamen Studium wird nicht entgangen sein, daß über die Art der zu erwartenden Verbände schon mancherlei ausgesagt werden kann, wenn von den in Frage kommenden Teilchen Angaben über Koordinationszahlen und Symmetriewirkungen erhältlich sind. Sollte es möglich sein, den Teilchen gewisse Größen (Radien von Wirkungssphären oder irgendwie definierte Teilchenradien) zuzuordnen bzw. Minimalwerte von Schwerpunktsabständen gleich- oder ungleichartiger Teilchen, so werden sich auf wiederum rein geometrischem Wege weitere Einschränkungen ergeben, da beispielsweise zu einem kpo gewisse Abstandsverhältnisse: «Zentralstelle → Ecken zur Kantenlänge» gehören und bei bestimmter Aneinanderreihung von kpo auch zu den Abständen der Zentralstellen selbst.

Wir müssen uns deshalb jetzt der für unsere Problemstellung wichtigen Materialisierung der Punktkonfigurationen zuwenden, d.h. die Punkte durch diejenigen Teilchen ersetzen, die für die Chemie Elementarbausteine sind. Es sind Teilchen atomarer Größe, und die Chemie sucht gewisse ihrer Eigenschaften möglichst einfach zu charakterisieren und in systematische Zusammenhänge zu bringen. Über das, was diese Eigenschaften erzeugt, gibt die Atomphysik Auskunft. Aber es hat sich gezeigt, daß auf Grund eines gewaltigen experimentellen Materiales, gewissermaßen empirisch, die Chemie imstande ist, manche Phänomene durch einfache Begriffe so zu veranschaulichen, daß es nicht immer notwendig ist, auf die grundlegenden, zum Teil auch erst nachträglich aufgefundenen atomkonstitutionellen «Ursachen» zurückzugreifen. So interessant es wäre, gerade die rein morphologisch zu behandelnden Fragen, allerdings unter anderen Aspekten (zum Beispiel der Quantenmechanik), tiefer rückwärts zu verfolgen, wird im folgenden absichtlich darauf verzichtet. Die Stereochemie behandelt in erster Linie die Lagerung der im Raume Verbände bildenden Atome. Sie setzt die Kenntnis der Atomphysik voraus und versucht, mit einem eigenen einfachen Begriffssystem, das von ihr atomphysikalisch nicht näher erläutert wird, auszukommen, weil sie ja in systematischer Weise die neue große Mannigfaltigkeit der Atom*verbände* zum Untersuchungsgegenstand hat.

# III. KAPITEL

## Die Verbindungsfähigkeit der Atome

### A. Allgemeine Bemerkungen

**Der Begriff chemische Verbindung.** Bis jetzt haben wir vorzugsweise die Bezeichnungen Punkt- oder Teilchenkonfigurationen und Punkt- oder Teilchenverbände, bzw. -Bauzusammenhänge benutzt. Sind bestimmte Atomkonfigurationen bestandfähig geworden, so sind *Verbindungen* atomarer Teilchen entstanden. Zwar unterscheidet die Chemie häufig noch zwischen «Elementen» und «Verbindungen» und rechnet zu letzteren lediglich Verbände *verschiedener* Atomarten. Es handelt sich jedoch, wie schon Seite 47 erwähnt, um ein Überbleibsel aus Zeiten rein phänomenologischer Betrachtung, die unter der Herrschaft der analytischen Chemie standen. Gleiches gilt beispielsweise für die Doppelbezeichnung Metalle: einerseits für gewisse Atomarten und anderseits für Körper, die erst durch ihre Verbandsverhältnisse die Eigenschaften erhalten haben, die für den Laien und Wissenschafter mit dem Begriff «Metall» verknüpft sind. Überhaupt enthält die derzeitige Chemie eine Menge überflüssiger oder falsch angewandter, nur noch historisch verständlicher Begriffe, die immer und immer wieder zu Mißverständnissen Veranlassung geben und die Einheit der Betrachtungsweise erschweren. Sie müssen, so ungewohnt Neudefinitionen zunächst scheinen, im Interesse einer sauberen Darstellungsmöglichkeit sukzessive ausgemerzt werden.

Ganz allgemein ist zwischen den Einzelpartikelchen atomarer Größe und den durch Verbandsbildungen entstandenen Körpern scharf zu unterscheiden. Ein einzelnes Kohlenstoffatom und Diamant oder Graphit sind etwas so verschiedenes, daß nicht auf alle drei der Begriff «Element» angewandt werden darf. Entweder bezieht sich «chemisches Element» auf die durch die Symbole, wie C, bezeichneten atomaren Einzelteilchen oder auf Verbindungen einer Atomart unter sich, gegebenenfalls also auf C oder auf $\left[C_{\frac{4}{4}}\right]_\infty$ $G$ (Diamant) und $\left[C_{\frac{3}{3}}\right]_\infty$ $N$ (Graphit). Die letztgenannten kristallinen Ausbildungen des Kohlenstoffes aber sind genau so «Verbindungen» wie bestandsfähige Verbände zwischen verschiedenen Atomarten, ja die Analogien zu $\left[ZnS_{\frac{4}{4}}\right]_\infty$ $G$- oder $\left[BN_{\frac{3}{3}}\right]_\infty$ $N$-Verbänden würden gar nicht zum Ausdruck kommen, wenn die Verbände zwischen einerlei Atomen nicht auch Verbindungen genannt würden. Übrigens ist es leicht, zwischen ihnen und den anderen Verbindungen zu unterscheiden, zum Beispiel von einerlei- und mehrerleiatomigen Verbindungen oder von Verbindungen mit nur homogenen oder mit heterogenen Bauzusammenhängen zu sprechen.

Daß es sich bei dieser Unterscheidung um etwas Grundsätzliches handelt, geht auch aus folgendem hervor. Die Eigenschaften von Diamant und Graphit, die voneinander so grundverschieden sind (man denke an die Härte und das optische Verhalten), geben nicht über die Atomart C an sich Auskunft, sondern sind eine Folge der Verknüpfungsart der C-Atome. Die moderne Chemie hat übrigens diesem Gedanken schon lange Rechnung getragen, allerdings ohne die Konsequenzen zu ziehen. Sie spricht von polarer, unpolarer und metallischer «*Bindung*», und es wäre nun wirklich ein Widerspruch, Gebilde, die durch unpolare oder metallische Bindung zustande kommen, nicht Verbindungen zu nennen. Für uns sind also Metalle Kristallverbindungen und die zu ihnen führenden Atomarten nicht Metalle, sondern metallbildende Atomarten, bzw. chemische Elemente. Als *Verbindungen* kurzweg bezeichnen wir alle bestandfähigen Verbände von Atomen, handle es sich um Bauzusammenhänge gleicher oder ungleichartiger Teilchen. *Zwischen atomaren Teilchen oder Teilchengruppen bestehen chemische Bindungen, wenn die zwischen ihnen wirkenden Kräfte so groß sind, daß ein Verband entsteht, der durch seine Bestandfähigkeit dem Chemiker Veranlassung gibt, sich mit ihm als neuer Einheit zu befassen. Diese neue Einheit nennt er eine Verbindung.* Sie kann einen in sich abgeschlossenen molekularen Charakter besitzen oder eine Kristallverbindung sein. Die *Bindungsart* selbst wird in ein Begriffssystem eingeordnet, das *polare* (heteropolare bis kovalente), *unpolare* (homöopolare), *metallische* und VAN DER WAALS-*sche Bindungen* als Grenzfälle enthält.

Eine von Verbindungen in diesem Sinne handelnde Chemie, die Radikal-, Molekular- und Kristallchemie mitumfaßt, wird ohne Berücksichtigung der Verbandsverhältnisse, d.h. der Lage der Atome im Raume, wenig aussagen können. Es wäre nicht völlig abwegig, sie in ihrer Gesamtheit als «Stereochemie» zu bezeichnen. Allein für gewisse Aussagen ist die spezielle Form des Bauzusammenhanges weniger wichtig als für andere, so daß man sich mit Recht darauf beschränkt, in der Stereochemie im engeren Sinne nur die geometrisch besonders wichtigen Erscheinungen zu betrachten. Das heißt aber auch, daß chemische Grundbegriffe wie Bindungsart, Wertigkeit, Valenz, Stöchiometrie von dieser Stereochemie oft vorausgesetzt und übernommen werden.

Da sie in enger Beziehung zur Verbandsbildung stehen, haben sich in der heute infolge rascher Entwicklung begriffsunklar gewordenen Chemie mancherlei weitere für die Entwicklung ungünstige Vermengungen von Vorstellungen ergeben. Gerade um diese nach Möglichkeit zu vermeiden, war es notwendig, den geometrischen Teil der Stereochemie gesondert zu behandeln und die Frage nach den die Verbände erzeugenden Kräften davon abzutrennen. Das führt rein beschreibungstechnisch zu einem anderen Vorgehen, als es in der Chemie meist üblich ist. Der Chemiker geht gerne von gewissen Kräften, die er zudem oft gerichtet annimmt, aus und versucht so die Verbindungen aufzubauen. Er entwickelt zunächst die Valenzlehre, sieht jedoch bald ein, daß große Klassen von Verbindungen durch sie nicht oder nur auf Umwegen erfaßt werden können. Der Stereochemiker leitet vorerst die geometrischen Gesetze und Beschreibungsmöglichkeiten irgendwelcher Teilchenverbände ab und fragt erst nachträglich nach den energetischen Bedingungen ihres Zustandekommens. Daß sein Standpunkt Berechtigung hat, geht schon daraus hervor, daß es ähnliche Bauzusammenhänge bei ganz verschiedenartigem Bindungscharakter gibt. Ihm scheint es mehr erläuternd als grundlegend zu sein, wenn bestimmte Verbandsverhältnisse, die sich in gleicher Ausbildungsweise bei sicherlich andersartigen Bindungsverhältnissen wiederholen, als Folgerungen ganz spezieller Kraftwirkungen abgeleitet werden, und seine Abneigung, bestimmten Strukturen von vornherein ausschließlich spezielle Bindungsarten zuzuordnen, hat durch die fortschreitende Erfahrung Recht erhalten. Alle derartigen Zuordnungen auf Grund weniger Tatsachen haben sich nämlich durch das Gewicht der immer mehr in Erscheinung tretenden Ausnahmen als unzutreffend erwiesen.

*So sind Symmetrie, kz, kpo, ksch, molekulare und kristalline Konfigurationen für uns geometrische Begriffe, deren atomphysikalische oder energetische Bedeutung im Einzelfalle erst festzustellen ist.* Wird zur Illustration der Verbandsverhältnisse unter Berücksichtigung der Teilchenabstände ein Teilchenschwerpunkt mit den in 1. Sphäre oder Pseudosphäre liegenden Teilchenschwerpunkten geradlinig verbunden, so entsteht ein *Koordinationsschema*, bei dem die Verbindungslinien nichts anderes als *Koordinationsrichtungen* bedeuten. Selbst wenn man sie *koordinative Bindungen* nennt, wird weder über die Bindungsart noch Bindungsenergie etwas ausgesagt.

Fig. 148a stellt nichts anderes als das ksch des $[CO_3]^{--}$ dar, Fig. 148b das ksch des $H_2O$-Moleküls, Fig. 148c einen Ausschnitt aus dem ksch des Graphitnetzes, Fig. 148d das Baumotiv von Diamant, Fig. 148e das Baumotiv des Steinsalzes, Fig. 148f das Baumotiv des $CO_2$-Kristalles. Die Striche veranschaulichen nur die Bauzusammenhänge, gleichgültig, ob sie das Resultat kovalenter, homöopolarer, heteropolarer, metallischer oder VAN DER WAALSscher Kräfte sind. Nur Bauzusammenhänge ausgesprochen verschiedener Ordnung können verschiedene Signaturen erhalten. Derartige Darstellungen sind somit prinzipiell zu unterscheiden von anderen, bei denen versucht wird, die Bindungsarten auseinanderzuhalten. In jenem Teil der Chemie, der von der sogenannten Valenzlehre beherrscht wird, hat man ja seit alters auch die *Valenz* als Bindungsrichtung durch Striche zwischen den Teilchenschwerpunkten bzw. Elementensymbolen zu veranschaulichen gesucht und je nach der Bindungsart einfache, doppelte oder dreifache Striche usw. gezeichnet. So sehr dies bei gewissen Verbindungsklassen (zum Beispiel einzelnen organischen Molekülen) Vorteile in sich birgt, haben doch die neueren Forschungen gezeigt, daß derartige Formulierungen oft falsche Vorstellungen erwecken. Die *Resonanz* zwischen verschiedenen Verbindungsarten gestattet oft gar nicht, im Mittel *einer* Bindungsrichtung anderen gegenüber eine Sonderstellung einzuräumen. Die starre Valenzverteilung kann dann der Bindungsmannigfaltigkeit nicht gerecht werden. Oft lassen sich durch derartige Bilder höchstens Grenzfälle der Valenzverteilung kennzeichnen, während das wirkliche energetische Bindungsschema fluktuierendes Verhalten aufweist.

**Der Valenzbegriff.** Bindungsarten, deren Zustandekommen wir heute auf die Bildung einer neuen Elektronenverteilung zurückführen, lassen sich nach

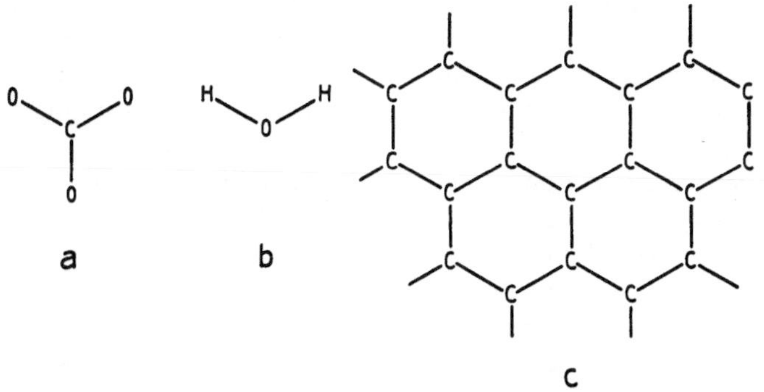

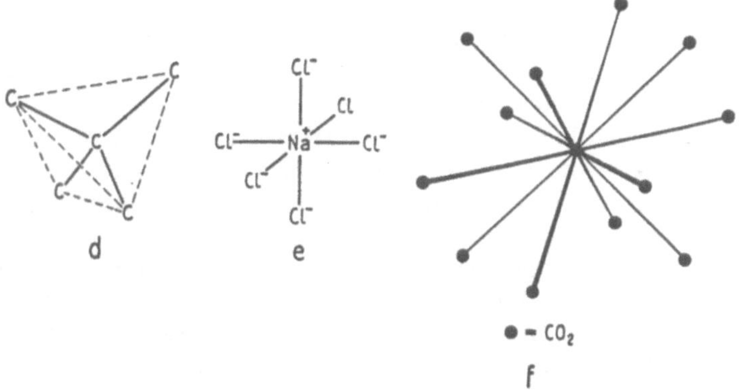

Fig.148a,b,c
Anordnungsschemata von a = $CO_3$, b = $H_2O$, c = Graphit.

Fig.148d,e,f
Baumotive (um gleichartige Teilchen zu wiederholen) für d = Diamant, e = Steinsalz, f = $CO_2$-Kristall.

Lewis, Kossel und anderen schematisch durch diese Elektronenverteilung charakterisieren, die allerdings manchmal wiederum zwischen verschiedenen Möglichkeiten variieren wird. Daß die Strichschematas schon längst die universelle Anwendbarkeit eingebüßt haben, zeigten sukzessive die Probleme der Konstitution von Benzol, der Wernerschen Komplexverbindungen und der Salzkristalle. Ein Strich verliert ja seine Bedeutung als Valenzeinheit, wenn diese Einheit nicht nur vervielfacht, sondern auch aufgeteilt werden muß.

Folgerichtig haben sich aus diesem Dilemma heraus die von der Valenz unabhängig gewordenen geometrischen Begriffe der Koordinationszahl und der Koordinationsrichtungen entwickelt. Die scharfe Unterscheidung zwischen Koordinationsschema und Valenzschema ist zum Bedürfnis geworden. Was wir unmittelbar aus einer gegebenen Teilchenanordnung deduzieren, ist das ksch; das Valenzschema seinerseits stellt etwas zum Anordnungsschema neu hinzukommendes, eine Interpretation der Bindekräfte dar. Aber auch, wenn wir den umgekehrten Weg einschlagen und von den Kräften ausgehen, die aus Einzelteilchen Verbände schaffen, ergibt sich, wie die WERNERschen Überlegungen zeigten, die Zweiteilung der Problemstellung. Auf diese Weise entstand ja über die Begriffe der Haupt- und Nebenvalenzen hinaus die Vorstellung der Koordinationszahlen.

Es ist daher durchaus richtig, wenn sich in der Stereochemie die Frage nach der Bindungsart und dem valenzmäßigen Verhalten erst beim Ersatz der Punkte oder Kugeln der Konfigurationen durch materielle Teilchen bestimmten Verhaltens stellt. Nicht allgemeine Gesetze für Teilchenanordnungen (wie die stöchiometrischen Regeln der Verhältnisse ungleichwertiger Teilchen, oder die Einschränkungen in bezug auf die kz unter gewissen Voraussetzungen über die Gleichwertigkeit der Bauelemente) haben durch eine verallgemeinerte Valenzlehre ihre Begründung zu erhalten, wohl aber Gesetze oder Regeln, die Auskunft geben, was für spezielle Verbände bei gegebenen Teilchenarten zur Verwirklichung gelangen.

Der Valenzbegriff hat sich ursprünglich aus der Erfahrungstatsache entwickelt, daß in einfachen Verbindungen bestimmte stöchiometrische Verhältnisse zwischen gewissen Atomarten bevorzugt erscheinen. Von Anfang an konnte er große, allerdings nur langsam erforschte Gebiete, wie die der Verbindungen gleicher Atomarten, die der metallischen Legierungen und vieler organischer Verbindungen, nicht oder nicht zwangslos aufhellen. Trotzdem und trotz der ständig sich vermehrenden «Ausnahmen» war man mit Recht überzeugt, etwas Wesentliches gefunden zu haben, und wurde darin bestärkt, als es gelang, die verschiedenen Atomarten in einen natürlichen systematischen Zusammenhang zu bringen (*periodisches System der chemischen Elemente*).

Zuerst handelte es sich um Verhältniszahlen, die übrigens häufig durch die Analyse kristalliner Bauverbände gewonnen wurden, um dann ohne Kenntnis der Beziehungen zwischen Molekular- und Kristallchemie auf die Molekularchemie übertragen zu werden. Heute würden wir sagen, dass in elektroneutral sich verhaltenden Atomverbänden gewisse Atomarten zu anderen normalerweise in gewissen stöchiometrischen Beziehungen stehen, die für bestimmte Verbindungsklassen so einfach sind, daß sich von vornherein den Teilchen bestimmte Valenzwertigkeiten zuordnen lassen, die gestatten, die auftretenden Verhältniszahlen abzuleiten. Es darf nicht verschwiegen werden, daß eine *geochemische* Tatsache die Ursache ist, daß diese Gesetzmäßigkeit, die infolge mannigfacher Komplikationen für das Gesamtgebiet der chemischen Verbindungen durchaus nichts unmittelbar Gegebenes ist, so rasch erkannt wurde. Die Atomart *Sauerstoff* ist das weitaus verbreitetste Element der äußeren

Lithosphäre und es waren gerade die Verhältniszahlen, in denen sich Sauerstoff mit anderen Elementen verbindet, ein Kennzeichen dafür, daß elektroneutrale Verbände nicht bei beliebigen stöchiometrischen Verhältnissen entstehen.

Ohne auf die Entwicklung der Valenzlehre selbst einzugehen, sei nur daran erinnert, daß man heute zwischen elektropositiver und elektronegativer Valenzwertigkeit unterscheidet, daß die einem Element zukommende Maximalwertigkeit oft unmittelbar aus der Stellung des Elementes im natürlichen periodischen System folgert, und daß bei Elementen, die beiderlei Wertigkeiten aufweisen, die Summe derselben (ohne Berücksichtigung des Vorzeichens) gerne 8 ist. In Verbindungen, in denen Partner auftreten, von denen einzelne deutlich elektropositiver als andere sind, ergeben sich stöchiometrische Verhältnisse für elektroneutrale Gebilde, wenn die Summe der elektropositiven Wertigkeiten gleich derjenigen der elektronegativen wird. In sehr vielen Verbindungen wie Oxyden, Hydroxyden, «Salzen» mit Komplexanionen, die O als Liganden führen, kann man O als zweiwertig elektronegativ in Rechnung stellen, die übrigen Teilchen (abgesehen etwa von F = einwertig negativ, usw.) mit ihrer elektropositiven Wertigkeit.

**Die Bindungszahl (bz).** Betrachten wir eine binäre Verbindung mit $A$ als elektropositivem, $B$ als elektronegativem Partner, $A$ mit der zugehörigen Wertigkeit $W_1$, $B$ mit der Wertigkeit $W_2$ in einer elektroneutralen Konfiguration, so wird im Mittel ein $A \frac{W_1}{W_2} B$ direkt zu binden vermögen. Man kann dann $\frac{W_1}{W_2}$ die *Verbindungs-* oder abgekürzt *Bindungszahl* bz nennen. Ohne weiteres ist ersichtlich, daß derartige Zahlen nur bei einer direkten «polaren» Bindung (im weiteren Sinne) gewonnen werden können. Auch ist zu betonen, daß die Annahme gerichteter, den Wertigkeiten entsprechender Valenzen etwas Zusätzliches bedeutet, das keineswegs aus der Selektion der stöchiometrischen Verhältnisse folgt. Oft hat man sich übrigens gar nicht Rechenschaft abgelegt, was gerichtete Valenz bedeuten soll. Selbstverständlich werden sich die an ein $A$ valenzchemisch gebundenen $B$ um die $A$ gruppieren. Aber es braucht keineswegs so zu sein, daß die «Haftstellen» auf die Verbindungslinie zwischen $A$ und $B$ fallen. Ein hypothetisches Beispiel möge dies veranschaulichen.

Es besitze C 4 elektropositive, O 2 elektronegative Wertigkeiten, entsprechend 4 und 2 Valenzen. Es wäre nun denkbar, daß die 4 Valenzen des C, sofern wir sie überhaupt als Vektoren betrachten dürfen, tetraedrisch von C ausstrahlen, und die 2 Valenzen von O miteinander einen Winkel bilden, wie das Fig. 149 zeigt. Die Verbindungslinie O—C—O ist dann *Resultierende* aus derartig postulierten Valenzvektoren, keineswegs aber ein direktes Abbild der Valenzverteilung. Ja, als distinkte Haftstellen müßten die kleinen ausgefüllten Kreise der Fig. 149 zu bezeichnen sein.

Somit ist es von vornherein unzulässig, aus dem Anordnungsschema der Teilchenschwerpunkte auf bestimmt gerichtete Valenzen zu schließen oder gar das Strichschema, das die Teilchenschwerpunkte miteinander verbindet, als Valenzverteilungsschema anzusehen. Es ist und bleibt für uns ein Koordina-

tionsschema und sollte auch in der Chemie nie anders gedeutet werden, selbst
wenn Bindung über mehrere Valenzen rein symbolhaft eine andere Signatur
(zum Beispiel Mehrfachstriche) erhält. Die nicht selten anzutreffende Interpretation des Koordinationsschemas als Valenzverteilungsschema ist eine zu
vielfachen Widersprüchen führende Hypothese. Auch die Redeweise von der

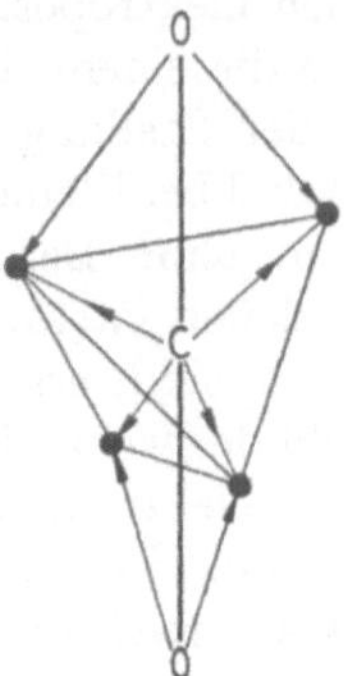

Fig. 149

$CO_2$ mit der kz C → O = 2. «Deutung» durch tetraedrisches Valenzschema.

Bestimmung der «Valenzwinkel» sollte verschwinden, da unmittelbar nur die
Winkel zwischen Koordinationsrichtungen ableitbar sind. Aus koordinativen
Verhältnissen auf Grund atomphysikalischer Vorstellungen auf räumlich fixier-
bare Valenzbindung rückzuschließen, ist ein Interpretationsversuch, der sich
mit der Entwicklung der Atomphysik wandeln, ja in diesem Gebiet kleiner Dimensionen seine anschauliche Deutung einbüssen kann.

   Immerhin dürfen wir heute als gesichert annehmen, daß sich die Kräfte, die
einem Verband atomarer Teilchen Bestandfähigkeit verleihen, auf den komplexen Atombau mit einem positiv geladenen Kern und einer Hülle negativer
Elektronen zurückführen lassen. Es entstehen Anziehungs- und Abstoßungspotentiale und es ist auf zunächst nur rohe Weise erstmals HEITLER und
LONDON gelungen, auf Grund der quantenmechanischen Deutung des Atombaues nicht nur Bindekräfte zwischen ungleichartigen, sondern auch zwischen
gleichartigen Teilchen verständlich zu machen. Generell ausgedrückt treten
derartige Bindungen auf, wenn durch sie eine irgendwie bestandfähigere Elektronenkonfiguration erzeugt wird, als sie dem Nebeneinander der atomaren
Teilchen eigen ist. Ob und wie diese «Elektronenkonfiguration» bildlich gedeutet oder veranschaulicht werden darf, bleibt eine Frage für sich.

   Ein Problem, das selbst wieder «morphologische Aspekte» trägt, ist darin
unbedingt enthalten. Das läßt schon die eine Redeweise erkennen, die davon
spricht, daß chemische Bindung im engeren Sinne auftritt, wenn sich innerhalb
der Atome Elektronen befinden, mit gleicher Haupt- und Nebenquantenzahl,
gleicher magnetischer Quantenzahl bei entgegengesetztem Drall, die noch
keiner Zweiergruppe angehören. Beiträge zur Bindungsmöglichkeit liefern auch
die Polarisationseffekte, die verschieden geladene Teilchen aufeinander ausüben, wobei nicht nur an starre, sondern auch an verschiebbare Ladungsver-

teilung und an kurzperiodische Störungen gedacht werden muß. Die *Polarisierbarkeit*, die gleichfalls quanten- bzw. wellenmechanisch zu berechnen ist, spielt eine besonders große Rolle bei den sogenannten VAN DER WAALSschen, oft mehr als physikalisch bezeichneten Bindekräften.

## B. Ionenbildung und Elektronenpaarbindung

**Darstellungsmethoden.** Sehen wir zunächst von der VAN DER WAALSschen und der metallischen Bindung ab, die beide übrigens nur in Grenzfällen für sich allein auftreten, so ergeben sich für die hetero- bis homöopolaren Bindungen (vorerst ohne den Grenzfall völlig gleichartiger Teilchen) zwei einfache Wege zur Veranschaulichung der durch die Wertigkeiten gegebenen Bindungsmöglichkeiten. Der eine ist von KOSSEL beschritten worden und führt zum Grenzfall der Ionenbindung, der andere ist in erster Linie von LEWIS und LANGMUIR entwickelt worden und veranschaulicht die sogenannte *kovalente* bis *homöopolare Bindung.*

Solange es sich nur um die Ableitung der möglichen bz handelt, sind beide Methoden gleich gut geeignet und prinzipiell einander analog, da es sich in beiden Fällen darum handelt, mit sogenannten Valenzelektronen des einen Partners die Elektronenhülle des anderen zu vervollständigen. Ob dies durch völlige Abgabe und Aufnahme von Elektronen (Ionenbildung im engeren Sinne) oder durch gegenseitige Vervollständigung dieser Hüllen bei noch irgendwie gemeinsam bleibenden Elektronen geschieht (Kovalenz), wird vom Einzelfalle abhängig sein; für Schemabetrachtungen ist es gleichgültig, was auf die Gesamtheit übertragen wird. Dabei bleiben Vieldeutigkeiten für den Schematismus bestehen, die oft mit in Resonanz befindlichen verschiedenen Zuständen in Zusammenhang zu bringen sind. Wesentlich ist, daß eine große Zahl von kovalenten Verbindungstypen durch Elektronenpaarbindung veranschaulicht werden kann (paarweise gemeinsame Elektronen), doch wird auch vermutet, daß in einigen Fällen ein oder drei Elektronen verschiedenen Atomen gemeinsam sind. Denkt man sich Elektronen eines neutralen Atomes von diesem völlig abgegeben, so erhält der Rest eine positive Ladung, die so viele Einheiten beträgt, als Elektronen aus der Hülle entfernt wurden. Werden Elektronen aufgenommen, so gibt die Zahl hinzugekommener Elektronen die negative Ladung an. Beispiele mögen die verschiedenen Darstellungsmethoden erläutern.

C hat 4 und O 6 valenzmäßig sich betätigende Außenelektronen. Vollständig wären Achterschalen. Die in Frage kommenden Hauptwertigkeiten sind $W_1 = = 4$, $W_2 = 2$, somit bz $= \frac{4}{2} = 2$ entsprechend $C:O = 1:2$. Morphologisch läßt sich die Bindungsfähigkeit deuten als Versuch, die Außenschalen auf 8 Elektronen zu ergänzen oder die überschüssigen Elektronen abzugeben, wobei zunächst offen bleibt, welche Tendenz vorherrscht und welche Atomart in diesem Bestreben dominiert. Total sind in $CO_2$ $4 + 6 + 6 = 16$ Außenelektronen an sich verschiebbar. Würden alle 4 Außenelektronen des C zur Auffüllung der Elektronenschalen des O benutzt, so könnten wir folgende drei identischen Schreibweisen benutzen:

$$\overset{\cdot\,\cdot}{O^{\,-\,-}}\;\;\;C^{\overset{\cdot\,\cdot}{+\,+}}\;\;\;O^{\,-\,-}\qquad\qquad :\ddot{O}:|\,C\,|:\ddot{O}:\qquad\qquad \tfrac{8}{1}\,O\,|\,C\,|\,O\,\tfrac{8}{1}$$

$$\qquad\quad\text{a}\qquad\qquad\qquad\qquad\qquad\text{b}\qquad\qquad\qquad\qquad\text{c}$$

a) sagt lediglich aus, daß durch die Abgabe von 4 Elektronen C elektropositiv vierwertig geworden ist und daß die zwei O-Atome durch die Aufnahme von je 2 Elektronen elektronegativ zweiwertig wurden. b) stellt in beliebiger Verteilung die Außenelektronen als Punkte dar und bedeutet, daß nun die 16 Elektronen um jedes O eine Achterschale bilden. c) knüpft in der Darstellungsart an die im vorhergehenden Kapitel entwickelten Koordinationsformeln an, die Zahlen bedeuten jetzt jedoch Elektronen. Die Brüche werden, um das sofort hervorzuheben, nicht als Indizes den Elementensymbolen beigeschrieben, sondern als Brüche mit großen Zahlen. Bei C steht keine Zahl, d. h. die äußere Schale ist abgebaut, bei O stehen die Werte $\frac{8}{1}$, womit ausgesagt wird, jedem O gehören 8 nur diesen O zugeordnete Elektronen an. Die drei das gleiche Phänomen veranschaulichenden Formeln würden eine *ionistische*, d. h. extrem polare Struktur und Bindung wiedergeben. Ein positiv vierwertiges Kation wäre durch elektrostatische Kräfte mit zwei negativ zweiwertigen Anionen zu einem elektroneutralen Molekül verknüpft.

Wir wissen, daß gerade im Falle des $CO_2$-Moleküles diese völlige Abgabe und Aufnahme von Valenzelektronen nicht das richtige trifft. Folgende drei Darstellungen können wieder als identisch angesehen werden:

$$O = C = O\qquad\qquad\qquad :\ddot{O}::C::\ddot{O}:\qquad\qquad\qquad \tfrac{4}{1}O\tfrac{4}{2}C\tfrac{4}{2}O\tfrac{4}{1}$$

$$\qquad\text{a}\qquad\qquad\qquad\qquad\qquad\text{b}\qquad\qquad\qquad\qquad\text{c}$$

a) soll lediglich schematisch angeben, daß von C 2 Elektronenpaarbindungen (Valenzen) zu jedem O-Teilchen hingehen. Die Elektronenpaarbindung wird somit durch einen sogenannten Valenzstrich dargestellt. In b) sind die 16 Außenelektronen wieder durch Punkte dargestellt. Punkte zwischen 2 Elementensymbolen bedeuten die diesen gemeinsamen Elektronen, andere Punkte Elektronen, die nur der betreffenden Atomart zugehören. Zwischen C und jedem O sind somit 4 Elektronen (2 Elektronenpaare) gemeinsam, jedes O enthält aber noch 4 ihm allein zugehörige Elektronen. Diese von LEWIS eingeführte und neuerdings von PAULING extensiv verwendete Darstellung hat den Nachteil, daß man geneigt ist, der Punktverteilung (die, abgesehen vom Prinzip, gemeinsame Elektronen zwischen die Symbole zu schreiben, völlig willkürlich genannt werden muß) eine reelle Bedeutung zuzuschreiben. Außerdem hat man Schwierigkeiten, unmittelbar die Summe der zu einem Kern (plus Innenschalen) gehörigen Außenelektronen (gleichgültig ob sie im Verband gemeinsame Elektronen sind oder nicht) abzulesen. Deshalb scheint die hier neu eingeführte Darstellungsweise c) die weitaus beste zu sein. Sie bedeutet: C hat mit jedem O 4 Elektronen gemeinsam. Das ergibt die $\frac{4}{2}$-Zahlen zwischen C und O, denn diese 4 Elektronen gehören zur Hälfte zu C, zur Hälfte zu O. Die nur an die O anschließenden Zahlen $\frac{4}{1}$ sagen aus: jedes O hat außerdem 4 nur ihm $\left(\frac{4}{1}\right)$ zugehörigen Außenelektronen. Sofort ist aus diesen Definitionen ersichtlich:

1. Die Summe der Zähler ergibt die Gesamtsumme der für die Bindung in Frage kommenden Außenelektronen: $4+4+4+4=16$.

2. Die Zähler der an ein Elektronensymbol anschließenden Brüche ergeben die dem betreffenden Element zuordenbaren Elektronen. Man liest also unmittelbar ab, daß um jedes O und um jedes C nun eine Achterschale vorhanden ist. Diese gegenseitigen Auffüllungen wurden durch die Kovalenz, das Gemeinsamsein von Elektronen, ermöglicht.

3. Die Summe der Brüche, die ein Elementensymbol unmittelbar umgeben, zeigt die Zahl der für den betreffenden Atomkern (+ Innenelektronenschalen) in Frage kommenden abschirmenden Elektronen an, denn um diese Zahl zu erhalten, müssen wir die doppeltgebundenen (gemeinsamen) Elektronen nur mit dem halben Wert einsetzen. Jedem O gehören in diesem Sinne $\frac{4}{1}+\frac{4}{2}$ Elektronen, jedem C $\frac{4}{2}+\frac{4}{2}$ Elektronen an. Das heißt: die O-Kerne werden durch 6, die C-Kerne durch 4 Ladungseinheiten abgesättigt, wie in den neutralen Atomen; es sind also keine über- oder unterschüssigen ionistischen Ladungen in Betracht zu ziehen.

4. Treten nur Elektronenpaarbindungen auf, so müssen die Zähler derjenigen Brüche, die gemeinsamen Elektronen zugeordnet sind, geradzählig sein.

**Die Variabilität der Bindungszustände.** Die Aufteilung der 16 Valenzelektronen von $CO_2$ in $4+4+4+4$ ist offenbar, abgesehen von derjenigen in $8+8$ der Ionenkonfiguration, die höchstsymmetrische Aufteilung. Es lassen sich jedoch unter Wahrung der Ganzzähligkeit auch noch andere Verteilungsschemata in 4 Gruppen denken, zum Beispiel $2+6+2+6$ oder $4+4+2+6$. Es frägt sich, ob diesen valenzchemisch eine Bedeutung zukommt.

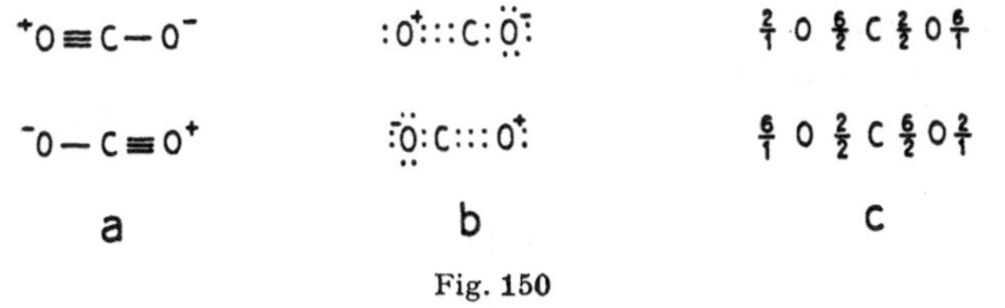

Fig. 150

Mögliche Elektronenbindungen im Molekül $CO_2$.

Die Figuren 150a, b, c stellen die jeweilen 2 zueinander spiegelbildlichen Formeln des Verteilungsschemas $2+6+2+6$, bzw. $6+2+6+2$ dar. Das Valenzschema a) zeigt eine Drei- und Einfachbildung der O, b) gibt an, daß ein O 6 mit C gemeinsame Elektronen besitzt, das andere 2, und wiederum veranschaulicht c) die gleichen Verhältnisse in übersichtlicher Form. Auch diese Konfiguration ist so beschaffen, daß ($\Sigma = 6+2$, bzw. $2+6$) die Achterschalen komplett geworden sind. Aber ladungsmäßig gehören jetzt in der oberen Zeile den linksstehenden, in der unteren Zeile den rechtsstehenden O je $\frac{6}{2} + \frac{2}{1} = 5$ statt 6 Elektronen zu. Dieses O hat somit zur Abschirmung der Kernladung ein Elektron zu wenig, es zeigt eine einfache positive Überschußladung, die wir gar nicht hinschreiben müssen, weil sie aus den Zahlen unmittelbar hervorgeht. Das andere O nennt ladungsgemäß $\frac{2}{2} + \frac{6}{1}$, d. h. 7 Elektronen sein eigen, es muß, weil es ein Elektron mehr hat als das neutrale Atom, einfach negative Überschußladung besitzen. Für C resultiert $\frac{6}{2} + \frac{2}{2} = 3+1 = 4$ Elektronen, es verhält sich elektroneutral.

Der oben rein zahlenmäßig abgeleitete vierte Fall führt zu den Bildern der Fig. 151.

Jetzt dominieren im Bestreben zur Bildung einer Achterschale die O über C. C ist nur von $2+4$ mit O gemeinsamen Elektronen umgeben. Wiederum

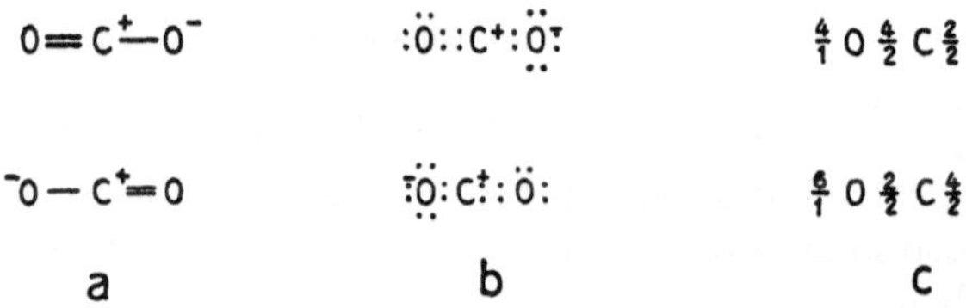

Fig. 151

Weitere mögliche Elektronenbindungen im $CO_2$-Molekül.

gehen die in a) und b) beigeschriebenen Aufladungen unmittelbar aus den Zahlenverhältnissen hervor. Während ein O wie im neutralen Atom zur Abschirmung der Kernladung $\frac{4}{1} + \frac{4}{2} = 6$ Elektronen sein eigen nennen darf, weist das andere O $\frac{6}{1} + \frac{2}{2} = 7$ Elektronen auf, ist also einfach negativ aufgeladen. Und für C gilt ladungsgemäß $\frac{4}{2} + \frac{2}{2} = 2+1 = 3$ statt 4 Elektronen, d. h. einfach positive Überschußladung.

Damit sind offenbar bei Elektronenpaarbindung die Aufteilungsmöglichkeiten der 16 Elektronen in 4 Gruppen gerader Zahlen (Maximum $= 8$) erschöpft, es sei denn, daß man eine statt zwei Gruppen auf den Nullwert sinken läßt. Im letzteren Fall würden etwa die Schemata der Fig. 152 resultieren,

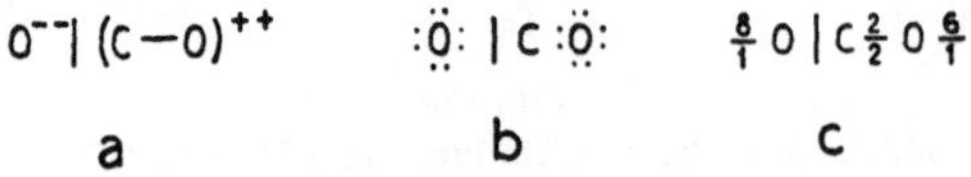

Fig. 152

$CO_2$ als Bindung von $CO^{++}$ mit $O^{--}$.

wobei ein Vertikalstrich bedeutet: «keine gemeinsamen Elektronen», d.h. Sauerstoffion und unabgesättigtes Kohlenmonoxyd ziehen sich an. Bereits nicht mehr als $CO_2$-Verbindung im engeren Sinne darstellbar wären Kombinationen von neutralen O-Atomen bzw. halben $O_2$-Molekülen mit CO-Molekülen. Neben $\frac{6}{1}\mathrm{O}$ bzw. $\dfrac{\frac{4}{1}\mathrm{O}\frac{4}{2}\mathrm{O}\frac{4}{1}}{2}$ müßten dann die dem CO entsprechenden Konfigurationen berücksichtigt werden wie

$$\frac{2}{1}\mathrm{C}\frac{4}{2}\mathrm{O}\frac{4}{2}, \quad \frac{2}{1}\mathrm{C}\frac{2}{1}\mathrm{O}\frac{6}{1}, \quad \frac{2}{1}\mathrm{C}\frac{6}{2}\mathrm{O}\frac{2}{1}.$$

Nach PAULING ist anzunehmen, daß im Kohlenmonoxyd gerade letztere drei Konfigurationen zueinander in Resonanz stehen, während für die Bindungen im Kohlendioxyd in erster Linie die fünf erwähnten Strukturen:

$$\frac{4}{1}\mathrm{O}\frac{4}{2}\mathrm{C}\frac{4}{2}\mathrm{O}\frac{4}{1}, \quad \frac{4}{1}\mathrm{O}\frac{4}{2}\mathrm{C}\frac{2}{2}\mathrm{O}\frac{6}{1}, \quad \frac{6}{1}\mathrm{O}\frac{2}{2}\mathrm{C}\frac{4}{2}\mathrm{O}\frac{4}{1}, \quad \frac{2}{1}\mathrm{O}\frac{6}{2}\mathrm{C}\frac{2}{2}\mathrm{O}\frac{6}{1}, \quad \frac{6}{1}\mathrm{O}\frac{2}{2}\mathrm{C}\frac{6}{2}\mathrm{O}\frac{2}{1}$$

mit verschiedenem mittleren Beteiligungsgrad in Frage kommen.

Es braucht kaum betont zu werden, daß es sich bei allen diesen Versuchen, kovalente Bindungen zu typisieren, um einen Schematismus handelt, der selbst dann, wenn die Vorstellung über die Elektronenpaarbindung sich weiterhin bewährt, äußerste Vereinfachung aufweist. Allerdings läßt sich die von uns neu benutzte Schreibweise, die von vornherein auf «Lokalisierung» der Elektronen verzichtet, ohne weiteres ausbauen, da zum Beispiel die Zähler der Brüche nach den $s$-, $d$-, $p$-Werten[1]) der zugeordneten Elektronen aufgelöst werden könnten. Im folgenden begnügen wir uns damit, ohne jeweilen auf alle Möglichkeiten einzugehen, die Brauchbarkeit an einigen weiteren Beispielen nachzuweisen.

$SO_4$ hat Anionencharakter mit doppelter Ladung, denn S vermag an sich nur drei O zu binden (bz $= 3$). Die symmetrische Formulierung wäre:

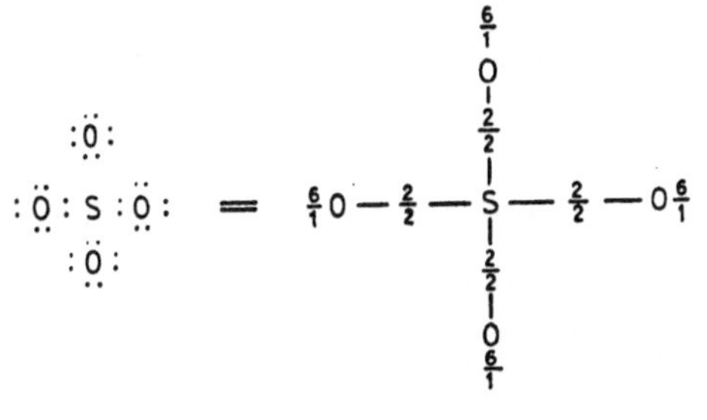

$$
\begin{array}{ccc}
 & :\!\ddot{\mathrm{O}}\!: & \\
:\!\ddot{\mathrm{O}}\!:\mathrm{S}:\!\ddot{\mathrm{O}}\!: & = & \frac{6}{1}\mathrm{O}-\frac{2}{2}-\mathrm{S}-\frac{2}{2}-\mathrm{O}\frac{6}{1} \\
 & :\!\ddot{\mathrm{O}}\!: &
\end{array}
$$

wobei die Anordnung, die ja in Wirklichkeit tetraedrisch ist, nur die Elektronzuordnung erleichtern soll. Aus der Zahlenformel liest man sofort ab, daß alle Achterschalen komplett sind, daß das zentrale S (Ladungszuordnung 4 statt 6) elektropositiv zweiwertig aufgeladen erscheint, während jedes der vier

---

[1]) Hier und im folgenden bedeuten $s$-, $d$-, $p$-Werte nicht etwa Symmetrieoperationen, sondern die in der Atomphysik benützten Quantenzahlen.

O (Ladungszuordnung 7 statt 6) eine negative Ladungseinheit besitzt, so daß dies $(+2-4)$ zur Ionenwertigkeit $-2$ führt. PAULING vermutet, daß Resonanz mit folgenden vier Bindungsvarianten angenommen werden muß (Fig. 153):

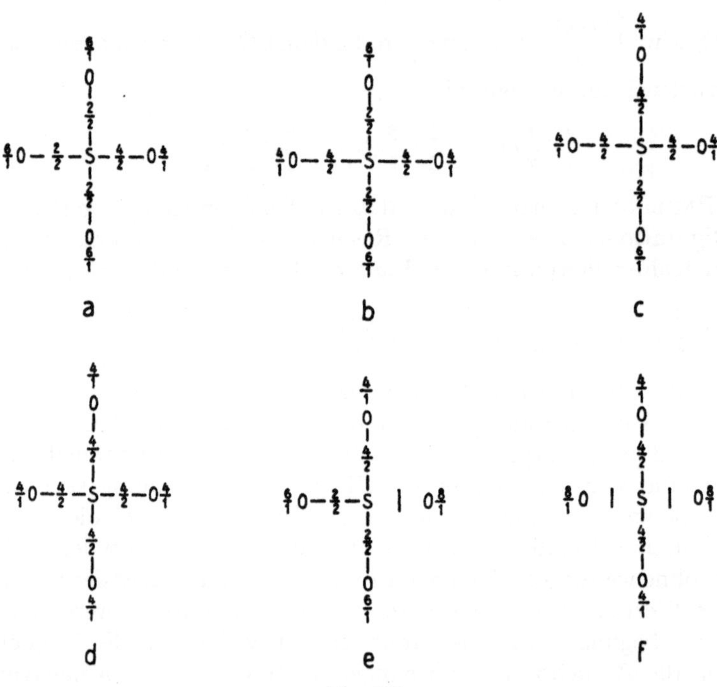


Fig. 153

Mögliche Bindungszustände neben dem symmetrischen Hauptfall $[SO_4]^{--}$.

Für die ersten vier Bindungstypen ist charakteristisch, daß die Achterschalen um die O vollständig sind, während nun im weiteren Sinne zu S gehörig werden:

a) 10 Elektronen,　b) 12 Elektronen,　c) 14 Elektronen,　d) 16 Elektronen.

Ladungsgemäß handelt es sich dabei um eine Zuordnung von je:

a) $\frac{2}{2}+\frac{2}{2}+\frac{2}{2}+\frac{4}{2}=5$ , bei b) um 6,　bei c) um 7,　bei d) um 8 Elektronen, so daß das Zentralatom folgende Ladungen trägt:

a) $+$　b) Null　c) $-$　d) $--$

Analog leitet man ab, daß in a) drei O je eine einfache negative Ladung tragen, in b) zwei, in c) eines, in d) keines. Dadurch würde gleichfalls die Ionenladung $--$ entstehen, resultierend aus a) $+---$, b) $--$, c) $-$ und $-$, d) $--$. Zudem werden für $SO_4^{--}$ unter anderem von PAULING noch die Möglichkeit der Fig. 153 e, f in Betracht gezogen, d. h.: ein oder zwei $O^{--}$ Ionen mit $(SO_3)$ oder $(SO_2)^{++}$. Die letzteren Ladungen resultieren aus:

e) Ladung für $S = 6 - \frac{4}{2} + \frac{2}{2} + \frac{2}{2} = 2$, Ladungen für ein $O = 6 - 6 = $ Null, für je zwei $6 - 7 = -1$. Es ist $+2 - 1 - 1 = $ Null.

f) Ladung für S: $6 - 4 = 2$, für die zwei O je $6 - 6 = $ Null.

Infolge der Resonanzerscheinungen sind in $SO_4^{--}$ koordinativ die Bindungen zu den vier O nahezu gleich, das ksch ist tetraedrisch oder pseudotetraedrisch.

Aber auch auf *echt homöopolare Bindungen* ist naturgemäß unser Schema anwendbar, beispielsweise:

$N \equiv N \sim \frac{2}{1} N \frac{6}{2} N \frac{2}{1}$, ladungsmäßig zu jedem N-Kern 5 Elektronen,

$Cl - Cl \sim \frac{6}{1} Cl \frac{2}{2} Cl \frac{6}{1}$, ladungsmäßig zu jedem Cl-Kern 7 Elektronen,

$O = O \sim \frac{4}{1} O \frac{4}{2} O \frac{4}{1}$, ladungsmäßig zu jedem O 6 Elektronen,

$= C = C = \sim \frac{4}{1} C \frac{4}{2} C \frac{4}{1}$, ladungsmäßig zu jedem C-Kern 6 Elektronen, d. h. 2 zuviel,

$- C \equiv C - \sim \frac{2}{1} C \frac{6}{2} C \frac{2}{1}$, ladungsmäßig zu jedem C-Kern 5 Elektronen, d. h. 1 zuviel.

Die zwei KEKULÉ-Strukturen von Benzol ergeben sich aus Fig. 154, was, in Resonanz mit den untergeordnete Beträge liefernden DEWAR-Strukturen[1]), die Gleichwertigkeit der Koordinationsrichtungen C–C zur Folge hat.

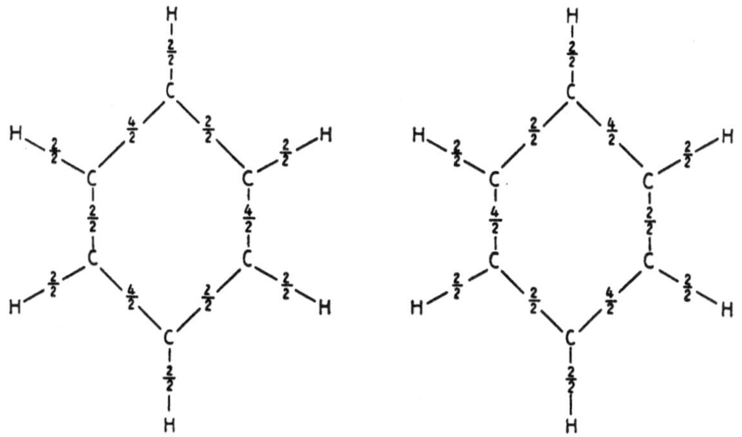

Fig. 154

Schema der Elektronenbindungen im Benzol. In Resonanz befindliche Bindungszustände nach KEKULÉ.

Im Naphtalin können (nun nur auf das C-Gerüst bezogen) als besonders stabil die Formulierungen der Fig. 156 vermutet werden, woraus auch sofort

---

[1]) Die drei wichtigen DEWAR-Strukturen ergeben im C-Gerüste die Fig. 155.

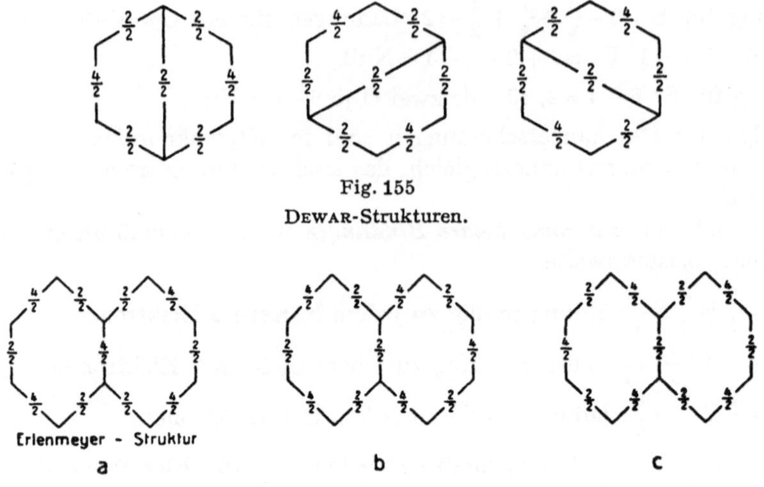

Fig. 155
DEWAR-Strukturen.



Fig. 156
Bindungszustände im Naphtalin.

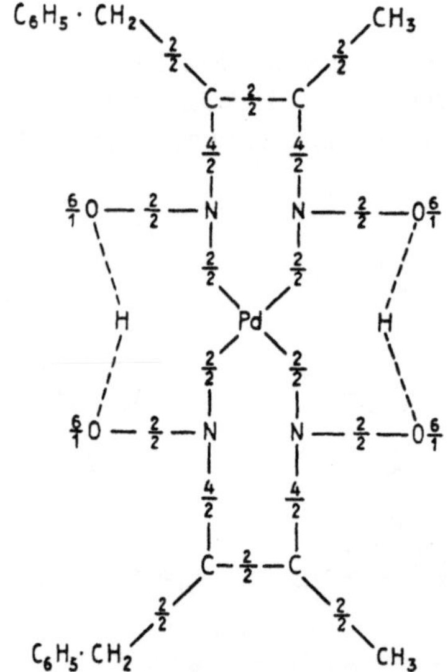


Fig. 157
Bindungsschema für cis-Palladium-Benzylmethylglyoxim.

(Achterschale) die Abgesättigtheit der den beiden Ringen gemeinsamen C hervorgeht.

Als weiteres Beispiel der Darstellung komplexer Bindungsverhältnisse in einem Molekül, bereits unter teilweiser Zusammenfassung von Gruppen, sei das von PAULING benutzte cis-Palladium-Benzylmethylglyoxim erwähnt (Fig. 157).

In ihm ist bereits die Bindungsart der H offengelassen. Ganz allgemein muß
ja nun betont werden, daß der heute übliche Schematismus für kovalente
Bindungen (selbst in der neuartigen Zahlendarstellung) nur dann unmittelbar
einleuchtend erscheint, wenn die chemischen Elemente um jede zentrale Atom-
partie Edelgaskonfiguration der Hülle (Zweier-, bzw. Achterschale, letztere
mit $s$- und $p$-Elektronen) anstreben. Treten zugleich gemeinsame Elektronen
paarweise auf, so sind die Konstruktionsprinzipien gegeben. Kommen jedoch
für die Elektronenpaarbildungen auch $d$-Elektronen in Frage und werden mehr
als 8 Elektronen pro ein Atom zur Bindung benutzt, so ergeben sich rein

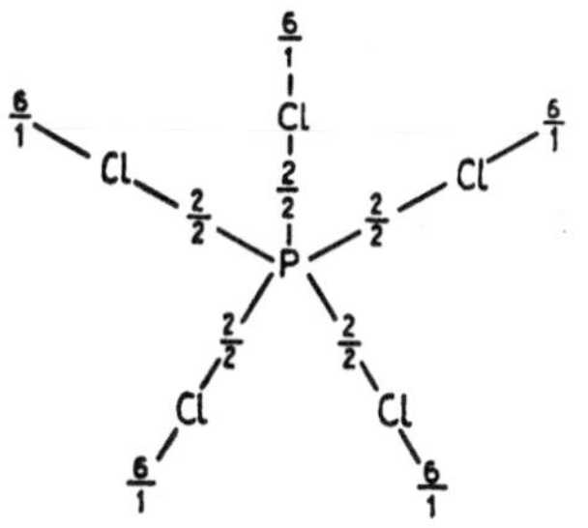

Fig. 158

PCl$_5$.

arithmetisch so viele Möglichkeiten, daß ohne Überlegungen, die tieferes Verständnis des Atombaues voraussetzen, die Schwierigkeiten nicht gemeistert
werden können. Dann müssen energetische Betrachtungen über die Stabilitäts-
folge solcher Elektronenpaarbildungen die beobachtbare Selektion verständlich machen.

**Komplexe Fälle der Elektronenpaarbindung.** Nun können aber zur
Zeit noch keine exakten Berechnungen für die Einzelatome durchgeführt werden und was an Überschlagsrechnungen vorliegt, dient eigentlich mehr dazu,

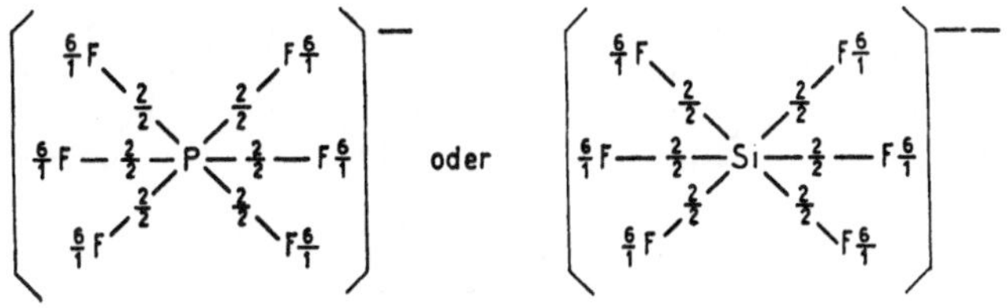

oder

Fig. 159

$[PF_6]^-$ und $[SiF_6]^{--}$.

beobachtete Verbandsbildungen plausibel erscheinen zu lassen, als diese im
eigentlichen Sinne abzuleiten. Selbst wenn empirisch gefundene Gesetzmäßigkeiten (in Regeln zusammengefaßt) zur Weitererklärung über die Stabilitäts-
folge der Bindungsverhältnisse benutzt werden, handelt es sich vorerst um
bloße Hilfsmethoden. Schreiben wir beispielsweise in der einen möglichen Form

Phosphorpentachlorid nach Fig. 158, so sind P 10 Elektronen hörig, allerdings alle nur zur Hälfte. Es müssen also neben $s$- und $p$-Elektronen auch $d$-Elektronen an der Bindung beteiligt sein. Das elektroneutrale Verhalten geht ohne weiteres aus der ladungsmäßigen Zugehörigkeit der Elektronen $\left(\dfrac{5 \cdot 2}{2}\right.$ für P und $6+\dfrac{2}{2}=7$ für jedes Cl) hervor; aber warum nun gerade bei Phosphor über die 8 ($s$- und $p$-)Elektronen hinaus noch $d$-Elektronen Bindungen vermitteln, bedarf besonderer Erklärung. Gleiches gilt für Anionen wie die der Fig. 159,

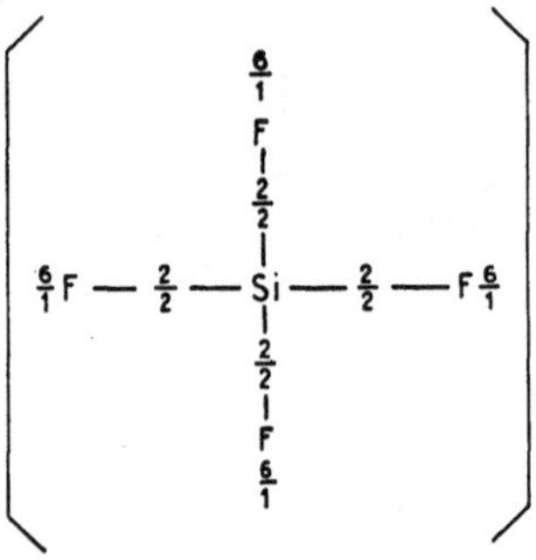

Fig. 160

$SiF_4$.

mit 12 dem Zentralatom zugehörigen Bindungselektronen, unter denen offenbar $d$-Elektronen sind. Die dem Gesamtion zukommende negative Überschußladung folgt naturgemäß wieder aus der ladungsmäßigen Elektronenzugehörigkeit (für P und Si je gleich 6, während zur Kernabschirmung 5 bzw. 4 genügen). Aber man hätte zum Beispiel denken können, daß mit Fig. 160, d. h. 8 Bindungselektronen im Si, der Prozeß der Anlagerung abgeschlossen sei.

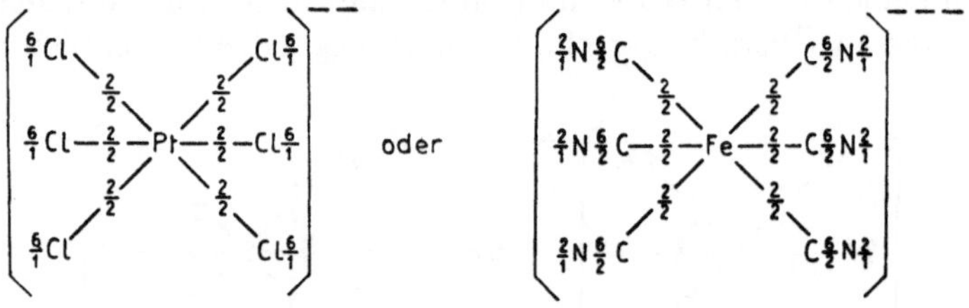

Fig. 161

$[PtCl_6]^{--}$ und $[Fe(CN)_6]^{---}$.

Das Dilemma, das vorerst A. WERNER Veranlassung gab, Haupt- und Nebenvalenzen zu unterscheiden, stellt sich somit jetzt in folgender Form: Warum werden in den genannten Fällen noch $d$-Elektronen zur Bindung aktiviert? Gehört das Zentralatom zu Elementen, die Achtzehnerschalen anstreben, in denen bereits $s$-, $p$- und $d$-Elektronen in einer Schale auftreten, scheint uns dies weniger überraschend zu sein, so zum Beispiel bei Bildung von Komplexionen, wie die der Fig. 161.

Im FeIII-Cyanid-Ion ist übrigens nach PAULING und anderen Resonanz zwischen $Fe\frac{4}{2}C\frac{4}{2}N\frac{4}{1}$ und der obigen Schreibweise anzunehmen. Es bleiben somit da, wo die schematische Anwendung der Oktettregel (Achterschale) versagt, immer Sonderprobleme bestehen. Atomphysikalische Deutungen sind notwendig und auch bereits versucht worden. Für den Chemiker jedoch ist vorerst die allgemeine Erkenntnis wichtig, daß ein Teilchen mehr Teilchen um sich koordinativ bindet, als es valenzchemisch voll zu binden vermag oder als (wie hier) zur Ergänzung einer Achterschale notwendig sind. Wir werden die erstgenannten Erscheinungen später kurz zusammenfassen unter dem Titel: kz > bz.

## C. Wasserstoffbindung, Ein- und Dreielektronenbindung

**Wasserstoffbindung.** Aber unserer Schemadarstellung der kovalenten Bindungsarten erwachsen noch andere grundsätzliche Schwierigkeiten. Bereits sind für ein und dieselbe Konfiguration verschiedene Bindungs*varianten* angegeben worden. Es wurde vermutet, daß sie zueinander in Resonanz stehen können, d.h. das mittlere Verhalten aus einem Wechsel der einen Bindungsart in die andere resultiert. Dabei dachte man sich, daß jedes der gezeichneten Schemata in einem bestimmten Zeitmoment Wirklichkeit wird.

Es scheint nun aber Bindungen zu geben, für die eine andere Annahme richtig ist. Dazu mag die sogenannte *Wasserstoffbindung* gehören, die von MOORE und WINMILL, PFEIFFER, LATIMER und RODEBUSCH eingeführt und besonders von PAULING in ihrer Bedeutung erkannt wurde. Seinem Bau nach sollte H nur mit *einem* anderen Atom zwei Elektronen gemeinsam haben können, also stets nur an *ein* anderes Teilchen gebunden sein (kz = maximal 1). Nun wird es zur Erklärung gewisser Eigenschaften notwendig, in einzelnen Verbindungen H die kz 2 zuzuordnen, zum Beispiel hie und da gegenüber F, O, N, B. Eine Formulierung wie

$$\left(\tfrac{6}{1}F\,\tfrac{2}{2}H\,\tfrac{2}{2}F\tfrac{6}{1}\right)^{-} \quad \text{für} \quad \left(HF_2\right)^{-}$$

ist denkbar, jedoch wenig wahrscheinlich. Wir können die Bindungen anderseits als Resultanten folgender drei Varianten betrachten:

$$\tfrac{6}{1}F\tfrac{2}{2}H\,|\,F\tfrac{6}{1} \qquad \tfrac{6}{1}F\,|\,H\,|\,F\tfrac{6}{1} \qquad \tfrac{6}{1}F\,|\,H\tfrac{2}{2}F\tfrac{6}{1}$$
$$\quad a \qquad\qquad\quad b \qquad\qquad\quad c$$

d.h. als Resonanzerscheinung zwischen HF, $H^+$ und $F^-$ oder mit anderen Worten: das H, sofern es nicht als $H^+$ auftritt, bindet sich einmal mit dem einen F zu HF, dann wandert diese Bindung zum zweiten F und wieder zurück. Es brauchen somit nicht *simultan* beide $\frac{2}{2}$ Bindungen aufzutreten, sie lösen einander ab, so daß im Mittel H an beide F gleichmäßig gebunden zu sein scheint. Schreiben könnten wir dies wie folgt:

$$\left[\,\overset{6}{1}\,F\,\overset{2}{2}\,H\big|F\,\overset{8}{1}\,\right]^{-}$$

Die Pfeile geben die Wanderungsmöglichkeit, die mit einer Oszillation des H-Schwerpunktes verbunden sein werden, an. Die Formel ist also nicht mehr statisch, sondern nur noch dynamisch interpretierbar.

In organischen Molekülen scheint besonders die O—H—O-Bindung dieser Art eine große Rolle zu spielen. Sie tritt übrigens vermutlich (ZACHARIASEN) auch schon in «Hydroxyden» vom Typus der Borsäure auf.

**Ein- und Dreielektronenbindung.** Vorausgesetzt ist auch im Fall der Wasserstoff(Hydrogen)-Bindung, daß Kovalenz durch Elektronenpaare hergestellt wird. Allein es scheint, daß in einigen (bis jetzt allerdings nicht sehr zahlreichen) Verbindungen die den zwei Atomarten gemeinsamen Elektronen in ungerader Anzahl vermutet werden müssen. Man spricht von der *Ein-* und *Dreielektronenbindung.* Sie sind, wenn die quantenmechanischen Deutungen richtig sind, allerdings nur zwischen relativ nahe verwandten Atomarten zu erwarten. Bei den in den stöchiometrischen Verhältnissen so außerordentlich variabeln Borwasserstoffen ist beispielsweise neben Elektronenpaarbindung an Einelektronenbindung gedacht worden, in einer Variante vielleicht nach dem Schema:

$$
\begin{array}{ccccc}
 & H & & H & \\
 & \tfrac{2}{2} & & \tfrac{2}{2} & \\
H\,\tfrac{1}{2}\,B & & \tfrac{2}{2} & B\,\tfrac{1}{2}\,H \\
 & \tfrac{2}{2} & & \tfrac{2}{2} & \\
 & H & & H &
\end{array}
$$

Dreielektronenbindung wird beispielsweise dem positiv aufgeladenen $He_2{}^+$ zugeschrieben nach dem Schema: $\left[He\,\tfrac{3}{2}\,He\right]^{+}$.

Auch glaubt man dem Verhalten nach dem NO-Molekül statt verschiedener Varianten mit Elektronenpaarbindungen als «Mittelwert» zweckmäßiger eine Formel: $\overset{5}{1}N\,\overset{3+3}{2}\,O\overset{2}{3}$ (Gesamtzahl der Außenelektronen $11 = 5 + 6$) beiordnen zu dürfen. Auch das Superoxydion $O_2{}^-$ läßt das magnetische Verhalten leichter verstehen, wenn an ein Bindungsschema $\left[\overset{4}{1}O\,\overset{3+2}{2}\,O\overset{6}{1}\right]^{-}$ gedacht wird. Es hat gewissermaßen das $O_2$-Molekül der Formel (angeregter Zustand): $\left[\overset{4}{1}O\,\overset{4}{2}\,O\overset{4}{1}\right]$ ein «einbaubares» Elektron aufgenommen oder (? normaler Zustand) die Verbindung $\left[\overset{2}{1}O\,\overset{3+2+3}{2}\,O\overset{2}{1}\right]$ unter Auflösung einer Dreielektronenbindung und Aufnahme eines neuen Elektrons die Formel $\left[\overset{4}{1}O\,\overset{3+2}{2}\,O\overset{4}{1}\right]^{-}$ erhalten.

Sehr häufig stützt man sich bei der Wahl der Bindungsschemata, bzw. der Bestimmung der Anteile verschiedener in Resonanz stehender Varianten auf die Größe der Kernabstände. Es ist aber sehr fraglich, ob man (oft sogar ohne

Rücksicht auf Polarisationseffekte durch die engere Nachbarschaft) jeder Abstandsvariation eine *eigentliche* Veränderung der Bindungsart zuordnen darf. So müssen wir uns darüber ganz klar sein, daß die heutigen Deutungen der kovalenten Bindung nur erste Versuche darstellen.

## D. Die Beziehung zwischen den verschiedenen Bindungen. Die Resonanz

**Resonanzerscheinungen.** Für eines haben wir jedoch durch diese Veranschaulichungen, die sich von jeder räumlichen Elektronenlokalisierung frei hielten, Verständnis erlangt: die unpolare Elektronenbindung ist nur ein Grenzfall der kovalenten zwischen deutlich ungleichartigen Atomarten. Wird das Resonanzphänomen in Betracht gezogen, so ergibt sich zudem ohne weiteres ein kontinuierlicher Übergang zur heteropolar ionistischen Bindung. Nehmen wir an, $A$ hätte gegenüber einer Achterschale ein Elektron zu viel, $B$ eines zu wenig. Dann wäre $AB$ deutbar als $A\frac{2}{2}B\frac{6}{1}$ mit kovalenter Bindung. Lösen sich nun die zwei Elektronen immer mehr von $A$, so geht $A\frac{2}{2}B\frac{6}{1}$ über in $A^{+}B\frac{8^{-}}{1}$, also in eine Struktur, in der elektrostatische Kräfte ungleich geladener Teilchen zur Bindung führen. Es ist nun wahrscheinlich, daß, wie übrigens schon früher erwähnt, in einzelnen Verbindungstypen kovalente mit ionistischen Strukturen in verschiedenartiger Resonanz stehen, so daß im Mittel alle Übergänge zu erwarten sind.

PAULING, der diesen Gedanken besonders vertritt, hat zum Beispiel für das von BROCKWAY und WALL näher studierte Siliciumtetrachlorid in seinem Buch über «The nature of the chemical bond» folgende möglicherweise in Resonanz stehenden Bindungsarten angegeben, die wir in neuer Schreibweise veranschaulichen' (Fig. 162).

In a) bis d) sind alle Cl noch kovalent gebunden. Si trägt die Ladungen

<pre>
     a)          b)          c)               d)
 Null           —          — —            — — — ,
</pre>

die durch 0, 1, 2 oder 3 positiv aufgeladene Cl kompensiert werden. In den übrigen Bindungsvarianten treten (abgesehen von h) neben kovalenten Bindungen Ionenbindungen auf, es stehen einzelnen Cl-Anionen komplexe Kationen gegenüber, deren Restladung mühelos nach dem Seite 171 gegebenen Schema ablesbar ist. In h) schließlich liegt rein ionistische Struktur vor. Letztere geht aus a) direkt hervor, wenn die gemeinsamen Elektronen zu den Cl wandern. Es kann nun, je nach der Art der Partner, die eine oder andere Bindungsart dominieren, wodurch sich im Mittel die bereits genannten Übergänge von kovalent zu ionistisch-heteropolar ergeben. Es wäre daher auch unglücklich, das Wort «Bindung» etwa auf kovalente Bindung beschränken zu wollen und für die zwischen ungleichen Ionen auftretenden Anziehungskräfte nicht mehr anzuwenden. Das gleiche gilt natürlich für den Begriff Bindungs-

u.s.w. bis d)

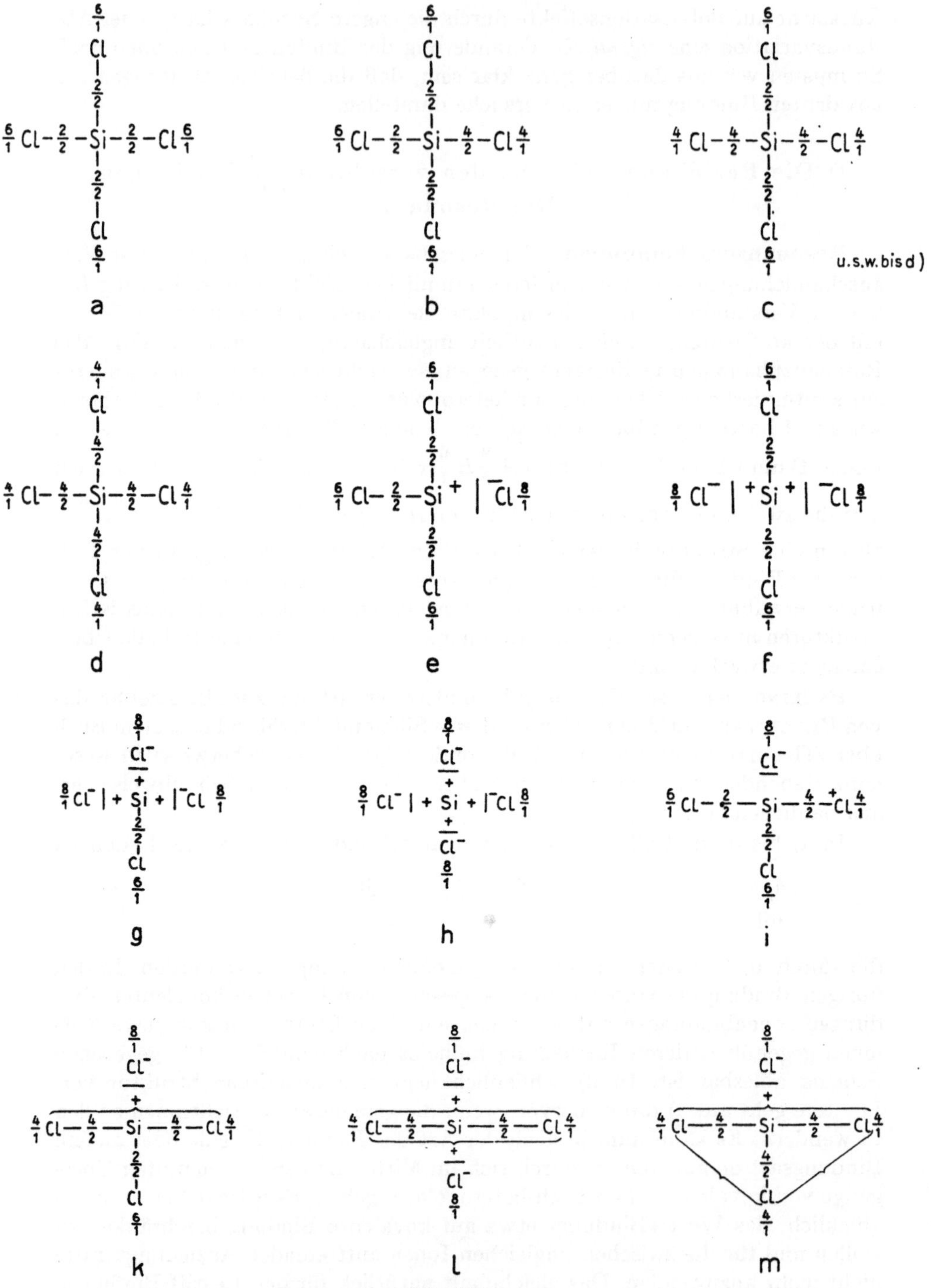

a

b

c

d

e

f

g

h

i

k

l

m

Fig. 162
Bindungsarten im Siliciumtetrachlorid.

zahl (bz). Diese gibt auf Grund der Wertigkeiten Aufschluß, wieviele Partner einer bestimmten Atomart eine andere Atomart in einer Teilchenkonfiguration, die als Ganzes elektroneutral ist, zu binden vermag. Ableitbar ist sie unmittelbar aus den Wertigkeiten, sofern:

1. bei der Bindung sich die eine Teilchensorte elektropositiv ($A$), die andere ihr gegenüber sich elektronegativ .($B$) verhält,

2. die ungleichartigen Teilchensorten direkt aneinander gebunden sind, jedoch mit ihnen konkurrierende Bindungen zwischen gleichartigen Teilchen fehlen,

3. nur zwei Atomarten $A$ und $B$ auftreten oder bei mehreren $A$- oder (und) $B$-Sorten die einzelnen Wertigkeiten und die Verteilungen unter den $A$ und $B$ bekannt sind.

Dann aber ist es gleichgültig, ob die Bindung kovalenter oder ionistisch-heteropolarer Art ist. Beispiele sind die folgenden:

elektropositiv vierwertiges Si binde sich mit elektronegativ einwertigem Cl

$$\text{bz von Si gegenüber Cl} = \frac{4}{1},$$

elektropositiv einwertiges Na binde sich mit elektronegativ einwertigem Cl

$$\text{bz von Na gegenüber Cl} = \frac{1}{1}$$

elektropositiv einwertiges Na binde sich mit elektronegativ zweiwertigem O

$$\text{bz von Na gegenüber O} = \frac{1}{2}$$

elektropositiv einwertiges Na und elektropositiv sechswertiges S binden sich mit elektronegativ zweiwertigem O, Teilchenverhältnis $\text{Na}:\text{S}:\text{O} = n:m:p$. Es muß $n + 6m = 2p$ sein. Ist zum Beispiel $n:m = 2:1$, so resultiert $p = 4m$, d.h. 2 Na und 1 S vermögen 4 O zu binden.

Hiebei ist vorausgesetzt, daß die Valenzen von O direkt durch $Na^+$ und $S^{++++++}$ abgesättigt werden, aber es ist gleichgültig, ob S und O zunächst kovalent ein Anion bilden, dessen freie negative Ladungen durch Na-Ionen abgesättigt werden. O steht zwischen Na und S; daß es zur Hauptsache kovalent an S und ionistisch an Na gebunden wird, ist für die erste Formulierung unwesentlich. Ganz analog wäre natürlich $K_2PtCl_6$ zu behandeln mit allgemein $K:Pt:Cl = = m:n:p$ und der Gleichung $n + 4m = p$.

Aus derartigen Verbindungen ergeben sich umgekehrt die einfachen oder zusammengesetzten bz aus dem stöchiometrischen Verhältnis der Partner. So wurden beispielsweise die Sauerstoffwertigkeiten der gegenüber O elektropositiven Atomarten bestimmt. Ihrem ganzen Wesen nach versagt die Methode bei Bindungen zwischen gleichartigen Atomen. Immerhin könnte man bei jenen chemischen Elementen, die ohne Rücksicht auf das Vorzeichen auf 8 sich ergänzende positive und negative maximale Wertigkeiten aufweisen, formal durchgehend die bz 1 annehmen, weil sich (siehe die Schemata für $N_2$, $O_2$, $Cl_2$, Seite 175) bei dieser bz beide Teilchen bindungsartig genau symmetrisch verhalten können.

**Metallische Bindung.** Auf eigentlich metallbildende Atomarten läßt sich auch letztere Vorstellung nicht übertragen. Die metallische Bindung wird häufig so beschrieben, daß positiv geladene Atomrümpfe durch relativ frei bewegliche Elektronen (Elektronengas) aneinander gebunden werden. Dabei geben verschiedene Methoden, die Zahl der relativ beweglichen Elektronen pro Atomrumpf zu bestimmen, nicht genau übereinstimmende Resultate.

PAULING hat auf die zahlreichen Übergänge zwischen metallischer und kovalenter Bindung aufmerksam gemacht und vermutet, daß in den Metallen auch Elektronenpaarbindungen und Einelektronenbindungen, jedoch mit teilweise großer Beweglichkeit und oszillierender Lagenanordnung auftreten. Trotz Aufstellung gewisser Regeln über die Zahl der besonders beweglichen Elektronen, die ja die Leitfähigkeit erzeugen, kann indessen bei metallischer Bindung keine bz in unserem Sinne angegeben werden. Es ist wohl am besten, diese als Null oder auf alle Fälle als unbestimmt anzusehen. Die kz indessen ist stets relativ hoch.

**Van der Waals'sche Bindung und das Versagen der Wertigkeitsregeln.** Bei VAN DER WAALSscher Bindung ist eigentlich definitionsgemäß die bz = 0. Denn hiebei handelt es sich dem Wesen nach um unpolare Kräfte, die von Teilchen bzw. Teilchenkonfigurationen ausgehen, deren bz, bzw. deren Valenzen, als in sich abgesättigt angenommen werden dürfen.

Valenzwertigkeiten und daraus ableitbare heteropolare bz im weiteren Sinne spielen somit nur für einen Teil der Atomverbände eine Rolle. Immer aber führt die Anordnung der Atome zu den sich geometrisch ausprägenden kz. Dabei ist es ganz selbstverständlich, daß zwischen Bindungsart, Teilchenart und kz gleichfalls Beziehungen bestehen müssen; aber der Chemiker wird zunächst gut tun, Bindungsart mit eventuell daraus ableitbarer bz von der kz scharf zu trennen. Ist zum Beispiel das stöchiometrische Verhältnis in einer Konfiguration, die ungleichartige Teilchen umfaßt, mit den von diesen Teilchen bekannten Wertigkeiten in keinerlei Übereinstimmung zu bringen (oder gar in gewissem Bereich kontinuierlich variabel), so kann das ganz verschiedene Ursachen haben.

a) Die Konfiguration verhält sich nicht elektroneutral, sie ist ein komplexes Anion oder eventuell Kation. Es kann dann sein, daß unter Berücksichtigung des Ladungsüberschusses die bz mit dem stöchiometrischen Verhältnis in Übereinstimmung gebracht werden kann. Beispiele: $[SO_4]^{--}$, bz $S \rightarrow O = 3$, Wertigkeit von einem $O = 2$, die zwei überschüssigen O-Valenzen ergeben die doppelte Anionenwertigkeit.

b) Im Verband treten auch Bindungen zwischen gleichartigen Teilchen auf, so daß es unrichtig wird, die stöchiometrischen Verhältnisse nur nach den bz zwischen ungleichartigen Teilchen zu beurteilen. So wird aus den Wertigkeiten von C und H die bz $C \rightarrow H$ zu 4 abgeleitet, entsprechend Methan $CH_4$. Es lassen sich aber analytisch ganz andere Verhältnisse in Molekülen und Molekülkristallen feststellen, beispielsweise $C:H = 1:3$ oder $1:2$ oder $1:1$ oder $n:(2n+2)$ usw. Die Forschung hat in allen diesen Fällen neben C—H-Bindungen noch C—C-Bindungen feststellen können. Gewiß gelingt es (etwa nach den Schemata der Formeln Seite 176), bei verschiedener Bindungsart zwischen C und C die restierenden Wertigkeiten und damit die noch zu erwartenden bz gegenüber

H abzuleiten. In Wirklichkeit aber handelt es sich um eine an Verbandseigenschaften nachprüfbare Interpretation der Diskrepanz zwischen stöchiometrischem Verhältnis C:H und bz. Das Primäre ist diese Nichtübereinstimmung.

In den Verbindungen, welche die organische Chemie betrachtet, treten solche homöopolaren Bindungen (nicht nur zwischen C und C) häufig auf. Man ist oft gezwungen, sie als ein-, zwei- oder dreifache Bindungen in Rechnung zu stellen, wodurch naturgemäß die Variation der stöchiometrischen Verhältnisse zwischen den ungleichartigen Teilchen groß wird. Die kz als Zahl der an ein Teilchen unmittelbar gebundenen Teilchen ist nicht nur zusammengesetzt, sondern zudem heterogen, d.h. es müssen der 1. Pseudosphäre verschiedene Teilchen mit ganz verschiedenen (homöo- und heteropolaren) Bindungen zugeordnet werden. Das den Koordinationsabständen nach ähnliche Verhalten von C, N, O, H, S begünstigt die Bildung solcher gemischten Verbände. Die stöchiometrischen Zahlen zwischen den verschiedenen Atomarten sagen über den Zusammenhalt wenig aus, es müssen Bindungsart und Koordinationsschemata erforscht werden. Deshalb mußte die Stereochemie gerade in der organischen Chemie zu einer ersten Blüte gelangen. Erst als sich, besonders in der Kristallchemie, zeigte, daß in heteropolar deutbaren Verbindungen die bz nichts mit der kz zu tun zu haben braucht, mußte die stereochemische Betrachtungsweise auch für die anorganische Chemie zu einer Hauptangelegenheit werden. In ihr finden sich übrigens die gleichen Phänomene wie in der organischen Chemie. Es können (neben polar deutbaren Bindungen) Bindungen zwischen gleichartigen Atomen auftreten. Es sei etwa an das Trithionsäureion $[S_3O_6]^{--}$ erinnert. Das Verhältnis ist $S:O = 1:2$, das wohl an eine deutbare Wertigkeit des Schwefels gegenüber O erinnert. Im Gegensatz zu $SO_2$ handelt es sich jedoch um geladene Partikeln und es wäre falsch, aus dem Verhältnis auf eine zur Geltung kommende Vierwertigkeit des S zu schließen. Die richtige Deutung setzt zum Beispiel das Bindungsschema Fig. 163 voraus:

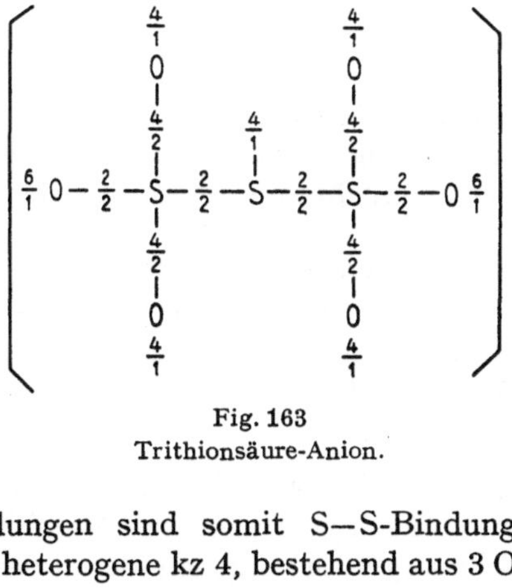

Fig. 163

Trithionsäure-Anion.

Neben S—O-Bindungen sind somit S—S-Bindungen vorhanden. Zwei Schwefel besitzen die heterogene kz 4, bestehend aus 3 O + 1 S. Das mittlere S

ist Brückenatom. Die koordinative Schreibweise lautet daher: $\left[S\left(O_{\frac{3}{1}}S_{\frac{1}{2}}\right)\right]_2^{--}$
(ausmultipliziert $= S_2O_6S = S_3O_6$).

Damit wird zugleich in besonders instruktiver Weise eine Hauptaufgabe der Stereochemie umrissen. Stöchiometrische Verhältnisse sind oft vieldeutig, da verschiedene Wertigkeiten, Bindungsarten und kz gleiches Endresultat ergeben können. Erst durch die stereochemische Betrachtung (Elektronen- und atomare Zuordnungen) wird die wirklich vorhandene Konfiguration genauer bestimmt. Man darf, ob es sich um Moleküle, Ionen oder kristalline Verbände handelt, Gebilde der gleichen Bauschalzusammensetzung, aber verschiedener atomarer Verteilung (ja eventuell mit nur verschiedener Elektronenzuordnung) *verschiedene Modifikationen* nennen und gegebenenfalls von *Polymorphie, Vielgestaltigkeit* reden. Daß bei endlich in sich abgeschlossenen Verbänden (Molekülen, Inselradikalen) im speziellen von Isomerie, Polymerie, Tautomerie usw. gesprochen wird, ist unter anderem darauf zurückzuführen, daß hier nicht nur Anordnung und Verteilung, sondern auch die Gesamtzahl der einen Verband bildenden Teilchen von Bedeutung sind. Doch läßt sich mancherlei auf kristalline Verbände übertragen, so daß dieses Vieldeutigkeitsproblem später etwas ausführlicher behandelt werden muß.

c) Es kann aber auch sein, daß die ursprünglich vermutete (und auf Grund der beteiligten Teilchenarten nicht völlig ausgeschlossene) Bedeutung der aus Wertigkeiten ableitbaren bz bei der Verbandsbildung gar keine wesentliche Rolle spielt, wie zum Beispiel bei Metall-Kohlenstoffverbindungen, bei intermetallischen Verbindungen mit relativ verschiedenartigen Atomarten (bei eigentlichen Metallegierungen wird man ja von vornherein die bz außer Betracht lassen) usw. Oft finden wir dann übrigens Variation der Verhältniszahlen innerhalb eines bestimmten Bereiches.

d) Ganz allgemein kommt für Kristallverbindungen noch vielerlei hinzu (Einlagerung von Teilchen, die nur durch VAN DER WAALSsche Kräfte gebunden sind, Atomersatz, Mischkristallbildung im allgemeinen, usw.), was mindestens für einzelne Teilchensorten zur Folge hat, daß keinerlei bestimmte Zahlenverhältnisse ausgezeichnet sind, somit die stöchiometrische Formulierung ihren Sinn verliert.

e) Schließlich kann in einem Komplex neben chemischer Bindung im engeren Sinne Adsorption zur Geltung kommen, so daß die analytischen Daten das Resultat recht vielfältiger und nicht von vornherein überblickbarer Bindungsverhältnisse darstellen.

Bei dieser Aufzählung haben wir weitere Komplikationen außer Betracht gelassen, beispielsweise vorausgesetzt, daß das analysierte Gebilde kein Gemenge verschiedener Konfigurationen sei oder keine nur zufallsbedingte Größe besitze, die sich dem Inhalte nach von der theoretisch zu erwartenden bereits analytisch unterscheiden läßt.

**Schlußbemerkungen.** Wollen wir Verbände atomarer Teilchen untersuchen, ihren Eigenschaften nach beurteilen und klassifizieren, so müssen wir in der Begriffsbildung sehr sorgfältig vorgehen, damit der Lernende nicht verwirrt wird. Gewiß ist das auf sehr verschiedene Weise möglich, aber man sollte bei der Gewinnung eines Gesamtüberblickes nicht von der Valenzchemie ausgehen und bei der Ableitung *molekularer* stöchiometrischer Gesetze nicht Kristallverbindungen, wie FeO und FeS (die übrigens beide nicht streng den stöchiometrischen Regeln gehorchen) oder NaCl, benutzen, da diese ja keine Moleküle enthalten. Oft wird auch der Begriff Gemenge so definiert, daß es später schwer fällt, ihn gegenüber dem Begriff Mischkristall abzugrenzen. Ist bereits die Vorstellung einer diskontinuierlichen, atomaren Struktur der Materie gewonnen, so läßt sich das Problem der Verbandsbildung zunächst geometrisch behandeln, wobei, wie in den ersten Kapiteln gezeigt wurde, viele grundsätzliche Regeln und Definitionen ableitbar sind. Erst nachdem dies geschehen ist, kann man nach den Kräften fragen, die solchen Verbänden Bestandfähigkeit verleihen, wobei von Anfang an der Eindruck einer gewissen Mannigfaltigkeit erweckt werden muß.

Manche Schwierigkeiten entstehen dadurch, daß die Begriffe der chemischen Elemente bzw. Atomarten frühzeitig entwickelt werden müssen. Dabei handelt es sich, gehe man von $O_2$, $N_2$ in der Luft oder von Reinmetallen (bzw. Diamant oder Graphit oder Schwefelkristallen) aus, bereits um Teilchen*verbände*, und zwar gerade um solche, deren Bindungskräfte nicht leicht deutbar sind. Wird vergessen, darauf hinzuweisen, daß die Eigenschaften der genannten Moleküle oder kristallinen Körper nicht nur von den Atomeigenschaften, sondern auch von den Verbandsverhältnissen herstammen, so lassen sich später Gedankenassoziationen wie: Schwefelatom — gelber Schwefelkristall, metallbildendes Atom — Metallcharakter immer schwer beseitigen. Und doch läßt sich gerade am Beispiel Diamant-Graphit dartun, daß hier zwei Körper vorliegen, die analytisch einfach gebaut sind, also aus einerlei Atomen bestehen und trotzdem ganz andere Eigenschaften besitzen. Dieses verschiedene Verhalten muß mit speziellen Verbandsverhältnissen in Beziehung stehen, weil sich bei Zerstörung dieser Verbandsverhältnisse (zum Beispiel Verbrennen) die gleichen Produkte bilden können.

Damit kommt man von selbst dazu, scharf zwischen chemischem Element (Atomart) und Verbindungen von einerlei Atomen unter sich zu unterscheiden. Man wird sich hüten, $O_2$-Moleküle, Diamant oder Goldkristalle chemische Elemente zu nennen oder deren Eigenschaften mit denen der zugeordneten chemische Elemente zu identifizieren. Von welcher Seite her man an das Tatsachenmaterial der Chemie herantritt, immer ergibt sich, *daß neben dem atomaren Baumaterial die Verbandseigenschaften wichtig sind, ja daß die Chemie die Lehre von den Atomverbänden ist.* Und manche Schwierigkeiten, die der Studierende nur langsam überwindet, beruhen auf ungenauer Ausdrucksweise, wie etwa, wenn von Feldspat- oder Steinsalzmolekülen gesprochen oder der Salzbegriff in der Molekularchemie abgehandelt wird.

## IV. KAPITEL

### Die Stereochemie als Lehre von den Atomverbänden

Im nachfolgenden kann es sich im Rahmen dieser Schrift naturgemäß nur um Hinweise handeln, die mithelfen sollen, den hier eingenommenen Standpunkt zu verdeutlichen, wobei auch einige Wiederholungen unvermeidbar sind, war es doch nötig, bereits im geometrischen Teil auf die betreffenden Möglichkeiten hinzuweisen.

### A. Molekulare Konfigurationen im weiteren Sinne

**Allgemeines.** Wir haben Teilchenkonfigurationen, die als endlich in sich abgeschlossene Gebilde beschreibbar sind, deren Bauprinzip keine ins Unendliche reichende Wiederholung verlangt, molekulare Konfigurationen genannt. Dabei ist das «endlich abgeschlossen» rein geometrisch zu verstehen und braucht nicht Absättigung der Bindekräfte zu bedeuten. Ist bis auf Teile, die man als VAN DER WAALSsche Kräfte von der eigentlichen chemischen Bindung abtrennt, auch diese Bindungsabsättigung vorhanden, spricht man von *Molekülen* kurzweg oder *elektroneutral sich verhaltenden molekularen Konfigurationen*. Ist die chemische Bindung, die immer mit elektrischen Ladungen (zum Beispiel Verteilung von Außenelektronen gegenüber positiv geladenen Kernpartien) in Beziehung gebracht werden kann (siehe vorhergehendes Kapitel) unabgesättigt, so entstehen normalerweise eine negative oder positive Ladung tragende molekulare Konfigurationen, die man allgemein als *Inselradikale*, im speziellen als *Inselanionen* oder *Inselkationen* bezeichnen kann. Da die Einzelatome, die chemischen Elemente, elektroneutrale Gebilde sind, ist zur Ionenbildung notwendig, daß von außen her Elektronen aufgenommen oder nach außen hin Elektronen abgegeben werden können. Das heißt: es müssen bei der Anionenbildung normalerweise Kationen entstehen können und umgekehrt. Aber die zum elektroneutralen Gesamtverhalten führende Mischung der Ionen ist nicht als Verbindung anzusprechen, so lange gut definierte, völlig geordnete Verbandsverhältnisse zwischen ihnen fehlen. Die Einzelionen (eventuell mit $H_2O$-Hüllen in wässerigen Lösungen) haben dann noch ihre Beweglichkeit und Selbständigkeit bewahrt und bilden in sich eine weit geschlossenere Einheit als die Ionenmischung.

Es ist selbstverständlich, daß man diesen Abgrenzungen gegenüber Einwände erheben kann. Was heißt gut definierter, wohlgeordneter oder gar völlig geordneter Verband? Aber diese «Unbestimmtheit» liegt im Wesen des Naturgegebenen und wird uns auch sofort verständlich, wenn wir daran denken, daß alle Verbände etwas Gewordenes sind, ohne daß hiebei völlig neue Kräfte ins Spiel treten. Schon in der Schmelze oder Lösung werden ja die Ionen Kräfte aufeinander ausüben, die zu gewissen mittleren Verteilungsschemata Veranlassung geben. Aber erst bei der Kristallisation kommt dem angestrebten Verband eigentliche Ordnung und Bestandfähigkeit zu. Das bedeutet keineswegs, daß das Problem der Konfigurationenverteilung im flüssigen oder gasförmigen Zustand unbeachtet zu bleiben hat. Auch dieser Zustand der Materie hat seine morphologisch und strukturell beschreibbaren oder typisierbaren Eigentümlichkeiten (zum Beispiel quasikristalliner Zustand, pseudokristalliner Verband). Sie brauchen uns lediglich in einer Schrift, die nur von den Prinzipien der Anordnung handelt, nicht allzu sehr zu beschäftigen, da sie als Übergangsbildungen bewertet werden können.

Übrigens wäre es völlig falsch zu glauben, es handle sich um etwas nur für den Gegensatz Ionengemisch (im flüssigen oder gasförmigen Zustand) und Salzkristall Typisches. Auch Moleküle im engeren Sinne üben bereits im moleculardispersen Zustande Kräfte aufeinander aus, die schließlich zu einem neuen Verband, dem Molekülkristall, Veranlassung geben können. Die Abtrennung erhält jedoch in beiden Fällen durch die oft sehr scharf zu bestimmenden Kristallisationstemperaturen ihre Berechtigung.

**Moleküle von einerlei Atomart.** Die elektroneutralen molekularen Konfigurationen können, sofern wir vorerst von dem etwas unklaren Begriff «Riesenmolekül» absehen, nicht individuell studiert werden. Sind sie nicht zu einem statisch-geometrisch beschreibbaren Verband zusammengeschlossen (Molekülkristall), so hat die gegenseitige Beweglichkeit zur Folge, daß der viele Moleküle enthaltende Teilraum einer Zustandsform verpflichtet ist, die wir *gasförmig* oder *flüssig* nennen. Moleküle entstehen durch Verbindung gleichartiger oder ungleichartiger Atome. Die Zahl der am Verband beteiligten Atome ist endlich. Als *Grenzfall* gehören hieher auch elektroneutrale Einzelatome, zum Beispiel die bei gewöhnlichen Temperaturen kaum zu Verbindungen neigenden *Edelgasatome*. Ihr Verhalten ist das einatomiger «Moleküle» ($kz = 0$). Bekanntlich haben ja gerade die Eigenschaften dieser Atomarten Veranlassung gegeben, der ihnen zukommenden Elektronenzuordnung besondere Stabilität zuzuschreiben und damit Verständnis zu erwecken für das Verhalten derjenigen chemischen Elemente, die im Neutralzustand 1 bis 7 Elektronen mehr oder 1 bis 4 Elektronen weniger aufweisen.

Die Frage, *was für Moleküle* gebildet werden können, *wenn völlig gleichartige Atome unter vollkommener Wahrung ihrer geometrischen Gleichwertigkeit zu Verbindungen zusammentreten*, ist unter Voraussetzung relativ starrer Anordnung bereits Seite 114 kurz behandelt worden (reguläre, homogene, einparametrige Teilchenverbände). Im unmittelbar vorausgehenden Kapitel wurde die streng homöopolare Bindung (gemeinsame Elektronen) bildlich erläutert. Von einer eigentlichen bz kann in diesem Falle nicht gesprochen werden, es sei denn, daß man sie aus gewissen Erwägungen heraus normaliter als 1 annimmt (siehe Seite 183).

Ein wesentliches *geometrisches* Ergebnis ist folgendes: Für die in erster Stufe zu erwartenden regulären einparametrigen Bauzusammenhänge gilt:

1. Die kz kann nur $\leqq 5$ sein.

2. Das ksch ist immer einseitig, geometrisch polar, d.h. die Koordinations-richtungen, die von einem Teilchen ausgehen, liegen alle innerhalb *einer* Hälfte der ein Atom kugelförmig umschließenden Wirkungssphäre.

3. Bei großer Teilchenzahl wird der Verband voluminös, mit großem, vom Bauzusammenhang umschlossenen «leeren» Innenraum.

Letzteres wird dazu beitragen, daß die Zahl $n$ der Atome pro Molekül bei einfach molekularem Bauschema nicht beliebig anwächst; die Bedingungen 1 und 2 verlangen offenbar von den zur Molekülbildung befähigten Atomen gewisse koordinative Eigenschaften. Man kann als Erfahrungstatsache buchen oder auch versuchen, aus dem Atombau quantenmechanisch abzuleiten, daß im allgemeinen nur Elemente, die im periodischen System 1 bis 3 Stellen vor einem Edelgas stehen, mit niedriger kz und einseitigem ksch bestandfähige Konfigurationen ergeben.

Verbreitet ist das zweiatomige Molekül wie $Cl_2$, $O_2$, $N_2$ usw. Daneben treten Ringe auf: das einfache Dreieckschema $\left[O_{\frac{2}{2}}\right]_3$ der kz 2, und weitere, oft strepto-edrische Ringe wie der Achterring bei $\left[S_{\frac{2}{2}}\right]_8$ (Fig. 164).

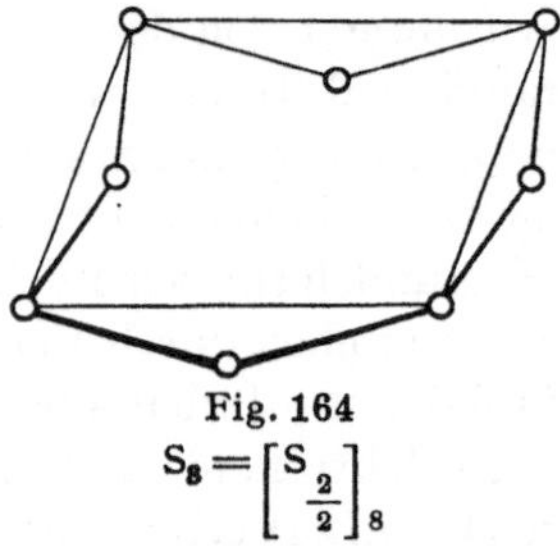

Fig. 164

$$S_8 = \left[S_{\frac{2}{2}}\right]_8$$

Unzweifelhaft treten mit der kz 3 auch Atomanordnungen der Fig. 85, Seite 115, auf, zum Beispiel $\left[As_{\frac{3}{3}}\right]_4$, eventuell $\left[S_{\frac{3}{3}}\right]_4$. Bereits mit kz 3, besonders aber mit kz 4 erlangen symmetrischere ksch und damit kristalline Konfigurationen vom Graphit- und Diamanttypus größere Beständigkeit als Moleküle mit ihrem *einseitigen* Koordinations- und Bindungsschema. Damit ist zwangsweise ein großer Unterschied im «Flüchtigkeitsgrad» verbunden.

Zerfällt die Verbandsbildung in zwei oder mehr Stufen, so können *komplexe Moleküle* einer Atomart entstehen, die als *Unterverbände* Bauinseln engeren Zusammenhanges und damit auch deutlich verschiedenartiger Bindung aufweisen. Im Gesamtverband brauchen dann sogar nicht mehr alle Atome des gleichen Elementensymboles geometrisch gleichwertig zu sein.

Derartige Verbandsbildungen höherer Ordnung kann man jedoch besonders gut bei der Kristallbildung studieren. Sind die zur Geltung kommenden Kräfte lediglich VAN DER WAALSscher Art, so stellen sich (*Molekülkristalle*) charakteristische Unterschiede zwischen intramolekularen Atomabständen und Atomabständen von Molekül zu Molekül ein. Es sind zum Beispiel beobachtete *intramolekulare Atomabstände* in Å:

| F | Cl | P | S | As | J | (H) | N | O |
|---|----|---|---|----|---|-----|---|---|
| 1,46 | 1,98 | 2,20 | 2,10 | 2,42 | 2,66 | 0,74 | 1,32 | 1,14 Å. |

Mit ihnen können kürzeste *intermolekulare Abstände* von Atomen verglichen werden, die nicht zum gleichen Molekül gehören, jedoch durch VAN DER WAALSsche Kräfte verbunden sind (zum Beispiel im Molekülkristall):

| F | Cl | P | S | As | J | H | N | O |
|---|----|---|---|----|---|---|---|---|
| 2,7? | 3,6 | 3,8 | 3,7 | 4,0 | 4,3 | 2,4 | 3,0 | 2,8 Å. |

Man hat die halben Werte der innermolekularen Atomkernabstände als «*kovalente*» *Atomradien,* die halben Werte der zwischenmolekularen Atomkernabstände als VAN DER WAALS*sche Radien* bezeichnet, wobei es ganz selbstverständlich ist, daß es sich nicht um Konstanten handeln kann. kz, ksch, Bindungsschema (bsch) bzw. Bindungsart (ba) (einfach, zweifach usw.) werden für die ersteren, kz, ksch höherer Ordnung und Molekülkomplexität für die letzteren von Bedeutung sein. Ja es haben V. M. GOLDSCHMIDT, L. PAULING und W. ZACHARIASEN verschiedene Radien für verschiedene kz und ba abgeleitet. So gibt zum Beispiel PAULING für kovalente Atomkernabstände in Å an:

|  | B | C | N | O | F | Si | P | S | Cl |
|--|---|---|---|---|---|----|---|---|----|
| einfache Bindung | 1,76 | 1,54 | 1,40 | 1,32 | 1,28 | 2,34 | 2,2 | 2,08 | 1,98 |
| doppelte Bindung | 1,52 | 1,34 | 1,22 | 1,14 | 1,10 | 2,14 | 2,0 | 1,90 | 1,80 |
| dreifache Bindung | 1,36 | 1,20 | 1,10 | 1,02 | — | 2,0 | 1,86 | 1,76 | — |

|  | Ge | As | Se | Br | Sn | Sb | Te | J |
|--|----|----|----|----|----|----|----|---|
| einfache Bindung | 2,44 | 2,42 | 2,34 | 2,28 | 2,80 | 2,82 | 2,74 | 2,66 |
| doppelte Bindung | 2,24 | 2,22 | 2,16 | 2,10 | 2,60 | 2,62 | 2,56 | 2,48 |
| dreifache Bindung | — | — | — | — | — | — | — | — |

In der gleichen Tabelle wird die H—H-Bindung mit nur 0,6 Å angeführt. Als Beispiel des Einflusses der kz sei nach PAULING erwähnt: Kovalente «berechnete» Atomkernabstände in Å:

|  | Se | Te |
|--|----|----|
| kz 4 (Tetraeder) | 2,28 | 2,64 |
| kz 6 (Oktaeder) | 2,8 | 3,04 |

Beobachtete dazwischengelegene Werte werden dann oft als Folge von Resonanzerscheinungen oder eventueller Polarisationen interpretiert. Praktisch muß man mit einer gewissen Abstandsvariation rechnen und weitere Erfahrungen sammeln, um aus gegebenen Daten im Einzelfall auf die wirklich komplexen Ursachen der Varianz rückzuschließen. Oft gibt bereits folgende grobe Regel eine erste Orientierung: Es ist der durch VAN DER WAALSsche Kräfte bedingte kleinste Atomkernabstand ungefähr 1,3—1,8 Å größer als der kürzeste intramolekulare. Der Unterschied zwischen den Bindungsarten im Unterverband und von Unterverband zu Unterverband braucht indessen nicht allein derjenige zwischen kovalenten und VAN DER WAALSschen Kräften zu sein. Metallische Bindungsarten können beispielsweise mitbeteiligt sein.

**Heteropolar-kovalent gebundene, einkernige Moleküle.** Als *in sich heteropolar-kovalent gebundene Moleküle* können wir solche bezeichnen, deren elektropositivere Teilchen nur an elektronegativere direkt gebunden sind und bei denen Direktbindungen zwischen gleichartigen Atomen nicht statthaben. Das stöchiometrische Verhältnis ist durch die aus der Wertigkeit ableitbare bz gegeben. In einkernigen derartigen Molekülen mit einem elektropositiven Zentralteilchen $A$ ist bz = kz, d.h.: es ergibt sich bereits Bestandfähigkeit, wenn koordinativ so viele $B$ an $A$ gebunden sind, als dieses $A$ valenzchemisch voll zu binden vermag. Unter Voraussetzung fehlender Gruppenbildung unter den $B$ und gleichwertiger Bindungen ergeben sich wiederum nach den Darlegungen von Seite 125 ff. ganz bestimmte hochsymmetrische ksch oder kpo der $B$ um $A$. Die bz der $A$ gegenüber $B$ entsprechen bei einwertigen $B$ den elektropositiven Wertigkeiten, bei zweiwertigen den Hälften usw.

| $A$ elektropositiv | 1 | 2 | 3 | 4 | 5 | 6 | 7 wertig |
|---|---|---|---|---|---|---|---|
| einwertig (elektronegativ) | 1 | 2 | 3 | 4 | 5 | 6 | 7 » |
| zweiwertig | $^1/_2$ | 1 | $^3/_2$ | 2 | $^5/_2$ | 3 | $3^1/_2$ » |
| dreiwertig | $^1/_3$ | $^2/_3$ | 1 | $^4/_3$ | $^5/_3$ | 2 | $^7/_3$ » |

bz für $B$

bz = kz $\geqq$ 4 treten nur bei elektronegativ einwertigem $B$ auf, im übrigen kommen kleine kz in Frage. Damit steht im engsten Zusammenhang, daß bei gewöhnlichen Temperaturen derartige einkernige Moleküle als Zentralatome wieder jene Elemente verlangen, die an sich relativ kleine bz besitzen können, und daß Halogenverbindungen im allgemeinen flüchtiger sein werden als Oxyde.

PAULING hat einen interessanten Versuch unternommen, für die Atomarten eine *Elektronegativität* zu berechnen als Ausdruck für das Bestreben, Elektronen anzuziehen. Es werden nur chemische Elemente mit relativ kleiner Elektronegativität elektropositive Zentralstellen für Elemente mit großer Elektronegativität abgeben können. Die Folge der für heteropolar-kovalente Molekülbildung in Frage kommenden Elemente lautet darnach:

Elektronegativität

| | |
|---|---|
| 4 | F |
| 3,5 | O |
| 3 | N, Cl |
| 2,8 | Br |
| 2,5—2,4 | C, S, Se, J |
| 2,3—2 | P, Te, B, As |
| 1,9—1,7 | Si, Sb, Ge, Sn |
| 1,6—1,5 | Ti, Zr, Be, Al |
| <1,6 | metallbildende Hauptelemente |

Soweit die Molekülstrukturen bekannt sind, läßt sich das Bestreben, relativ hochsymmetrische ksch zu bilden (siehe Seite 125), deutlich erkennen. Das Auftreten von Dipolmomenten und von besonderen magnetischen Eigenschaften gestattet oft Aussagen über das ksch. Unter gewissen Annahmen lassen sich auch die Winkel zwischen den Koordinationsrichtungen ableiten und mit auf experimentellem Wege gewonnenen Daten vergleichen. So liegen für $CO_{\frac{2}{1}}$ die Atomschwerpunkte auf einer Geraden, während $H_2O$ gewinkeltes diedrisches Schema besitzt. An verschiedenen Beispielen, zum Beispiel $SiCl_{\frac{4}{1}}$ (kpo = Tetraeder, Seite 125), ist dargetan worden, daß verschiedene Bindungsarten zueinander in Resonanz stehen können und in ihrer Wechselwirkung den Mittelcharakter des molekularen Verhaltens bestimmen (Seite 182).

Die zu $A$ gehörige kz wird (siehe Seite 185) *zusammengesetzt* und *heterogen* genannt, wenn am ksch 1. Sphäre verschiedene $B$ teilnehmen, von einem homogenen Schema ausgehend $B$ somit Substitutionen erlitten hat (zum Beispiel Substitution des H in $CH_4$). Dann treten die bereits früher genannten mathematisch ableitbaren Isomeriefälle auf, auch stellt sich die Frage nach einer allfälligen Deformation des ksch (siehe Seite 26, 34 und 53).

Ein Sonderfall der Molekülsymmetrie führt zu Asymmetrie und damit zur Bildung *enantiomorpher* Formen, wie das beispielsweise für die schon komplex gebaute Milchsäure, bei der, ausgehend von Methan, 3 H durch verschiedene Radikale ersetzt werden, durch die Fig. 165 a, b veranschaulicht wird. Die damit

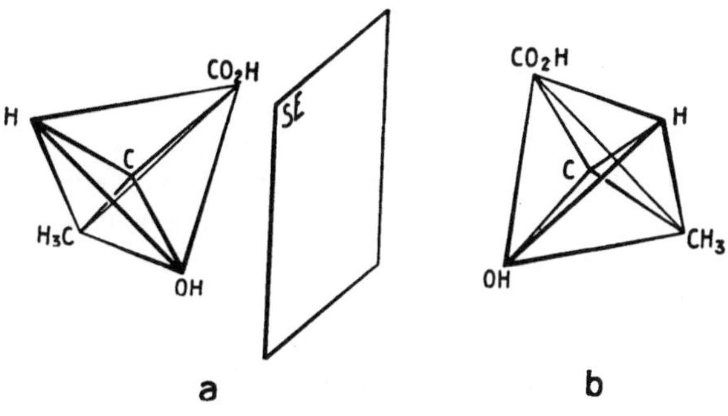


Fig. 165
Enantiomorphe Formen der Milchsäure.

verbundene *optische Aktivität* kann nachgewiesen werden, wenn eine der enantiomorphen Formen im gegebenen molekulardispersen Zustand überwiegt. Gemische mit gleicher Anzahl Links- und Rechtsformen sind als sogenannte *Racemate* optisch inaktiv. Optisch inaktiv sind aber auch Moleküle mit Symmetrieebenen oder Symmetriezentren, während optische Aktivität und enantiomorphe Gestaltung auch auftreten können, wenn die Molekülsymmetrie nur Drehungssymmetrie enthält (zum Beispiel also neben $C_1$ auch $C_2$, $C_3$, $C_4$, $C_6$, allgemein $C_n$, $D_2$, $D_3$, $D_4$, $D_6$, allgemein $D_n$, $T$, $O$, $I$). In den Symmetrieformeln treten dann nur $d$-Zyklen auf.

Die Beständigkeit und leichte Bildungsmöglichkeit von Oxyhalogenomolekülen läßt sich oft dahin deuten, daß durch den Ersatz des F oder Cl durch O die bz und im Molekül damit auch die kz herabgesetzt werden (zum Beispiel den bz 6 und 8 für Mo und W).

Eine erste Veranschaulichung der molekularen Konfigurationen durch ein «starres» Teilchenschema darf nicht hindern, *oszillierende Teilchenbewegungen* oder gar *Rotationsfreiheit* von Teilchen um andere zu berücksichtigen. Auf damit verbundene Symmetrieänderungen (bei Rotationen meist Symmetrieerhöhungen) ist schon im I. Kapitel aufmerksam gemacht worden (Seite 34). Die bei hohen Temperaturen vorhandene Rotationsfähigkeit einzelner Atomarten um Zentralatome ist in neuerer Zeit mehrfach nachgewiesen worden.

**Mehrkernige, in sich heteropolar-kovalent gebundene Moleküle** gehorchen in ihren stöchiometrischen Verhältnissen immer noch den aus den Valenzwertigkeiten ableitbaren bz, d.h. unmittelbare Bindungen gehen nur

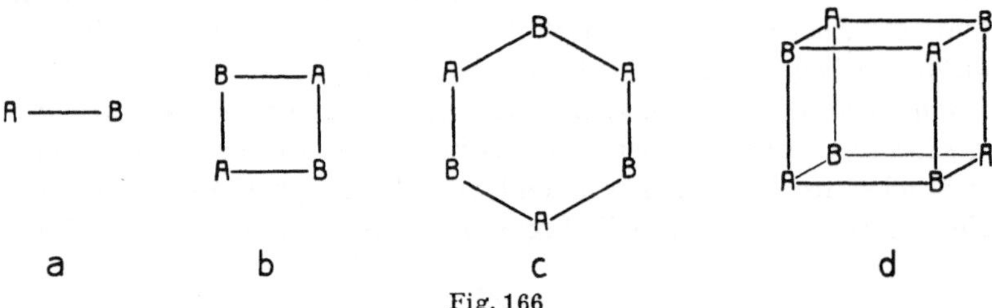


Fig. 166
Einfaches Molekül und Polymere von A:B = 1:1.

vom elektropositiven zum elektronegativen Element, es sind jedoch einzelne der $B$ an mehrere $A$ gebunden. Der Chemiker spricht von einer *Polymerisation*. Gegenüber einem vorhandenen oder denkbaren einkernigen Molekül gleicher Bauschalzusammensetzung handelt es sich um eine Erhöhung der kz, kz > bz. Aber Moleküle mit verschiedener Kernzahl können gleiche kz besitzen, die Polymerisationsgröße ist kein direktes Maß für die Erhöhung der kz. Einige schematische Beispiele (analog den Figuren 99, Seite 128) sollen dies erläutern (Fig. 166).

Die Figuren 166 a bis d entsprechen dem stöchiometrischen Verhältnis $A:B = 1:1$. Im einfachen einkernigen Molekül a ist die kz = 1, im di- und trimeren Ringmolekül b und c und in weiteren polymeren Molekülen dieser Art ist die kz = 2, im tetrameren Molekül der Fig. 166 d ist die kz = 3. Die Formeln würden lauten:

$$\text{a}\qquad\text{b}\qquad\text{c}\qquad\text{c allgemein}\qquad\text{d}$$

$$\left[AB_{\frac{1}{1}}\right]\quad\left[AB_{\frac{2}{2}}\right]_2\quad\left[AB_{\frac{2}{2}}\right]_3\quad\left[AB_{\frac{2}{2}}\right]_n\quad\left[AB_{\frac{3}{3}}\right]_4.$$

Die Figuren 167 a, b, c entsprechen Molekülen $A:B = 1:3$, mit der angenommenen bz = 3. In a) ist bz = kz: Formel $\left[AB_{\frac{3}{1}}\right]$, in b) hat sich die kz auf 4 erhöht, Formel $\left[AB_{\left(\frac{2}{2}+\frac{2}{1}\right)}\right]_2$, in c) ist sogar kz = 6 mit der Formel $\left[AB_{\frac{6}{2}}\right]_2$. Wir erhalten den Satz:

*Ist auf Grund des Atombaues die bestandfähige kz $>$ bz, so kann sich somit innerhalb gewisser Grenzen trotzdem eine molekulare, endlich in sich abgeschlossene Konfiguration durch Polymerisation und durch Mehrfachbindung der einen Teilchen an die anderen einstellen. Es entstehen mehrkernige Moleküle mit Brückenteilchen.*

Als besonderes Beispiel sei noch $AlCl_3$ erwähnt, dessen kz 3 des Al gegenüber Cl geringe Beständigkeit aufweist. Es herrscht das Bestreben, die kz 4

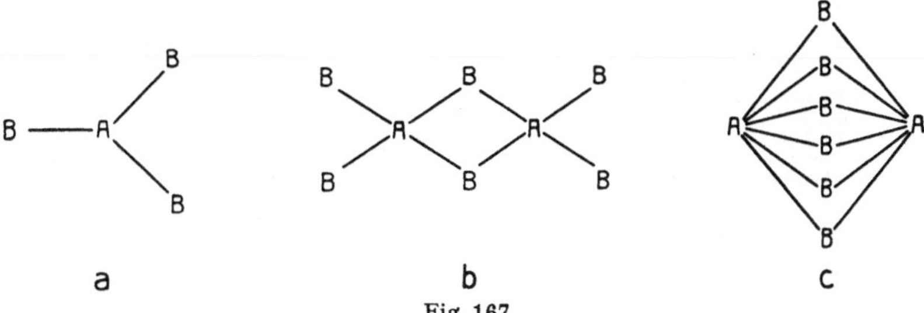

a        b        c

Fig. 167
Einfaches Molekül und Polymere von A : B = 1 : 3.

oder 6 gegenüber Cl zu betätigen und es ist wahrscheinlich, daß das im Dampf bestimmbare Molekül $(AlCl_3)_2$ die Konstitution der Fig. 168 hat, also das räumliche Äquivalent der Fig. 167b mit tetraedrischem ksch darstellt. Man sollte nicht $(AlCl_3)_2$ oder $Al_2Cl_6$, sondern $\left[AlCl_{\left(\frac{2}{2}+\frac{2}{1}\right)}\right]_2$ schreiben (analog Fig. 121).

Bei gegebenem kpo ist die resultierende stöchiometrische Formel abhängig von der Gesamtzahl der zusammenhängenden Polyeder und der Zahl der gemeinsamen Ecken pro Polyeder. Die Abstände $d_A$ jedoch (siehe auch Seite 148) sind von der Stellung der Polyeder zueinander abhängig, besonders davon, ob nur Ecken oder Kanten oder Flächen gemeinsam sind. Für Tetraeder und

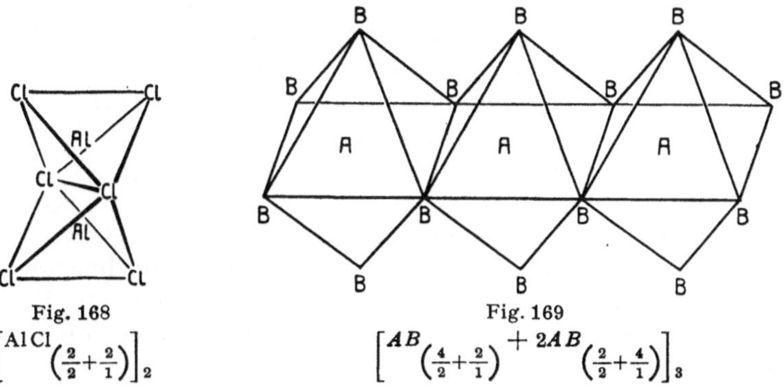

Fig. 168            Fig. 169

$$\left[AlCl_{\left(\frac{2}{2}+\frac{2}{1}\right)}\right]_2 \qquad \left[AB_{\left(\frac{4}{2}+\frac{2}{1}\right)} + 2AB_{\left(\frac{2}{2}+\frac{4}{1}\right)}\right]_3$$

Oktaeder der $B$ um $A$ gelten zum Beispiel unter der Annahme, jedes kpo verhalte sich gleich wie das andere, folgende Tabellen, wobei bei der ersten noch vorausgesetzt ist, daß in bezug auf Bindungsart nur zweierlei $B$ auftreten.

| Zahl der gemeinsamen $B$ pro 1 kpo | Stöchiometrische Formeln | | | Koordinationsformeln |
|---|---|---|---|---|
| | 1 | 2 | 3 | |
| **Tetraeder** — Kernzahl (Zahl der kpo) 2 | $A_2B_7$ nur Eckenberührung | $A_2B_6$ Kantenberührung | $A_2B_5$ Flächenberührung | $\left[AB\left(\frac{1}{2}+\frac{3}{1}\right)\right]_2 \quad \left[AB\left(\frac{2}{2}+\frac{2}{1}\right)\right]_2 \quad \left[AB\left(\frac{3}{2}+\frac{1}{1}\right)\right]_2$ |
| ringförmig $n$ | – | $A_nB_{2n}$ nur Eckenberührung | kristallin | $\left[AB\left(\frac{2}{2}+\frac{2}{1}\right)\right]_n$ |
| **Oktaeder** 2 | $A_2B_{11}$ nur Eckenberührung | $A_2B_{10}$ Kantenberührung | $A_2B_9$ Flächenberührung | $\left[AB\left(\frac{1}{2}+\frac{5}{1}\right)\right]_2 \quad \left[AB\left(\frac{2}{2}+\frac{4}{1}\right)\right]_2 \quad \left[AB\left(\frac{3}{2}+\frac{3}{1}\right)\right]_2$ |
| ringförmig $n$ | – | $A_nB_{5n}$ nur Eckenberührung | kristallin | $\left[AB\left(\frac{2}{2}+\frac{4}{1}\right)\right]_n$ |

Abstandsverhältnisse

| | Eckenberührung | Kantenberührung | Flächenberührung |
|---|---|---|---|
| | | Maximalwerte für $d_A$ | |
| Tetraeder $d_{AB}:d_A$ | $1:2$ | $1:1{,}154$ | $1:0{,}667$ |
| Oktaeder $d_{AB}:d_A$ | $1:2$ | $1:1{,}414$ | $1:1{,}154$ |
| Tetraeder $d_{AB}:d_B$ | $1:1{,}633$ | | |
| Oktaeder $d_{AB}:d_B$ | $1:1{,}414$ | | |

Nehmen wir an, nicht aneinander gebundene $B$ müßten gewisse Minimalabstände aufweisen, während andererseits der durch kovalente Bindungen zustande gekommene Abstand $d_{AB}$ von vornherein gegeben sei, so resultieren unter Umständen Inkonvenienzen für einzelne kpo. Beim Tetraeder als kpo ist $d_B$ 1,633mal größer als $d_{AB}$, für das Oktaeder gilt nur noch $d_B=1{,}414\,d_{AB}$ und für den Würfel gar $d_B=1{,}154\,d_{AB}$. Der Würfel als kpo wird daher bei gegebenem $B$ nur bei großen $d_{AB}$ in Frage kommen können, das Tetraeder bereits bei kleinen $d_{AB}$. Für Tetraeder–Oktaeder–Würfel gilt somit die Erwartung, daß mit zunehmenden $d_{AB}$ (bei gleichen $B$), also mit zunehmender Raumbeanspruchung von $A$ das kpo von Tetraeder zum Oktaeder zum Würfel, die kz von 4 zu 6 zu 8 übergehen. Probleme dieser Art lassen sich oft unter dem Titel «*sterische Hinderung*» behandeln.

Andererseits haben Flächenberührungen der kpo (gegenüber Kanten- oder gar nur Eckenberührung) größere Annäherung der $A$-Schwerpunkte zur Folge. Eine eigentliche sterische Hinderung tritt nicht auf, da ja die $A$ in den kpo Platz finden. Trotzdem werden infolge der Abstoßungspotentiale solche Annäherungen nicht beliebig möglich sein, so daß bei gegebenen $A$ und $B$ in beständfähigen Konfigurationen oft Flächenberührungen der kpo ausgeschlossen sind.

Mehrkernige Moleküle können selbst bei gleichen $A$-Teilchen kpo mit verschieden starker Brückenbindung aufweisen, zum Beispiel wie Fig. 169. Die Schreibweise $\left[AB_{(\frac{4}{2}+\frac{2}{1})}\right]_1 \left[AB_{(\frac{2}{2}+\frac{4}{1})}\right]_2$, entsprechend dem stöchiometrischen Verhältnis $A:B = 3:14$, bleibt hier noch übersichtlich. Die Mannigfaltigkeit erhöht sich, wenn die $B$ durch gleichartige oder gar ungleichartige Radikale substituiert werden. Es stellt sich dann die formale Frage, ob der Radikalbau als etwas Besonderes angesehen werden soll (nicht gleichrangig mit dem ksch $A \rightarrow B$) oder ob nun zweckmäßiger die Verbindung als *polymikt* zu betrachten ist, mit Zentralstellen verschiedener ksch und kpo. Als neue Frage kommt hinzu, wie diese Radikale an $A$ gebunden sind, ob die Bindung über elektronegative Partner erfolgt oder von elektropositiver Zentralstelle zu Zentralstelle. Im letzten Fall kann man nicht mehr von in sich rein heteropolar-kovalent gebundenen Molekülen sprechen. An ihre Stelle treten:

**Moleküle mit komplexer heteropolar- bis homöopolar-kovalenter Bindung.** Bekanntlich spielen diese in der organischen Chemie eine große Rolle, wobei $C \rightarrow C$-, $N \rightarrow N$-Bindungen neben anderen von Bedeutung sind. Wie bereits erwähnt, lassen sich dann die stöchiometrischen Verhältnisse nicht mehr direkt aus den Valenzwertigkeiten und dazugehörigen bz ableiten. Wir schließen ja gerade aus stöchiometrischen Formeln wie $CH_3$, $CH_2$, $CH$ usw., daß die ihnen entsprechenden einigermaßen abgesättigten Moleküle nicht einfach gebaut sein können, sondern mehrere C enthalten, deren Bindungsfähigkeit gegenüber H durch Bindungen der C unter sich herabgesetzt wurde. Die bz gegenüber H ist kleiner als die zu erwartende kz von C gegenüber H, weil die kz des C in der Konfiguration zusammengesetzt und heterogen ist, zur ersten Pseudosphäre um ein C auch an dieses direkt gebundene C gehören.

In sehr vielen Fällen konnten die Konstitutionsformeln unter Wahrung der Valenzwertigkeiten mit dem Verhalten der Verbindungen in Einklang gebracht werden, indem zwischen gleichwertigen Atomen Doppel- oder Dreifachbindungen angenommen wurden, in anderen Fällen, wie bei Benzol oder Benzolderivaten, mußte an Resonanz solcher Mehrfachbindungen oder im Mittel an Valenzaufteilung gedacht werden, wozu noch in Einzelfällen die Eigenart der Wasserstoffbindung (siehe Seite 179) oder die Dreielektronenbindung hinzukamen. Vom Standpunkt der Koordinationslehre aus tragen zur Mannigfaltigkeit der organischen Verbindungen besonders zwei Umstände bei:

1. Die Leichtigkeit, mit der die Elemente C, N, O, S ihr Koordinationsbestreben 1. Sphäre durch nebeneinander auftretende verschiedenartige Teilchen absättigen können. Zusammengesetzt heterogene kz (C zum Beispiel direkt gebunden an C, H, O, N) sind häufig. Natürlich wird so die 1. Sphäre zu einer *Pseudosphäre* mit ungleichen Abständen von einem Zentralatom zu den verschiedenen Liganden.

2. Die zusammengesetzte kz dieser 1. Pseudosphäre ist besonders für C (aber auch für N usw.) variabel. Sie steigt indessen für C nicht über 4, ist sehr häufig aber auch nur 3, seltener 2. Die in ihrer Gesamtheit niedrigen kz verbürgen die Bildungsmöglichkeit endlich in sich abgeschlossener Verbände, die Variation erlaubt die Entstehung relativ großer Moleküle mit vielen «Kernen», die sich koordinativ analog oder auch verschieden verhalten. Gewisse Gruppen treten hiebei als besonders bestandfähige Unterverbände häufig auf. Sie werden von vornherein als Radikale formuliert, was erlaubt, auch sehr komplexe Strukturen relativ übersichtlich darzustellen. Zudem dient ihr Vorhandensein zur Klassifikation und zur Zusammenfassung von Verwandten (siehe zum Beispiel die Isomeriefälle der Tabellen Seite 32 und Seite 33).

Ursprünglich war die Annahme von Mehrfachbindungen zwischen gleichartigen Teilchen ein Notbehelf zur Wahrung der Wertigkeitsverhältnisse. Allein es zeigte sich, daß sich das damit verbundene verschiedenartige koordinative Verhalten tatsächlich in den Eigenschaften der Verbindungen bemerkbar macht, offenbar also verschiedene Bindungsarten mit verschiedenen Kernabständen kennzeichnet. Heute versucht man sogar die verschiedenen Kernabstände den verschiedenen Bindungen zuzuordnen und Abweichungen durch Spezialverhältnisse (Resonanz verschiedener Bindungen usw.) zu erklären.

Die nachfolgende Tabelle gibt zunächst, ohne «erklärbare» Abweichungen auszuschalten, einen Überblick.

### Wichtige Atomkernabstände nach experimentellen Daten in Å

| | | | |
|---|---|---|---|
| C–C aliphatisch | 1,43–1,6, meist 1,52–1,54 | N–H | um 1,0 |
| C$\rightleftharpoons$C aromatisch | 1,4, oft 1,36 bis 1,39 bis 1,42 | H–O | um 1,0 |
| C=C | um 1,3, oft um 1,34 | N–N | um 1,4 |
| C≡C | um 1,2 | N=N | um 1,25 |
| C–H | um 1,0–1,1 | N≡N | um 1,1 |
| C–O | 1,3–1,5, wechselnd auch nach O oder OH, oft 1,42–1,44 | O–O | um 1,3 |
| | | O=O | um 1,15 |
| C=O | um 1,1–1,3, oft 1,25 | O≡O | um 1,0 |
| C–N | 1,37–1,47 meist 1,47 | S–H | um 1,35 |
| C=N | 1,3–1,4 | H–F | um 0,9 |
| C–F | um 1,4 | H–Cl | um 1,3 |
| C–Cl | 1,65–1,83, oft 1,76 | H–Br | um 1,4 |
| C–Br | 1,85–1,96, oft 1,91 | H–J | um 1,6 |
| C–J | oft 2,1 | P≡P | um 1,86 |
| C–S | um 1,8 | P≡N | um 1,5 |
| C=S | um 1,6 | | |

### Normalabstände nach PAULING in Å

| C–C | C=C | C≡C | N–N | N=N | N≡N | O–O | O=O | O=O |
|---|---|---|---|---|---|---|---|---|
| 1,54 | 1,34 | 1,20 | 1,40 | 1,22 | 1,10 | 1,32 | 1,14 | 1,02 |

*Beispiele von Winkeln zwischen Koordinationsrichtungen*

H—O—H (Wasser)    105⁰

H—S—H          92⁰

H—N—H          108⁰

$H_3C$—N—$CH_3$          108⁰

C—C—C (Propan etc.) 111—112⁰

F—C—F          um 110⁰

Cl—C—Cl um 112⁰

C=C—C (zum Beispiel Tetramethyläthylen) um 124⁰

O—C—O (Oxalsäure) um 124⁰

C—C=O (Oxalsäure) um 120⁰

C—C—OH (Oxalsäure) um 116⁰

C—C—C (Dinitrobenzol) 115—125⁰ je nach Bindung

O=N=O (Dinitrobenzol)  um 130⁰

Die Winkel liegen also häufig um den Wert des Tetraederwinkels 109⁰28′ oder um 120⁰, was naturgemäß zu Pseudosymmetrien führen kann und anderer-

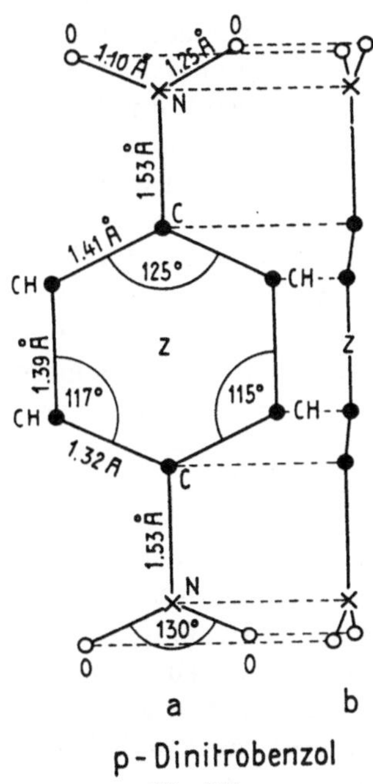


Fig. 170

Schema des *p*-Dinitrobenzols. Grund- und Aufriß.

seits (Varianz) interessante Probleme der Deformation bei Substitutionen (zum Beispiel Spannungstheorien, Spreizung) ergibt.

Als Beispiel verschiedener Abstände und Winkel sei das Modell des *p*-Dinitrobenzolmoleküls (Fig.170) in Grund- und Aufriß dargestellt. Dieses Dinitrobenzol enthält 6 C der heterogenen kz 3, 4 mit 2 C + 1 H, 2 mit 2 C + 1 N. Auch N hat die kz 3 mit 1 C + 2 O. Die Abschlüsse werden durch die koordinativ einwertigen O und H gebildet.

In der Adsorbinsäure (siehe Fig. 146a, Seite 159) sind fünf C wiederum der kz 3 verpflichtet, davon vier mit 2 C + O, jedoch zum Teil verschiedener Bindungsart, da O als O oder OH auftritt. Ein C ist mit kz = 3 an 2 O und 1 C gebunden, und dem sechsten C kommt die kz 4 (2 H + 1 C + 1 OH) zu. O ist koordinativ zweiwertig bei der Bindung an 1 C und 1 H oder an 2 C, und koordinativ einwertig bei Doppelbindung an 1 C.

Auf die in vielen Schriften dargestellten speziellen stereochemischen Probleme der organischen Chemie kann hier natürlich nicht eingegangen werden. Es seien nur beiläufig erwähnt: Beziehung zwischen Drehbarkeit innerhalb der Gruppen und Bindungsart, Bildung komplexer optisch aktiver Substanzen mit den Fragen nach Diastereomeren, Mesoformen, Pseudoasymmetrie, Mutarotationen usw., die alle eine gründliche Berücksichtigung der Symmetrieeffekte verlangen, was ‚wie früher erwähnt, auch für die Ableitung der Zahl der Isomeren (siehe darüber Seite 26—34) gilt.

**Molekülpolymorphie im allgemeinen.** Hingegen mag hier der Ort sein für Bemerkungen zum allgemeinen Thema, der *Vielgestaltigkeit von Molekülen bei pauschalchemisch gleicher Zusammensetzung*. Man darf nicht vergessen, daß die Grundlage der gesamten chemischen Formelsprache den *Begriff der Atomart* voraussetzt. Was wir mit dem generell gleichen Elementensymbol bezeichnen, besteht aus sehr verschiedenen Zuständen und hat durch den Eintritt in eine Verbindung besondere Eigenschaften erlangt. Solange man die Atome als unteilbar und unveränderlich oder als Massenpunkte schlechthin ansah, wurde darauf keine Rücksicht genommen. Allein damit ließ sich die Chemie nicht aufbauen, höchstens, wie in den ersten zwei Kapiteln dieser Schrift, eine geometrische Lehre von Punkten- oder Teilchenkonfigurationen. Es war immer ein Fehlschluß zu glauben, mechanische Prinzipien allein könnten das Naturgeschehen verständlich machen, da ja die Chemie mit Massenpunkten allein, ohne diesen ganz bestimmte Qualitäten zu verleihen, gar nicht auskommt. Aber das Qualitative dieser Atome mußte, um die Mannigfaltigkeit des Verhaltens der Verbindungen atomarer Teilchen verständlich zu machen, veränderlich sein, so daß es eine ungeheure Vereinfachung und Abstraktion bedeutet, einem atomaren Teilchen in Graphit, Diamant, Methan, Äthylen, Benzol usw. das gleiche Symbol C zu verleihen. Die analytische Chemie triumphierte, indem gleiche Symbole verliehen wurden, sofern durch irgendwelche Reaktionen gleiche elementar aufgebaute und chemisch nicht weiter zerlegbare Körper erzeugt werden konnten.

Naturgemäß war die erfolgreiche Anwendbarkeit dieses Grundsatzes nur möglich, weil tatsächlich etwas Wesentliches im Verhalten dieser Teilchen erfaßt wurde. Die verschiedenen Zustände infolge Variation der äußeren Elektronenhüllen müssen relativ leicht ineinander überführbar sein, während in anderen Eigenschaften ein Beharrungsvermögen zur Geltung kommt. Die Weiterentwicklung zeigte jedoch, daß die Verhältnisse nicht so einfach liegen, wie man zunächst annahm. Unter dem gleichen Symbol wurden Isotopen zusammengefaßt, und die Abstammungslehre als einzige Grundlage der Atomartenklassifikation versagte, als Umwandlungen von Atomarten ineinander nachgewiesen, ja sogar experimentell erzeugt werden konnten.

Es soll hier von dem heute verschiedenen Gebrauch der Begriffe chemisches Element, Reinelement und Atomart nicht die Rede sein. In vorliegender Schrift ist der Begriff Atomart gleichgesetzt worden der Summe der Atome, die gleiche Kernladung besitzen, die also, abgesehen von wenigen (an sich kaum notwendigen) Ausnahmen, auch in verfeinerter Schreibweise das gleiche Generalsymbol erhalten. Wesentlich ist nur, daß ein Sammelbegriff, der in sich verschiedenste Variationen enthält, notwendig ist, wobei zu diesen Variationen nicht nur Isotopen (die PANETH Atomarten nennt) und ähnliches gehören, sondern auch verschiedene diskrete Energie- und Bindungszustände, die unmittelbar ineinander überführbar sind.

Vom analytisch-chemischen oder mehr mechanischen Standpunkte aus schien es merkwürdig, daß Moleküle der gleichen Pauschalformel bzw. des gleichen stöchiometrischen Verhältnisses der beteiligten Atomarten sich verschieden verhalten können. Wird die analytisch-chemisch feststellbare Atomart als etwas innerhalb gewisser Grenzen Variables erkannt, so ist vorauszusehen, daß verschiedene Bindungsarten auftreten und daß die Eigenschaften eines Atomverbandes nicht nur vom Mengenverhältnis der Teilchen, sondern auch vom Charakter der Konfiguration abhängig sein werden. Die Vielgestaltigkeit ist eine einfache Folge und es bleibt eigentlich eher zu erklären, warum sie eine so beschränkte ist. Letzteres zeigt, daß jeweilen nur bestimmte Bauprinzipien zu bestandfähigen Verbindungen führen, die Variation sich also nur innerhalb gewisser Grenzen auswirken kann, weil gegebene Atomarten nur wenige Bindungs- und Koordinationsmöglichkeiten zulassen.

Das Fremdwort für Vielgestaltigkeit ist *Polymorphie*, und es ist nur Gewohnheitssache, wenn bislang der Begriff Polymorphismus auf Kristallverbindungen beschränkt wurde. Da ein allgemeiner Ausdruck für die Vielgestaltigkeit molekularer Konfigurationen bei gleicher Pauschalzusammensetzung notwendig ist und schon aus ökonomischen Gründen die Wissenschaft in ihrer Entwicklung sich neuen Erkenntnissen auch begrifflich anpassen muß, sprechen wir von *molekularer Polymorphie* oder *Molekülpolymorphie* in völliger Analogie zur Kristallpolymorphie.

Vielfach ist versucht worden, den *Molekülpolymorphismus* unterzuteilen. Schon eine Inhaltsbestimmung stößt auf Schwierigkeiten. Jedes Molekül ist ja wiederum eine morphologische Einheit, die zunächst auf Außeneinflüsse unter Erhaltung des Gesamtzusammenhanges reagiert. Die Teilchen führen gegeneinander Schwingungen aus, die mittleren Kernabstände sind (wenn auch in verhältnismäßig geringerem Maße) von Temperatur und Druck abhängig, Deformationen und Polarisation können erzeugt werden usw. Wir müssen von einer *inneren Dynamik* sprechen, die dem Molekül als solchem zukommt. Schwingungen von der Art von Valenzschwingungen und Knickschwingungen, oft auch Rotation[1] einzelner Unterverbände, machen sich bemerkbar und finden ihren Ausdruck in den Molekülspektren. Man kann mit Hilfe der Effekte die Trägheitsmomente, Kernabstände, Bindungsenergien, Potentialgrößen berechnen und umgekehrt aus spektroskopischen Untersuchungen auf die Konstitution rückschließen. Stets benötigt, wie Seite 35 dargetan wurde, das Studium der innermolekularen Dynamik Bezugnahme auf die Symmetriequalitäten.

Aber alle mehr oder weniger kontinuierlich auseinander hervorgehenden Zustände schaffen nicht das Bedürfnis, von neuen Konfigurationen, oder wenn man will, von neuen Molekülarten zu sprechen. Dadurch würde ja jede wissenschaftliche Behandlung ebenso unmöglich, wie wenn Quarzkristalle bei der Temperatur 10° C, 11° C und 200° C verschiedene Namen erhalten würden. Für die Moleküle ist weiterhin durch die extensivere Anwendung des Resonanzprinzipes zwischen verschiedenen Bindungsarten (siehe Kapitel III) diese Problematik deutlich geworden. Gewiß sind die Einzelzustände, wie sie etwa für $SiCl_4$ dargestellt wurden, verschieden zu nennen, allein wenn sie ineinander übergehen und im Mittel zu bestimmten Prozentsätzen den Verbindungscharakter bestimmen, darf man nicht von einer eigentlichen Polymorphie sprechen. Man hat hiefür (mit allerdings nicht immer gleich gehandhabter Abgrenzung) auch den Begriff «Mesomerien» geprägt. Dazu kommt, daß wir ja normalerweise nicht das Einzelmolekül studieren, sondern nur das mittlere Verhalten sehr vieler ein Gas oder eine Flüssigkeit aufbauender Moleküle (siehe auch Seite 213 über «Konstellationsisomerie»).

*Echter Molekülpolymorphismus setzt voraus, daß man die verschiedenen Strukturarten voneinander trennen kann, oder daß sie wenigstens merkbar diskontinuierlich ineinander übergehen.* Ist weder das eine noch das andere nachweisbar, so müssen wir an eine *innere Zustandsvariabilität bei im Ganzen gleichbleibender Verbindungsart* denken. In Übereinstimmung mit dieser Überlegung hat man zu unterscheiden, ob in einem Gas oder einer Flüssigkeit wirklich ein *Gemisch* verschiedener in sich und einzeln bestandfähiger Konfigurationen vorliegt oder ob darin nur Moleküle enthalten sind, deren Zustände einfacher als Resonanzzustände verschiedener Bindungsarten bei gleichbleibender Konfiguration er-

---

[1]) Der Versuch, zu veranschaulichen, warum bei einfacher Bindung zweier Kohlenstoffatome Rotation möglich ist, bei Zweifachbindung nicht, zeigt deutlich die so häufige Verwechslung zwischen Valenzrichtungen und Koordinationsrichtungen. Man nimmt hiebei, wie in Fig. 149, Seite 168, an, daß die Valenzrichtungen tetraedrisch von Kohlenstoffatomen ausstrahlen und Rotationsmög-

$$\begin{array}{ccc} H\diagdown & & \diagup H \\ & C & \\ & \| & \\ & C & \\ H\diagup & & \diagdown H \end{array}$$

lichkeit fehlen muß, wenn die Valenztetraeder Kanten oder gar Flächen gemeinsam haben. Anderseits aber spricht man beim Molekül $C_2H_4$ (obiger Konfiguration) vom Valenzwinkel zwischen den Richtungen C—H und C=C. *Für uns sind alle Richtungen, die Atomschwerpunkte miteinander verbinden, Koordinationsrichtungen, da sie die Atome einander koordinieren,* die Frage nach den Valenzrichtungen ist, sofern sie überhaupt sinnvoll wird, gesondert zu stellen.

klärt werden dürfen. Im letzteren Fall sind die verschiedenen Bindungszustände, die wir als Endglieder des Resonanzsystems konstruieren, fiktiv, sie müssen im Mittel zu einem Zustand vereinigt gedacht werden.

Nun hat man verschiedene leicht ineinander überführbare Molekülzustände *Tautomere* genannt, wenn sie infolge relativ geringer Lebensdauer der Einzel-

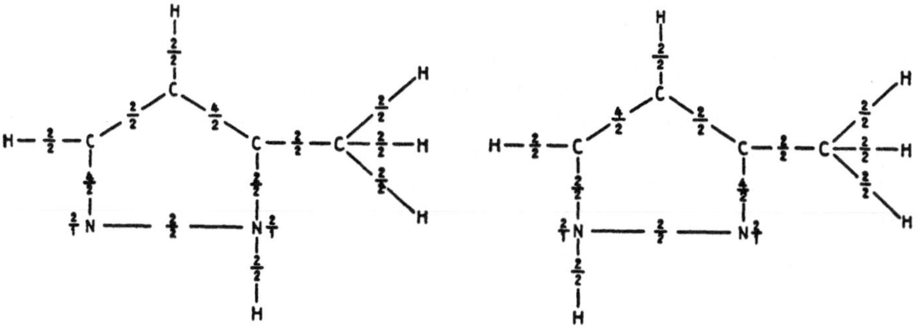

Fig. 171
Methylpyrazol.

zustände schwer voneinander trennbar sind. PAULING hat versucht, zwischen Tautomerie im engeren Sinne und reinen Resonanzsystemen zu unterscheiden und den ersteren Begriff nur dann anzuwenden, wenn sich zwei oder mehrere ausgezeichnete Zustände energetisch wirklich als begünstigt herausheben. Dabei kann, wie im 5-Methylpyrazol, die Schwerpunktslage von Teilchen eine verschiedene, jedoch leicht ineinander überführbare sein (Fig. 171). Allein jedes der beiden Moleküle würde außerdem durch Resonanz verbundene verschiedene Bindungsarten besitzen können. Ob sich nun diese Distinktion durchführen läßt und ob es überhaupt berechtigt ist, den Resonanzsystemen so große Bedeutung zuzuschreiben, wie das PAULING tut, läßt sich zur Zeit noch nicht überblicken.

Der *eigentliche Molekülpolymorphismus* versucht den Beobachtungstatsachen Rechnung zu tragen, entsprechend der Definition von Seite 202. Dabei ergibt sich für Moleküle zunächst eine gute Unterscheidungsmöglichkeit, diejenige zwischen *Isomerie* und *Polymerie*. Im ersten Falle besitzen die verschiedenen Molekülmodifikationen nicht nur gleiche stöchiometrische Zusammensetzung, sondern auch gleiche Formelgröße d.h. gleiche Teilchenzahl. Im zweiten Falle ist nur die stöchiometrische Zusammensetzung gleich, der Polymerisationsgrad ein verschiedener.

**Isomerie.** Kaum haltbar scheint im Falle der Isomerie die Weiterbeibehaltung der Haupteinteilung in *Strukturisomerie* und *Stereoisomerie* zu sein. Es handelt sich um historisch verständliche Begriffe. Ein Teil der Isomerie läßt sich bereits im hingeschriebenen Formelbild durch verschiedene Bindungsarten veranschaulichen (Strukturisomerie), während ein anderer Teil erst bei Berücksichtigung der Lagerung der Atome im Raum (Stereoisomerie) verständlich wird. Bei einer mehr grundsätzlichen Einteilung der Isomeriefälle ist allerdings fast unvermeidbar, daß man von vornherein gewissen Zusammenhängen verschiedene klassifikatorische Bedeutung gibt. Von vornherein ausscheidbar sind, sofern es sich überhaupt um selbständige Modifikationen im Sinne des Molekülpolymorphismus handelt, Fälle der reinen *Verzerrungsisomerie, Oszillationsisomerie* und *Rotationsisomerie.* Prinzipiell wäre in diesen Beispielen das Strukturschema analog bei etwas verschiedenen Winkeln der Koordinationsrichtungen oder verschiedener (bis fehlender) Rotationsfähigkeit einzelner Gruppen. Im folgenden betrachten wir indessen das Anordnungsschema als relativ starr und kennzeichnen es zunächst durch die von den Atomen ausgehenden Koordinationsrichtungen, die zugehörigen ksch und die Liganden 1. Sphäre. Besitzen darauf bezogen die zu betrachtenden Modifikationen gleichen Bautypus, so nennen wir sie zueinander *homöotyp.* Zwei zueinander homöotype, isomere organische Moleküle lassen sich, zunächst in bezug auf die C als Zentralstellen in eine gleiche Zahl gleichartiger Koordinationstypen auflösen. Unterschiede sind trotzdem möglich, zum Beispiel

a) *Homöotype Isomere. Die Moleküle sind zueinander enantiomorph-homöotyp.* Enantiomorphes Verhalten zweier Moleküle bedeutet, daß der Bau des einen das Spiegelbild des Baues des andern darstellt. Deshalb hat man hier auch von *Spiegelbildisomerie* gesprochen. Da Spiegelung eine Deckoperation ist, sind die beiden Bauverbände einander völlig gleichwertig, wenn sie sich auch durch keinerlei Gesamtdrehung ineinander überführen lassen. Diese Isomerie hat wegen damit verbundener optischer Aktivität ihre große Bedeutung erlangt. Es kann ein C asymmetrisch von vier verschiedenen Liganden umgeben sein (siehe Fig.165) oder es läßt ein komplexes Molekül als Ganzes zwei zueinander enantiomorphe Anordnungen zu (zum Beispiel Methylcyclohexylidenessigsäure). Die Verbindung zweier gleicher asymmetrischer C-Atome kann anderseits zu Mesoformen führen, in denen sich das Drehvermögen aufhebt, weil die Symmetrie des Gesamtmoleküls eine Deckoperation II. Art zuläßt. Bei Kombination ungleich sich verhaltender asymmetrischer Kohlenstoffatome entstehen verschiedene Möglichkeiten, wobei sich das optische Drehvermögen als Resultierende berechnen läßt.

b) *Homöotype Stellungsisomerie.* Die Moleküle zeigen in bezug auf die Koordinationsverhältnisse 1. Sphäre der C analogen Bautypus, jedoch verschiedene deckungleiche Verteilung der Liganden. Sie sind *homöotyp deckungleich* bzw. *homöotyp, aber geometrisch ungleichwertig.* Die Ungleichwertigkeit ist bei Betrachtung des weiteren Nachbarschaftsbildes in *Stellungsunterschieden* einzelner Liganden bemerkbar und äußert sich oft in verschiedener Gesamtmolekülsymmetrie. Hieher gehören die üblichen sogenannten *Cis-Transisomerien,* von denen bereits Seite 23 ein sehr einfaches Beispiel besprochen wurde. Auch manches, was kurzweg geometrische Isomerie oder in Sonderfällen Diastereomerie genannt wurde, gehört hieher.

Ein komplizierteres, hier ringförmig dargestelltes Beispiel ist nach WITTIG das der $\alpha$- und $\beta$-Glucosen, die aus gewöhnlicher Glucose entstehen können

(Fig. 172). Für alle Kerne des Ringes sind in $\alpha$ und $\beta$ die Koordinationsverhältnisse 1. Sphäre gleich, aber die Verteilung der O und OH ist in beiden Fällen deckungleich.

Das, was oft unter dem Titel Strukturisomerie, Unterfall Kernisomerie (nach WITTIG) behandelt wird, ist davon prinzipiell nicht verschieden. Es han-

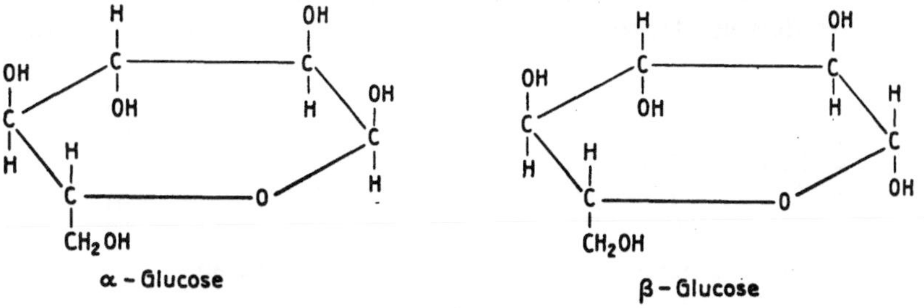

Fig. 172
Homöotype Stellungsisomerie von $\alpha$- und $\beta$-Glucose.

delt sich bei festbleibendem Kerngerüste um *Stellungsisomerie* bei Substitution. Die Seite 27 behandelten Beispiele lassen sich in diesem Sinne deuten. Die C haben zum Beispiel in Cl-Benzolderivaten entweder 2 C und 1 H oder 2 C und 1 Cl in 1. Sphäre gebunden, der Unterschied beruht nun in der Aufeinanderfolge der H und Cl gegenüber den 6 C-Stellen des Ringes (Fig. 173). Selbst bei

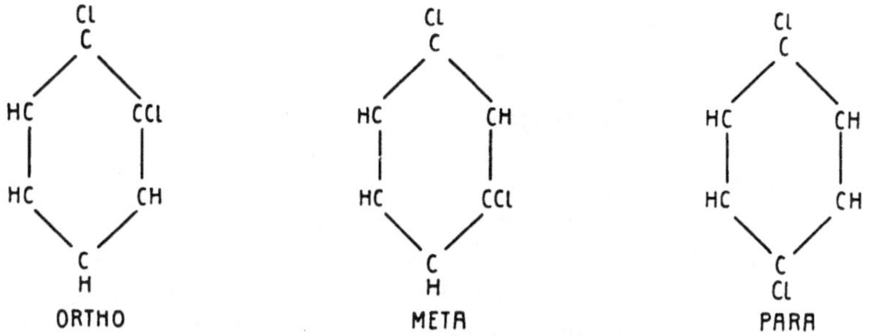

Fig. 173
Stellungsisomerie von Cl-Benzolderivaten.

monocyklischer Ringisomerie können unter Umständen die Koordinationsverhältnisse gleichbleiben und sich nur die Ringlagen zueinander ändern (zum Beispiel lineare und angulare Anellierung). Betrachtet man nur das C-Atom, so ließe sich auch behaupten, daß

$$N \equiv C - S - R \qquad \text{und} \qquad S = C = N - R$$

homöotyp zueinander seien.

Allein dadurch würden N, S und O in ihrer Bedeutung als koordinative Zentralstellen unterschätzt. Man darf bei derartigen Bindungen oder solchen, wie sie in heterocyklischen Ringen auftreten, die Koordinationsverhältnisse dieser Atomarten nicht unberücksichtigt lassen, besonders nicht, wenn sie mit Änderungen in der Bindungsart verknüpft sind, die auch das Verhalten des C beeinflussen. Die genannten Strukturen sind also bereits zueinander heterotyp.

c) *Heterotype Isomere bei analogen Bindungsarten.* Die verschiedenen Isomere unterscheiden sich voneinander durch die maßgebenden ksch 1. Sphäre. Ein einfaches Beispiel der sogenannten Kettenisomerie möge dies veranschaulichen:

$$\text{Normales Butan} \qquad\qquad \text{Jsobutan}$$

Im normalen Butan gelten: für zwei C in 1. Sphäre $2\,H + 2\,C$, für zwei C in 1. Sphäre $1\,C + 3\,H$; für Isobutan: für drei C in 1. Sphäre $1\,C + 3\,H$, für ein C in 1. Sphäre $3\,C + 1\,H$. Hier sind die Bindungsarten in beiden Fällen analog, d.h. es sind nicht Unterschiede in Doppel- und Einfachbindungen vorhanden, aber die *kz sind in verschiedener Weise zusammengesetzt.* Die Kohlenstoffketten sind verschieden konstituiert (Verzweigungen usw.). Heterotyp ist aber auch die Isomerie Propylaldehyd-Aceton:

$$\text{Propylaldehyd} \qquad\qquad \text{Aceton (einfaches Keton)}$$

die etwa als bloße Stellungs- oder Ortsisomerie bezeichnet wird. Doch sollte dies zum Unterschied von den früher genannten Fällen nur unter Beifügung des Wortes *heterotyp* geschehen, denn neben einer gleichbleibenden $CH_3$-Gruppe findet man in Propylaldehyd ein koordinativ vierwertiges C mit $2\,H + 2\,C$ in 1. Sphäre und ein koordinativ dreiwertiges mit $1\,C + 1\,O + 1\,H$ in 1. Sphäre, beim Aceton ein koordinativ dreiwertiges C mit $2\,C + 1\,O$ in 1. Sphäre. Immerhin bleibt die Zahl und Art der einfachen und mehrfachen Bindungen im gesamten gleich, während es noch

d) *heterotype Isomere mit gleichzeitiger Änderung der Bindungsarten* gibt.

$$\text{In } R - C\!\!\begin{array}{c}{}^{\nearrow O}\\[-2pt]{}_{\searrow NHR_1}\end{array} \text{ und } R - C\!\!\begin{array}{c}{}^{\nearrow OR_1}\\[-2pt]{}_{\searrow NH}\end{array} \text{ bzw. } C_nH_{2n+1}\,C\!\!\begin{array}{c}{}^{\nearrow O}\\[-2pt]{}_{\searrow NHMe}\end{array} \text{ und } C_nH_{2n+1}\,C\!\!\begin{array}{c}{}^{\nearrow OMe}\\[-2pt]{}_{\searrow NH}\end{array}$$

sind zwar die C direkt an die gleichen Teilchen gebunden, ein C zum Beispiel an $1\,C + 1\,O + 1\,N$, aber es sind nicht nur die ksch für O und N verschieden, sondern für das C auch die Liganden mit Doppelbindung gegenüber denen mit Einfachbindung. Häufig treten derartige Molekülmodifikationen in Tautomerie

auf und führen dann zu den in Resonanz befindlichen Bindungsvarianten über,
bei denen die Isolierung der Formen mit verschiedener Bindungsart bei gleichbleibender Atomschwerpunktsart nicht mehr gelingt (reine Resonanz-Bin-
dungsisomerie, sofern der Isomeriebegriff angewandt wird).

**Polymerie.** Bei den *polymeren Molekülmodifikationen* haben wir schon
ganz allgemein früher (Seite 128) nachgewiesen, daß bei verschiedenem Polymerisationsgrad die kz analog sein können (zum Beispiel Ringe mit verschiedener Zähligkeit), daß aber auch Polymerisation mit Veränderung der kz verbunden sein kann. Die ersteren lassen sich als *koordinativ homöotype*, die letzteren als koordinativ heterotype Polymere bezeichnen. Außerdem können natürlich Isomerien mit Polymerien verknüpft sein, so daß zwei Moleküle in verschiedenartigem Zusammenhang zueinander stehen. Wiederum gibt es kleinere
und größere Abweichungen im ksch beim Übergang von einfach in polymer
oder von niedrigpolymer in hochpolymer. Nachstehender schematisch konstruierter Fall (Fig. 174) verdeutlicht dies.

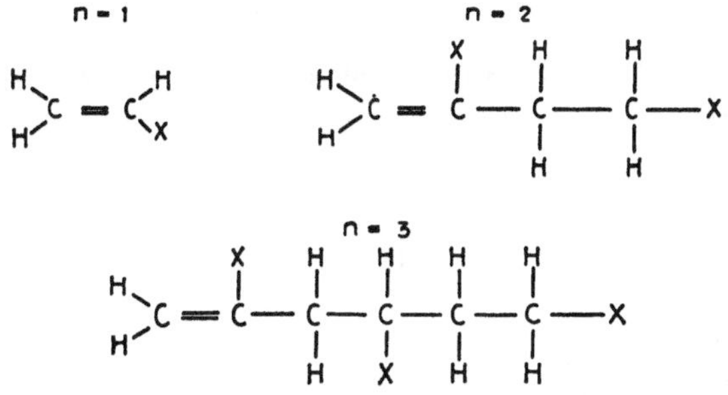

Fig. 174
Monomer bis trimer.

Im einfachen Molekül ist zwischen den einzigen zwei C eine Doppelbindung
vorhanden, die kz für die C ist 3. Im angenommenen Dimeren treten neben einer
Doppelbindung zwei einfache Bindungen auf mit verschiedenen Koordinationsverhältnissen. Zwei C-Atome besitzen die kz 3 (nämlich 1 C + 2 H, 2 C + 1 X),
zwei die kz 4 (nämlich 2 C + 2 H, 1 C + 2 H + 1 X). Im trimeren Gebilde kommen auf 2 C der kz 3 bereits 4 C der kz 4 mit der 1. Sphäre = 2 C + 2 H,
2 C + 1 H + 1 X, 1 C + 2 H + 1 X. Es handelt sich um eine schwach *heterotype
Polymerie mit zunehmender Vermehrung der kz 4 gegenüber 3*, also (abgesehen
von den Endkohlenstoffatomen) mit Übergang von

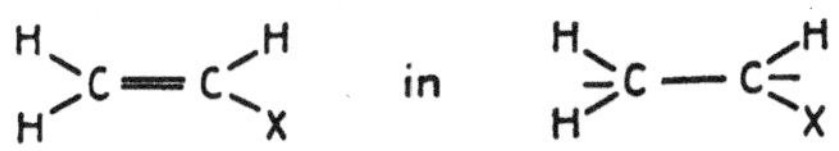

Neue Untervarianten bei gleichem Polymerisationsgrad entstehen bei verschiedener Verteilung der X und H innerhalb der Kette. Je länger die Kette
wird, umso unbedeutender wird, auf das Ganze bezogen, das abweichende Ver-

halten der endständigen Kohlenstoffatome. Die Polymerisation hat gewissermaßen das Bestreben, ins Unendliche reichende Ketten der Formulierung

$$-\overset{\displaystyle H}{\underset{\displaystyle X}{C}}-\overset{\displaystyle H}{\underset{\displaystyle H}{C}}-\overset{\displaystyle H}{\underset{\displaystyle X}{C}}-\overset{\displaystyle H}{\underset{\displaystyle H}{C}}-\overset{\displaystyle H}{\underset{\displaystyle X}{C}}-\overset{\displaystyle H}{\underset{\displaystyle H}{C}}-$$

zu bilden. Das heißt: *die Polymerisation tendiert unter Auflösung der Doppelbindung und Erhöhung der kz von 3 auf 4 zum eindimensionalen Kristall.* Ob wir
in solchen Fällen Ketten mit hohem $n$ noch selbständige Moleküle oder eindimensionale Kristallbruchstücke (mit Absättigung der Enden) nennen wollen,
ist ziemlich willkürlich. Der Polymerisationsprozeß ist eine Art Wachstums-
prozeß, der in verschiedenen Stadien abgebrochen wird (Über Abbruch-
reaktionen siehe zum Beispiel H. MARK).

STAUDINGER, der eingehend über hochpolymere Stoffe gearbeitet hat,
stellte den Zusammenhang zwischen Formaldehyd und Polyoxymethylenen

klar. Aus $H-C\!\!\begin{smallmatrix}\diagup O \\ \diagdown H\end{smallmatrix}$ mit der kz 3 bilden sich zum Beispiel $\alpha$-Polyoxymethylene

vom Typus:

$$HO-\overset{\displaystyle H}{\underset{\displaystyle H}{C}}-O-\left[\overset{\displaystyle H}{\underset{\displaystyle H}{C}}-O\right]_n-\overset{\displaystyle H}{\underset{\displaystyle H}{C}}-OH$$

und $\gamma$-Polyoxymethylene vom Typus

$$\overset{\displaystyle H}{\underset{\displaystyle H}{\overset{\diagdown}{H}}}C-O-\overset{\displaystyle H}{\underset{\displaystyle H}{C}}-O-\left[\overset{\displaystyle H}{\underset{\displaystyle H}{C}}-O\right]_n-\overset{\displaystyle H}{\underset{\displaystyle H}{C}}-O-C\overset{\displaystyle H}{\underset{\displaystyle H}{\overset{\diagup}{H}}}$$

mit $n$ bis 100.

Auch hier ist das Wesentliche der Polymerisation der Übergang des ksch

$$H-C\!\!\begin{smallmatrix}\diagup O \\ \diagdown H\end{smallmatrix}\quad\longrightarrow\quad-\overset{\displaystyle H}{\underset{\displaystyle H}{C}}-O-$$

also *Abbau der Doppelbindung* und *Erhöhung der heterogenen kz von 3 auf 4.*
Bereits sättigen Gruppen die Kettenenden ab, die im Mittel nicht mehr die
stöchiometrischen Verhältnisse von Formaldehyd aufweisen. Es hat somit

eine stöchiometrische Formelveränderung stattgefunden, die jedoch bei großem $n$ für die Gesamtzusammensetzung belanglos ist.

Man kann den ersten Teil derartiger Polymerisationsprozesse eine *Aktivierung* nennen, zum Beispiel auch:

$$\underset{\text{Styrol}}{\overset{\displaystyle \overset{\textstyle H}{|}}{\underset{\displaystyle \underset{\textstyle C_6H_5}{|}}{C}} = CH_2} \longrightarrow \underset{\text{Aktiviertes Styrol}}{-\overset{\displaystyle \overset{\textstyle H}{|}}{\underset{\displaystyle \underset{\textstyle C_6H_5}{|}}{C}} - \overset{\displaystyle \overset{\textstyle H}{|}}{\underset{\displaystyle \underset{\textstyle H}{|}}{C}} -}$$

Diese aktivierten Radikale lagern sich dann (zum Beispiel kettenförmig) aneinander. Da es verschiedene, jedoch im Bau ähnliche Radikale dieserArt gibt, können sie sich auch gemischt vereinigen und so *Mischpolymerisate* bilden.

Gewisse physikalische Eigenschaften sind vom Polymerisationsgrad (der Molekülgrößen) abhängig, chemische Eigenschaften auch von der Art der Absättigung der Kettenenden. STAUDINGER gibt als Polymerisationsgrade für Kautschuk Werte bis 1840, von Cellulose bis 750 an. Cellulose aus Baumwolle soll Molekulargewichte bis 480000 besitzen, aus Holz bis etwa zur Hälfte dieser Zahl. Die hochpolymeren Stoffe stellen jedoch zumeist ein Gemisch von Polymerhomologen mit verschiedener Formelgröße dar. Bei bestimmter Entstehung kann die Verteilungskurve in bezug auf Molekülgröße im Gemisch ein ausgesprochenes Maximum haben, in anderen Fällen sich fast gleichmäßig über verschiedene Polymerisationsgrade erstrecken. Daraus geht wieder hervor, daß bei hohem Polymerisationsgrad die Molekülgröße $\pm$ unbestimmt wird, somit die Auffassung, es handle sich um abgesättigte Bruchstücke einer Konfiguration von kristallinem eindimensionalen Charakter, durchaus vertretbar bleibt. Naturgemäß ist bei Verwendung dieser Ausdrucksweise auf die verschiedenartige Definition von molekularen und kristallinen Verbänden Rücksicht zu nehmen und zu beachten, daß bislang die in der Chemie üblichen Definitionen nicht durchwegs den hier vertretenen entsprechen.

STAUDINGER hat als Molekül die Summe der durch normale Kovalenzen gebundenen Atome aufgefaßt. Jeder Diamant- und zweidimensionale Graphitkristall müßten nach ihm ein Molekül $A_\infty$ sein, während Kristalle, in denen durch VAN DER WAALSsche Kräfte oder Nebenvalenzen große Moleküle in neuen Verbänden eingeordnet werden, auch nach ihm aus vielen Molekülen bestehen. Unser Unterscheidungsprinzip ist ein ganz anderes. Moleküle sind dem Bauprinzip nach endlich in sich abgeschlossene Teilchenaggregate, kristalline Gebilde weisen ein ins Unendliche reichendes Bauprinzip auf. Da aber alle Kristalle endliche Größe haben, müssen sie in der Randzone stets unabgesättigt bzw. adsorptions- oder bindungsfähig sein. Wenn nun, wie in hochpolymeren Stoffen, sich immer wieder das gleiche Baumotiv wiederholt, so bedeutet dies das *Wirksamwerden eines kristallinen Bauprinzipes.* Gerade die verschiedenartigen Absättigungsmöglichkeiten der Endvalenzen lassen erkennen, daß es sich bei dieser Absättigung um eine mit dem Bauprinzip der Ketten nicht sehr eng zusammenhängende Erscheinung handelt. Selbstverständlich wird man von Molekülen sprechen, solange relativ kleine (bis vielleicht hunderte) Polymerisationsgrade auftreten und die Wiederholungszahlen unter bestimmten Bedingungen konstant bleiben. Aber die Ketten sind mit gleichem Recht als Bruchstücke eindimensionaler kovalenter Kristalle beschreibbar, wenn die «Molekülgröße» unbestimmt zu werden beginnt. Die *gleichartige kovalente* (hauptvalenzartige) *Bindung, die alles zusammenhält,* zeigt nur, daß es sich *nicht* um verschiedene Stufen der Aggregierung handelt, Auflösung in chemisch definierbare Unterverbände unmöglich ist.

In diesem Sinne bedeutet tatsächlich die Molekülkristallbildung unter Betätigung von Nebenvalenzen oder VAN DER WAALSscher Kräfte etwas Neuartiges, und es war STAUDINGER vollkommen im Recht, scharf zwischen Hauptvalenzketten und Kettenbildungen durch echte Nebenvalenzbetätigung[1]) zu unterscheiden. Die Ketten sind eben noch keine dreidimensional kristallinen Konfigurationen, sondern nur eindimensionale, die sich dann unter Betätigung von Nebenkräften zur dreidimensionalen Periodizität zusammenfinden können. In dem genannten Sinne können hochpolymere Kettenmoleküle, wie die genannten, als *eindimensionale Kristallite* oder Pseudokristalle bezeichnet werden, wobei jedoch daran festzuhalten ist, daß die Bildung eines dreidimensional periodischen Kristalles durch gesetzmäßige Anordnung dieser eindimensionalen Kristalleinheiten ein neuer, übergeordneter Vorgang ist. Das Endresultat der letztgenannten Kristallisation sind dreidimensionale kristalline Konfigurationen mit eindimensionalen kristallinen Konfigurationen als Unterverbänden.

Es ist aber wohlbekannt, daß sich nun verschiedene Übergangsanordnungen, wie Schwarmbildungen, Zusammenballungen, Knäuelbildungen, Versetzungen, Verzweigungen usw. einstellen und daß, je größer die ketten- (oder netz-)artige Untereinheit ist, umso schwieriger sich die einheitliche Orientierung zum dreidimensionalen Kristall höherer Ordnung gestaltet. Besondere Gefügetypen dieser hochmolekularen Stoffe treten auf, die (wie zum Beispiel bei Kautschuk, Cellulose usw.) die Eigenschaften der als Ganzes noch «amorphen», d.h. nicht dreidimensional periodisch gebauten Zustände bestimmen. Damit stehen die Verhaltungsweisen dieser Stoffe im engsten Zusammenhang, zum Beispiel die plastischen und elastischen Größen. Unter anderem sei in diesem Zusammenhang auf die Arbeiten von STAUDINGER, SIGNER, HOCK, W. KUHN, K. FREY, HOUWINK, MACK, MEYER, STÄGER und andere verwiesen. Einerseits geht die stereochemische Betrachtung in diejenige über, welche von den Aggregatbildungen einfacher Grundverbindungen (seien es Moleküle oder Kristalle) handelt, anderseits stellen sich Beziehungen zur Chemie disperser Systeme, zur Kolloidchemie, und zur Chemie der gewöhnlichen und kristallinen Flüssigkeiten her.

Von Polymerisation spricht man auch bei *Kondensationsreaktionen,* wobei sich das stöchiometrische Verhältnis etwas ändert, weil Teilchen der Einzel-

---

[1]) Nebenvalenz nicht im WERNERschen Sinne, sondern verwandt den VAN DER WAALSschen Kräften.

glieder teilweise abspalten, teilweise zu gemeinsamen Brückenbestandteilen werden. Und auch hiebei entstehen analoge Großmoleküle bzw. Kleinkristalle. Bereits Seite 145 wurden derartige vielkernige Konfigurationen im Anschluß an das einkernige Baumotiv behandelt. Ausgangsprodukt und Kondensationsprodukt sind dann nicht polymer zueinander (aus $Si:O = 1:4$ entstand zum Beispiel $Si:O = 1:3$, die kz von Si ist erhalten geblieben).

Haben weiterhin die Cellulosenketten den in Fig. 175 dargestellten Bau, so ist eine Kondensationspolymerisation aus Glukose (siehe Fig. 172) denkbar,

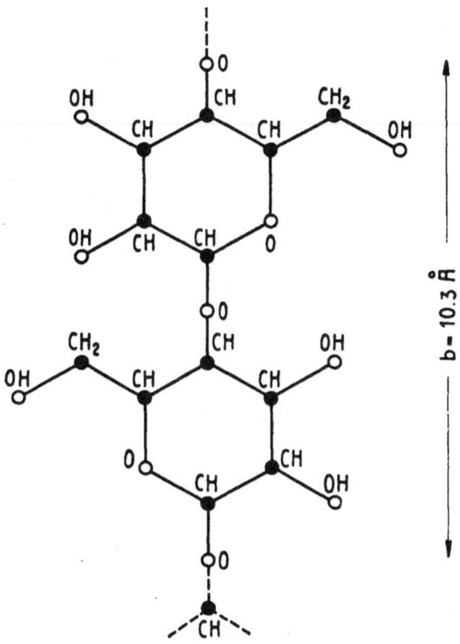

Fig. 175
Bruchstück einer Cellulosekette.

aber Cellulose ist nicht ein Polymeres von Glukose, sondern von Glukoseresten, da unter Abspaltung von $H_2O$ aus zwei OH *ein* Brückensauerstoffatom hervorgegangen ist. Celluloseketten mit sehr hohen $n$ der Wiederholung sind naturgemäß wieder als Bruchstücke von eindimensionalen Kristallen zu werten.

Während Cellulose ein Polykondensationsprodukt von $\beta$-Glukose darstellt, lassen sich die Proteine von $\alpha$-Aminosäuren ableiten bzw. aus den Resten:

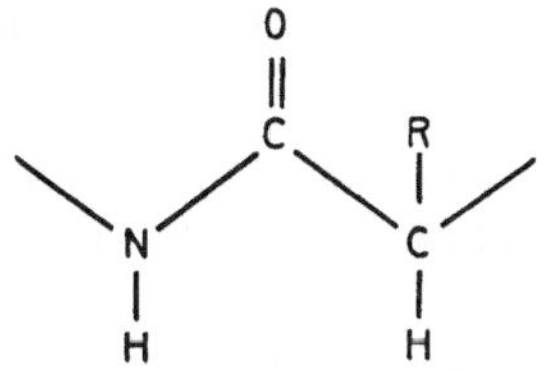

Diese Polypeptidketten sind (wie die Celluloseketten) selten einfach kettenförmig gebaut, oft regelmäßig gefaltet wie im $\alpha$-Keratin. Die verschiedenen

Ausbildungsweisen (bis zu extrem gefalteten «körnigen» Eiweißen) können ineinander übergehen. Damit stehen Prozesse wie *Denaturierung* und *Regenerierung* im Zusammenhang.

Es ist heute gelungen, stark verfaltete, sogenannte korpuskulare Proteine zu weichen, elastischen Faserstoffen mit vielen tausend Restwiederholungen zu verformen (zum Beispiel ASTBURY und Mitarbeiter). Vinyl- und Vinylidenderivate liefern einfache *synthetische* Polymere wie:

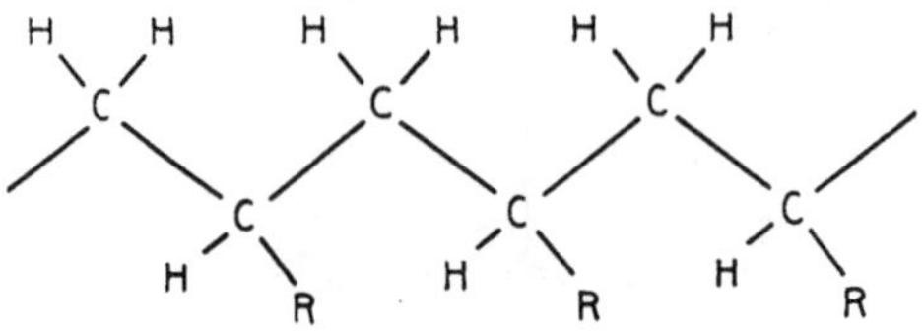

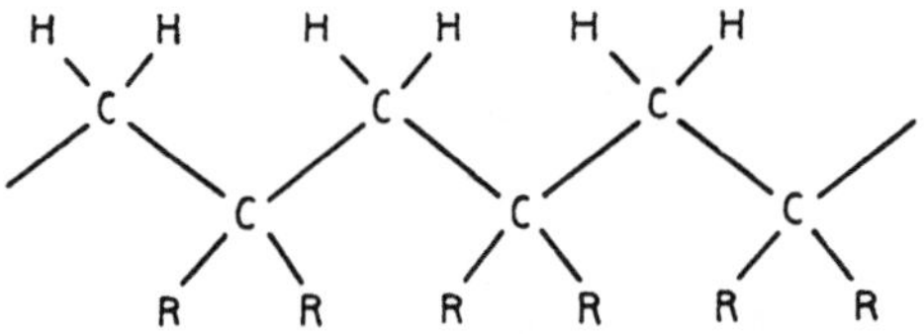

Ein wichtiger, glasartiger thermoplastischer Kunststoff ist auch «Perspex», das Polymerisationsprodukt eines Esters der Methylacrylsäure, $H_3C-C\underset{CH_2}{\overset{COOCH_3}{\diagup}}$ .

Es entsteht durch Erhöhung der Koordinationszahl des zentralen C von drei auf vier und Kettenbildung unter Auflösung der Doppelbindung (RÖHM, HAAS, CHALMERS, HALL, CRAWFORD).

Die Eigenschaften hängen von der chemischen Konstitution, der Kettenlänge, der Länge, Orientierung und Regelmäßigkeit der Verbündelung und Verzwirnung bzw. der Parallelität der Ketten oder der Knäuelbildung, zudem auch weitgehend von der Temperatur ab. Erfolgreiche synthetische Fasern sind weiterhin Vinyon und Nylon von bereits polymiktem Bau:

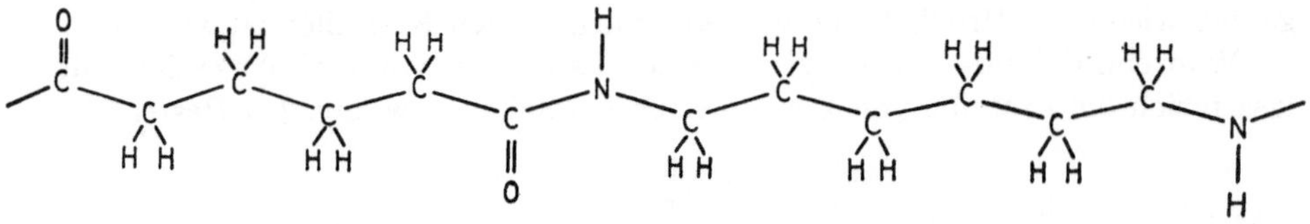

Denn auch Polykondensationen sind sowohl mit einheitlichen Verbindungstypen als mit verschiedenartigen durchführbar und können in beiden Fällen zu Großmolekülen führen.

Als unzweckmäßig erachten wir es, wenn die Bezeichnung Polymerisation verwendet wird, sofern Einzelmoleküle durch sekundäre Kräfte, zum Beispiel VAN DER WAALSsche Kräfte, zu größeren Verbänden zusammentreten. Nach dem hier benutzten Begriffsschema handelt es sich, wie bereits erwähnt, in solchen Fällen um eine *übergeordnete Verbandsbildung*, die streng von der eigentlichen Polymerisation zu Polymeren zu trennen ist. Das alles ist mit ein Grund, warum die so oft verwendeten Bezeichnungen «Riesenmolekül» und «Hochpolymere» etwas vieldeutig geworden sind.

Die neuen Definitionen schaffen Klarheit, ohne daß Übergänge mißachtet werden. Ja, verschiedenartige Ausdrucksweise wird zugelassen, sofern sie dem Wesen der Erscheinung gerecht wird, beruhen doch alle unsere Trennungsprinzipien auf theoretischen Vorstellungen, während das Naturgegebene oft zwischen Extremfällen vermittelt. Das gilt schließlich auch für die Streitfrage: Einzelgroßmoleküle oder Micellen bzw. kolloidale Gebilde. Rein dimensionsgemäß können Riesenmoleküle Kolloidteilchen werden und so zu *molekülkolloiden* Systemen Veranlassung geben. Großmoleküle, wie zum Beispiel Fäden, werden sich zudem gerne locker aggregieren, gegeneinander verdrehen und verknäueln, ohne bereits zu einem wohldefinierten Molekülkristall zusammenzutreten. Es entstehen Aggregate verschiedenster Art, die bereits in gewissem Sinne als Einheiten wirken. Noch handelt es sich jedoch nicht um wohlgeordnete Molekülkristalle, sondern um Gebilde mit fehlgeordneter Kristallstruktur oder unpräziser Aggregation, an die oft andere Stoffe adsorbiert oder zwischengelagert sind. In mancher Hinsicht werden sie sich wie Kolloidalteilchen mit dreidimensional kristallinem Kern verhalten oder im Bau Ähnlichkeiten mit «flüssigen» Kristallen besitzen. Naturgemäß hindert dies nicht, in jedem gegebenen Falle zu fragen, ob die Teilchen nur großmolekularen oder micellaren oder großmolekular-micellaren bzw. halbkristallinen oder anderswie definierbaren Bau besitzen.

Eines aber zeigen die großmolekularen Stoffe, soweit wenigstens die heutigen Kenntnisse reichen: Riesenmoleküle, deren Teilchen durch analoge Bindungen zusammengehalten werden, entstehen im allgemeinen nicht durch Wirksamwerden immer neuer Bauprinzipien, sondern durch Wiederholung gewisser Baumotive; sie sind vorzugsweise zugleich Hochpolymere. Mit anderen Worten: es sucht sich in ihnen bereits das kristalline Bauprinzip zur Geltung zu bringen. So braucht es nicht zu verwundern, daß gewisse Virusarten im Innern Kristallcharakter besitzen. Trotzdem läßt das Zwischengebiet zwischen Molekülen mit wohldefinierter Formelgröße und Kristallen, die trotz endlicher Größe das kristalline Konfigurationsschema deutlich erkennen lassen, eine ungeheure Zahl von Varianten zu, von denen gewiß nur ein Teil in den organischen Stoffen der Lebewesen verwirklicht ist.

Und denken wir schließlich an die methodischen Schwierigkeiten der Untersuchungen in diesem Grenzgebiet, so ist nicht von der Hand zu weisen, daß die derzeitigen Kenntnisse noch so lückenhaft sein können, daß wichtige Gruppen von Verbandsverhältnissen ihrem Wesen nach uns bis heute völlig unbekannt geblieben sind.

**Konstellationsisomerie.** So hat besonders bei hochpolymeren fadenartigen Molekülen erst in neuerer Zeit ein Begriff größere Bedeutung erlangt, der Erscheinungen zusammenfaßt, die wir schon mehrfach erwähnten. Konfigurationen, bei denen die Winkel der Koordinationsrichtungen 1. Sphäre sich praktisch gleichbleiben, wobei jedoch, sei es durch Rotation oder momentane Fixierung, verschiedene Lagen des diesen Winkeln entsprechenden Kegels ausgenützt werden, sind als *Konstellationsisomere* bezeichnet worden. Es sei daran erinnert, wie eine Zickzack-Kette durch gleichsinnige Abbiegung in einen Ring übergehen kann. In molekulardispersen Phasen werden nun bei faden- oder kettenartigen Molekülen die mannigfaltigsten offenen Gestalten (mit teilweiser Abbiegung gegen Ringstellung und Zwischenstücken mehr kettenartigen Charakters) möglich sein. Energetisch werden sich diese Formen, weil die Koordinationswinkel gewahrt bleiben, wenig voneinander unterscheiden, daher fortwährend ineinander übergehen können, so daß nur im statistischen Sinne von einer mittleren Konstellation gesprochen werden kann. Immerhin läßt sich, wie ja gerade im vorhergehenden Abschnitt erwähnt wurde, stärkere Verknäuelung durch bestimmte Bedingungen erzwingen oder wieder teilweise rückgängig machen. Es handelt sich um ein typisches Übergangsgebiet zwischen Mesomerie und echter Polymorphie.

In letzter Zeit ist das Problem dieser Konstellationsisomerie fadenförmiger Moleküle durch W. Kuhn besonders eingehend statistisch behandelt worden. Eine erste Charakterisierung einer gegebenen Konstellation kann durch Angabe des Abstandes $h$ zwischen Anfangs- und Endpunkt des Fadenmoleküles erfolgen. Dieser Abstand läßt sich mit demjenigen vergleichen, der bei streng kettenartiger Ausbildung vorhanden sein müßte ($l$). Wird das Molekül (eventuell bis zu diesem extremen Wert $l$) gedehnt, so entsteht normalerweise eine mechanische Rückstellkraft, die den Abstand $h$ zu vermindern sucht. $h$ selbst wird vom Polymerisationsgrad (im Mittel $h^2$ proportional dem Polymerisationsgrad) abhängig sein. Kuhn hat Entropie, mechanische Rückstellkraft, optische Anisotropie als Funktion von $h$ zu berechnen versucht und insbesondere Dehnungsdoppelbrechung und elastische Rückstellkraft bei Kautschuk näher untersucht. Interessante Probleme treten auch auf, wenn nach der Gestalt solcher Fadenmoleküle in anisotropen Medien, zum Beispiel in strömender Lösung, gefragt wird.

Selbstverständlich muß auch bei Versuchen, derartige Konstellationen theoretisch zu behandeln, von Idealisierungen ausgegangen werden, an Stelle komplizierterer Gestalten werden statistische Fadenelemente eingesetzt, die eigentliche Zusammenballung zu kugelförmigen Aggregaten kann mit einer Tropfenbildung verglichen werden usw.

**Pseudokristalline bis quasikristalline Verbandsverhältnisse.** Fassen wir zusammen: Viele der erwähnten, für eine Serie von «Festkörpern» charakteristischen Zustände erhalten eine erste typische Kennzeichnung, wenn man sie *pseudokristallin* oder unter Umständen *quasikristallin* nennt. Das Bauprinzip ist bereits demjenigen analog, das zu kristallinen Konfigurationen führt. Es ist jedoch keine starre Verknüpfung vorhanden, sondern eine freie, unregelmäßige, die strenge Periodizität im geometrischen Sinne ausschließt. In dieser Hinsicht handelt es sich noch um «amorphe Festkörper», zu denen die verschiedenen mehr oder weniger plastischen kautschuk-, harz- oder glasartigen

Kunststoffe gehören. Von den eigentlichen hochmolekularen Faserstoffen sind alle Übergänge zu unregelmäßig vernetzten Kettenverbänden oder lose vergitterten Massen mit ketten- oder schichtartigen Untereinheiten vorhanden. Eine Vergitterung zu unregelmäßigen aperiodischen Haufwerken ist in vielen Gläsern vorhanden, bei denen oft dreidimensionale lockere Zusammenhänge von Anionencharakter ein Grundgerüst bilden. Phenoplasten, Aminoplasten, Glyptale, vulkanisierter Kautschuk usw. können oft in gewissem Sinne als analoge homöopolare Verbände bezeichnet werden. Für alle diese in neuerer Zeit bedeutsam gewordenen Stoffe wird gelten, daß strukturelle Untersuchungen mit dem Ziel, die Rolle der verschiedenartigen Einflüsse auf die Verbandsverhältnisse abzuklären, wesentliche neue Einblicke vermitteln werden. Es sind somit auch für diese «amorphen» Stoffe die stereo- und kristallchemischen Betrachtungen unter Berücksichtigung der hinzukommenden Freiheitsgrade anzuwenden.

Da immer nur relativ kleine Bezirke einen vollständigen Verband bilden, machen sich bei der Erforschung zudem ähnliche Gesichtspunkte geltend, wie bei der Behandlung feinkristalliner Aggregate (zum Beispiel der Werkmetalle). Es ist lediglich die innere Deformationsfähigkeit der Einzelindividuen eine viel größere, sie tritt an Stelle der Kristallplastizität. Dazu kommen (entsprechend den intergranularen Verschiebungsmöglichkeiten in Kristallaggregaten) die Deformationen der Hauptverbände gegeneinander. Schließlich weisen auch Mosaikkristalle (siehe Seite 85 und 267) Analogien auf, sofern wir von der geringeren Beweglichkeit der Teilkristallräume in ihnen absehen. Zudem entstehen unter Umständen Aggregate von kleinen Kristallen, die durch pseudokristalline, noch als Ganzes amorphe Bezirke miteinander verschweißt sind. Bei Micellarstrukturen können sich ferner Teilverbände an einer Mehrzahl von Kristallindividuen, die im übrigen gegeneinander verdreht sind, beteiligen und so starken Zusammenhalt hervorrufen. In Stoffen wie Gletschereis und Schnee bei Temperaturen in der Gegend von $0^0$ C werden bei Gegenwart von Kristallphase und Dampf (und eventuelle flüssige Phase) molekulare und kristalline Umordnungsprozesse so ineinandergreifen, daß für Gesamtbetrachtungen Oberbegriffe erwünscht sind. Es bleibt daher für alle der Konsistenz nach festen, zusammengesetzten Körper neben der strukturellen Einzelbetrachtung die gleichartige phänomenologische Beschreibung eine Notwendigkeit, damit die innere Verwandtschaft zwischen Viskosität und Plastizität (inklusive inter- und intrakristalline Plastizität) nicht übersehen wird.

**Inselradikale als Komplexionen.** Betätigt ein elektropositives Teilchen $A$ einem elektronegativen Partner $B$ gegenüber eine kz, die größer ist als die bz, so kann ein *Anion* entstehen. Es gibt *ein-* und *mehrkernige Anionen* von geometrisch in sich abgeschlossenem, also molekularem Charakter. Die Bildung einkerniger Anionen erfolgt zum Beispiel mit O, OH, CN oder F, Cl, Br, J als Liganden. Ist die bz $= n$, die kz $= m$ (mit $m > n$), so ist bei Anionen der Sauerstoffsäuren (Oxosalze) die resultierende Anionenwertigkeit $2(m-n)$, bei Anionen der Halogenosäuren $(m-n)$. *Führen wir*, im Sinne einer Erläuterung, *die Anionenbildung auf Wirksamwerden einer die bz übersteigenden kz zurück*, so ist dies nur vorteilhaft, wenn es möglich wird, den $A$-Teilchen wahrscheinliche kz zuzuordnen und das koordinative Verhalten aus dem Atombau abzuleiten. Dies ist nun, wenn auch nicht in Einzelheiten, so doch generell weitgehend der Fall, wobei (wie für die Wertigkeiten) gilt, daß bei gewissen elektropositiven Teilchen verschiedene kz miteinander konkurrieren können.

Als einer der ersten hat KOSSEL versucht, für verschiedenwertige Zentralatome mit ein- oder zweiwertigen Liganden die stabilsten kz zu berechnen, und zwar unter Annahme gleicher Größe der Partner. Er erhielt:

| Ladung des Zentralatoms | $2^+$ | $3^+$ | $4^+$ | $5^+$ | $6^+$ | $7^+$ | $8^+$ |
|---|---|---|---|---|---|---|---|
| kz bei einwertigen Liganden | 4 | 4 | 6 | 8 | | | |
| kz bei zweiwertigen Liganden | 2 | 3 | 4 | 4 | 4 | 6 | 6 |

Aber auch das Raumbeanspruchungsverhältnis tritt mit ins Spiel (MAGNUS, HÜTTIG, V. M. GOLDSCHMIDT, NIGGLI und andere) und verhindert bei kleineren Zentralatomen größere kz (siehe Seite 196). Ja manchmal lassen sich in Form einer ersten Übersicht die Koordinationsverhältnisse und die Koordinationsschemata schon einigermaßen aus den gegenseitigen Raumbeanspruchungsgrößen deduzieren. Im allgemeinen sind die erreichten ksch immer *hochsymmetrisch* oder *pseudohochsymmetrisch*. Ob bei gleicher kz planares, aplanares oder isometrisch-räumliches ksch zu erwarten ist, läßt sich meist voraussagen. Bei gleichartiger Bindung und bei gleichartigen oder gar geometrisch gleichwertigen Liganden werden folgende Beziehungen bei bz $n$ und kz $m$ gelten:

In Bruchteilen der Wertigkeit des Liganden ist jeder Ligand zu $\dfrac{n}{m}$ abgesättigt. Nun scheint es nicht abwegig zu sein, anzunehmen, daß einkernigen Anionen normalerweise nur dann größere Beständigkeit zukommen wird, wenn die Liganden mindestens an das Zentralatom halb gebunden sind, also $\dfrac{n}{m} \geqq \dfrac{1}{2}$ ist. Bezeichnen wir somit $m = 2n$ als die normal zu erwartende maximale kz für stabile einkernige Radikale, so erhalten wir folgende Tabelle:

| + Wertigkeit der Zentralstelle | $1^+$ | $2^+$ | $3^+$ | $4^+$ | $5^+$ | $6^+$ | $7^+$ | $8^+$ |
|---|---|---|---|---|---|---|---|---|
| bz bei einwertigen Liganden . . . . . . . | 1 | 2 | 3 | 4 | 5 | 6 | 7 | 8 |
| maximal zu erwartende kz . . . . . . . . . | 2 | 4 | 6 | 8 | 10 | 12 | 14 | 16 |
| bz bei zweiwertigen Liganden . . . . . . . | $^1/_2$ | 1 | $^3/_2$ | 2 | $^5/_2$ | 3 | $^7/_2$ | 4 |
| maximal zu erwartende kz . . . . . . . . . | 1 | 2 | 3 | 4 | 5 | 6 | 7 | 8 |

Die relativ niedrigen kz der leicht zur Anionenbildung neigenden Elemente verhindert oft die Erreichung dieser Maximalwerte, doch wird auf Grund vorstehender Tabelle sofort verständlich, warum Oxo-Anionen im allgemeinen kleinere kz besitzen als Halogeno-Anionen. Unter den Hexacidogruppen sind in der Tat diejenigen drei- und höherwertiger elektropositiver Elemente weit bevorzugt. Es sei an die Hexahalogeno-Anionen wie:

Zentralatome dreiwertig: $[AlF_6]^{---}$, $[ScF_6]^{---}$, $[VdF_6]^{---}$, $[CrF_6]^{---}$, $[FeF_6]^{---}$, $[TiCl_6]^{---}$, $[CrCl_6]^{---}$, $[FeCl_6]^{---}$, $[IrBr_6]^{---}$ usw.,
Zentralatome vierwertig: $[PtCl_6]^{--}$, $[SnCl_6]^{--}$, $[SeBr_6]^{--}$, $[GeF_6]^{--}$, $[SiF_6]^{--}$, $[ZrF_6]^{--}$, $[MnF_6]^{--}$ usw.,
Zentralatom fünfwertig: $[SbCl_6]^{-}$,
die mannigfaltigen entsprechenden Hexahydroxo-Anionen wie $[Sn(OH)_6]^{--}$, $[Pt(OH)_6]^{--}$ erinnert, alle mit Oktaeder oder Pseudooktaeder als kpo.

Demgegenüber treten einkernige Hexacido-Anionen zwei- oder gar einwertiger metallbildender Atome ganz zurück, sie sind (neben den entsprechenden FeIII-Formen) von FeII in Verbindung mit CN (Hexacyano-Anionen) oder CNS (Hexarhodanato-Anionen) als $[Fe(CN)_6]^{----}$ und $[Fe(CNS)_6]^{----}$ bekannt geworden, wobei sicherlich die eigenartige Konstitution der CN- und CNS-Gruppen eine Rolle spielt.

Hingegen finden wir nun bei zweiwertigen Zentralatomen gerne die Bildung von Tetracidoanionen meist mit tetragonal prismatischem ksch, d.h. dem Quadrat als kpo. Es sei beispielhaft erinnert an: $[PtCl_4]^{--}$, $[MgBr_4]^{--}$, $[PbCl_4]^{--}$, $[CoCl_4]^{--}$, $[PdCl_4]^{--}$, $[CuCl_4]^{--}$, während $[BF_4]^{--}$ tetraedrisches ksch besitzt.

Die kz 8 wird vermutet bei $[Mo(CN)_8]^{---}$ und ähnlichen Verbindungen. Kaum sind mit Sicherheit einkernige Kationen mit größerer kz bekannt, da höherwertige Elemente als die der Vierwertigkeit im allgemeinen nur niedrige kz besitzen.

Im Gegensatz zu den Halogeno-, Hydroxo-, Cyano-Anionen mit einwertigen Liganden finden wir entsprechend der Tabelle auf Seite 216 unten bei Oxo-Anionen (zweiwertiger Ligand) die kz selten über 4 hinausgehend. Auch hier gilt, daß für die mehr als vierwertigen Teilchen, bei denen an sich höhere kz im einkernigen Radikal möglich wäre, die kz Sauerstoff gegenüber an sich relativ niedrig ist. Das selbständige Auftreten einkerniger Radikale wie $[TiO_6]^{====}$ ist fraglich, $[TeO_6]^{===}$ wird wie $[OsO_6]^{===}$ etwas größere Haltbarkeit besitzen.

Die gesamte einkernige homogene Komplexionenbildung ist somit aus allgemeinen Kenntnissen über die Wertigkeiten, Koordinations- und Raumbeanspruchungsverhältnisse der in Frage kommenden atomaren Teilchen ableitbar. Sie läßt sich überschlagsmäßig in manchen Einzelheiten sogar rechnerisch verständlich machen. Eine Auswahl einkerniger Anionen mit Angaben über mittlere Kernabstände enthält nachstehende Zusammenstellung:

I. Typus $AB_3$: in der Hauptsache planar, d.h. trigonal oder pseudotrigonal prismatisches Koordinationsschema. Gleichseitiges Dreieck = kpo (Fig. 95, IV)

$(NO_3)^{-}$, $d_{AB} = 1,1-1,2$ Å
$(CO_3)^{--}$, $d_{AB} = 1,2$ Å (? $1,1-1,3$ Å)
$(BO_3)^{---}$, $d_{AB} = 1,3-1,4$ Å.

II. Typus $AB_3$: in der Hauptsache trigonal oder pseudotrigonal pyramidales
Koordinationsschema. Trig. Pyramide = kpo (Fig. 95, V)
$(ClO_3)^-$, $d_{AB} = 1,45$ Å ( ? — 1,6 Å); $(BrO_3)^-$, $d_{AB} = 1,6 - 1,8$ Å
$(SO_3)^{--}$, $d_{AB} = 1,4$ Å; $(SeO_3)^{--}$
Eventuell auch $(PO_3)^{---}$, $(AsO_3)^{---}$, $(SbO_3)^{---}$.

III. Typus $AB_4$: in der Hauptsache tetragonal oder pseudotetragonal prismatisches Koordinationsschema. Quadrat = kpo (Fig. 95, VI)
$(R^{+++} Hal_4)^-$ öfters
$(R^{++} Hal_4)^{--}$, bzw. $(R^{++}(OH)_4)^{--}$, zum Beispiel $(PtCl_4)^{--}$, $d_{AB} = 2,3$ Å;
$(PdCl_4)^{--}$, $d_{AB} = 2,3$ Å.

IV. Typus $AB_4$: in der Hauptsache tetraedrisches oder pseudotetraedrisches
Koordinationsschema. Tetraeder = kpo (Fig. 95, VIII, IX)
$(ClO_4)^-$, $d_{AB} = 1,4 - 1,6$ Å; $(MnO_4)^-$, $d_{AB} = 1,6$ Å; eventuell
$(JO_4)^-$, $d_{AB} = 1,8$ Å; $(BF_4)^-$, $d_{AB} = 1,4 - 1,6$ Å
$(SO_4)^{--}$, $d_{AB} = 1,4 - 1,7$ Å (meist 1,5 - 1,65 Å); $(SeO_4)^{--}$; $(CrO_4)^{--}$,
$\quad d_{AB}$ wenig größer
$(WO_4)^{--}$; $(MoO_4)^{--}$, $d_{AB}$ oft um 1,8 Å und größer, zum Teil komplexere
$\quad$ Struktur
$(PO_4)^{---}$, $d_{AB} = 1,7$ Å (1,5 - 1,8 Å); ähnlich $(AsO_4)^{---}$, $(VO_4)^{---}$,
$(SiO_4)^{----}$, $d_{AB} = 1,5 - 1,8$ Å, meist 1,53 - 1,73 Å.

V. Typus $AB_6$: in der Hauptsache hexaedrisch, eventuell pseudohexaedrisches
Koordinationsschema (WERNERS oktaedrischer Typus, Oktaeder = kpo,
Fig. 96, XIV).
$(SiF_6)^{--}$, $d_{AB} = 1,7$ Å; $(GeF_6)^{--}$, $d_{AB} = 1,8$ Å; $(PtCl_6)^{--}$ und $(TiCl_6)^{--}$,
$\quad d_{AB} = 2,3 - 2,4$ Å;
$(SeCl_6)^{--}$, $d_{AB} = 2,4$ Å; $(ZrCl_6)^{--}$, $d_{AB} = 2,4 - 2,5$ Å wie $(SnCl_6)^{--}$ und
$\quad (PbCl_6)^{--}$, $(PdCl_6)^{--}$, $(TeCl_6)^{--}$; $(SeBr_6)^{--}$ mit $d_{AB} = 2,5$ Å;
$(AlF_6)^{---}$, $d_{AB} = 1,8$ Å; $(FeF_6)^{---}$, $d_{AB} = 1,9$ Å; $(Al(OH)_6)^{---}$, $d_{AB} = 2,1$ Å;
$(TlCl_6)^{---}$, $d_{AB} = 2,5 - 2,6$ Å.

Bei Radikalen $AB_2$ kann die gestreckte pinakoidale (Fig. 95 II) oder die ge-
winkelte (Fig. 95 III) diedrische Gestalt auftreten, zum Beispiel:

$\quad$ vermutlich gestreckt $(HF_2)^-$, $d_{AB} = 1,1 - 1,25$ Å; $(JCl_2)^-$, $d_{AB} = 2,25$ Å
$\quad$ (Fig. 95, II);

$\quad$ vermutlich gewinkelt $(NO_2)^-$, $d_{AB} = 1,1$ Å; $(ClO_2)^{--}$, $d =_{AB} 1,5 - 1,6$ Å.

Daß an sich recht hohe kz mit hochsymmetrischen kpo verträglich wären,
sollen als Ergänzung zu den Figuren 95 und 96 noch drei den Ikosaedergruppen
angehörige Beispiele zeigen (Fig. 176).

Durch das Feld der Zentralatome werden die elektronegativen Partner
der Komplexionen polarisiert, zudem kann der elektropositive Zentralbestand-
teil deformiert werden. Es gehen von ihm polarisierende Wirkungen aus und er
wird polarisierbar. Im allgemeinen werden die metallbildenden Elemente der
Nebenreihen des periodischen Systems sowohl größere Polarisierbarkeit als

auch stärker polarisierende Wirkung besitzen als metallbildende Elemente der Hauptreihe. Es handelt sich übrigens um Erscheinungen, die nicht nur für die Komplexionenbildung typisch sind, sondern auch für die Salzbildung aus Ionen; ein weiterer Hinweis, daß molekulare und kristalline Konfigurationen analog zu behandeln sind.

Neben Komplexionen mit homogener kz (lauter gleichartige Teilchen in 1. Sphäre) sind auch Komplexionen mit *heterogener, zusammengesetzter kz* be-

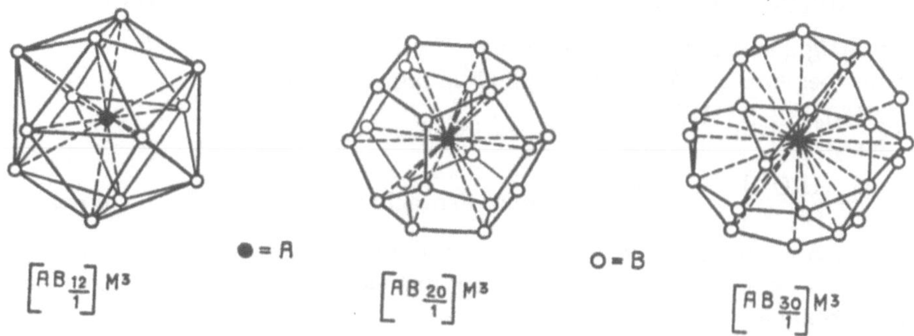


Fig. 176
Beispiele von ksch und kpo der Ikosaedergruppen mit den kz 12, 20 und 30.

kannt, zum Beispiel $[PtCl_3(OH)]^{--}$ oder vom Typus Oxo-halogeno-Anionen usw. Besonders häufig aber tritt hier folgende Erscheinung auf.

**Abschirmungen des Koordinationsbestrebens der Zentralatome.** Das Koordinationsbestreben metallbildender Zentralatome wird vollständig oder teilweise durch an sich abgesättigte Baugruppen befriedigt, so daß abschirmend um die positiv geladene Zentralstelle eine Koordinationshülle von $NH_3$, $H_2O$ usw. tritt und ein Teil oder die Gesamtheit der elektronegativen Partner ionogen in die 2. Sphäre wandert. Es entstehen abgeschirmte komplexe Kationen. Polarisationswirkungen können dann recht wichtig werden. Die Bindung dieser Moleküle ist jedoch nur nebenvalenzartig bzw. vom Charakter einer VAN DER WAALSschen Bindung oder einer Bindung durch Polarisationskräfte, und nichts zeigt so sehr wie dieses weitverbreitete Phänomen, daß es notwendig ist, das Koordinationsbestreben völlig von der Bindungsart zu trennen.

Ammoniak der Hexamingruppen wie $[Co(NH_3)_6]^{+++}$ kann durch Äthylendiamin («en») usw. ersetzt werden. Besonderes Interesse beanspruchen die Hexaminaquogruppen wie: $\left[Co\genfrac{}{}{0pt}{}{(NH_3)_5}{(H_2O)_1}\right]^{+++}$, $\left[Co\genfrac{}{}{0pt}{}{(NH_3)_4}{(H_2O)_2}\right]^{+++}$ bis zu Hexaquo-Kationen vom Typus $[Co(H_2O)_6]^{+++}$. Die positive Überschußladung des gesamten Komplexes wird herabgesetzt durch teilweisen Ersatz der nebenvalenzartig gebundenen verschiedenartigen Moleküle durch kovalent gebundene elektronegative Partner, zum Beispiel Monacido-pentamingruppen wie $\left[Co\genfrac{}{}{0pt}{}{(NH_3)_5}{Cl}\right]^{++}$, $\left[Co\genfrac{}{}{0pt}{}{(NH_3)_5}{NO_2}\right]^{++}$, $\left[Co\genfrac{}{}{0pt}{}{(NH_3)_5}{CNS}\right]^{++}$, $\left[Co\genfrac{}{}{0pt}{}{(NH_3)_5}{NO_3}\right]^{++}$ usw., Diacidotetramingruppen wie $\left[\mathrm{Co}_{\mathrm{CO}_3}^{(\mathrm{NH}_3)_4}\right]^+$, ferner $\left[\mathrm{Co}\ \begin{matrix}(\mathrm{NH}_3)_5\\ \mathrm{H}_2\mathrm{O}\\ \mathrm{Cl}_3\end{matrix}\right]^{++}$ oder Dichlorodien-

gruppen wie $\left[\mathrm{Co}_{\mathrm{Cl}_2}^{(\mathrm{en})_2}\right]^+$ usw., Dichlorotetraquogruppen wie $\left[\mathrm{Cr}_{\mathrm{Cl}_2}^{(\mathrm{H}_2\mathrm{O})_4}\right]^+$.

Nichtelektrolytische molekülartige Bildungen entstehen als Triacido-triamingruppen usw., zum Beispiel $\left[\mathrm{Co}_{\mathrm{Cl}_3}^{(\mathrm{NH}_3)_3}\right]$. Bei weiterem Ersatz der neben-valenzartig gebundenen Molekülgruppe durch Cl oder andere elektronegative Partner beginnt die Anionenkomplexbildung, zum Beispiel $\left[\mathrm{Co}_{(\mathrm{NO}_2)_4}^{(\mathrm{NH}_3)_2}\right]^-\ \left[\mathrm{Cu}_{\mathrm{Cl}_4}^{(\mathrm{H}_2\mathrm{O})_2}\right]^{--}$ als Tetracido-Anionen

bzw. $\left[\mathrm{Fe}_{\mathrm{Cl}_5}^{(\mathrm{H}_2\mathrm{O})}\right]^{--}\ \left[\mathrm{Pt}_{\mathrm{Cl}_5}^{(\mathrm{NH}_3)}\right]^-$ mit Pentacido-aquo- und Pentacido-amin-gruppen. Ausgehend von den Hexacido-Anionen wird durch Ersatz von 1 bis 2 Cl durch gesättigte Molekülgruppen die elektronegative Wertigkeit des Komplexanions vermindert.

**Anionen von Pyro- und Polykieselsäuren.** Es steht jedoch der Stabi-lisierung von Komplexanionen mit relativ großer Überschußladung, d. h. ge-ringer Bindung der elektronegativen Partner durch das elektropositive Zentral-atom, noch ein anderer Weg zur Verfügung, die bereits Seite 194 besprochene *Bildung mehrkerniger Anionen mit Brückenteilchen.* Zunächst können auf diese Weise immer noch Inselradikale von endlicher Molekülgröße entstehen. Zwei, drei oder mehrere Koordinationsoktaeder können gemeinsame Ecken, Kanten oder Flächen aufweisen, d. h. einfache oder doppelte oder dreifache (zum Bei-spiel Fig. 121b) Brückenbindung besitzen, zum Beispiel nach den Formeln:

$$\left[\mathrm{Me}\ \mathrm{X}_{\left(\frac{1}{2}+\frac{5}{1}\right)}\right]_n,\ \left[\mathrm{Me}\ \mathrm{X}_{\left(\frac{2}{2}+\frac{4}{1}\right)}\right]_2,\ \left[\mathrm{Me}\ \mathrm{X}_{\left(\frac{3}{2}+\frac{3}{1}\right)}\right]_2\ \text{usw.}$$

Besonders bekannt sind mehrkernige Oxo-Anionen, die als Anionen von Pyro- und Polysäuren bezeichnet werden.

Fig. 122a, Seite 145, kann die Konfiguration eines Pyrophosphations $\left[\mathrm{PO}_{\left(\frac{1}{2}+\frac{3}{1}\right)}\right]_2$ oder eines «Pyro»-Silikations $\left[\mathrm{SiO}_{\left(\frac{1}{2}+\frac{3}{1}\right)}\right]_2$ sein. Es treten jetzt neben einfach gebundenen doppelt gebundene O auf, pro Zentralatom wird die Überschußladung herabgesetzt, die Koordinationshülle ist verfestigt worden. Begreiflich ist, daß diese Polysäurebildung besonders bei relativ großer Anionen-wertigkeit, zum Beispiel drei und vier, sich bemerkbar macht und dann, wenn bei einkernigem Anion die Bindung der elektronegativen Partner nur zur Hälfte oder zu noch geringeren Beträgen erfolgt. Das gilt zum Beispiel schon für $[\mathrm{BO}_3]^{---}$ Ionen oder $(\mathrm{SiO}_4]^{----}$-Ionen. Die ringförmigen Inselradikale der Figuren 122b, c, d stellen $\left[\mathrm{SiO}_{\left(\frac{2}{2}+\frac{2}{1}\right)}\right]_n$-Ionen dar, es sind Polykieselsäuren ent-standen.

In den Ionenradikalen können indessen nicht nur kovalent heteropolare und nebenvalenzartige Bindungen kombiniert auftreten, sondern unter gewissen Umständen auch homöopolare. Als Beispiele erwähnen wir die in den Figuren 177—178 abgebildeten Pyrosulfit-, Dithion-, Trithion-, Peroxyschwefel-

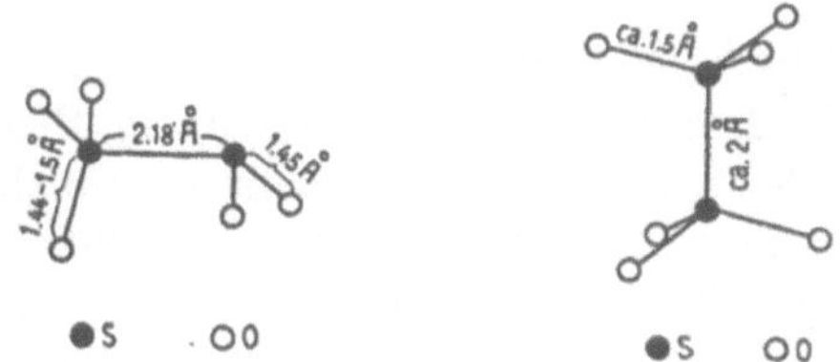

Fig. 177

a = Pyrosulfitanion, b = Dithionsäureion.

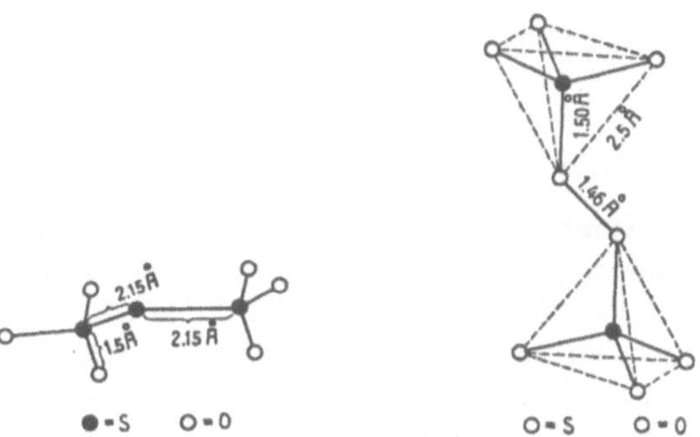

Fig. 178

a = Trithionsäureion, b = Peroxyschwefelsäureion.

säureionen. Im Pyrosulfition besitzt ein S die heterogene kz 4 (3 O + 1 S), das andere die heterogene kz 3 (2 O + 1 S), im Dithion- und Trithionion treten die heterogene kz 4 (3 O + 1 S) auf, im letzteren noch 1 S mit kz 2. In der Peroxyschwefelsäure werden 2 $SO_4$-Radikale durch eine O—O-Bindung zusammengehalten.

Man nennt Polysäuren mit gleichartigen Kernatomen *Isopolysäuren*, solche mit verschiedenartigen Zentralstellen *Heteropolysäuren*. Nach neueren Strukturuntersuchungen von JANDER, KEGGIN, ANDERSON, JAHR, SIGNER und anderen läßt sich das Prinzip der Bildung mancher Heteropolysäuren leicht verstehen. So aggregieren sich die Oktaeder des $WO_6$ der Hexawolframsäure durch Kantenbindung zu einem $\left[WO_{\left(\frac{4}{2}+\frac{2}{1}\right)}\right]_6^{12-} = [W_6O_{24}]^{12-}$-Komplex, in dessen Hohlraum sich zur teilweisen weiteren Absättigung (und damit verbundenen Stabilisierung) J, Te oder P einlagern können. Es entstehen zum Beispiel die 6-Heteropolysäuren mit $\left[J\left(WO_{\left(\frac{4}{2}+\frac{2}{1}\right)}\right)_6\right]^{5-}$ oder $\left[Te\left(WO_{\left(\frac{4}{2}+\frac{2}{1}\right)}\right)_6\right]^{6-}$-Aggregaten. Eine 12-Heteropolysäure $\left[P\left(WO_{\left(\frac{1}{3}+\frac{4}{2}+\frac{1}{1}\right)}\right)_{12}\right]^{3-}$ enthält um ein zentrales P zwölf $WO_6$-Oktaeder gruppiert, die pro Oktaeder eine freie O-Ecke,

4 zwei Oktaedern gemeinsame Ecken und eine 3 Oktaedern gemeinsame Ecke aufweisen, so daß das Verhältnis $P:W:O = 1:12:40$ wird.

Die Komplexionenbildung läßt sich so in allen Einzelheiten aus den Beziehungen zwischen bz, kz, ksch, Raumbeanspruchung der Teilchen verständlich machen, wobei weitgehend das Bestreben herrscht:

1. hochsymmetrische ksch zu bilden,

2. größere Überschußladungen durch Verfestigung, Brückenbildung, Ersatz des elektronegativen Partners der 1. Sphäre durch Moleküle zu vermindern.

Es ist selbstverständlich, daß auch für die Inselradikale die bei den eigentlichen Molekülen angestellten Überlegungen über *Radikalpolymorphie* ihre Geltung haben. Und es ist ja wohlbekannt, daß ALFRED WERNER, der die Komplexionenchemie entscheidend gefördert hat, auf Grund von *Isomeriebetrachtungen* die große Bedeutung des Oktaeders als kpo bei der kz 6 beweisen konnte. Es braucht daher auf diese Erscheinungen, die wiederum Kenntnisse über die Symmetrieverhältnisse voraussetzen, nicht näher eingegangen zu werden.

## B. Kristalline Konfigurationen

**Moleküle und Kristalle.** Zwanglos, ohne daß am Charakter der Bindung sich irgend etwas ändert, leiten manche molekularen Konfigurationen zu kristallinen über. Wächst die Kettenlänge der Seite 25 beschriebenen Kettenmoleküle immer mehr an, so wird gegenüber der Periodizität der Wiederholung des Hauptmotivs die andersartige Absättigung der Kettenenden von zunehmend nebensächlicher Bedeutung. Die Kettenbildung an sich bedeutet Bildung eindimensionaler kristalliner Konfigurationen, das gesonderte Verhalten der Kettenenden lediglich ein Randphänomen, wie es an jedem kristallinen Gebilde endlicher Größe auftreten muß, da das kristalline Bauprinzip dem Unendlichen verpflichtet ist. Neue Symmetrieerscheinungen werden wahrnehmbar, denn je länger die Kette wird, umso weniger spielt die verschiedene Entfernung der Innenglieder vom Kettenende eine Rolle. Denken wir uns tatsächlich die Kette unendlich lang, so werden Parallelverschiebungen Deckoperationen ergeben, Symmetrieebenen, Symmetriezentren oder Symmetrieachsen der Einzelmotive sich in Parallelscharen wiederholen. Es hat dann keinen Sinn mehr, wie in Fig.13, Seite 25, die verschiedenen $A$ oder $B$ voneinander zu unterscheiden oder zu numerieren, sie verhalten sich auch chemisch vollkommen gleich.

Wird ein ringförmiges Inselanion der Fig.122, zum Beispiel $\left[\mathrm{SiO}_{\left(\frac{2}{2}+\frac{2}{1}\right)}\right]_{n}$, aufgebrochen und wachsen die Enden nicht zusammen, so entsteht die Kette der Fig.125, d.h. ein eindimensionales Anion der Formel $\left[\mathrm{SiO}_{\left(\frac{2}{2}+\frac{2}{1}\right)}\right]_{\infty} K$, das Bauelement, das in den Augiten oder Pyroxenen auftritt. Es wäre willkürlich und vollkommen unberechtigt, dieses kristalline Anion unter anderen als rein geometrischen Gesichtspunkten von den Ringanionen abzusondern. Auf alle Fälle hat der Chemiker hiezu nicht die geringste Veranlassung.

Treten kpo zu mehrkernigen Verbindungen zusammen, so ist es chemisch von ganz untergeordneter Bedeutung, ob dies in endlicher Anzahl geschieht oder sich nach bestimmtem Schema immer weiter fortsetzt. Ja, es scheinen uns mehrkernige Inselgebilde nur Anfang und Versuch einer Entwicklung zu sein, die unter gewissen Umständen unweigerlich zum Kristall führt. Ist zum Beispiel ein tetraedrisches Baumotiv (Fig. 179a) gegeben und herrscht das Bestre-

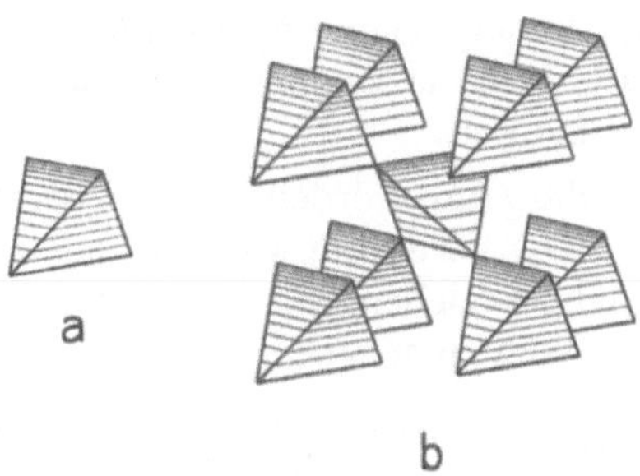


Fig. 179
Beginn des Kristallisationsprozesses durch Aneinanderfügen von Tetraedern.

ben, an jeder Tetraederecke (in bloßer Eckenberührung) ein neues Tetraeder anzulagern (Fig. 179b), so muß dies bei gleichartigen Baumotiven zur kristallinen Konfiguration führen. Stoppen dieses Anlagerungsprozesses ist gleichbedeutend mit der Behinderung eines Vorganges, der eigentlich alle gleichartigen Teilchen in gleicher Weise umfassen sollte.

Es ist gelegentlich behauptet worden, man hätte den von WERNER geschaffenen Begriff der kz nicht auf Kristallverbindungen übertragen sollen. Ganz abgesehen davon, daß dieser Begriff in vollkommener Übereinstimmung mit den Grundtendenzen von WERNER eine rein geometrische Bedeutung erlangt hat, kann dieser Einwand gerade von seiten der Chemiker nicht begründet werden. In allen Einzelheiten können koordinative Bindungen in Kristallen und Molekülen den gleichen Charakter besitzen, man denke an die genannten Kettenmoleküle und Kettenkristalle, an die vielkernigen Ringanionen und die Kettenanionen, an die homöopolaren Bindungen im Molekül und in einem Kristall vom Typus des Graphites oder Diamantes. Die neuere Entwicklung der Chemie hat die Schranke zwischen Molekular-, Inselionen- und Kristallchemie niedergerissen und gerade dadurch Verständnis für die Gesamtmannigfaltigkeit der Stereochemie geschaffen. Es wäre wertlos, die Nomenklatur in der Chemie mit Überbleibseln älterer Epochen weiterhin zu belasten.

**Salz-, Molekül- und Metallkristalle im allgemeinen.** Ein Einwand kann jedoch erhoben werden, nämlich derjenige, es gelte dies wohl für die soeben genannten Fälle, nicht aber für Salzkristalle, Metallkristalle und Molekülkristalle. Dieser Einwand hat seine Berechtigung, wenn man damit zum Ausdruck bringen will, *echte Salze und Metalle seien Bildungen, für die überhaupt nur der kristalline oder pseudokristalline Zustand in Frage kommt, und Molekülkristalle seien den Molekülen übergeordnete Verbände.* Es ist in der Tat sinnlos, im Zusammenhang mit der Molekularchemie von Steinsalz, Calcit, Feldspat, Pyrit usw. zu reden oder gar von Steinsalzmolekül, Feldspatmolekül oder Legierungs- bzw. Metallmolekülen. Die gesamte Chemie dieser «*Salzverbindungen*» ist eine *reine Kristallchemie*. In der wässerigen Lösung zerfällt die heteropolare Kristallverbindung in ihre Ionen, wobei es von sekundärer Bedeutung ist, ob die Einzelionen bestandfähig sind oder wie zum Beispiel die $O^{--}$ der Oxyde zur $(OH)^{-}$-Bildung Veranlassung geben. Umgekehrt entsteht der Salzkristall durch Zusammentritt der Ionen zu einer neuen, nun eben kristallinen Verbindung. Aber es sind zwei Umstände, die beweisen, daß es sich hiebei nicht um etwas vollkommen Neues handelt.

Im dritten Kapitel ist dargetan worden, wie wir bereits bei Molekülen (wie $SiCl_4$ oder Anionen wie $SiO_4$) vermuten können, daß neben kovalenten Bindungen ionogene in Betracht zu ziehen sind. Und bei gleichem Kristallstrukturtypus müssen wir teils an echt ionogene Bindung, zum Beispiel $\left[NaCl_{\frac{6}{6}}\right]_\infty G$, oder an kovalente Bindung, zum Beispiel $\left[ScN_{\frac{6}{6}}\right]_\infty G$, denken. Der Übergang ist fließend und ohne Belang für die stereochemischen Verhältnisse.

Zudem gilt folgendes: Auch in konzentrierten Elektrolyten suchen sich Anionen und Kationen in gewissen Minimalabständen und Anzahlen gegenseitig zu ordnen, sind bereits die elektrostatischen Kräfte zwischen verschieden geladenen Teilchen wirksam. Die Anordnung bleibt nur unfixiert, schwankend. Sobald sich das Ordnungsprinzip durchsetzt, entsteht der Kristall. Gleiches gilt für die Molekülkristalle. Auch in der molekulardispersen Phase wirken die VAN DER WAALSschen Kräfte von Molekül zu Molekül, und Kristallisation bedeutet lediglich, daß jetzt die Molekülanordnung einen stabilen Verband schafft. VAN DER WAALSsche Kräfte bzw. Nebenvalenzkräfte im modernen Sinne sind aber auch in molekularen Konfigurationen bekannt, zum Beispiel in den Aquo- und Amino-Ionen, von denen Seite 219 die Rede war. Also auch in diesen Fällen kommen bei der Kristallisation nicht neue Kräfte zur Geltung, eine Abtrennung der entsprechenden Kristallverbindungen von analogen molekularen Verbindungen läßt sich nicht energetisch, sondern nur geometrisch begründen.

In *Molekülkristallen* sind im allgemeinen die *kürzesten* Abstände von Molekül zu Molekül zwischen C-, N-, P- oder S-, meist auch Cl-Schwerpunkten von der Größe 3–4,0 Å, die Kernabstände gleichartiger Teilchen in den Molekülen gehen aus den Tabellen Seite 191, 198 hervor. Der intermolekulare O–O-Abstand kann etwas unter 2,8 Å heruntergehen. Die zwischenmolekularen Kräfte kommen nach BRIEGLER durch Überlagerung verschiedener Wirkungen, beispielsweise Orientierungseffekte starrer Dipole, Induktionseffekte polarisierbarer Molekeln, Dispersionseffekte infolge Wechselwirkung der inneren Elektronenbewegungen zustande. Der Energieinhalt beträgt, auf die einzelne Bindung berechnet, nur etwa 1–10 kcal. Von Nebenvalenzkräften spricht man heute besonders dann, wenn es möglich ist, diese Kräfte einigermaßen zu lokalisieren, d.h. als von bestimmten Gruppen ausgehend zu betrachten. Handelt es sich mehr um vom ganzen Molekül ausgehende Kräftewirkungen, so bleibt die generelle Bezeichnung VAN DER WAALSsche Kräfte erhalten.

Einige Beispiele nach HOUWINK und anderen geben den Unterschied im Energieinhalt von «primärer» Bindung und «sekundärer» oder Nebenvalenzbindung an.

| Bindung | Energieäquivalent | Gruppenwirkung | Energie pro Gruppe |
|---|---|---|---|
| C—H | 92 kcal | —CH$_3$ | 1,78 kcal |
| C=O | 203 kcal | =CO | 4,27 kcal |
| C—C aliph. | 71 kcal | =CH$_2$ | 0,99 kcal |
| C—C aromat. | 96 kcal | —COOH | 8,97 kcal |

Kehren wir zu den *Salzkristallen* zurück, so können wir formal zwischen ihnen und den Komplexionen auch folgende Analogien bemerken. Wie seinem Koordinationsvermögen nach Pt bestrebt ist, 6 Cl um sich zu gruppieren und $[PtCl_6]^{--}$ zu bilden, hat Na die Tendenz, $[NaCl_6]^{5-}$ zu formen. Aber dieses $[NaCl_6]$-Ion kann nicht beständig sein, da es ja eine fünffach negative Überschußladung tragen würde, jedes Cl also nur zu $\frac{1}{6}$ seiner Valenz abgesättigt ist. Deshalb reißt es neue Na$^+$ an sich, die sich wiederum von 6 Chlorionen umgeben, das Baumotiv kann einzig durch Brückenbindung stabilisiert werden und diese erfolgt wegen der geometrischen Gleichwertigkeit aller Na- und Cl-Ionen immer von neuem, es entsteht ein unendlichkerniges Gebilde, der Steinsalzkristall (siehe Seite 82).

Rein empirisch ergeben sich bei direkter, irgendwie heteropolarer Bindung zwischen elektropositiven Elementen und O folgende Abstände in Å-Einheiten, jedoch mit noch häufigen Schwankungen um oft mindestens $\pm 0,2$ Å:

| | |
|---|---|
| um 1,2 | N |
| um 1,3 | C |
| um 1,5 | B, Cl |
| um 1,5—1,8 | S, P, Si, Br, B, Be, (Al), Ge, J |
| um 1,8—1,9 | J, Se, V, ., Al, Ga, Cr, Zn, Cu, As |
| um 2 —2,1 | Li, Ti, Mn, Fe, Co, Ni, Ru, Rh, Pd, Os, Ir, Pt, Re, Te |
| um 2,1 | Mg, Sc, Mn, (Zr), Nb, Mo, Sn, Sb, Ta, W |
| um 2,2 | Y, In, Hf, Bi, Ag, Po |
| um 2,3 | (Ne) Y, Cd, seltene Erden zum Teil, Au, Hg |
| um 2,4 | Na, Ca, seltene Erden zum Teil, Hg, Tl zum Teil, Pb, Th, U |
| um 2,5—2,7 | Sr, seltene Erden zum Teil, Pb zum Teil |
| um 2,7—3 | K, Rb, Ba, Ra, (NH$_4$), Tl zum Teil |
| um 3 —3,2 | Cs. |

Ähnliche Abstände gelten gegenüber F. Sie sind nicht selten um rund 0,3—0,4 Å größer gegenüber Cl, S, um rund 0,55—0,6 Å größer gegenüber Br, Se, As und um rund 0,75 Å größer gegenüber J, Te, Sb. Es handelt sich um Werte, die wenigstens für eine erste Orientierung nützlich sind; daß in jedem Einzelfall die besonderen Strukturen und Bindungsverhältnisse eine Rolle spielen werden, ist selbstverständlich.

Natürlich hat man versucht, halb empirisch, halb rechnerisch genauere Daten abzuleiten oder gar die Atomkernabstände in Radien der Partner aufzuteilen. Bei ionogener Bindung wird der Radius des O zu 1,32 oder 1,40 angenommen (J. A. WASASTJERNA, V. M. GOLDSCHMIDT, L. PAULING). Ein gutes Übersichtsbild ist von L. PAULING für die Ionenradien in Fig. 180 und 181 ge-

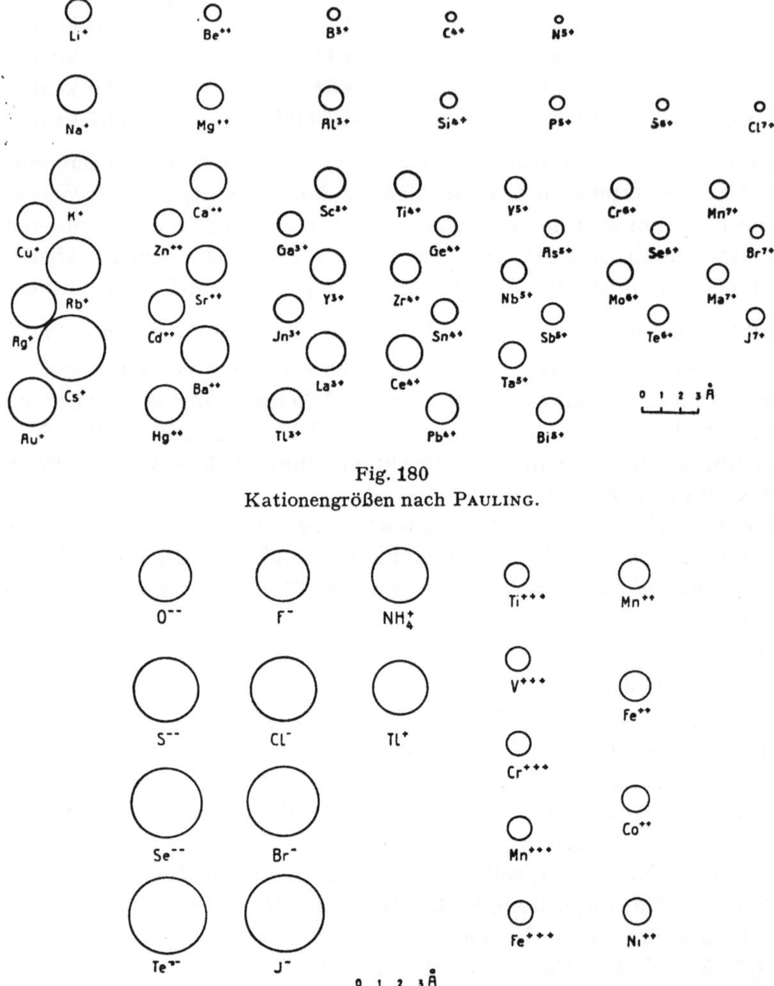

Fig. 180
Kationengrößen nach PAULING.

Fig. 181
Anionengrößen und Größen von Kationen der Nebenreihen nach PAULING.

zeichnet worden, wobei allerdings zu betonen ist, daß die reellen Kernabstände nicht einfach aus der Radiensumme berechenbar sind. Immerhin geht daraus deutlich hervor, daß bei streng ionogener Bindung der Radius der Anionen größer angenommen wird als derjenige der Kationen.

V. M. Goldschmidt, W. Zachariasen und L. Pauling haben der kz eine relativ große Rolle für die Abstandsverhältnisse zugeschrieben. Je nach den besonderen Bindungsverhältnissen müßte man die Normaldistanz der Atomkerne bei kz 6 mit 1,06 bis 1,03 multiplizieren, um den normalen Abstand für die kz 8, mit 0,92—0,96, um den der kz 4 zu erhalten.

Bei der Oxo-Salzkristallbildung aus wässeriger Lösung werden oft die Koordinationshüllen 1. Sphäre um die Kationen durch eingelagerte, nicht an das Zentralatom der Anionen gebundene O, OH oder durch O von $H_2O$-Molekülen ergänzt. Ja es ist möglich, daß sich vollständige $H_2O$-Hüllen um das Kation lagern. Vergleichbar ist dies mit den Seite 219 erwähnten Erscheinungen bei Inselradikalen. Es entstehen *Oxysalze, Hydroxysalze* oder *kristallwasserhaltige Salze*. Die Tendenz, derartige Kristallverbindungen zu bilden, wird besonders häufig sein, wenn die Zwischenschaltung von O, OH oder $H_2O$ eine bessere Verteilung der Anionenradikale zur Folge hat und sterische Hinderungen ausschaltet. Aber gerade durch diese Zwischenlagerung nähert sich der kristalline Zustand der Salzkristalle wiederum dem Zustand in wässeriger Lösung, in der ja auch Hüllen von Wassermolekülen usw. die Ionen umgeben können.

**Vom homöopolaren Molekül zum Metallkristall.** So bleibt nur noch der *metallische Zustand* mit der metallischen Bindung übrig, der im molekularen Geschehen kein Äquivalent zu besitzen scheint. Aber bereits Seite 184 ist auf die engen Beziehungen zwischen kovalenten Bindungen und metallischer Bindung aufmerksam gemacht worden. Der Unterschied besteht im wesentlichen in der größeren Elektronenbeweglichkeit jener Elektronen, die man nicht mehr streng nur einem Atomkern allein zuordnen kann. *Und diese größere Beweglichkeit darf direkt als Folge hoher kz gedeutet werden, wodurch die einseitige Zuordnung von «überschüssigen» Elektronen an nur zwei Atomrümpfe unmöglich wird, eine Auflockerung im ganzen stattfindet.*

Es gibt viele Beispiele, die diesen Übergang veranschaulichen und die Bedeutung einer relativ hohen kz und eines hochsymmetrischen, räumlich gleichmäßig verteilten ksch für die Bildung von Metallen an Stelle von homöopolaren Molekülen oder Kristallen demonstrieren. Wird an Stelle der kz 1 und 2 bei Verbindungen der Atome einer Atomart unter sich die kz 3 im planaren Schema oder die kz 4 im tetraedrischen Schema bestandfähig und angestrebt, so müssen naturnotwendig an Stelle der Moleküle Kristallverbindungen vom Typus Graphit oder Diamant (Fig. 182, 183) treten. Dabei kommt bereits beim Graphit neben der homöopolaren eine schwach metallische Bindung zur Geltung. Bei Selen und Tellur treten homöopolare Moleküle $\left[Se_{\frac{2}{2}}\right]_n$ auf, die statt der Ringe (wie Achterringe beim orthorhombischen Schwefel, Fig. 164, Seite 190) Ketten bilden. Kräfte 2. Ordnung ordnen diese kristallin werdenden Ketten zum dreidimensionalen Kristall (Fig. 184). Je stärker diese Kräfte sind, umso ähnlicher werden die Abstände der Atome in der Kette mit denen von Kette zu Kette, bis bereits bei Te eine pseudohomogene kz 6 resultiert. Gleichzeitig erhöht sich der metallische Charakter, der Schwefel noch vollkommen fehlt. Es verhalten

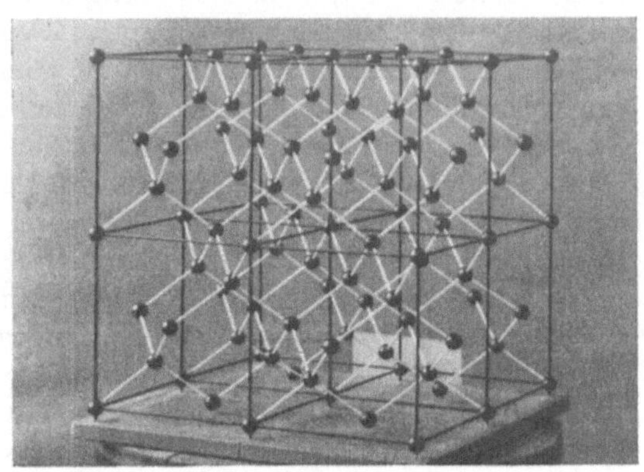

**Fig. 182**
Graphitkristall. Übereinanderschichtung
von Netzen. kz = 3.

**Fig. 183**
Diamantkristall. Kristallgitter. kz = 4.

Zugleich Beispiel der Polymorphie des Kohlenstoffes.

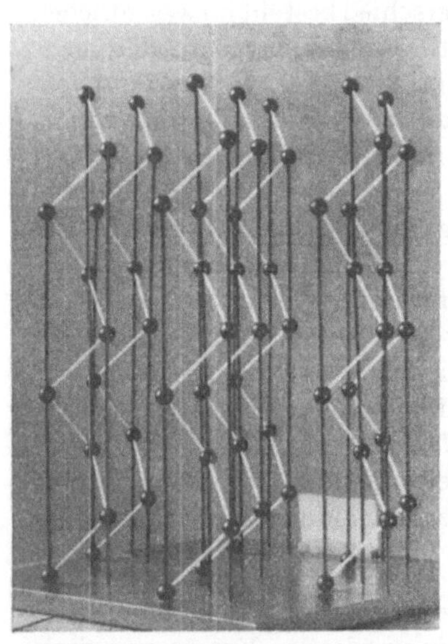

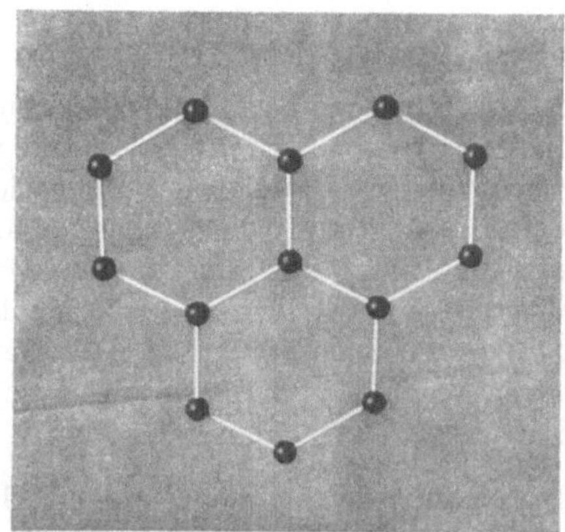

**Fig. 184**
Struktur des Selenkristalles. Parallelstellung
von Ketten. Ketten als Unterverbände.

**Fig. 185**
Schichtbruchstück der kz 3. In den Sprödmetallen sind
diese Schichten deutlich aplanar, entsprechend Fig. 88a.

sich beim Selenkristall die kürzesten Atomabstände in der Kette zu denen zwischen den Ketten wie 1:1,49, bei Te wie 1:1,25.

Etwas ganz Analoges läßt sich in der Reihe der «metallischen» Modifikationen der Sprödmetalle feststellen. Eine Schicht vom Charakter der Fig. 185 mit kz 3 im aplanaren Schema und mit sicherlich noch teilweise homöopolarer Bindung ist das Grundelement. Allein die Schichten lagern sich so übereinander, daß von jedem Atom drei weitere relativ kurze Abstände zu Atomen der nächsten Schicht führen, und je ähnlicher diese denjenigen in der Schicht werden, je mehr sich das gesamte ksch hexaedrisch gestaltet, umso metallischer verhält sich die Verbindung, umso undefinierbarer wird die Zuordnung der die Bindung herstellenden Elektronen. Es lauten die Abstände in Å:

| | kürzester Abstand in Schicht | kürzester Kernabstand von Schicht zu Schicht | kz in Schicht | kz von Schicht zu Schicht |
|---|---|---|---|---|
| As | 2,51 | 3,14 | 3 | 3 |
| Sb | 2,88 | 3,38 | 3 | 3 |
| Bi | 3,10 | 3,47 | 3 | 3 |

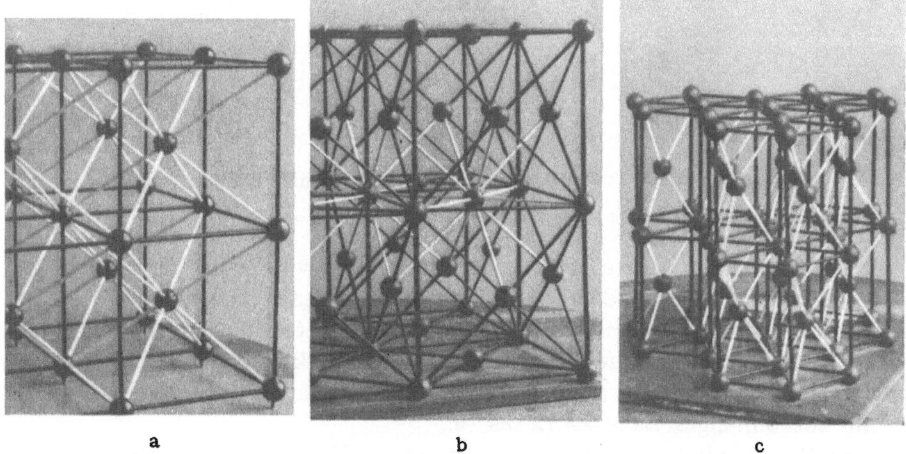



Fig. 186a, b, c

Hauptstrukturtypen der Metalle in Ausschnitten. a = Wolframtypus mit kz 8, b = Gold- oder Kupfertypus mit kz 12, c = Magnesiumtypus mit kz 6 + 6.

Bei Wismut kann man bereits von einer 1. Pseudosphäre mit zusammengesetzter kz 6 sprechen. Im grauen Zinn ist die kz 4, im metallischen 4 + 2 = 6.

Bei allen typischen Metallen ist die kz mindestens 6, meistens 8 oder 12 oder 6 + 6 entsprechend den durch Fig. 186a, b, c dargestellten verschiedenen Haupttypen: Wolfram-, Gold-, Magnesiumtypus mit hochsymmetrischem k sch. Auch für typische Metallegierungen gilt das Gesetz der hohen kz. Manche Legierungen, die einen relativ schmalen Mischkristallbereich besitzen, denen dann gewöhnlich auch stöchiometrisch gefaßte Formeln zugeschrieben werden, entsprechen in ihren Strukturen mehr oder weniger geregelten Mischkristallen vom Typus der Haupteinzelmetalle. Dabei treten aber oft auch innerhalb eines Mischungsbereiches neue Kristallstrukturtypen auf. So zerfällt das binäre System Cu-Zn (Messinge) in 5 durch Mischungslücken voneinander getrennte Strukturarten (Fig. 187). Bei mittleren Konzentrationsverhältnissen herrscht

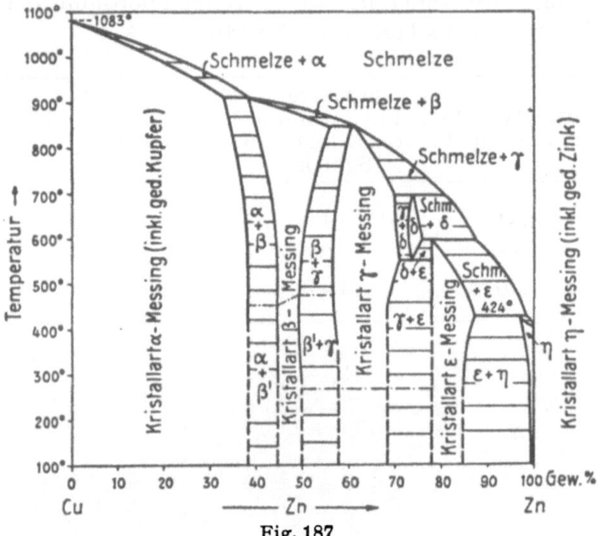


Fig. 187

Die Kristallarten des Messing im Temperatur-Konzentrationsdiagramm.

Wolframtypus oder Wolframtypus mit Leerstellen vor (Fig. 188c). Unter gewissen Umständen, besonders bei etwas verschiedener Teilchengröße der in den Legierungen zusammentreffenden Atomarten, treten hexagonale oder pseudohexagonale bzw. kubische bis pseudokubische Strukturen auf, die als LAVES-phasen bezeichnet werden (zum Beispiel $MgCu_2$-, oder $MgZn_2$-, $MgNi_2$-Typen), oft mit zusammengesetzten kz 12 bis 16.

*Metallkristalle treten somit auf, wenn zwischen Elementen der gleichen Atomart hohe kz > 4 in Frage kommt. Die Auflockerung der Bindungselektronen bis zur nahezu freien Beweglichkeit kann als Folge der vielatomigen Nachbarschaft um einen Atomkern gedeutet werden. Die hohe kz gestattet dann nicht mehr die einseitige Zuordnung von Elektronen zu nur zwei Partnern.*

**Vom oxydischen Molekül zum Kristalloxyd und Oxosalz.** Ja in verschiedenen Varianten gilt, wie bereits in den von der Geometrie handelnden Kapiteln dargetan wurde, ganz allgemein, daß verhältnismäßig hohe kz und räumlich gleichmäßige Verteilung der Koordinationsrichtungen nicht mehr zu molekularen, sondern zu kristallinen Konfigurationen führen müssen, sofern zunächst nicht die Möglichkeit der inselartigen Komplexanionenbildung den Bedürfnissen Rechnung tragen kann. Bei heteropolarer oder heteropolar-kovalenter Bindung bedeutet dies natürlich wiederum $kz > bz$. Am Beispiel der Verbindungen einiger vierwertiger Elemente mit O möge dies erläutert werden.

 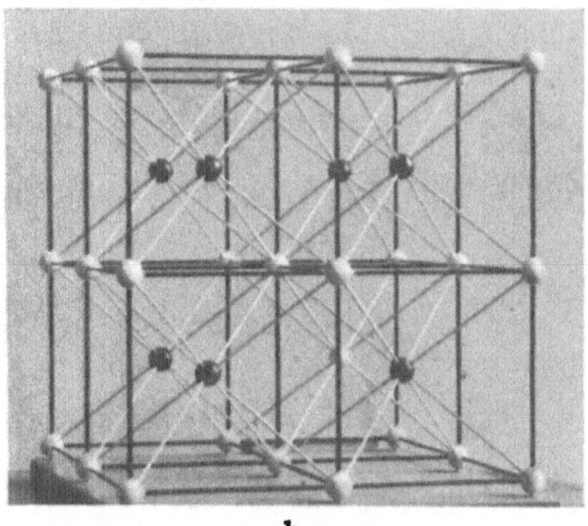

a

b

**Fig. 188a, b**

a = $\alpha$-Messing, kz = 12 (Goldtypus). b = $\beta$-Messing, kz = 8 (Wolframtypus).
Weiße Kugeln sind Schwerpunkte von Cu-Atomen, schwarze von Zn-Atomen.

 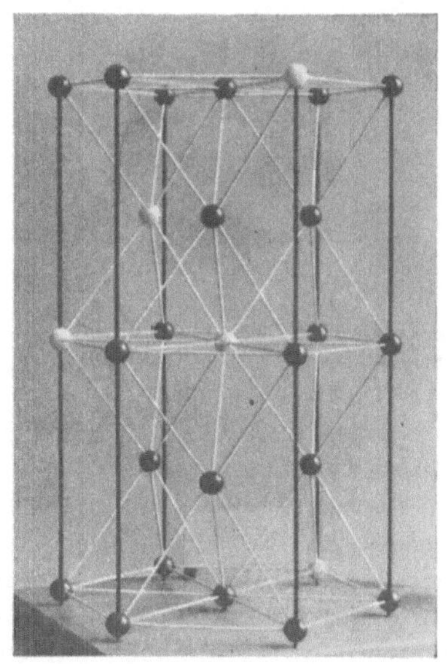

c

d

**Fig. 188c, d**

c = $\gamma$-Messing. Wolframtypus mit Leerstellen. Die Leerstellen sind durch schwarze Kreuze bezeichnet. d = $\varepsilon$-Messing. Magnesiumstruktur mit relativ kleiner c-Achse.

Die bestandfähigeren kz gegenüber Sauerstoff gehen aus folgender Tabelle hervor, wobei zu bemerken ist, daß für alle diese vierwertigen Elemente die in Frage kommende bz Sauerstoff gegenüber 2 ist.

|     | C        | Si | Ge | Ti    | Zr       |
|-----|----------|----|----|-------|----------|
| kz  | 2 und 3  | 4  | 4  | 6 (4) | 6 und 8  |

Da für C die kz 2 bereits bestandfähig ist, tritt $CO_2$ als Molekül auf. Es handelt sich um eine *leichtflüchtige Substanz*. Nur durch VAN DER WAALSsche Kräfte treten die Moleküle bei relativ tiefer Temperatur zum Molekülkristall $\left[(CO_2)_{\frac{12}{12}}\right]_\infty G$ zusammen mit $CO_2$ als Baugruppe (Fig. 189). Ein entsprechendes $SiO_2$ ist nicht beständig, die kz von Si gegenüber O ist praktisch stets $= 4$, und

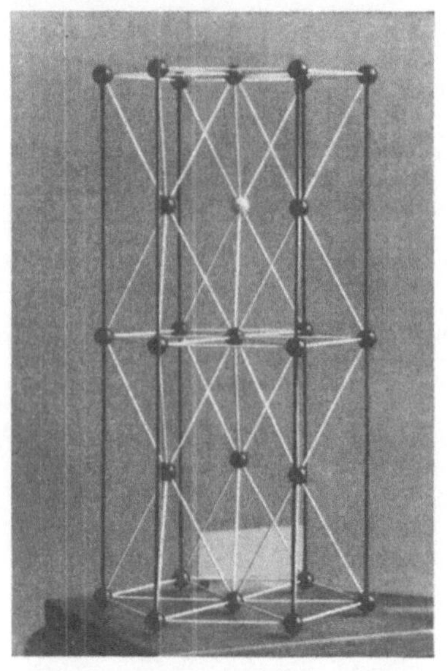

Fig. 188e

e $= \eta$-Messing. Zinkkristalle mit geringem Ersatz des Zn durch Cu (Magnesiumtypus).

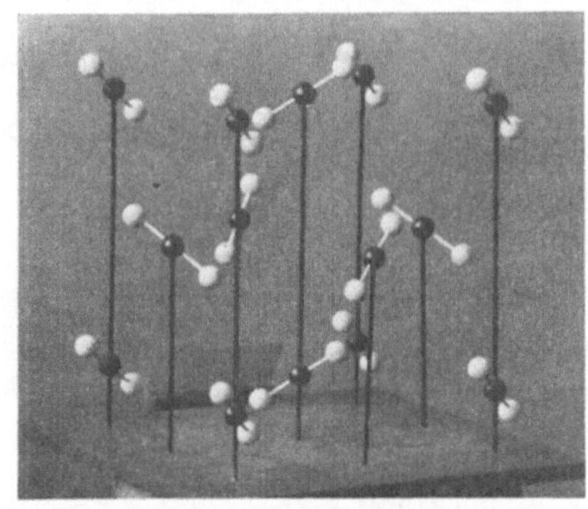

Fig. 189

Anordnung der $CO_2$-Moleküle im $CO_2$-Molekülkristall. Schwarze Kugeln $=$ C, weiße Kugeln $=$ 0.

es ist fraglich, ob 6 (sofern nicht OH an Stelle von O tritt) in Sonderfällen mitzuberücksichtigen ist. Die Folge dieses Verhaltens (kz $= 2 \cdot$ bz) ist, daß sich stets das Baumotiv $SiO_4$ bildet, und zwar mit tetraedrischem bzw. pseudotetraedrischem ksch. Das verlangt jedoch bei vollständiger interner Absättigung, daß jedes O zwei Tetraedern gemeinsam werden muß. Da infolge der Wirkung der Abstoßungspotentiale die $SiO_4$-Tetraeder normalerweise weder Kanten noch Flächen gemeinsam haben können, führt dies unweigerlich (siehe Fig. 179) zur Kristallverbindung $\left[SiO_{\frac{4}{2}}\right]_\infty G$. Es entsteht der sprunghafte, ungeheure Gegensatz zwischen den Eigenschaften von $CO_2$ und von Quarz, Tridymit oder Cristobalit.

Eine chemische Formelsprache, die in einfacher Weise möglichst viele Eigenschaften darstellen will, darf daher nicht mehr in gleicher Formulierung $CO_2$ und $SiO_2$ nebeneinanderschreiben, so als ob es sich um etwas Analoges handeln würde. Dem $CO_2$-Molekül steht der $\left[SiO_{\frac{4}{2}}\right]_\infty$ $G$-Kristall scharf gegenüber. Genau das gleiche gilt für $\left[GeO_{\frac{4}{2}}\right]_\infty$ $G$. Bei Ti ist die Diskrepanz zwischen kz und bz noch größer. Trotzdem bedingt dies keine prinzipielle Änderung mehr.

Fig. 190

Ausschnitt aus der $\left[ZrO_{\frac{8}{4}}\right]_\infty$ $G$-Struktur. Zr = schwarze Kugeln, O = weiße Kugeln. Zugleich

Fluorittypus $\left[CaF_{\frac{8}{4}}\right]_\infty$ $G$.

Die O bilden nahezu ein Koordinationsoktaeder um die Ti und an jeder Oktaederecke müssen im Oxyd drei Oktaeder aneinanderstoßen. Es entstehen die verschiedenen Kristallverbindungen $\left[TiO_{\frac{6}{3}}\right]_\infty$ $G$, und bei $ZrO_2$ kann sogar $\left[ZrO_{\frac{8}{4}}\right]_\infty$ $G$ entstehen (Fig. 190). Da es sich aber bei allen diesen Fällen mit kz > bz um den neuen Typus der Kristallverbindungen handelt, nur mit verschiedenen kpo, bleibt die Verwandtschaft im Verhalten bestehen und ist die sprunghafte Änderung an dem Übergang vom Molekül zum Kristall, an bz = kz und bz > kz (C, Si) gebunden.

Besteht die Möglichkeit zur Aufnahme von Elektronen, so entstehen *Anionen*, die sich wieder typisch verschieden verhalten. Bei C kann sich mit größerer Beständigkeit nur $[CO_3]^{--}$ bilden, ein planar gebautes Inselradikal, das kaum Tendenzen zur Verfestigung zeigt, da jedes O zu $\frac{2}{3}$ valenzchemisch abgesättigt ist. Bei der Salzbildung entstehen dann heteropolare Kristalle (Fig. 191 und 192), die deutlich erkennen lassen, daß die O in erster Linie an C gebunden sind, $CO_3$ ein in sich schwingungsfähiges Inselradikal, eine isolierte Baugruppe bleibt. Es sind die $d_O$ innerhalb $CO_3$ wesentlich kleiner als $d_O$ von Radikal zu Radikal. Die O bilden keinen durch die ganze Kristallstruktur gehenden ein-

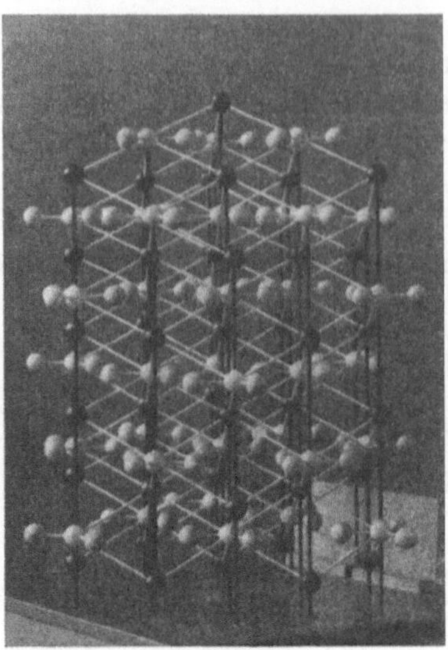

**Fig. 191**
Calcitstruktur. Die weißen Kugeln bilden die $CO_3$-Gruppen. $Ca^{++}$ durch schwarze Kugeln dargestellt.

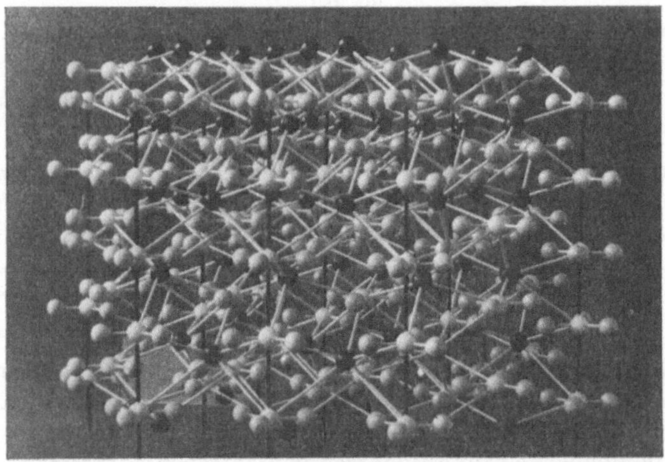

**Fig. 192**
**Aragonitstruktur.** Gleiche Symbolik wie in Fig. 191. Anordnung von Kationen und Anionen etwas anders als in Fig. 191. Zugleich Beispiel der Kristallpolymorphie.

parametrigen Zusammenhang. Sie liegen im Innern von Symmetriebereichen und wandern an Grenzen von Wirkungsbereichen, wenn das Anion mehrkernig ist. Derartige Salzkristalle werden Salzkristalle I. Art genannt. Trotzdem ist die Anordnung der $CO_3$-Anionen und der Kationen eine derartige, daß sich die O der $CO_3$ in einer ersten Sphäre so um das Kation anordnen, daß eine kz entsteht, die derjenigen des Kations gegenüber Sauerstoff entspricht (zum Beispiel 6 bei Mg und bei Ca im Calcit).

Im $[SiO_4]^{----}$ sind die O nur halb gebunden. Deshalb besteht jetzt die Tendenz, vielkernige Anionen zu bilden, zunächst Inselradikale $\left[SiO_{\left(\frac{1}{2}+\frac{3}{1}\right)}\right]_2$, $\left[SiO_{\left(\frac{2}{2}+\frac{2}{2}\right)}\right]_n$ (siehe Seite 143), dann aber vor allem kettenförmige, bandförmige, schichtförmige Kristallanionen (entsprechend den Figuren 122ff., Seite 145ff). Die O gehören den Grenzpunkten von Wirkungsbereichen der elektropositiv sich verhaltenden Teilchen an. Dadurch entstehen in solchen viel- bis unendlichkernigen Anionen zwischen den O *einparametrige Zusammenhänge*. Sie stellen sich aber bereits in den Orthosilikaten ein, indem sich die $SiO_4$ so gruppieren,

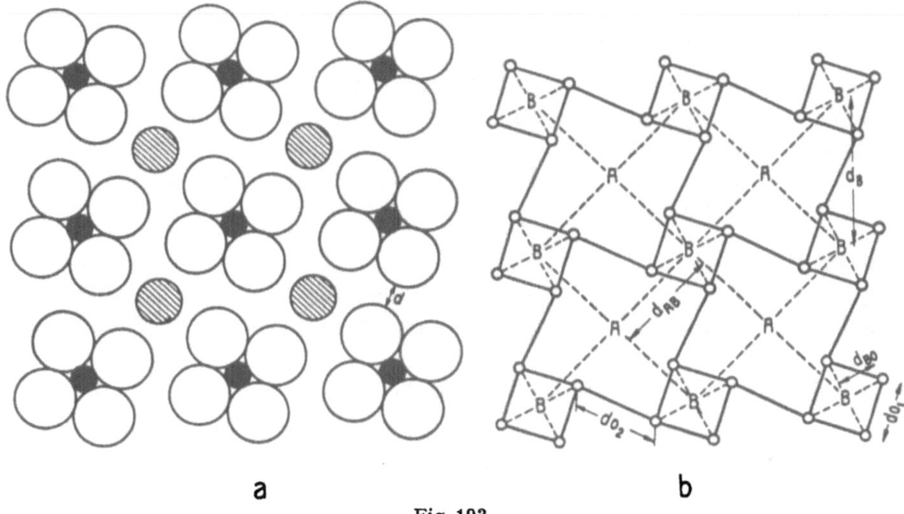

a         b

Fig. 193

Beispiel eines Sauerstoffsalzes. Gefüllt schwarze Kreise = Zentralatom des Anions. Leere Kreise = Sauerstoff. Schraffierte Kreise = Kation. Typus eines Salzes I. Art. Wäre in Fig. 193a d = Null, oder in Fig. 193b $d_{O_2} = d_{O_1}$, so würde ein Salz II. Art vorliegen.

daß sich $d_O$ im Säureradikal zu $d_O$ von Säureradikal zu Säureradikal nahezu wie 1:1 verhält, d.h. sie liegen zum Beispiel an Grenzen von Symmetriebereichen. $B^{VI}$- und $A$-Kationen (siehe Seite 157) lagern sich dazwischen ein. Es entstehen Salzkristalle II. Art, in denen die O einen pseudoeinparametrigen Zusammenhang bilden und gegenüber Si, Mg, Fe, Al, Ti, Ca, Na, K usw. gewissermaßen die elektronegativen Partner darstellen. Sie umgeben diese elektropositiven Elemente in der für sie charakteristischen kz. Ein $SiO_4$ tritt also nicht mehr geometrisch als isolierte Baugruppe hervor. Wird ein Teil des Si durch Al ersetzt, so entstehen gitterhafte Alumokieselsäuren der allgemeinen Formel $\left[(Si, Al)O_{\frac{4}{2}}\right]_\infty G$; das Anion ist bereits zum dreidimensional periodisch gebauten *Kristall*anion geworden, in das die Kationen eingelagert sind.

Zur Verdeutlichung des prinzipiellen Gegensatzes von Oxosalzen I. und

II. Art dienen auch die Fig. 193a und b. In Fig. 193a stellen die ausgefüllten Kreise die Zentralatome der Komplexanionen dar und die großen leeren Kreise die zugehörigen Sauerstoffteilchen. Die schraffierten Kreise entsprechen Kationen $A$. Es kann nun, wie die Fig. 193b zeigt, die Struktur durch die Angabe von $d_{AB}$, $d_{BO}$, $d_B$, $d_A$, $d_{O_1}$ analysiert werden, aber es gilt, daß nicht nur $B$, sondern auch $A$ in 1. Sphäre von Sauerstoff umgeben sind. Gezeichnet ist das Beispiel einer Verbindung I. Art: der O-Zusammenhang zerfällt in die Anionengruppe, da $d_{O_1}$ (Fig. 193b) kleiner ist als $d_{O_2}$ oder (Fig. 193a) zwischen den O-Gruppen der Einzelanionen ein Abstand $d$ besteht. Wird $d$ (Fig. 193a) Null oder $d_{O_1} = d_{O_2}$ (Fig. 193b), so resultiert ein einparametriger Sauerstoffzusammenhang, $B$ und $A$ erscheinen dann in die zusammenhängende O-Packung eingebettet, es liegt eine Verbindung II. Art vor. Werden nun gar die O mehreren $B$ zugeordnet (Polysäuren), so stimmen kz der $B$ gegenüber O und stöchiometrisches Verhältnis $B : O$ nicht mehr überein.

Das total verschiedene Verhalten der Silikate und Karbonate erfährt auf diese Weise eine einfache Veranschaulichung, die besonders bei Polysilikaten bereits in den Grundformulierungen der Chemie ihren Ausdruck finden muß. Man darf nicht gleichrangig schreiben $MgCO_3$ und $MgSiO_3$. $SiO_3$ ist ja in diesen Silikaten nur als $\left[ SiO_{\left(\frac{2}{2}+\frac{2}{1}\right)} \right]_\infty K$ vorhanden und nicht als Inselion $SiO_3$ mit der kz 3 von Si zu O.

Ebensowenig ist daran zu denken, daß ein $TiO_3$-Ion als Inselradikal Bestandfähigkeit erlangt. In den Titanaten tritt das Gitteranion $\bullet\left[ TiO_{\frac{6}{2}} \right]_\infty G$ auf, da im isolierten $[TiO_6]^{====}$ jedes O valenzchemisch nur zu $\frac{1}{3}$ abgesättigt wäre, daher Brückenbindung einsetzt, die vielleicht vorübergehend in der Lösung zu $\left[ TiO_{\left(\frac{3}{2}+\frac{3}{1}\right)} \right]_2$ usw. führt, im wesentlichen aber gitterhaften Zusammenhang anstrebt. Und analoge Verhältnisse gelten für Zirkonate mit den kz 6 bis 8.

So kommt auch in den Anionen das verschiedene koordinative Verhalten bei gleicher bz zur Auswirkung, mit dem Hauptunterschied zwischen C und Si, wobei indessen Si (Auftreten des Inselradikales $[SiO_4]^{----}$) eine Übergangsstellung einnimmt. Es wäre reizvoll, zu zeigen, wie sich nach den gleichen Prinzipien eine Unmenge grundlegender chemischer Tatsachen unmittelbar überblicken lassen, sobald Molekular- und Kristallchemie vom gleichen Gesichtspunkte aus behandelt werden. Doch kann auf den seit Jahren im Druck befindlichen 3. Band des Lehrbuches der Mineralogie und Kristallchemie (Verlag Gebrüder Borntraeger, Berlin) hingewiesen werden, der manche Einzelheiten näher ausführt.

Die Chemie der Kristallverbindungen ist von vornherein nur als Stereochemie verständlich. Kristallstrukturlehre will ja die Gesetze der Anordnung der Atome im Raum aufdecken und aus der Struktur die physikalischen und chemischen Eigenschaften ableiten. Es ist weitgehend gelungen, fundamentale Gesetzmäßigkeiten zu finden. Manchmal gestatten bereits einfache Überlegungen, ausgehend von den Symmetrieprinzipien, Koordinations- und Raumbeanspruchungsverhältnissen der atomaren Teilchen und dem Absättigungsstreben in kleinen Bereichen (PAULINGsches Prinzip), die Verwandtschaften und Verschiedenheiten der Kristallverbindungen verständlich zu machen. Bei genauerem Studium muß natürlich auf die Atomkonstitution zurückgegriffen werden. Ein vor kurzem noch undurchsichtiges Wissensgebiet läßt sich heute übersichtlich darstellen, wobei zur Strukturanalyse alle Hilfsmittel herangezogen werden müssen, auf die im ersten und zweiten Kapitel Hinweise erfolgten.

**Die Komplexheit der Bindungsarten in den Kristallverbindungen.** Hinsichtlich der Bindungsverhältnisse ist nun generell zu berücksichtigen, daß auch am Gesamtaufbau einer kristallinen Konfiguration verschiedene Bindungsarten beteiligt sein können und verschiedene Unterverbände als Baueinheiten auftreten. Führen wir folgende Bezeichnungen ein:

P = Einzelpartikelchen von atomarem Charakter;

M = Moleküle im engeren Sinne;

R = inselartiges Radikal, unabgesättigt;

K = Kette, Band oder Balken;

N = Netz oder Schicht oder Schichtpaket;

G = Gitterverband oder Gitterkomplexverbände;

$i$ = vorwiegend ionogene Bindung;

$k$ = vorwiegend kovalente (hetero- bis homöopolare) Bindung;

$w$ = VAN DER WAALSsche Bindung oder Bindung durch sogenannte echte Nebenvalenzen;

$e$ = metallische Bindung, so können zum Beispiel durch $i$ oder $k$ aus P *direkt* M, R, K, N oder G entstehen. Es liefern zum Beispiel $i$ oder $k$:

M = homöopolare Moleküle wie $O_2$, $S_8$, heteropolare Moleküle wie $SiF_4$, $CH_4$;

R = homöopolare Radikale wie $S_2$, $S_n$, heteropolare Radikale wie $[CO_3]^{--}$, $[SiO_4]^{--}$;

K = homöopolare Ketten wie $\left[\mathrm{Se}_{\frac{2}{2}}\right]_\infty K$, heteropolare Ketten wie $\left[\mathrm{SiO}_{\left(\frac{2}{2}+\frac{2}{1}\right)}\right]_\infty K$

N = homöopolare Netze wie $\left[\mathrm{C}_{\frac{3}{3}}\right]_\infty N$ (Graphitnetz), heteropolare Netze wie $\left[\mathrm{SiO}_{\left(\frac{3}{2}+\frac{1}{1}\right)}\right]_\infty N$;

G = homöopolare Kristallverbindungen wie $\left[\mathrm{C}_{\frac{4}{4}}\right]_\infty G$ (Diamant), heteropolare Kristallverbindungen wie Oxyde, Salzkristall, zum Beispiel $\left[\mathrm{NaCl}_{\frac{6}{6}}\right]_\infty G$.

M, R, K und N, die so entstanden sind, können zu Unterverbänden eines übergeordneten Kristallisationsprozesses werden, wobei eine $i$-, $k$- oder $w$-Bindung den höheren Verband schafft. Salzkristalle mit Komplexionen, Molekülkristalle, Kristalle mit Ketten als Unterverbänden (zum Beispiel Cellulosekristalle, Selenkristalle) oder mit Netzen bzw. Schichten als Unterverbänden, zum Beispiel Graphitkristalle, Schichtkristalle mit VAN DER WAALSscher Bindung oder

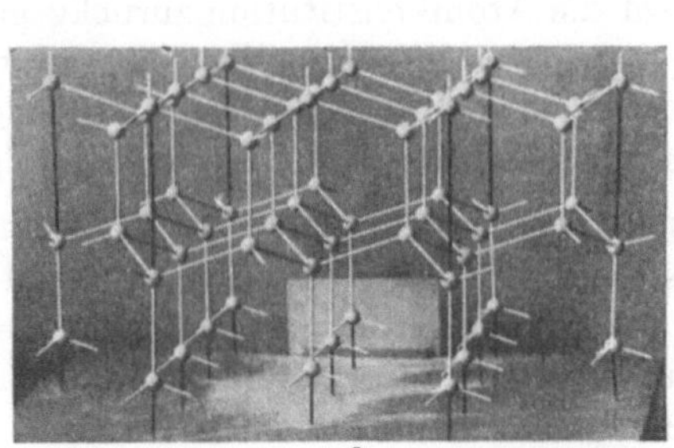 

a             b

**Fig. 194 I, a, b**

a = *Molekülkristall*. Struktur von gewöhnlichem Eis. Es sind nur die Schwerpunkte der $H_2O$-Moleküle durch Kugeln gekennzeichnet. M-$\omega$-M-Kristall. b = Struktur von *Bornitrid*. Netz- oder Schichtstruktur mit Übereinanderlagerung der Netze wie bei Graphit. P-*k*-P-Netz. Der Graphitkristall ist analog dem Bornitridkristall gebaut, wenn sowohl B (schwarze Kugeln) wie N (weiße Kugeln) durch C ersetzt werden (siehe Fig. 182).

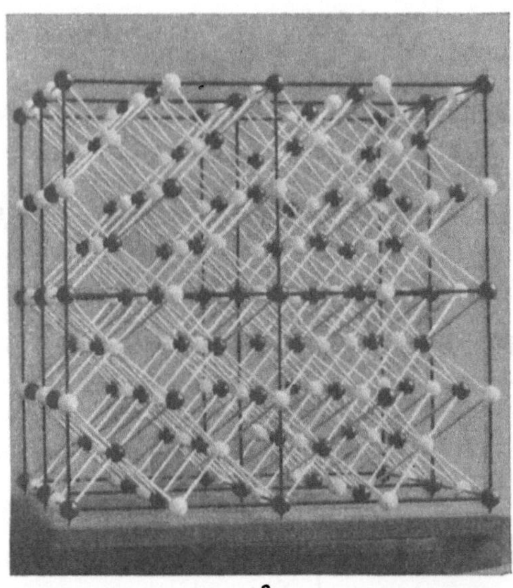 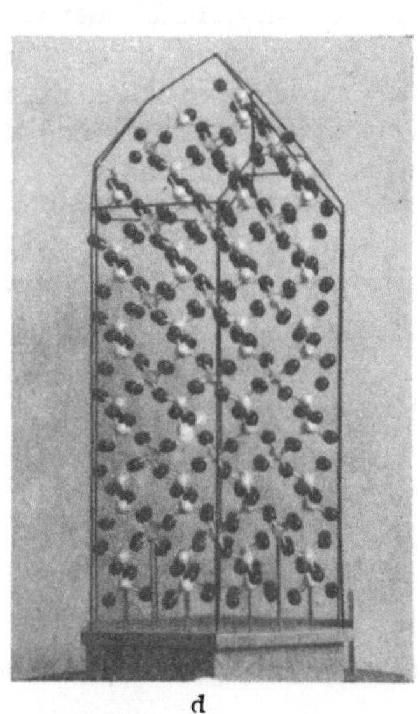

c             d

**Fig. 194 I, c, d**

c = Sogenannter *Doppeldiamanttypus*. Struktur geregelter Mischkristalle von Legierungen des Wolframtypus im Verhältnis $A':A'' = 1:1$. d = Struktur von *Quarz* mit Angabe der Lage wichtiger Wachstumsflächen. Weiße Kugeln = Si, schwarze Kugeln = O. Siehe die Einzelbaumotive in den Figuren 113. P-*k*-P-Kristall von gitterhaftem Verband.

ionogener Bindung (wie bei den Glimmern) zwischen den Schichten, sind nur einige herausgegriffene Beispiele.

P—*w*—P = G liegen in den Kristallen der Edelgase vor.

P—*e*—P = G in den Metallkristallen, doch kann, wie erwähnt, auch durch

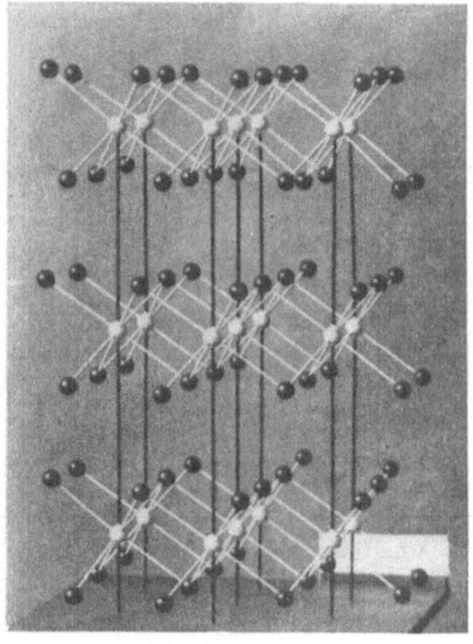

a       b

Fig. 194 II, a, b

a = Struktur von *Pyrit* $\left[\text{Fe}(S_2)_{\frac{6}{6}}\right]_\infty$ *G*. Schwarze Kugeln = Fe, weiße Kugeln = S, graue Kugeln lediglich Schwerpunkte der $S_2$-Hanteln. Substituierte Steinsalzstruktur (Steinsalzstruktur siehe Fig. 106). b = Schichtstruktur, vom $CdJ_2$- bzw. $Mg(OH)_2$-Typus. Weiße Kugeln = elektropositive, schwarze Kugeln = elektronegative Teilchen. kz $A \to B = 6$.

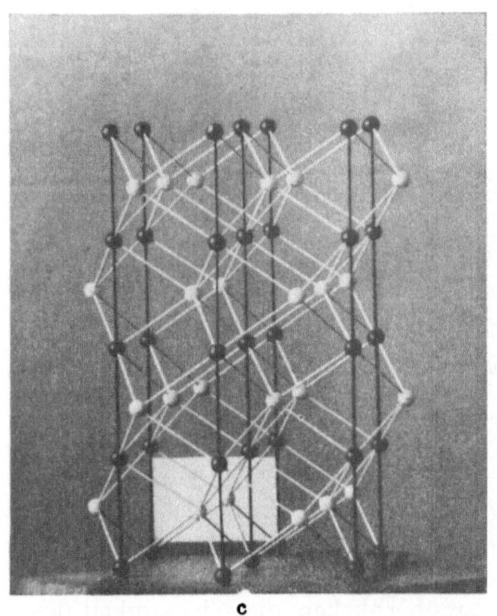

c       d

Fig. 194 II, c, d

c = *Rotnickelkiesstruktur*. Schwarze Kugeln = Ni, weiße Kugeln = As. Koordinationszahl für beiderlei Teilchen = 6, Koordinationsschema jedoch verschieden. Heteropolar kovalente bis metallische Bindung. d = Darstellung einer Struktur mit der kz 6 und dem Oktaeder als kpo in Polyederform. Es berühren sich an jeder Ecke zwei Oktaeder. Struktur des $WO_3$ als $\left[\text{WO}_{\frac{6}{2}}\right]_\infty$ *G*-Struktur.

**Fig. 195 Ia**
Struktur eines Salzes I. Art mit [$BO_4$]-Radikalen. P-*i*-P-Struktur.
Struktur von *Baryt*. Die weißen Kugeln bilden die $SO_4$-Radikale, die schwarzen die Ba-Ionen.

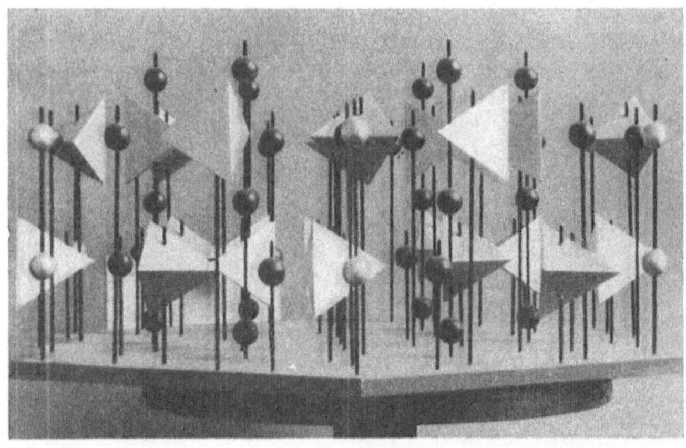

**Fig. 195Ib**
Struktur von *Apatit*. Hier sind die $PO_4$-Radikale durch Tetraeder dargestellt. Schwarze Kugeln
= Ca, weiße Kugeln = F, OH, Cl.

$K-e-K=$ ein Kristall mit metallischer Bindung entstehen (zum Beispiel Tellurkristall) usw.

In ein Gitter oder Gitteranion können M oder P oder R eingelagert sein, Verbände vom Typus $G-w-M$ oder $G-i-R$ oder $G-i-P$ usw. bildend.

Die Mannigfaltigkeit ist formal leicht zu überblicken, die Wirksamkeit des Symmetrieprinzipes schält aus der ungeheuren Vielfalt der Aufbaumöglichkeiten weitverbreitete und immer wieder, oft unabhängig vom Bindungscharakter, sich wiederholende Haupttypen heraus. Es genügt, an Hand von Ausschnitten aus Strukturmodellen einige Beispiele darzustellen und in der

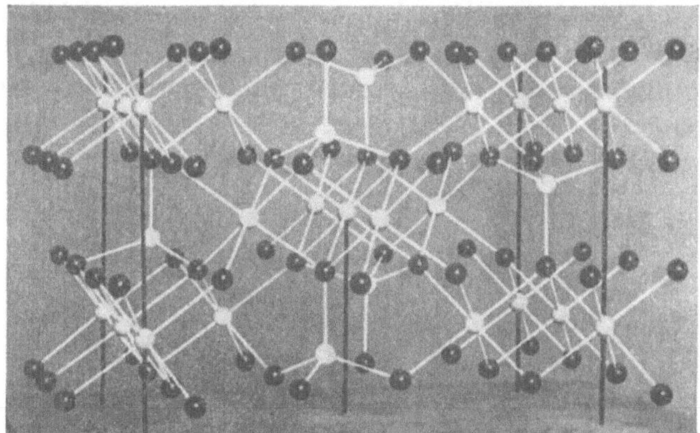

**Fig. 195 IIa**
Struktur eines Salzes II. Art mit $SiO_4$-Radikalen. Orthosilikat.
Struktur der *Olivine*. Schwarze Kugeln = O. Die Sauerstoffatome bilden einen einparametrigen
Zusammenhang. Weiße Kugeln = Si oder Mg und Fe. Die Si-Teilchen sind in der Vierzahl von 0
umgeben, die Mg und Fe in der Sechszahl.

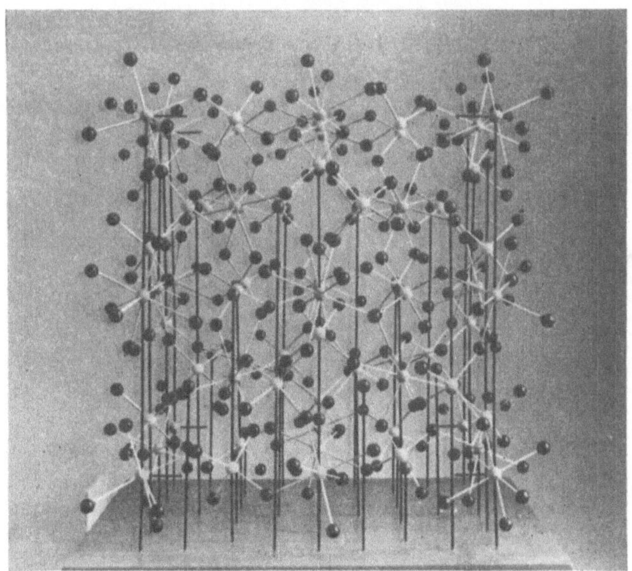

**Fig. 195IIb**
Struktur von *Granat*. Wieder bilden die O-Teilchen (schwarze Kugeln an weißen Stäben) einen
einparametrigen Zusammenhang. Weiße Kugeln = Si und Al, teils in Vierer-, teils in Sechserkoordination. Dunkle Kugeln auf schwarzen Stäben = Ca.

Legende auf das Wesentliche der Verbandsverhältnisse aufmerksam zu
machen (Figuren 194 I und 194 II, 195 I und 195 II, 196 I und 196 II).

Drei für die Kristallstereochemie wichtige Erscheinungen dürfen aber auch in
dieser, nur Grundlagen der Stereochemie behandelnden Schrift nicht unerwähnt

bleiben: *Polymorphie, Isomorphie,* bzw. *Isotypie* und *Variabilität innerhalb einer Kristallart.*

**Kristallpolymorphie.** Wie in der Molekülpolymorphie lassen sich *hetero-*

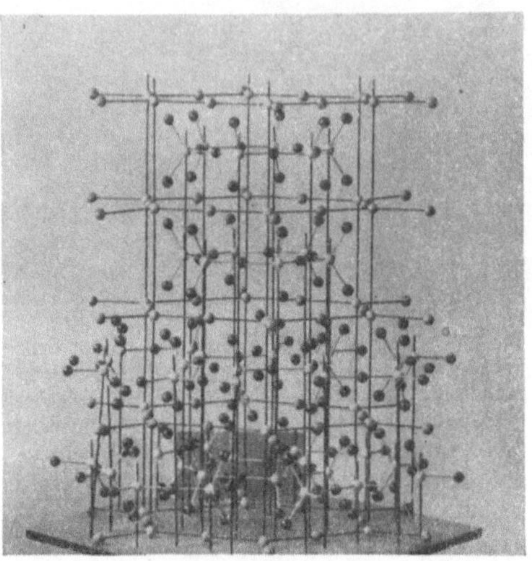

**Fig. 196 Ia**

Struktur von *Beryll,* so dargestellt, daß die Sechserringe der $SiO_4$-Tetraeder deutlich hervortreten.

**Fig. 196 Ib**

Komplexe Kette der *Augitstruktur.* Oben und unten $SiO_4$-Kette der Formel $\left[ SiO_{\left(\frac{2}{2}+\frac{2}{1}\right)} \right]_\infty^K$,
Die O-Teilchen (schwarz) beider Ketten werden in Sechserkoordination durch Mg verbunden (mittlere weiße Kugeln). Somit Tetraeder-Oktaeder-Tetraeder-Kette.

und *homöotype Modifikationen* voneinander unterscheiden. *Heterotypie* zwischen verschiedenen Kristallmodifikationen der gleichen Pauschalzusammensetzung ist vorhanden:

a) *wenn die maßgebenden Koordinationszahlen verschieden sind.* So gilt:

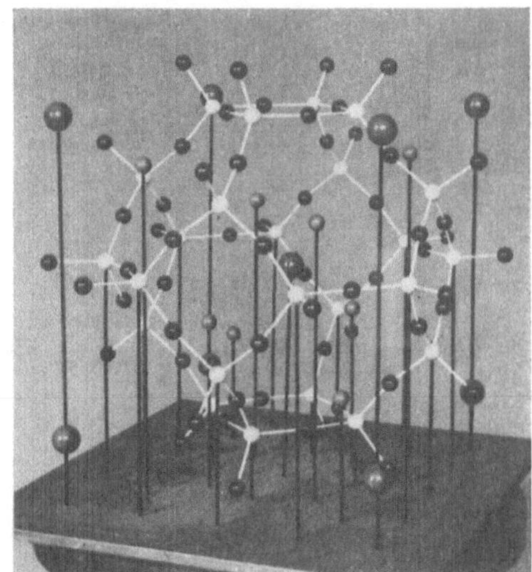

a                    Fig. 196 II, a, b                    b

a = Struktur der *Feldspäte*. Gitterhafte Verknüpfung der (Si, Al) $O_4$-Tetraeder, Gitteranion einer Alumokieselsäure. Si und Al = kleine weiße Kugeln, O = schwarze Kugeln. Größere weiße bis graue Kugeln = eingelagerte Kationen wie K oder Na oder Ca. b = *Sodalithstruktur*. Gitterhafte Verknüpfung der Si—Al—$O_4$-Tetraeder wie in a (Gitteranion einer Alumokieselsäure). Kleine graue eingelagerte Kugeln = Na; große graue Kugeln = eingelagerte Anionen, wie Cl oder $SO_4$ usw.

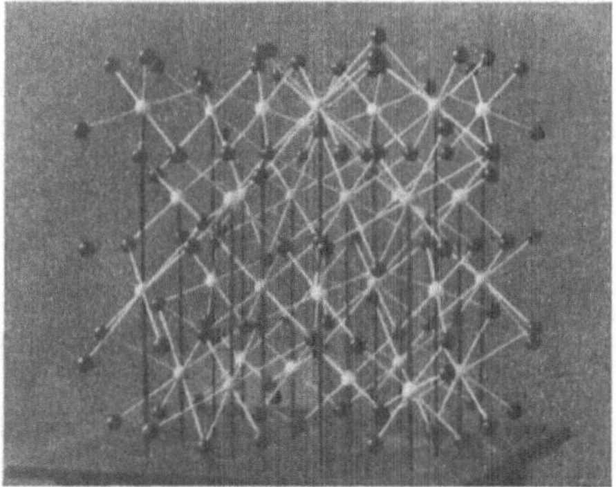

**Fig. 196 IIc**

c = Struktur eines F-haltigen Niobates (*Koppit*). Nb bzw. Ta in Sechszahl von O (schwarze Kugeln) umgeben. Die wie Nb durch weiße Kugeln dargestellten Fe besitzen die kz 8 gegenüber O und F.

C (Fig. 182, 183)               Fe (Fig. 186 a, b)

Graphit    Diamant          $\alpha$-Eisen      $\beta$-Eisen

$\left[C_{\frac{3}{3}}\right]_\infty^G$   $\left[C_{\frac{4}{4}}\right]_\infty^G$      $\left[Fe_{\frac{8}{8}}\right]_\infty^G$   $\left[Fe_{\frac{12}{12}}\right]_\infty^G$

Si : Al : O = 1 : 2 : 5

Disthen                 Andalusit                   Sillimanit

$\left[\mathrm{Si^{IV}O_4 \ \big| \ Al_2^{VI}} \atop O \right]_\infty^G$   $\left[\mathrm{Si^{IV}O_4 \ Al^V \ \big| \ Al^{VI}} \atop O \right]_\infty^G$   $\left[\mathrm{Si^{IV}Al^{IV}O_4 \ \big| \ Al^{VI}} \atop O \right]_\infty^G$

Dabei bedeuten in den Formeln für Disthen, Andalusit und Sillimanit die römischen Zahlen die kz gegenüber Sauerstoff; im Disthen sind alle Al von je

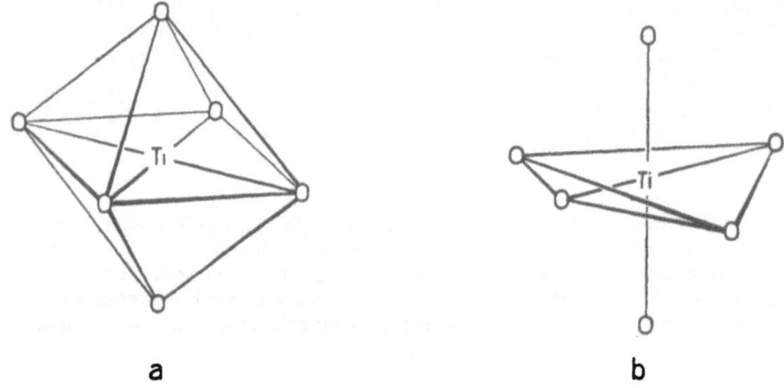


Fig. 197
Anordnung der O um Ti in: a = *Rutilstruktur*, b = *Anatasstruktur*.

sechs O in 1. Sphäre umgeben, im Andalusit die Hälfte von 5, die Hälfte von 6, im Sillimanit die Hälfte von 4, die Hälfte von 6 Sauerstoffteilchen.

b) *Wenn bei gleicher kz* (homogen oder pseudohomogen) *das k sch verschieden ist*, zum Beispiel

Co                                    Ti : O = 1 : 2

$\alpha$-Cobalt  $\beta$-Cobalt (Fig. 186 b, c)        Rutil und Anatas (siehe Fig. 198)

$\left[Co_{\frac{12}{12}}\right]_\infty^G$   $\left[Co_{\frac{6+6}{6+6}}\right]_\infty^G$        $\left[TiO_{\frac{6}{3}}\right]_\infty^G$

kubisch       hexagonal      in Rutil Pseudooktaeder als k po, in Anatas
                             komplexeres k po (siehe Fig. 197)

c) *Wenn bei sehr ähnlichem k sch die Anordnung der k po eine völlig verschiedene ist*, beispielsweise andere Gesamtsymmetrie erzeugt wird. So ist Zinkblende $\left[ZnS_{\frac{4}{4}}\right]_\infty^G$ mit Anordnung der Tetraeder zu kubischer Gesamtsymmetrie, Wurtzit ist $\left[ZnS_{\left(\frac{3+1}{3+1}\right)}\right]_\infty^G$ mit Anordnung der Pseudotetraeder zu hexagonaler Gesamtsymmetrie (siehe Fig. 111, Seite 138).

Generell können die Hochtemperaturmodifikationen von Cristobalit, Tridymit, Quarz mit $\left[\mathrm{SiO}_{\frac{4}{2}}\right]_{\infty} G$ symbolisiert werden. Allein die Anordnung der Tetraeder oder Pseudotetraeder führt zu kubischer, respektive hexagonal hemimorpher bis holoedrischer oder hexagonal-enantiomorpher Symmetrie. Brookit und Rutil haben Pseudooktaeder zu kpo, jedes Ti ist von 6 O umgeben. Die

Fig. 198a
Rutilstruktur. Weiße Kugeln = Ti, schwarze Kugeln = O.

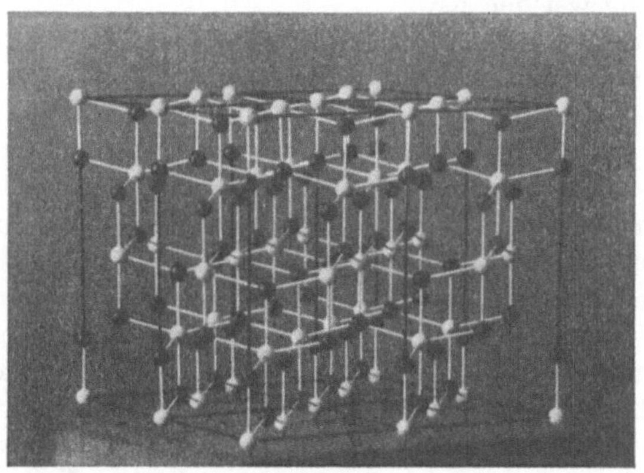

Fig. 198b
Anatasstruktur. Weiße Kugeln = Ti, schwarze Kugeln = O.

Anordnungsunterschiede der Pseudooktaeder in beiden Kristallverbindungen gehen indessen deutlich aus den beiden Figuren 117 hervor. Man hat derartig verwandte Strukturen auch etwa strukturisomer genannt, doch kann Isomerie und Polymerie nur in Molekülkristallen die ursprüngliche Bedeutung von Seite 203 beibehalten und bezieht sich dann auf isomere oder polymere Moleküle, die zum Molekülkristall zusammentreten.

Zueinander *homöotype Modifikationen* besitzen prinzipiell den gleichen Aufbau, der indessen in der Metrik und (bei Freiheitsgraden der Atomschwerpunkte, siehe Seite 15) in der Punktlage von Temperatur und Druck abhängig ist. Es kann sein, daß unter gewissen Bedingungen Rotationen auftreten bzw. verschwinden oder bei Ausnützung der Freiheitsgrade eine höhere Symmetrie der Punktverteilung auftritt und nun beibehalten wird usw. Das geschieht im letzten Moment oft sprunghaft oder doch sehr beschleunigt, so daß ein Umwandlungspunkt feststellbar ist, ohne daß hiebei der Kristall als Ganzes seinen Zusammenhalt verliert, der Bau als solcher geändert wird.

Hieher gehören manche sogenannten *Hoch-* und *Niedertemperaturmodifikationen* wie diejenigen von Quarz (hexagonal enantiomorph zu trigonal enantiomorph). Gewisse Strukturen lassen nämlich bei bestimmten Zusammensetzungen und äußeren Bedingungen eine höhere Symmetrie zu, als im Motiv unter anderen Verhältnissen verwirklicht ist, sei es, daß Gitterdeformationen verschwinden können oder eine bis in die strukturellen Grundbereiche hinunterreichende innere Verzwillingung nicht nur möglich, sondern zum Charakteristikum wird. Man kennt dann von der gleichen Zusammensetzung oder von sehr nahe verwandten Zusammensetzungen höher und niedriger symmetrische Varianten prinzipiell analoger Struktur, zum Beispiel von Augiten und Hornblenden orthorhombische und monokline Glieder, von Alkalifeldspäten trikline und monokline. In Mischkristallen kann durch Platztausch ungeregelte Verteilung der einander ersetzenden Teilchen mehr oder weniger plötzlich einer geregelten Verteilung weichen usw.

Bei struktureller Verzwillingung gegenüber einfacher Wiederholung oder bei Vergrößerung der Elementarzelle in geregelten Mischkristallen (die Einzelteilchen als verschiedenartig betrachtet) hat man gelegentlich von polymerem Polymorphismus gesprochen. Das Elementarparallelepiped hat sich verdoppelt oder allgemein vervielfacht. Allein die Bezeichnung polymer ist kaum am Platz, würde doch dadurch leicht wieder der Eindruck erweckt, der Inhalt eines Elementarparallelepipedes sei einem «Molekül» gleichzusetzen.

*Homöotyp* zueinander sind auch *enantiomorphe Kristallstrukturen*, zum Beispiel Links- und Rechtsquarze (Fig. 112, 113), in denen nach rechten oder linken Schraubenachsen das gleiche Motiv in zueinander spiegelbildlicher Weise angeordnet ist. Optische Aktivität kann hier wie in den enantiomorph gebauten Molekülen auftreten. Sind jedoch wie in einem Racemat links- und rechtsgewundene Anordnungen in gleicher Anzahl im gleichen Kristallgebäude vereinigt, so fehlt diese optische Aktivität. Zudem gilt jetzt folgendes: Die kristalloptische Aktivität kann nur auf einer der Kristallstruktur eigentümlichen Anordnung beruhen, dann braucht beim Auflösen, d.h. Zerstören dieser Anordnung, keine optisch aktive, molekular disperse Phase zu entstehen. Andererseits kann der asymmetrische oder allgemein enantiomorphe Bau bereits den Molekülen zukommen, die zu Molekülkristallen zusammengetreten sind. Dann wird die optische Aktivität auch den Molekülen in Lösung eigen sein, doch kann die Anordnung im Kristall das Drehvermögen verstärkt oder geschwächt haben.

Diese Übersichtseinteilung wird jedoch nicht allen Kristallpolymorphien gerecht, da Kombinationen verschiedener Fälle möglich sind. Auch ist es oft schwierig zu entscheiden, ob noch vom «gleichen Bautypus» gesprochen werden darf. So können bereits kleine Verschiebungen in den Schwerpunktslagen einiger Teilchen bei gleichbleibendem oder nur wenig deformiertem Bauschema andere kz und ksch zur Folge haben (zum Beispiel bei Granaten, Augiten, Amphibolen usw.). Auch hier müssen wir, um die Mannigfaltigkeit einigermaßen übersehen zu können, zunächst mehr gliedern, als die Natur eigentlich zuläßt.

**Isotypie und Isomorphismus.** Isotypie ist nicht etwas, was auf kristalline Konfigurationen beschränkt ist. Schon in der Lehre von den molekularen Konfigurationen stießen wir auf die Erscheinung, daß chemisch ganz verschiedene Moleküle oder Radikale den gleichen Bautypus besitzen. So ist $CH_4$ prinzipiell gleich gebaut wie $SiF_4$, nämlich nach dem Tetraederprinzip. $[NO_3]^-$ und $[CO_3]^{--}$, oder unter sich $[PO_4]^{---}$, $[ClO_4]^-$, $[SO_4]^{--}$, $[SiO_4]^{----}$, $[BF_4]^-$ gehören jeweilen den gleichen Bautypen an, verschieden sind nur die Abstandsverhältnisse (siehe Seite 217). Die Isotypie ist ein Anzeichen dafür, daß gewisse, meist relativ hochsymmetrische Anordnungsschemata besonders große Stabilität besitzen und sich unter den verschiedensten Verhältnissen einzustellen suchen. Diese häufig auftretende Gleichgestaltigkeit ist es, die ermöglicht, ein ungeheures Tatsachenmaterial zu ordnen und zu überblicken. Sie läßt die Herrschaft gewisser Bauprinzipien erkennen. An und für sich ist es gleichgültig, ob man von Isotypie oder Homöotypie, von Isomorphismus oder Homöomorphismus spricht. Doch hat man versucht, die Begriffe in einer Rangfolge zu ordnen mit Isotypie als dem weiteren, Isomorphie als dem engeren Begriff (zum Beispiel bei gleichzeitiger chemischer Ähnlichkeit der Konfiguration). Da es sich um die Kennzeichnung einer morphologischen Verwandtschaft handelt, ist es ja ganz selbstverständlich, daß diese Verwandtschaft enger oder weiter gefaßt werden kann, daß man zum Beispiel in komplizierten Molekülen noch Ähnlichkeiten feststellen kann, ohne daß im engeren Sinne vom «gleichen» Typus gesprochen werden darf.

Das alles überträgt sich nun auf kristalline Verbände. Es ist erstaunlich, wie chemisch ganz verschiedenartige Verbindungen gleichen Strukturtypus besitzen können, wie zum Beispiel eine Struktur wie die des Steinsalzes nicht nur von Halogensalzen, sondern auch von Oxyden, Sulfiden, Nitriden, Carbiden bekannt ist und wie sich im großen nach einfachen Regeln das Stabilitätsfeld dieser Struktur $A:B=1:1$ von Stabilitätsfeldern anderer Strukturen, $A:B=1:1$ wie Zinkblende-Wurtzittypus, CsJ-Typus (siehe die Figuren 199, 200) abgrenzen läßt. Isotype Kristallstrukturen sind häufig, und die wichtigsten Bautypen lassen sich aus wenigen geometrischen Prinzipien ableiten. Aber die vergleichende Stereochemie der Kristalle deckt noch ganz andere Zusammenhänge auf. Zu jedem Strukturtypus gehört eine geometrische Deformationsreihe, und wie bereits Seite 130 bis 143 dargetan wurde, gehen verschiedene Strukturtypen durch Ausfall von kpo auseinander hervor. Strukturen wie diejenige von Calcit und Baryt sind als deformierte Steinsalzstrukturen deutbar, und nähere Untersuchung des Einflusses der substituierten Gruppen macht die

Größe der Deformationen verständlich. Auf das Namhaftmachen von Beispielen kann wiederum mit dem Hinweis auf das Lehrbuch der Mineralogie und Kristallchemie, Band III, sowie auf das gleichfalls im Druck befindliche Buch «Der Artbegriff in der Mineralogie» (Verlag Gebrüder Borntraeger, Berlin) verzichtet werden.

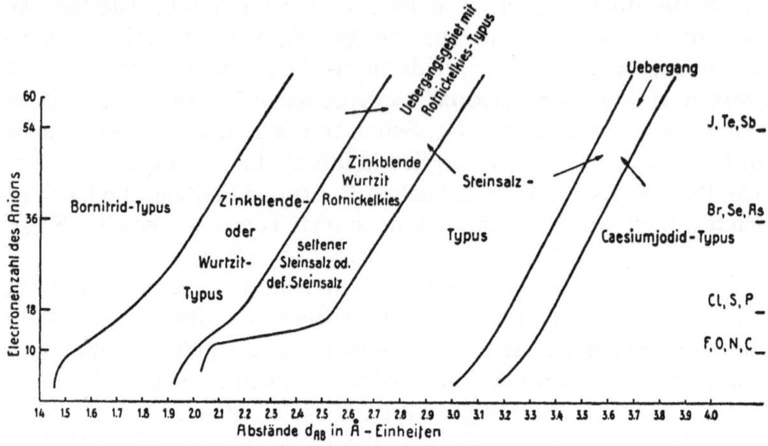


Fig. 199

Beispiel der Stabilitätsfelder verschiedener Strukturtypen vom Verhältnis $A:B = 1:1$ in Abhängigkeit von der «Raumbeanspruchung».

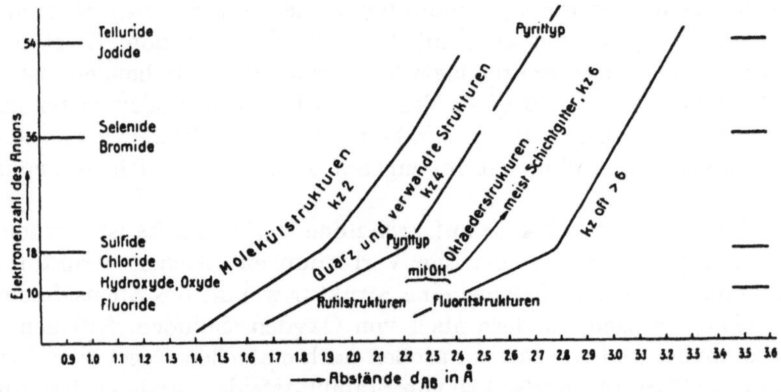


Fig. 200

Beispiel der Stabilitätsfelder von Strukturtypen des Verhältnisses $A:B = 1:2$ in Abhängigkeit von der «Raumbeanspruchung».

Eine besondere Bedeutung erlangt indessen in der Kristallstereochemie der engere Begriff Isomorphismus durch folgenden Umstand. Besteht in einem physikalisch-chemischen System die Möglichkeit der Bildung mehrerer isotyper Kristallverbindungen (das Wachstum der Kristalle ist dem Bildungsvorgang der Kristallverbindung gleichzusetzen), so können *Mischkristalle* entstehen, indem in der gleichen Konfiguration Teilchen einander ersetzen. Solche substituierbare Bauelemente heißen nach Seite 25 zueinander *diadoch*, vorausgesetzt, daß sich auch nach der Substitution der Kristall *phänomenologisch* so verhält, als ob alle Teilchen *geometrisch* gleichwertig wären. Statt daß sich zum Beispiel $\left[KCl_{\frac{6}{6}}\right]_\infty$ $G$- und $\left[RbCl_{\frac{6}{6}}\right]_\infty$ $G$-Kristalle nebeneinander bilden, wird im gleichen Kristallgebäude K und Rb dem Cl zugeordnet, es entstehen $\left[(K, Rb)\,Cl_{\frac{6}{6}}\right]_\infty$ $G$-Kristalle mit Verhältnissen K:Rb, die von der Zusammensetzung in der ionendispersen Phase abhängig sind.

Substitutionsmischkristalle können indessen auch entstehen, wenn beide Einzelverbindungen nicht isotyp zueinander sind, wohl aber der kz und Raumbeanspruchung nach die sich ersetzenden Teilchen unter gewissen Umständen zu gleichartigem Verhalten neigen. Die Struktur der einen Verbindung *stabilisiert* dann *das entsprechende Baumotiv der anderen,* selbst wenn dessen Beständigkeit für sich allein gering ist.

Schon das zeigt, daß man Isomorphismus und mögliche (beschränkte oder vollkommene) Mischkristallbildung nicht begrifflich koppeln darf. Isomorphismus (bzw. Isotypie und chemische Verwandtschaft) der Einzelkristallverbindungen braucht nicht notwendige Voraussetzung für Mischkristallbildung zu sein, wohl aber ist sie, sofern die Raumbeanspruchungsverhältnisse ähnlich sind, ein Zeichen dafür, daß infolge des gleichen koordinativen Verhaltens Diadochie der Teilchen erwartet werden darf.

Anders verhält es sich in molekularen Konfigurationen. Nur bei großer Zahl geometrisch gleichwertiger Teilchen ist an eine ähnliche Definition zu denken. Bei sehr kleiner Zahl (zum Beispiel 1) gleichartiger Teilchen kann Diadochie nur bedeuten, daß der Ersatz eines Teilchens durch ein anderes den Bautypus nicht ändert. Der Begriff wird also dann von selbst mit dem der Isotypie (zum Beispiel von Konfigurationen wie $CO_3$ und $NO_3$ usw.) identisch. Das ist deshalb der Fall, weil bereits Einzelradikale oder Einzelmoleküle voneinander trennbare Individuen sind. Stimmt man der Begriffserweiterung für diese Verbände zu, so läßt sich bei ihnen auch jene Erscheinung erkennen, die wir später *Massendiadochie* nennen, wobei allerdings zumeist erst im Molekülkristall ersichtlich wird, daß sich trotz des Ersatzes eines Teilchens durch eine Teilchengruppe oder eines Radikals durch ein ganz anderes die Feldwirkung wenig verändert hat. Inwieweit und ob überhaupt gleichartige physiologische Wirkung im Molekularzustand auf Isotypie bzw. Diadochie Rückschlüsse gestattet, ist noch nicht abgeklärt. Auf alle Fälle sind nicht nur atomare Teilchen zueinander diadoch, es lassen sich atomare Gebilde durch andere mehratomige ersetzen. Substitution von Cl durch $CH_3$ braucht zum Beispiel in organischen Verbindungen den Bautypus der Gesamtverbindung wenig zu beeinflussen. Die Gruppe $COOCH_3$ kann durch die ein O mehr enthaltende Gruppe $SO_2OCH_3$ ersetzt werden, ohne daß ein anderer Molekülkristalltypus entsteht. Zu F ist fast stets (OH) diadoch.

In echten Mischkristallen sind die den diadochen Atomarten zugeordneten Teilchen als geometrisch gleichwertig in Rechnung zu stellen. Wir sehen, daß nun ein wesentliches Problem der Übertragung der geometrischen Lehre von den Punktkonfigurationen auf die Atomverbände darin besteht, festzustellen, welches im Einzelfalle die Beziehungen zwischen geometrisch gleichwertig und ungleichwertig und gleicher und verschiedener Atomart sind. Zunächst kann es fast scheinen, als ob diese auftretende Inkongruenz der Begriffe (siehe auch Seite 25) die Anwendbarkeit der geometrischen Grundlagen verunmögliche oder doch sehr erschwere. Allein das ist keineswegs zutreffend. Ver-

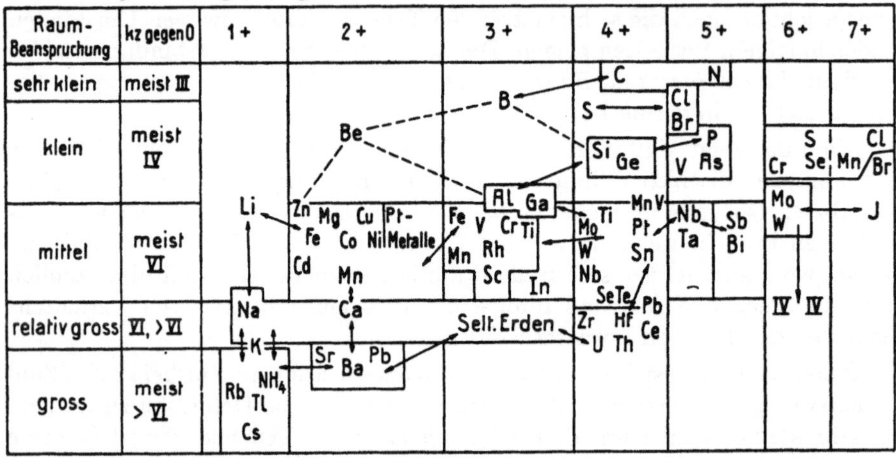



Fig. 201

Verhalten wichtiger Elemente in Oxyden, Hydroxyden, Salzen von Sauerstoffsäuren usw.

schiedene Bindungsarten und ausgesprochene geometrische Ungleichwertigkeiten gleicher Atomarten machen sich, wie in den früheren Abschnitten mehrfach erwähnt wurde, immer irgendwie bemerkbar und spielen bei den Konstitutionsaufklärungen eine große Rolle. Diadochie aber ist an wichtige Gesetzmäßigkeiten gebunden und in den Hauptzügen durch die Verwandtschaftslehre der chemischen Elemente gegeben.

So zeigt in einer allerdings sehr schematischen, lange nicht alle Erfahrungstatsachen berücksichtigenden Weise Fig. 201 die Raumbeanspruchungs- und wichtigsten Koordinationsverhältnisse vieler elektropositiver Elemente sowie die Neigung zur Bildung isotyper Verbindungen. Besonders eng verwandte Elemente sind bei gleicher Wertigkeit zu Gruppen zusammengefaßt, andere Beziehungen durch Verbindungslinien und Pfeile hervorgehoben. Aus dieser Tabelle läßt sich schon sehr viel über die Möglichkeiten von Mischkristallbildungen aussagen. Zudem ist es ein besonders interessantes Kapitel der Kristallchemie, jenen Erscheinungen nachzugehen, die entstehen, wenn trotz teilweiser Diadochie die Verschiedenheit der Elemente sich bemerkbar zu machen beginnt (Isotypie, Doppelsalzbildung, Entmischung usw.).

Sind in einer Kristallstruktur chemische Elemente durch andere ersetzbar, so wird bei gleichbleibender geometrischer Konfiguration innerhalb eines Bereiches die chemische Zusammensetzung praktisch kontinuierlich veränderlich. Stöchiometrische Gesetze gelten für diese Variabilität nicht mehr. Allein die Mischkristallbildung durch Atomsubstitution gleichwertiger Elemente ist nur die einfachste Form, die zu veränderlicher Kristallzusammensetzung führt. Die Gesamtvariabilität kann erst überblickt werden, wenn ein neuer Gesichtspunkt in den Vordergrund gestellt wird.

**Der Artbegriff in der Stereochemie.** Die Stereochemie befaßt sich mit Atomverbänden, die infolge ihrer Bestandfähigkeit unsere Aufmerksamkeit verdienen. Was heißt aber das? Offenbar nichts anderes, als daß der einmal gebildete Verband, selbst wenn wir die äußeren Bedingungen etwas verändern, seinen Charakter zu *bewahren* sucht. Er verhält sich in dieser Beziehung gleich wie weit kompliziertere Verbandseinheiten, etwa eine Pflanze oder ein Tier, und wie weit einfachere, etwa ein chemisches Element. Dem Milieu gegenüber besitzt der Atomverband seine Eigentümlichkeit und Individualität, das was man anthropomorph den eigenen Gestaltungswillen nennen könnte. Der Verband ist nichts völlig Starres, auf äußere Kräfte reagiert er durch innere Zustandsänderung unter Wahrung des Gesamtcharakters. Er selbst ist übrigens durch eine Folge dynamisch verschiedener Zustände (man denke an Resonanz verschiedener Bindungsarten, Schwingungen, Rotationen schon bei den molekularen Konfigurationen) gekennzeichnet. Die ein Gas oder eine Flüssigkeit aufbauenden, als gleich bezeichneten Moleküle sind auch in keinem Moment einander vollkommen gleich. Sie befinden sich in verschiedenen Schwingungs- und Deformationszuständen, sind Einzelindividuen, die wir zu einer *Art* mit bestimmtem normativen mittleren Verhalten zusammenfassen, so wie die verschiedenen Zustände eines chemischen Elementes den Begriff Atomart ergeben haben.

Wir sprechen immer von der gleichen Verbindung, auch wenn wir sie bei verschiedenen Temperaturen und Drucken betrachten, so lange nicht eigentliche konstitutionelle Änderungen auftreten. Mit anderen Worten: die Wissenschaft hat das Bedürfnis, verschiedene auseinander folgende Zustände oder verschiedene ihr gleichartig erscheinende Individuen unter einem Oberbegriff zusammenzufassen. Das aber sind die Grundlagen, die allüberall in der Natur zum «Artbegriff» geführt haben.

Zur absoluten Notwendigkeit wird dieses Vorgehen in der *Kristallkunde.* Hier können wir ja oft mikro- oder makroskopisch jedes einzelne Individuum untersuchen. Wir sehen, daß die Einzelkristalle einer Kristallisation weder in Größe noch äußerer Gestalt vollkommen übereinstimmen, daß sie jedoch in oft weiten Temperatur- und Druckbereichen ihren Gesamtcharakter und ihre Konstitution beibehalten. Wir lernen durch Experimente, wie ihre Bildung, ihr Wachstum, vom Milieu abhängig ist, das auch die äußere Gestalt mitbedingt. Erst als es der Kristallkunde (bzw. der Mineralogie) gelang, das natürlich Zusammengehörige zu erkennen, die Kristalle in Arten zu gruppieren, wurde sie zur Wissenschaft. *Der Begriff der Kristallart ist daher etwas Funda-*

*mentales*. Er stellt aber auch die Krönung der stereochemischen Betrachtungsweise dar, da erst bei einem intensiven Studium dieses Begriffsinhaltes deutlich wird, was als das Wesentliche einer Kristallkonfiguration bezeichnet werden darf. Doch können wir uns im Hinblick auf eine schon erwähnte Schrift über den Artbegriff in der Mineralogie auch hier sehr kurz fassen und uns begnügen, wenigstens skizzenhaft auf einige Erscheinungen die Aufmerksamkeit zu lenken.

*Zu ein und derselben Kristallart[1] sind offenbar alle Zustände einer kristallinen Konfiguration, eines bestimmten Strukturtypus, zusammenzufassen, die praktisch kontinuierlich* (zum Beispiel auch durch die erwähnte Atomsubstitution und den Atomaustausch) *ineinander überführbar sind oder die*, da wir ja nicht immer experimentieren können, *eine kontinuierlich zusammenhängende Serie bilden*. Es ist diese Konstruktion eines Oberbegriffes zunächst notwendiges Erfordernis für die wissenschaftliche Behandlung, denn wir können nicht *allen* diesen verschiedenen kontinuierlich miteinander verbundenen Zuständen verschiedene Namen geben und wir müssen das Faktum der Zusammengehörigkeit zum Ausdruck bringen. Wenn durch Entmischung aus einem einheitlichen Kristall zwei oder mehrere voneinander unterscheidbare und durch eine sogenannte Mischungslücke getrennte Kristallverbindungen entstehen, so ist dies einer *Artaufspaltung* gleichzusetzen. Da die Größe der Mischungslücke temperatur- und druckabhängig ist, muß dies auch für den Inhalt dessen gelten, was zu einer Art zusammengefaßt werden kann. Bestehen zwischen völlig isotypen Kristallverbindungen bei gewöhnlicher Temperatur Mischungslücken, die bei höherer Temperatur verschwinden oder sich einengen, so wird es zur Hauptaufgabe, unter den verschiedensten Bedingungen das Feld zu umgrenzen, das den kontinuierlichen Übergang gestattet (Bestimmung des «Artfeldes»). Sehr häufig werden die Erfahrungen jedoch nicht ausreichen, um mit Sicherheit zu behaupten, isotype Kristallarten seien durch sukzessive Änderungen kontinuierlich miteinander verbunden oder nicht verbunden. Es ist denkbar, daß Zwi-

---

[1] In einer schon 125 Jahre dauernden Diskussion über den Artbegriff in der Mineralogie und Kristallkunde spielt die Vermengung verschiedener Gesichtspunkte eine unheilvolle Rolle. Studien über das Prinzipielle und Begriffliche wurden durch das Hineinspielen von Nomenklaturfragen und Fragen der Systematik entwertet. Sie müssen hier säuberlich getrennt werden, da eine Übertragung der in der Biologie üblichen Namengebung dem Gegenstand der Untersuchung nicht angepaßt ist. Der Mineraloge und Chemiker hat das Bedürfnis, Einzelglieder einer Art besonders zu benennen, zum Beispiel trotz der Mischkristallbildung gediegen Gold und gediegen Silber nebeneinander und für sich zu behandeln, oder verschiedenen Gliedern der Plagioklase Namen zu verleihen, die ihm nicht weniger wichtig erscheinen als Bezeichnungen wie Quarz und Rutil. Es gibt für ihn nicht *eine* natürliche Systematik, sondern viele Möglichkeiten von Zusammenfassungen, die an sich volle Gleichberechtigung verdienen. Von einer binären Nomenklatur und einer stabilisierten Klassifikation in Gattungen, Familien und Ordnungen kann nicht die Rede sein. Was in der Biologie lange Zeit ein starres Schema war und zum Teil auch heute noch ist, wird für ihn zur wissenschaftlichen Problemstellung, ohne jene Gebundenheit zu besitzen, die für eine Systematik wertvoll, für eine Entwicklung oft hinderlich ist. Wir haben heute noch für das, was logischerweise zu einer Kristallart gehört, oft keine Namen, wohl aber konventionell abgegrenzte Bezeichnungen für Untereinheiten und empfinden dies nicht als besonderen Übelstand. Und wenn es dem Verfasser ein Bedürfnis ist, das Problem der Artvariabilität in das Zentrum kristallchemischer Forschungen zu stellen, liegt es ihm doch fern, die Nomenklatur und Systematik völlig zu reformieren. Gewiß ist es möglich, einzelne Begriffe zu eliminieren, andere neuen Erkenntnissen anzupassen. Der Begriff Kristallart selbst jedoch hat weit weniger nomenklatorische als methodische Bedeutung.

schenglieder nur unter den bereits berücksichtigten Bedingungen fehlen, unter anderen sich einstellen würden. In solchen Fällen und auch dann, wenn normalerweise, zum Beispiel bei der natürlichen Mineralbildung, Lücken auftreten, kann man von einer *Artgruppe* von Kristallverbindungen sprechen.

Eine weitere Auflockerung des Begriffes ist auch dann erwünscht, wenn eine Kristallart in *homöotypen Modifikationen* auftritt. Da diese ohne Zerstörung des kristallinen Zusammenhanges auseinander hervorgehen, bezeichnen wir die homöotypen Modifikationen nur als *Unterarten*, selbst wenn die Umwandlung im letzten Momente sprunghaft, diskontinuierlich, vonstatten geht. Dazu gehören sogenannte Hoch- und Niedertemperaturmodifikationen, wie trigonal und hexagonal enantiomorpher Quarz, bei Mischkristallen aber auch die Zustände mit verschiedenen Verteilungen der diadochen Teilchen bei gleichem Strukturtypus. Letztere gipfeln einerseits in einem möglichst vollständig *geregelten*, relativ hochsymmetrischen Verteilungsschema, andererseits in einem *völlig ungeregelten*, das auf die Gittersymmetrie keine Rücksicht nimmt[1]. Regelungen können im kleinen Bereich oder im ganzen Bereich auftreten, es gibt also sehr viele Variationsmöglichkeiten. Doch erfolgt in der Nähe einfacher stöchiometrischer Gesetze der Übergang geregelt-ungeregelt meist relativ scharf, praktisch diskontinuierlich. Naturgemäß setzen solche Umformungen innere Reaktionsfähigkeit im festen Zustand, Diffusion und Platztausch voraus, und gleiches gilt, wenn durch Stoffzufuhr und Umtausch der Chemismus geändert werden soll. Es hat sich aber in der neueren Zeit (Arbeiten von HEDVALL, JOST, JANDER und andere) gezeigt, daß diese Reaktionsfähigkeit im festen Zustand von großer Bedeutung sein kann. Darauf beruhen ja auch viele *Alterungs-*, *Veredlungs-*, *Vergütungsprozesse* durch Nachbehandlung, beispielsweise durch *Tempern*.

Der Chemismus einer Kristallart ist jedoch nicht nur variabel, weil einfache *Substitutionsmischkristalle* auftreten, wobei sich übrigens bei gleichbleibendem Bautypus unter Umständen durch die Substitution auch die Gesamtsymmetrie verändern kann. In heteropolar bis heteropolar-kovalent gebundenen Kristallkonfigurationen finden wir häufig den sogenannten *gekoppelten Atomersatz*. Aus der Tabelle Fig. 201 geht ja hervor, daß valenzchemisch verschieden sich verhaltende Teilchen ähnliche Raumbeanspruchung und ähnliches koordinatives Verhalten besitzen, zum Beispiel $Li^+$, $Mg^{++}$, $Al^{+++}$, $Ti^{++++}$. Entstehen unter Wahrung der Teilchenzahl im Raumgitterkomplex Stellvertretungen solcher Teilchen (Mischkristalle), so muß der Ersatz eines höherwertigen Teilchens durch ein niedrigerwertiges mit dem Ersatz eines niederwertigen durch ein höherwertiges gekoppelt sein, damit die Valenzsumme gleichbleibt. Sonst entstünden ja unabgesättigte Überschußladungen. In komplexen Systemen ist unter Einbau verschiedenartiger Teilchen diese Anpassung einer Kristallart an geänderte chemische Verhältnisse des Mediums, aus dem sie sich bildet, trotz der kompliziert erscheinenden gegenseitigen «Abstimmung» der Substitutions-

---

[1] Geregelt ist zum Beispiel die im Modell Fig. 188 b dargestellte Struktur des $\beta$-Messing.

vorgänge weitverbreitet. Sie beherrscht in großem Umfange die Silikatchemie. Bekannte Beispiele sind unter anderem:

SiNa    ersetzbar durch AlCa, zum Beispiel in Plagioklasen, Melilithen, Augiten, Hornblenden;

SiMg    ersetzbar durch AlAl, zum Beispiel in Augiten, Hornblenden, Melilithen und zum Teil in Glimmern;

AlCa    ersetzbar durch TiNa, zum Beispiel in titanhaltigen Augiten, Hornblenden, Biotiten;

TiMg    ersetzbar durch AlAl, zum Beispiel in titanhaltigen Augiten, Hornblenden, Biotiten;

MgCa    ersetzbar durch AlNa oder Fe'''Na, zum Beispiel in Alkaliaugiten, Alkalihornblenden, Melilithen;

Al(OH) ersetzt SiO, zum Beispiel in Hornblenden und Biotiten.

Die Erscheinung läßt aber auch verstehen, warum Kristallverbindungen wie $CaCO_3$, $NaNO_3$, $ScBO_3$ oder $KMnO_4$, $BaSO_4$ oder MgO und LiF unter sich gleiche Struktur besitzen und läßt die Frage, ob auch hier teilweise Mischkristallbildungen möglich sind, mindestens prüfenswert erscheinen.

Eine besondere Auswirkung erhalten derartige Möglichkeiten bei Verbindungen der stöchiometrischen Formeln $Li_2TiO_3$ und $Li_2Fe_2O_4$. Li ist häufig sowohl diadoch zum vierwertigen Ti als auch zum zwei- oder. dreiwertigen Fe. Bezeichnen wir die diadochen Elemente unter sich mit Me, so verhalten sich in beiden soeben genannten Verbindungen Me : O = 1 : 1. Es verwundert daher nicht, daß KORDES, POSNJAK und BARTH für dieses Titanat bzw. Ferrit gleiche Struktur fanden wie für FeO, nämlich den Steinsalztypus (siehe Fig. 106, Seite 133). Ja sie erhielten Strukturen, bei denen Li und Ti bzw. Li und Fe *regellos* auf die Plätze verteilt waren, die in FeO dem Fe zukommen. Die Frage, ob eine Arterweiterung durch Mischkristallbildung zwischen $Li_2TiO_3$, $Li_2Fe_2O_4$, MgO, FeO möglich sei, ist also diskutierbar. Aber es war zu erwarten, daß bei noch genügender Beweglichkeit, jedoch unterhalb gewisser Temperaturen, sowohl Li-Titanat wie Li-Ferrit geregelte Strukturen ergeben würden, und es gelang schließlich BARBLAN, diese Unterarten (bei $Li_2Fe_2O_4$ um 570°, bei $Li_2TiO_3$ um 1000°) tatsächlich zu synthetisieren. Dabei trat beim Ferrit eine Deformation von kubisch zu tetragonal auf mit einer halbgeregelten Zwischenphase. Dadurch wurde wiederum innerhalb einer Art von bestimmter Pauschalzusammensetzung eine Mannigfaltigkeit von Zustandsformen entdeckt.

Bedenkt man, daß in Alumosilikaten wie den Plagioklasen je nach der Art der Kationen mehr oder weniger Si eines gitterhaften Alumokieselsäureions durch Al ersetzt wird und diese Substitution geregelt oder in verschiedenem Grade ungeregelt erfolgen kann, ebenso die Substitution von Na und Ca, so versteht man, daß die analytisch-chemische Formel noch lange nicht ein spezielles Kristallindividuum kennzeichnet, daß selbst bei so groben Eigenschaften wie den optischen von Individuum zu Individuum Streuung der bestimmbaren Werte nach der *Vorgeschichte der Entstehung* auftreten muß.

In den soeben beispielhaft genannten Fällen bleibt innerhalb des Kristallartfeldes der Sauerstoffverband unverändert, während Art und Verteilung der den Sauerstoffteilchen gegenüber elektropositiven Teilchen auf ihren Gitterplätzen variabel ist. Man kann daher (zunächst bloß formal) sagen, der O-Gitterkomplex besitze für die Artcharakterisierung *Dominanz*, er sei gewissermaßen der *Strukturträger* (siehe auch Seite 135). Der aus dieser Redewendung sich aufdrängende Gedanke, ob es nicht möglich sei, eine noch größere Variabilität innerhalb einer Art zu erlangen, weil unter Umständen nur die Erhaltung eines Teiles des Gitteraufbaues zur Artcharakteristik notwendig ist, hat sich nun als außerordentlich fruchtbar erwiesen.

Typisch ist hierfür die sogenannte *Leerstellenbildung*[1]. Wollen wir zum Beispiel die Kristallverbindung FeO vom Steinsalztypus herstellen, so fällt es recht schwer, die Oxydation des Fe vollkommen zu verhindern. Trotzdem entstehen praktisch homogene Phasen, in denen sich je nach den Versuchsbedingungen ein Teil des Fe im dreiwertigen Zustand befindet. Die Analysen

**Fig. 202a**

Struktur von Cuprit. Schwarze Kugeln = Cu, weiße Kugeln = O. Es sind nur halb so viel weiße Kugeln vorhanden wie in Fig. 202b und nur $\frac{1}{4}$ von denen in Fig. 202c. Die schwarzen Kugeln bilden in allen drei Strukturen der Fig. 202 das gleiche Gitter.

müssen dann, da ja Valenzgleichgewicht herrscht, einen Fe-Unterschuß (zum Beispiel Fe:O = 48:52 statt 50:50) ergeben. Gleichzeitig ändert sich (JETTE, FOOTE) die Gitterkonstante, ohne daß dies die Struktur als Ganzes oder die äußerlich wahrnehmbare Symmetrie zu beeinflussen scheint. Aus den Dichteverhältnissen kann man schließen, daß dieses schwach oxydierte FeO, der Wüstit, Steinsalz- oder Periklas(MgO)-Struktur besitzt, jedoch mit (dem Oxydationsgrad entsprechendem) Ausfall einiger Fe-Teilchen. Die Fe-Teilchen bilden also für sich keinen vollkommenen Gitterkomplex mehr. Es sind gegen-

---

[1]) Ein Beispiel ist Modell Fig. 188 c des $\gamma$-Messing.

über der Idealanordnung der Idealkonfiguration *Leerstellen* (fehlende Besetzung von Gitterpunkten durch Massenteilchen) vorhanden. Anders ausgedrückt: Oxydation des Fe führt zunächst nicht zu einer neuen Kristallart,

Fig. 202b
Struktur von ZnS als Zinkblende. Die schwarzen Kugeln stellen hier die Schwerpunkte von Zn,
die weißen von S dar.

Fig. 202c
Struktur von Fluorit. Schwarze Kugeln = Ca, weiße Kugeln = F.

die Struktur paßt sich auf Kosten eines vollständig idealen Gitteraufbaues den
äußeren Bedingungen an. Mit dieser Anpassung sind naturgemäß Eigenschafts-
änderungen verbunden. Träger der raumgitterartigen Struktur bleibt der Sauerstoff.

Analoge Phänomene sind durchaus nicht selten (Fig. 188c). Altbekannt ist unter anderem, daß Magnetkies, FeS, je nach dem beim Entstehen vorhandenen Schwefeldampfdruck, einen wechselnden S-Gehalt besitzt, d.h. normalerweise mehr S, als der Formel und der Idealstruktur zukommen darf. Hier ist Schwefel der Strukturträger, der Fe-Gitterkomplex besitzt wieder Leerstellen.

Nun konnten wir bereits beim Vergleich verschiedener Strukturtypen (siehe Seite 132) feststellen, daß oft zwischen einzelnen von ihnen die Beziehung besteht: Strukturtypus X geht aus Y hervor, indem ein Teil der Gitterpunkte wegfällt, oder Strukturtypus X ergibt durch Einlagerung neuer Gitterpunkte Strukturtypus Y. So bilden zum Beispiel im Cuprittypus, Zinkblende- und Fluorittypus von den Formeln $Cu_2O$, $ZnS$, $CaF_2$, die Cu- bzw. Zn- bzw. Ca-Teilchen flächenzentrierte kubische Gitter (Fig. 202). In den $\frac{1}{4}$-Punkten der Körperdiagonalen (jeder flächenzentrierte Würfel enthält deren 8) dieser Würfel befinden sich die O- bzw. S- bzw. F-Teilchen. Im Cuprit sind von den 8 in Frage kommenden Lagen nur 2, in der Zinkblende 4, im Fluorit 8 besetzt. Im Gegensatz zu Na in NaCl oder Fe in FeO sind diese Gitterpunkte nicht in Oktaeder-, sondern in Tetraederecken von den elektronegativen Partnern umgeben. In der Spinellstruktur bilden gleichfalls die O nahezu kubisch flächenzentrierte Gitterkomplexe, die Metallatome besetzen einen Teil der Lagen von Fe in FeO und einen Teil der Lagen von Cu in $Cu_2O$. Daraus ergeben sich unabhängig vom Problem der Art, d.h. eines kontinuierlichen Überganges, Möglichkeiten des Reaktionsgeschehens im festen Zustand, der Überführung einer Kristallart in eine andere, durch Einlagerung oder Leerstellenbildung.

Im Magnetit, um ein weiteres Beispiel zu nennen, sind die dreiwertigen Fe-Teilchen so angeordnet wie die Hälfte der zweiwertigen Fe-Atome, im Wüstit bei in beiden Fällen gleichartigem O-Gitterkomplex. Das zweiwertige Fe besetzt in der Hälfte der Teilwürfel die Lagen des O in $Cu_2O$. Auf 12 O kommen im ganzen 9 Fe. Nun kann man, was schon lange bekannt ist, Magnetit ohne Zerfall (unter Abscheidung von etwas $Fe_2O_3$ in Hämatitform) oxydieren. Man erhält das sogenannte $\gamma$-$Fe_2O_3$, den magnetischen Maghemit. Bei ihm hat, entsprechend der Wertigkeitserhöhung des Fe (alles Fe ist nun dreiwertig), $\frac{1}{9}$ des Fe die Struktur verlassen, es ist eine Magnetitstruktur mit neuen Leerstellen (gegenüber der Besetzung im Magnetit selbst) entstanden. Es ist möglich, daß dieser Prozeß unter gewissen Bedingungen kontinuierlich verläuft, also $\gamma$-$Fe_2O_3$ und Magnetit zur gleichen Kristallart gehören.

Zugleich zeigt dies, wie vergleichend morphologische Betrachtungen unter Berücksichtigung der Anpassungsfähigkeiten einer Struktur dazu führen können, neuartige Kristallverbindungen (in diesem Falle magnetisches $Fe_2O_3$) herzustellen. Die Reaktion erfolgt in der Weise, daß gewisse Fe-Atome auf Zwischengitterplätze abwandern, zum Teil ausgestoßen werden, zum Teil aber sich in neuen Lagen stabilisieren. Der gesamte Platztausch- und Diffusionsprozeß ist recht kompliziert, indessen bei genügender Beweglichkeit der Teilchen durchaus als Reaktion im festen Zustand deutbar. Begreiflich ist, daß dieses $\gamma$-$Fe_2O_3$ und das entsprechende $\gamma$-$Al_2O_3$ etwas locker gebaut sind, da ja eine Magnetit- bzw. Spinellstruktur mit Leerstellen vorliegt. Deshalb ist es möglich, neue, in der Raumbeanspruchung dem Fe ähnliche Teilchen wieder einzulagern oder ein dreiwertiges Fe-Teilchen durch drei einwertige Teilchen zu ersetzen. Beziehen wir die stöchiometrischen Formeln auf 48 O, so ist

$$\text{Magnetit}\quad Fe_{12}'' \, Fe_{24}'''O_{48} = Me:O = 36:48$$
$$\text{Maghemit}\ Fe_{32}'''O_{48} \qquad = Me:O = 32:48.$$

Durch Ersatz von 2 Fe durch 6 Li erhält man wieder: $Li_6Fe_{30}O_{48}$ mit $Me:O = 36:48$. In der Tat ist es gelungen, $Li_2Fe_{10}O_{16}$ in geregelter und ungeregelter Magnetitstruktur herzustellen.

Manchmal findet diese «Strukturporosität» von Kristallverbindungen mit Leerstellen auch in einer erhöhten *Adsorptionsfähigkeit* ihren Ausdruck, was sich zum Beispiel beim Fällen der Di-Trioxyde verschiedener Strukturtypen bemerkbar macht.

Je nach dem Ausgangspunkt kann Leerstellenbildung auch als *Einlagerung* einem anderen Strukturtypus gegenüber bezeichnet werden. Es gibt jedoch Fälle, wo der Begriff Einlagerung von vornherein die unzweifelhaft richtigere Bezeichnung ist. Die Raumerfüllung ist ja in keiner Struktur eine vollkommene (man denke an die Seite 100 bis Seite 114 dargestellten Kugelpackungen), so daß immer die Möglichkeit besteht, Fremdteilchen einzulagern, die am eigentlichen Gitterbau zunächst gar nicht teilzunehmen brauchen. Bei gegebener Struktur läßt sich naturgemäß angeben, welches die für solche Einlagerungen günstigen Plätze sind. Kommen hiebei im wesentlichen Bindekräfte anderer Natur zur Geltung als die sonst vorhandenen Gitterkräfte, so drängt sich, selbst wenn schließlich alle gleichartigen Gitterlücken besetzt werden, die Bezeichnung Einlagerung auf. Das gilt zum Beispiel für die Einlagerungsmischkristalle von C in Fe, wobei bekannt ist, daß die zwei verschiedenen Eisenarten (Wolframtypus und Goldtypus) ein unterschiedliches Einlagerungsvermögen für Kohlenstoff besitzen. Auch gehört es zu den Elementarkenntnissen, daß die Kristalleigenschaften des Fe sich mit dem Kohlenstoffgehalt ändern, daß Temperaturänderungen Entmischungen oder Deformationen erzeugen und daß unter gewissen Verhältnissen eine carbidähnliche neue Kristallart, Zementit, unter anderen Bedingungen jedoch eine Graphitausscheidung entsteht.

Wie bei den Substitutionsmischkristallen gibt es geregelte und ungeregelte Einlagerungsmischkristalle. Ähnliche Erscheinungen finden wir unter anderem bei gewissen wasserhaltigen Silikaten, den *Zeolithen*. In einem weitmaschigen Strukturträger, einem gitterhaften Alumokieselsäureanion, sind zur Valenzabsättigung Kationen und in mehr VAN DER WAALSscher Bindung $H_2O$-Moleküle eingelagert. Letztere können ohne Strukturzusammenbruch durch andere Moleküle ersetzt (ausgetauscht), ja oft völlig entfernt und bei hohem Wasserdampfdruck wieder aufgenommen werden. Der Kristall wird so dem Medium gegenüber sehr anpassungsfähig, kann mit ihm in Wechselreaktion (Stoff-

a

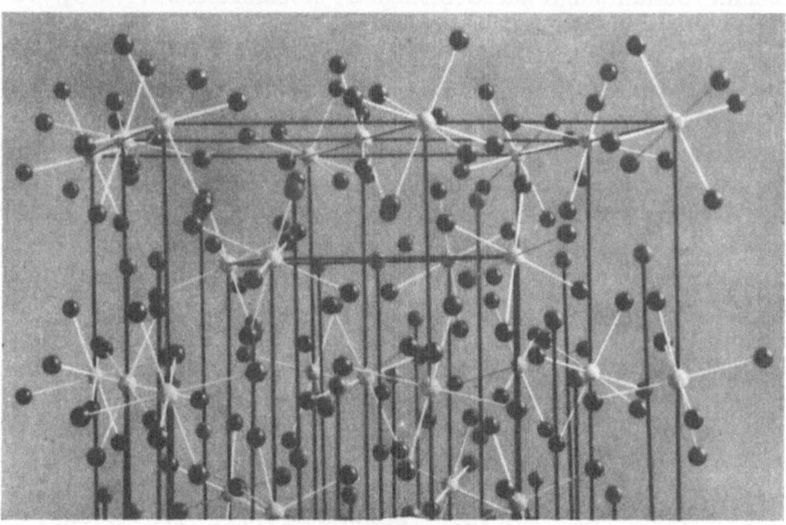

b

Fig. 203a, b

Grossular und Tricalciumaluminat-Hexahydrat. *a* = Grossular. Schwarze Kugeln = O; weiße Kugeln in Viererkoordination = Si, in Sechserkoordination = Al; graue Kugeln = Ca (koordinativ nicht eingeordnet, nicht mit weißen Stäben verbunden). *b* = Aluminat. Die Si-Teilchen fehlen. Die schwarzen Kugeln sind jetzt nicht O, sondern OH.

wechsel) treten, ohne zu zerfallen. Gerade bei den Zeolithen wird diese Veränderungsfähigkeit noch dadurch erhöht, daß auch die eingelagerten Kationen austauschbar sind (Basenaustausch). In einzelnen Gruppen wird die Variationsfähigkeit weiterhin verstärkt, indem sich im kristallinen Alumosilikatanion neben Kationen inselartige Anionenradikale einlagern wie Cl, $CO_3$, $SO_4$ usw., wodurch sich auch die Zahl der Kationen vergrößern muß, was den weitmaschigen, hochsymmetrischen Tetraedergerüsten große Beständigkeit verschaffen kann. Dann tritt eine Erscheinung auf, die als *Massensubstitution* (früher auch Massenisomorphismus) bezeichnet wird. Die Konfiguration und Symmetrie dieser eingelagerten Ionen spielt für die resultierende Symmetrie der Kristallverbindung keine Rolle mehr, hiefür ist im wesentlichen nur der Strukturträger verantwortlich, so daß der Ersatz unabhängig von der Radikalsymmetrie erfolgen kann (Sodalith-Noseangruppe (Fig. 196 IIb), Cancrinitgruppe, Skapolithgruppe).

Eine weitere Erscheinung, die oft mit der Zweiteilung einer Kristallverbindung in Strukturträger und Eingelagertem verbunden ist, sind weitreichende *Abbauprozesse* ohne Kristallzerfall. Sie können aber auch (dann meist in halbkontinuierlicher Weise) bei anderen komplexen Kristallstrukturen auftreten und zugleich veranschaulichen, wie scheinbar ganz verschiedene Kristallstrukturen in enger Beziehung zueinander stehen.

Ein schönes Beispiel ist das Verhältnis von Granat zu einem in der Zementchemie wichtigen Aluminat, das BRANDENBERGER entdeckt hat (Fig. 203 a, b). Der Calcium-Aluminiumgranat Grossular ist stöchiometrisch $[(SiO_4)_3|Al_2]Ca_3$. Si ist tetraedrisch von O umgeben, zugleich sind diese O die Ecken von Oktaedern, in deren Zentren Al steht, während Ca in diese Tetraeder-Oktaederstruktur eingelagert ist. Rein formal könnte man daher Grossular auch schreiben: $[Si_3|(AlO_6)_2]Ca_3$. Durch Hydrolyse lassen sich die O in (OH) umwandeln unter Austritt des Si aus dem Kristallgebäude; es entsteht die Struktur $[(Al(OH)_6)_2]Ca_3$, das Tricalciumaluminat-Hexahydrat von granatähnlicher Struktur. Darin sind die $Al(OH)_6$-Oktaeder und Ca-Ionen die Baugruppen, während die Zentralstellen der (OH)-Tetraeder zu Leerstellen geworden sind.

BELIANKIN und PETROV konnten nun neuerdings nachweisen, daß die sogenannten Hydrogranate (Plazolith und Hibschit) nichts anderes als Zwischenglieder dieser Hydrolyse sind, zum Beispiel der Formel: $[Si_2\{AlO_4(OH)_2\}_2]\,Ca_3$. Mit der Hydrolyse ist Abnahme der Härte und der Lichtbrechung verbunden.

Den Abbauprozessen kann man, soweit Reversibilität besteht, in der Gegenrichtung *Aufbauprozeße* gegenüberstellen, die manchmal einen Sachverhalt zutreffender charakterisieren. Das ist beispielsweise bei den *Amphibolen* oder *Hornblenden* der Fall. Die maßgebenden strukturellen Unterverbände sind hier Tetraeder-Oktaeder-Tetraederbänder (Fig 204a und 205b), die, gesetzmäßig miteinander verbunden, den Prototyp der Hornblendestruktur ergeben. Dieser verlangt auf 44 in Viererkoordination (tetraedrisch) an 16 Si oder Al gebundene O, 4 eingelagerte O, OH oder F, die nur an Sechserkoordinationszentren (zum Beispiel Li, Mg, Fe, Al, Ti) gebunden sind und die zum mindesten in der Zahl 14 auf 16 Viererkoordinationszentren auftreten müssen (Fig. 204b). Das Baumotiv bleibt erhalten, wenn 4 von 14 Sechserkoordinationszentren durch koordinativ sich etwas anders verhaltende Elemente wie Na, Ca, zum Teil K ersetzt werden. Die Struktur besitzt da, wo die Tetraederseiten der Bänder einander gegenüberstehen, Leerschichten. Nun ist die Hornblendestruktur eine außerordentlich anpassungsfähige Struktur. Einfacher und gekoppelter Atom-

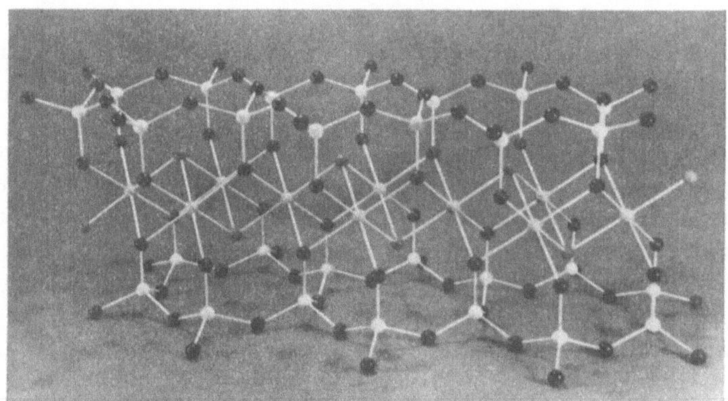

**Fig. 204a**

Bandelement der Hornblendestruktur. Schwarze Kugeln = O, graue Kugeln = OH, weiße Kugeln in Viererkoordination = Si, Al, in Sechserkoordination = Al,Mg,Fe,Ti.

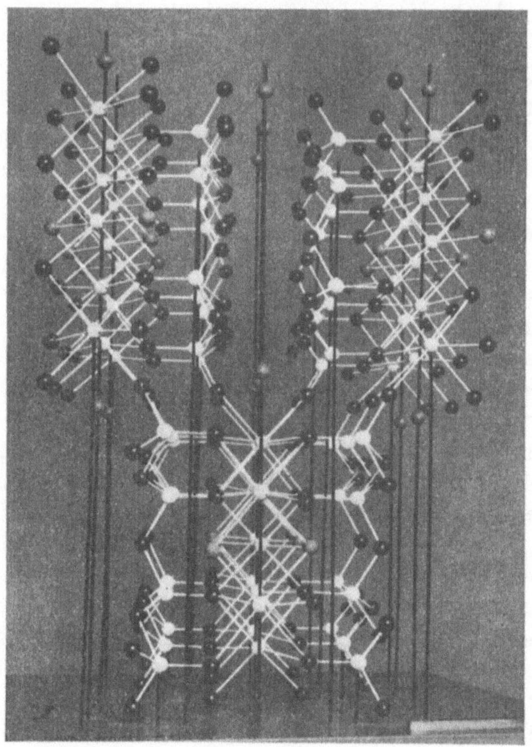

**Fig. 204b**

Hornblendestruktur. Anordnung der Bänder der Fig. 204a im Kristall. Auftreten von Schichtlücken und Einlagerung von Kationen wie Ca und Na (z. B. nicht mit weißen Stäben verbundene graue Kugeln).

ersatz spielen eine große Rolle, aber es können in den Bändern auch Substitutionen auftreten, die zu einem Ladungsüberschuß führen. Dann lagern sich in die Leerschichten neue Teilchen ein, so daß schließlich den 16 Viererkoordinationszentren 16 (statt 14) Kationen gegenüberstehen.

Mit anderen Worten: *es lassen sich statt einer Formel Formelserien für ein und dieselbe Kristallart bzw. Artgruppe aufstellen.* Dazu kommen übrigens noch Wassereinlagerungen bei Hydroamphibolen und bei einzelnen durch ihre Eigenschaften besonders auffallenden Asbesten.

In der Tabelle von Seite 263 sind in willkürlicher Auswahl einige Hornblendeanalysen zusammengestellt, die in keiner Weise die ganze Variationsbreite umfassen, jedoch mit genügender Deutlichkeit die chemische Variationsfähigkeit innerhalb einer Artgruppe veranschaulichen. Man glaubt es mit ganz verschiedenen Verbindungstypen zu tun zu haben.

In manchen der nur beispielhaft genannten Fälle sind Einzelglieder einer Kristallart nicht mehr nach den strengen Grundsätzen der geometrischen Kristallstrukturlehre gebaut. Von den gleichwertigen Teilchen fehlen einzelne oder sind der Atomschwerpunktsanordnung nach ($CO_3$-, $SO_4$-Radikale) auch geometrisch als ungleichwertig zu bezeichnen, ohne daß dies in der gemittelten Gesamtsymmetrie zur Geltung zu kommen braucht. Die Anpassungsfähigkeit einer Kristallart ist größer als die rein geometrisch zulässige Variationsfähigkeit. Mit anderen Worten: es gibt Kristallverbindungen, die sich nicht mehr zur Gänze als vollkommene kristalline Teilchenkonfiguration beschreiben lassen, selbst wenn man von mehr zufälligen Baufehlern absieht. Schon am Schlusse des ersten Kapitels ist auf diese Möglichkeit hingewiesen worden, die nun tatsächlich bei Kristallverbindungen verwirklicht ist. Das zeigt, daß unsere zum Verständnis absolut notwendigen geometrischen Konstruktionen nur Bauprinzipien veranschaulichen, ohne das Gesamtverhalten einer Kristallverbindung zu umreißen. Deutlich wird dies in Kristallverbindungen, die eine einigermaßen starre kristalline Konfiguration nur als Gitterträger besitzen, während andere *wesentliche* Bestandteile der Verbindung *vagabundierenden* Charakter besitzen oder doch ± unregelmäßig verteilt sind.

Schon aus den Eigenschaften der *Metallkristalle* (Leitfähigkeit usw.) muß man, wie früher erwähnt, schließen, daß zwischen den gitterartig angeordneten atomaren Teilchen (Atomrümpfe) leicht bewegliche, relativ freie Elektronen vorhanden sind, die eine Art Elektronengas darstellen. Diese wanderungsfähigen Elektronen sind mehr oder weniger statistisch geordnet, gehören nicht zum eigentlichen Strukturträger und sind doch, weil ja durch sie die metallische Bindung hergestellt wird, wesentliche Bestandteile der Kristallverbindung. Nun ist aber eine Modifikation des Silberjodids ein ausgesprochener *Kationenleiter*, und STROCK, KETELAAR und LAVES sind zum Schluß gekommen, daß diese Silberjodidkristalle ein kubisch innenzentriertes J-Ionengitter (vom Wolframtypus) besitzen, während den zur Verbindung gehörenden Ag-Ionen keine festen Plätze zukommen; sie sind in Abhängigkeit von den äußeren Bedingungen auf verschiedene Zwischengitterplätze verteilt und leicht beweglich. Es handelt sich somit hier um eine heteropolare Verbindung, bei der nur eine

*Beispiele verschiedener Zusammensetzungen von Hornblenden*

| | 1 | 2 | 3 | 4 | 5 | 6 | 7 | 8 | 9 | 10 | 11 | 12 | 13 | 14 |
|---|---|---|---|---|---|---|---|---|---|---|---|---|---|---|
| | Holmquistit Utö | Grammatit Richville, N. Y. | Aktinolith Greiner, Tirol | Glaukophan bis Crossit, Wallis | Anthophyllit Orijärvi | Riebeckit Evisa, Korsika | Osannit Portugal | Arfvedsonit Grönland | Hornblende Grenville, Canada | Pargasit, Pargas | Schwarze Hornblende Edenville | Basaltische Hornblende Lukow | Barkevikitische Hornblende Madagaskar | Hudsonit New York |
| $SiO_2$ | 60,45 | 57,45 | 56,25 | 54,55 | 50,10 | 49,70 | 47,57 | 47,08 | 45,79 | 43,90 | 41,99 | 39,60 | 37,48 | 36,86 |
| $TiO_2$ | Spur | | | 2,73 | 0,73 | 0,65 | 0,55 | | 1,20 | 0,70 | 1,46 | 2,50 | 3,98 | 1,04 |
| $Al_2O_3$ | 7,70 | 1,30 | 1,24 | 5,99 | 7,35 | 2,00 | | 1,44 | 11,37 | 12,52 | 11,62 | 18,51 | 7,78 | 12,10 |
| $Fe_2O_3$ | 9,68 | 0,18 | 0,78 | 11,63 | 0,00 | 13,14 | 17,58 | 1,70 | 0,42 | 0,38 | 2,67 | 5,50 | 10,96 | 7,41 |
| $FeO$ | 4,38 | 0,22 | 5,50 | 9,13 | 22,86 | 21,16 | 22,09 | 35,65 | 0,42 | 5,95 | 14,32 | 2,26 | 10,42 | 23,35 |
| $MnO$ | | 0,07 | 0,48 | 0,21 | 0,25 | 0,43 | 0,81 | | 0,39 | n.b. | 0,25 | 0,74 | 0,44 | 0,77 |
| $MgO$ | 12,12 | 24,85 | 21,19 | 5,56 | 16,64 | Spur | 0,22 | | 21,11 | 18,91 | 11,17 | 14,11 | 8,80 | 1,90 |
| $CaO$ | | 12,89 | 12,08 | 2,33 | 0,60 | 0,20 | 1,14 | 2,32 | 12,71 | 12,69 | 11,52 | 12,57 | 14,20 | 10,59 |
| $Na_2O$ | 1,12 | 0,67 | 0,19 | 5,08 | 0,54 | 8,54 | 7,62 | 7,14 | 2,51 | 1,34 | 2,49 | 2,58 | 2,70 | 1,20 |
| $K_2O$ | 0,54 | 0,54 | 0,28 | 0,72 | 0,00 | 2,15 | 1,15 | 2,88 | 1,69 | 1,30 | 0,98 | 1,87 | 1,73 | 3,20 |
| $H_2O+$ | 2,28 | 1,16 | 1,81 | 1,63 | 1,15 | 1,90 | 1,12 | 2,08 | 0,67 | 0,51 | 0,61 | 0,26 | 0,54 | 1,30 |
| $H_2O-$ | 0,09 | 0,09 | | 0,22 | | 0,15 | 0,16 | | | 0,10 | 0,08 | | 0,16 | |
| $F$ | 0,43 | 0,77 | 0,04 | | | 0,17 | | | | 2,76 | 2,29 | 0,80 | 0,10 | 0,57 | 0,27 |
| | $Li_2O$ = 2,13 | | | | $V_2O_5$ = 0,09 | | | | | | | | | |
| | 100,92 | 100,19 | 99,84 | 99,78 | 100,31 | 100,19 | 101,01 | 100,29 | 101,04 | 100,59 | 99,96 | 100,60 | 99,76 | 99,99 |

Ionenart streng kristallin (in Raumgittern) angeordnet ist, während sich die andere vagabundierend verhält.

Ferner gibt es eine Reihe von Kristallverbindungen, bei denen sich wichtige Bauelemente rein *statistisch* auf verschiedene Zwischengitterplätze des Strukturträgers verteilen. Sie stehen dann in verschiedenen koordinativen Verhältnissen zur Atomart des Gitterträgers. Das gilt beispielsweise für Telluride, Selenide, Sulfide einwertiger Elemente wie Cu und Ag. S, Se oder Te sind gitterhaft angeordnet. Ag, Cu verteilen sich auf Zwischenplätze mit kz 6, 3, 4, ja eventuell 2 gegenüber den elektronegativen Bestandteilen. Es hängt dies mit der Schwierigkeit zusammen, hochsymmetrische, zum Beispiel kubische Kristallverbindungen des stöchiometrischen Verhältnisses $A:B=2:1$ bei relativ hoher kz des A zu bilden. Hat zum Beispiel A gegenüber B die kz 6, so müßte gelten: $AB_{\frac{6}{12}}$, d.h. es müßte jedes B 12 A in 1. Sphäre aufweisen. Die kz 12 liefert aber in Verbindung $A_mB_n$ keine einfache kubische Struktur und entspricht nicht dem üblichen koordinativen Verhalten von S, Se, Te. Die Antifluoritstruktur ist $\left[AB_{\frac{4}{8}}\right]_\infty$ G und die Cupritstruktur $\left[AB_{\frac{2}{4}}\right]_\infty$ G. Jetzt ist aber wieder die kz des A anomal und so stellt sich wie bei Alkalioxyden eine sehr unstabile Verbindung ein oder es entstehen direkt Strukturen mit variabler Lage der A gegenüber den B.

Außerordentlich wichtig für die Beurteilung mancher Unterschiede im Verhalten einzelner Individuen einer Kristallart ist die *Artvariabilität* jener Kristallverbindungen, *deren eigentliches Wesen der ein- oder zweidimensionale kristalline Zusammenhang ist.* Schon Ketten oder Schichten können ja elektroneutrale kristalline Konfigurationen sein. Nur durch sekundäre Kräfte treten diese zum wirklich dreidimensionalen Kristallgebäude zusammen.

So ist die Graphitstruktur (Fig. 182) eigentlich eine Netzstruktur, und es ist für die Graphitart von nebensächlicher Bedeutung, wie sich die Schichten übereinander lagern. Es wird hiebei ausgezeichnete Orientierungen geben, von denen die eine oder die andere oder in bestimmtem Turnus verschiedene sich einstellen werden; es ist aber auch möglich, daß die Art der Aufeinanderfolge eine mehr zufällige ist[1]. Das wird mithelfen, verschiedenen Graphitunterarten etwas abweichende Eigenschaften zu verleihen und ermöglicht zudem zwischen den Netzen Adsorptionen. Genauer sind derartige Verhältnisse bei blätterigen Silikaten, den Glimmern, Chloriten, Kaolinmineralien sowie bei Hydroxyden und basischen Halogeniden untersucht worden, wobei eine außerordentlich große Mannigfaltigkeit festgestellt werden konnte (Fig. 205, 206).

Kommt hinzu, daß zwischen diesen Schichten innerlamellare austauschfähige Adsorptionen auftreten, die abstandsvergrößernd wirken, so sind *Quellungserscheinungen* beobachtbar. Im weiteren Verlauf kann sich das ungeregelt Adsorbierte gesetzmäßig anordnen und zu neuen Kristallarten überführen. Im vollen Maße zeigen die schichtförmigen Verwitterungssilikate diese Erscheinungen, was für die Eigenschaften der aus diesen Mineralien aufgebau-

---

[1] Neuerdings experimentell bewiesen.

ten Böden von fundamentaler Bedeutung wird. Ein Studium der Verwitterungszonen läßt uns die Aufbauprozesse von Kristallverbindungen in allen möglichen Stadien und Varianten erkennen.

Diese wenigen Hinweise mögen genügen, um darzutun, *daß die Kristallverbindungen eine große innere Variabilität besitzen können.* Daß es in solchen

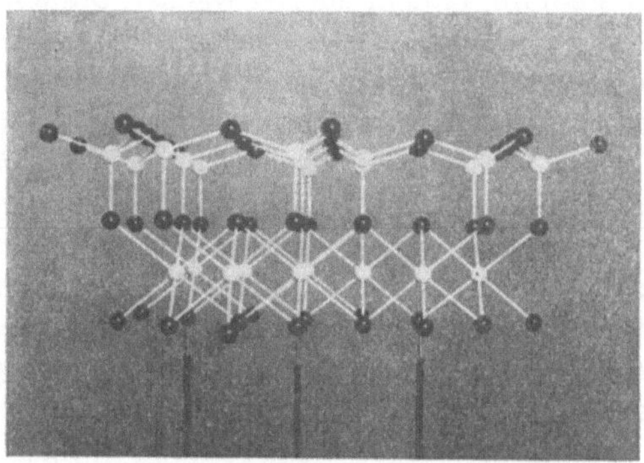

Fig. 205

Tetraeder-Oktaederschicht. Häufiges Bauelement von Schichtsilikaten. Schwarze Kugeln = O und OH, weiße Kugeln = BIV und BVI.

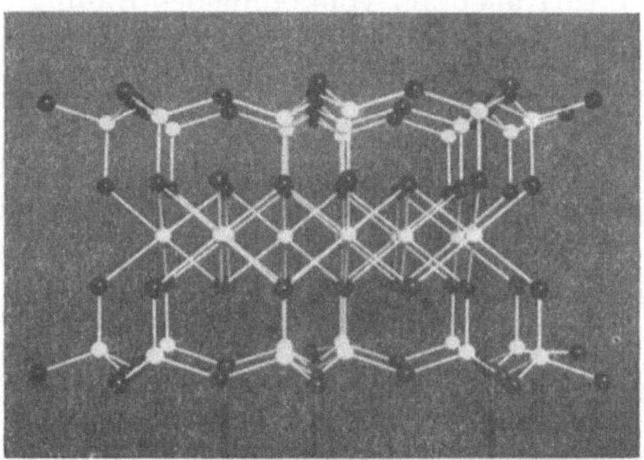

Fig. 206

Tetraeder-Oktaeder-Tetraederschicht. Häufiges Bauelement von Schichtsilikaten. Gleiche Bedeutung der Kugeln wie in Fig. 205. Schichten der Art von Fig. 205 und (oder) 206 lagern sich in verschiedener Weise und Folge übereinander und bilden so blätterige Silikate.

Fällen keineswegs möglich ist, ohne genauere strukturelle und stereochemische Untersuchungen über das Verhalten von Einzelkristallen oder unter bestimmten Bedingungen gebildeten Kristallaggregaten Auskunft zu geben, ist selbstverständlich. Die Eigenschaften sind variabel und nicht durch unveränderliche Artkonstanten darstellbar. Die Technik kann diese Anpassungsfähigkeit ausnützen und innerhalb einer Art Werkstoffe verschiedener Qualität erzeugen.

Anderseits wird dadurch bewiesen, *daß eine Kristallart eines bestimmten Bautypus ein Variations- und Anpassungsfeld aufweist,* das manchmal sehr eng umgrenzt ist, manchmal jedoch einen großen Bereich umfaßt. Eine einmal gebildete Kristallart sucht sich durch Anpassung zu erhalten. Das ist ja gerade eine der Ursachen, warum wir überzeugt sind, ein Gebilde, einen Verband vor uns zu haben, dessen Konstitution aufgeklärt werden muß. Mit anderen Worten: Änderungen im Medium, in dem die Art wächst, brauchen nicht zu neuen Arten zu führen. Die neuen Einflüsse werden unter Anpassungserscheinungen von der Struktur verarbeitet. Dieses Bestreben, Bedingungsänderungen gegenüber ohne Aufgabe des wesentlichen Zusammenhanges zu reagieren, kommt auch zur Geltung, wenn Kristalle *mechanischen Beanspruchungen* ausgesetzt werden. Es erscheint außerordentlich merkwürdig, daß man Kristalle, deren Aufbaugesetze zur Hauptsache mathematisch formulierbar sind und deren Eigenschaften so stark von der Atomanordnung abhängen, weitgehend *plastisch verformen* kann, ohne daß nach der irreversiblen Verformung eine wesentlich andere Struktur vorliegt. Das ist auf dem Wege gesetzmäßiger Translationen und Zwillingsbildungen möglich, auf die hier indessen nicht näher eingegangen werden kann.

Doch auch damit haben wir noch nicht der natürlichen Mannigfaltigkeit der Kristallwelt voll Rechnung getragen. Alle bisherigen Ausführungen hatten im Grunde genommen, auch wenn von mannigfaltigen Varianten die Rede war, den *Idealkristall* zur Voraussetzung, d.h. es wurde angenommen, daß mindestens ein Strukturträger als vollkommenes Raumgitter, Schichtgitter, bzw. Netz oder doch als eindimensionale kristalline Konfiguration den zu betrachtenden Individuen zugeordnet werden darf. In Wirklichkeit haben wir es in Natur und Technik mit *Realkristallen* zu tun, die infolge der ungeheuren Zahl von Einzelschritten, die zum Aufbau eines Kristalles sichtbarer Größe notwendig sind, infolge der während des Bildungsprozesses sich ändernden Bedingungen und des störenden Abschlußprozesses des Wachstums nur unvollkommen das verwirklichen, was wir die *Idee,* das *Idealtypische des Kristalles* nennen könnten.

Baufehler, Fehlordnungen, Verdrehungen von Einzelbereichen gegeneinander, sogenannte *Mosaikstruktur* (siehe Seite 85 und Fig. 207), werden die Regel sein, ganz abgesehen davon, daß Einschlüsse oder andere Inhomogenitäten selbst bei sorgfältigem Züchten von Kristallen sich schwer vermeiden lassen. Von derartigen Störungen sind nun viele physikalische Eigenschaften in hohem Maße abhängig. Man nennt sie, wie Leitvermögen für Wärme und Elektrizität, alle Diffusionsvorgänge im Kristall, Platztauschvermögen und Reaktionsvorgänge, viele Farbveränderungserscheinungen, lichtelektrisches Verhalten, ferromagnetisches Verhalten zum Teil und alle Festigkeitsverhältnisse *störungsempfindliche Eigenschaften.* Auch die bereits genannte mechanische Verformung führt trotz des Grundstrebens nach Erhaltung der Art zu lokalen Störungen und infolgedessen zu Eigenschaftsveränderungen (zum Beispiel Verfestigungen). So wird es für die Technik von erheblicher Bedeutung, dieser *Pathologie der Kristalle* die Aufmerksamkeit zu schenken. Es muß erforscht werden, welchen Charakter diese Baufehler und Baustörungen besitzen, unter was für Umständen sie entstehen und wie ihr Auftreten vermieden werden kann, wie es möglich ist, Kristalle, die besonderen Ansprüchen genügen müssen, zu züchten, wie und ob man gestörte Strukturen vergüten oder sich erholen lassen kann; alles Probleme, die schon in vielen Einzelfällen Teillösungen gefunden haben.

Es sind somit die einer Kristallart als Ganzes zukommenden normalen gesetzmäßigen Variabilitäten und die bei und nach der Bildung der Kristalle auf-

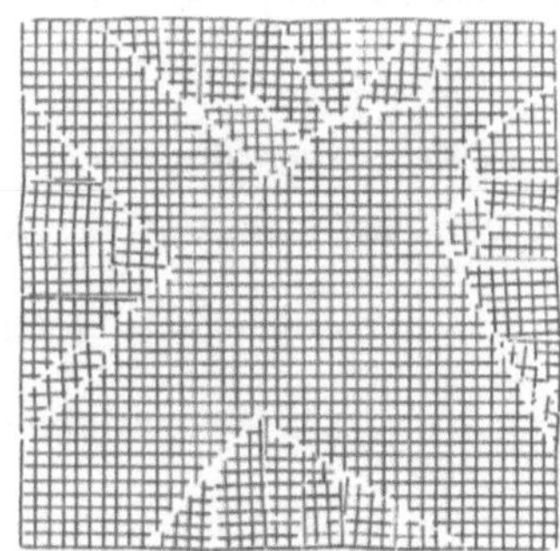

Fig. 207

Schema eines Mosaikkristalles mit gegeneinander verdrehten Strukturbereichen.

tretenden Störungen und Defekte gegenüber den Idealbauplänen zu berücksichtigen, will man etwas Genaues über das Verhalten eines bestimmten Kristalles oder eines aus verschiedenen Individuen zusammengesetzten Kristallaggregates aussagen. Im Gegensatz zur landläufigen Meinung ist diese Mannigfaltigkeit eine große und treten im Laufe der Zeiten und besonders bei Bedingungsänderungen innere Umsetzungen auf, die den Glauben, wir hätten es mit einer starren, unveränderlichen Zustandsform der Materie zu tun, endgültig zerstören.

Bestehen aber bleibt, daß eine erste Übersicht immer von der geometrischen Lehre der Teilchenkonfigurationen auszugehen hat. Indem hiebei mit Voraussetzungen gearbeitet wird, die gestatten, die Probleme mathematisch zu fassen, erhalten wir nicht die ganze Vielfalt, wohl aber jenen Einblick in die Naturverhältnisse, der ermöglicht, auch Komplizierteres einzuordnen. Gerade in dieser Hinsicht kommen der Kristallstereochemie Eigentümlichkeiten zu, die immer zur Folge haben werden, sie als Sonderkapitel der gesamten Stereochemie zu pflegen. Das Problem der Lagerung der Atome im Raum in den Selbständigkeit und Bestandfähigkeit aufweisenden Atomverbänden muß jedoch, wie hier versucht, als Ganzes nach einheitlichen Gesichtspunkten bearbeitet werden.

# EINIGE LITERATURANGABEN

## I. Zur Symmetrielehre


E. ALEXANDER, Systematik der eindimensionalen Raumgruppen. Z. Krist. 70, 367–382 (1929).

– Bemerkung zur Systematik der eindimensionalen Raumgruppen. Z. Krist. 89, 606–607 (1934).

E. ALEXANDER und K. HERRMANN, Die 80 zweidimensionalen Raumgruppen. Z. Krist. 70, 328–345, 460 (1929).

W. T. ASTBURY and K. YARDLEY, Tabulated data for the examination of the 230 space-groups by homogeneous X-rays. Phil. Trans. Royal Soc. London, A, 224, 221–257 (1924).

E. BRANDENBERGER, Angewandte Kristallstrukturlehre. Berlin 1938.

A. BRAVAIS, Abhandlung über die Systeme von regelmäßig auf einer Ebene oder im Raum verteilten Punkten. Ostwalds Klassiker Nr. 90, Leipzig 1897.

J. J. BURCKHARDT, Die Algebren der Diedergruppen. Diss. Univ. Zürich 1928.

B. G. ESCHER, Algemeene Mineralogie en Kristallografie. s'Gravenhage 1935.

E. S. FEDOROFF (Fedorow), Anfänge der Lehre von den Figuren (Gestaltenlehre). Verh. Russ. K. Min. Ges., 2. Ser., 21, 1 (1885) (russ.).

– Elemente der Lehre von den Figuren. Auszug Z. Krist. 17, 610–611 (1890).

– Elemente der Gestaltenlehre, Auszug Z. Krist. 21, 679–694 (1893).

– Symmetrie in der Ebene. Verh. Russ. K. Min. Ges. (2) 28 345 (1891) (russ.).

G. FRIEDEL, Leçons de cristallographie, Nancy, Paris, Strasbourg 1926.

H. HEESCH, Zur systematischen Strukturtheorie, I–IV. Z. Krist. 71, 95–102 (1929), 72, 177–201 (1930), 73, 325–356 (1930).

C. HERMANN, Zur systematischen Strukturtheorie, I–IV. Z. Krist. 68, 257–282 (1928), 69, 226–270, 533–555 (1929).

H. HILTON, Mathematical crystallography and the theory of groups of movements. Oxford 1903.

Internationale Tabellen zur Bestimmung von Kristallstrukturen, I. Bd., Gruppentheoretische Tafeln; II. Bd., Mathematische und physikalische Tabellen. Berlin 1935.

F. M. JAEGER, Lectures on the principle of symmetry, 2nd ed. Amsterdam 1920.

CH. MAUGUIN, Sur le symbolisme des groupes de répétition ou de symétrie des assemblages cristallins. Z. Krist. 76, 542–558 (1931).

– La structure des cristaux. Paris 1924.

E. MÜLLER, Gruppentheoretische und strukturanalytische Untersuchungen der maurischen Ornamente aus der Alhambra in Granada. Diss. Univ. Zürich, 1944.

P. NIGGLI, Geometrische Kristallographie des Diskontinuums. Gebr. Borntraeger, Leipzig 1919.

– Krystallographische und strukturtheoretische Grundbegriffe. Hdb. d. Exp. Phys. 7, 1. Teil. Leipzig 1928.

– Lehrbuch der Mineralogie und Kristallchemie, 3. Aufl. Berlin 1941.

– Die Flächensymmetrien homogener Diskontinuen. Z. Krist. 60, 283–298 (1924).

– Die regelmäßige Punktverteilung längs einer Geraden in einer Ebene (Symmetrie von Bordürenmuster). Z. Krist. 63, 255–274 (1926).

W. NOWACKI, Die nichtkristallographischen Punktgruppen. Z. Krist. 86, 19–31 (1933).

G. PÓLYA, Über die Analogie der Kristallsymmetrie in der Ebene. Z. Krist. 60, 278–282 (1924).

– Kombinatorische Anzahlbestimmungen für Gruppen, Graphen und chemische Verbindungen. Acta math. Bd. 68, 145–253 (1937).

A. SCHOENFLIES, Krystallsysteme und Krystallstruktur. Leipzig 1891. 2. Aufl., Theorie der Kristallstruktur. Berlin 1923.

– Über K. WEISSENBERGS neuere kristallographische Arbeiten. Z. Krist. 63, 193–220 (1926).

A. SPEISER, Theorie der Gruppen von endlicher Ordnung, 2. Aufl. Berlin 1927.

P. TERPSTRA, Leerboek der geometrische kristallografie. Groningen 1927.

K. WEISSENBERG, Der Aufbau der Kristalle, I, II. Z. Krist. 62, 13–102, 612–613 (1925).

L. WEBER, Die Bedeutung der Kristallpolyeder in der Lehre der regelmäßigen Punktsysteme. Schweiz. Min. Petr. Mitt. 5, 1–66 (1925).

– Die Symmetrie homogener ebener Punktsysteme. Z. Krist. 70, 309–327 (1929).

R. W. G. WYCKOFF, The analytical expression of the results of the theory of space groups, 2nd. ed. Washington 1930.

## II. Zur Lehre über die Bauzusammenhänge

W. BARLOW, Raumteilung in enantiomorphe Polyeder. Z. Krist. 58, 605–628 (1923).

B. DELAUNAY, Neue Darstellung der geometrischen Kristallographie. Z. Krist. 84, 109–149 (1932).

– Sur la généralisation de la théorie des paralléloèdres. Bull. Ac. Scs. URSS., Cl. Scs. Phys. Math. 1933, p. 641.

– Über dichteste parallelepipedische Anordnungen von Kugeln in den Räumen von drei und vier Dimensionen. Schriften des phys. math. Institutes von W. A. STEKLOFF, 4, 63 (1933) (russ.).

– Sur la sphère vide. A la mémoire de G. VORONOI, Bull. Ac. Scs. URSS., Cl. Scs. phys. math. 1934, p. 793.

E. S. FEDOROFF (Fedorow), Über das kompakteste regelmäßige Kugelsystem. Z. Krist. 28, 232–238 (1897).

– Paralleloeder in kanonischer Form und deren eindeutige Beziehung zu Raumgittern. Z. Krist. 46, 245–260 (1909).

– Vollendung in der Entwicklung des Begriffes des kanonischen Paralleloeders. Z. Krist. 48, 400–416 (1911).

F. HAAG, Die regelmäßigen Planteilungen. Z. Krist. *49*, 360–369 (1911).

– Die Kreispackungen von NIGGLI. Z. Krist. *70*, 353–366 (1929).

– Die regelmäßigen Planteilungen und Punktsysteme. Z. Krist. *58*, 478–489 (1923).

– Die 17 regelmäßigen Planteilungen und Punktsysteme. Z. Krist. *61*, 339 (1925).

– Strukturformeln für Ebenenteilungen. Z. Krist. *83*, 301–307 (1932).

H. HEESCH, Über Raumteilungen, Nachr. Ges. Wiss. Göttingen, Math. phys. Kl., Fachgr. I, N F., 1934, 35.

– Aufbau der Ebene aus kongruenten Bereichen. Nachr. Ges. Wiss. Göttingen, Fachgr. I, N.F., *1*, 115–117 (1935).

H. HEESCH und F. LAVES, Über dünne Kugelpackungen. Z. Krist. *85*, 443–453 (1933).

T. ITO, Isogonale Polyeder und Partikelgruppen. Z. Krist. *70*, 393–459 (1929).

F. LAVES, Die Bauzusammenhänge innerhalb der Kristallstrukturen. Diss. Univ. Zürich 1930. Auch Z. Krist. *73*, 202–265, 275–324 (1930).

– Ebenenteilung in Wirkungsbereiche. Z. Krist. *76*, 277–284 (1931).

– Ebenenteilung und Koordinationszahl. Z. Krist. *78*, 208–241 (1931).

H. MINKOWSKI, Dichteste gitterförmige Lagerung kongruenter Körper. Nachr. Ges. Wiss. Göttingen, math. phys. Kl., 1904, 311.

P. NIGGLI, Die topologische Strukturanalyse, I, II. Z. Krist. *65*, 391–415 (1927); *68*, 404–466 (1928).

P. NIGGLI, zum Teil mit E. BRANDENBERGER, F. LAVES, W. NOWACKI, Stereochemie der Kristallverbindungen, I–XI. Z. Krist. *74*, 375–432 (1930); *75*, 228–264, 502–524 (1930); *76*, 235–251 (1931); *77*, 140–145 (1931); *79*, 379 bis 429 (1931); *82*, 210–238, 355–378 (1932); *83*, 97–112 (1932); *86*, 65–99, 121–144 (1933).

W. NOWACKI, Homogene Raumteilung und Kristallstruktur. Diss. ETH. Zürich 1935.

G. PÓLYA, Algebraische Berechnung der Anzahl der Isomeren einiger organischer Verbindungen. Z. Krist. *93*, 415–443 (1936).

K. REINHARDT, Über die Zerlegung der Ebene in Polygone. Diss. Frankfurt a. M., Borna-Leipzig 1918.

U. SINOGOWITZ, Die Kreislagen und Packungen kongruenter Kreise in der Ebene. Z. Krist. *100*, 461–508 (1939).

– Herleitung aller homogenen nicht kubischen Kugelpackungen. Z. Krist. *105*, 23–52 (1943).

E. STEINITZ und H. RADEMACHER, Vorlesungen über die Theorie der Polyeder. Berlin 1934.

G. VORONOI, Nouvelles applications des paramètres continus à la théorie des formes quadratiques. Recherches sur les paralléloèdres primitifs. Crelle J. *133*, 97; *134*, 198; *136*, 65 (1907/09).

## *Zu Kapitel III und IV*

A. E. VAN ARKEL und J. H. DE BOER, Chemische Bindung als elektrostatische Erscheinung. Leipzig 1931.

J. M. BIJVOET, N. H. KOLKMEIJER, C. H. MACGILLAVRY, Röntgenanalyse von Kristallen. Berlin 1940.

W. H. and W. L. BRAGG, The crystalline state. London 1933.

W. L. Bragg, Atomic structure of minerals. London 1937.

E. Brandenberger, Die Konstitution fester anorganischer Isolierstoffe. In H. Stäger, Werkstoffkunde der elektrotechnischen Isolierstoffe. Berlin 1943.

– Röntgenographisch-analytische Chemie (Möglichkeiten und Ergebnisse von Untersuchungen mit Röntgeninterferenzen in der Chemie). Basel 1945.

G. L. Clark, Applied X-rays. 3rd ed. New York 1940.

U. Dehlinger, Chemische Physik der Metalle und Legierungen. Leipzig 1939.

C. H. Desch, The chemistry of solids. London 1934.

R. C. Evans, An introduction to crystal chemistry. London 1939.

P. P. Ewald, Der Aufbau der festen Materie. Handbuch der Physik von Geiger-Scheel, Bd. XXIV/2, 2. Aufl. Berlin 1933.

– Kristalle und Röntgenstrahlen. Berlin 1923.

E. S. Fedoroff (Fedorow), Das Kristallreich. Tabellen zur kristallochemischen Analyse. Petrograd 1920.

K. Freudenberg, Stereochemie. 1933.

V. M. Goldschmidt, Geochemische Verteilungsgesetze der Elemente, I–IX. Oslo 1923–1938.

H. G. Grimm und H. Wolff, Atombau und Chemie (Atomchemie). Handbuch der Physik von Geiger-Scheel, Bd. XXIV/2, 2. Aufl. Berlin 1933.

F. Halla, Kristallchemie und Kristallphysik metallischer Werkstoffe. Leipzig 1939.

O. Hassel, Kristallchemie. Dresden und Leipzig 1934.

J. A. Hedvall, Reaktionsfähigkeit fester Stoffe. Leipzig 1938.

R. Houwink, Elastizität, Plastizität und Struktur der Materie. Dresden 1938.

W. Hückel, Theoretische Grundlagen der organischen Chemie, I und II, 3. Aufl. Leipzig 1940/41.

W. Jost, Diffusion und chemische Reaktion in festen Stoffen. Dresden 1937.

W. Kuhn, Das statistische Problem der Gestalt fadenförmiger Moleküle. Experientia 1, 6–18 (1945).

K. H. Meyer und H. Mark, Hochpolymere Chemie, I und II. Leipzig 1940.

P. Niggli, Die Struktur der Kristalle. Z. anorg. Chemie 94, 207–216 (1916).

– Atombau und Kristallstruktur, I und II. Z. Krist. 56, 12–45, 167–190 (1921).

– Baugesetze kristalliner Materie. Z. Kristr. 63, 49–121 (1926).

– Von der Symmetrie und von den Baugesetzen der Kristalle. Leipzig 1941.

– Lehrbuch der Mineralogie und Kristallchemie. 3. Aufl., Bd. 3. Im Druck.

– Der Artbegriff in der Mineralogie. Im Druck.

– Die chemische Variabilität einer Kristallart und ihre Bedeutung für die Technik. Schweizer Archiv für angewandte Wissenschaft und Technik, 11. 65–77, 103–115 (1945).

P. Niggli, zum Teil mit E. Brandenberger, F. Laves, W. Nowacki, Stereochemie der Kristallverbindungen. Siehe unter II.

H. Ott, Strukturbestimmung mit Röntgeninterferenzen. Handbuch der Experimentalphysik von Wien-Harms, Bd. VII/2. Leipzig 1928.

L. Pauling, The nature of the chemical bond and the structure of molecules and crystals. 2nd ed. Ithaca NY. 1940.

P. Pfeiffer, Die Kristalle als Molekülverbindungen, I, II. Z. f. anorg. Chemie 92, 376–380 (1915); 97, 161–174 (1916).

W. Seith, Diffusion in Metallen (Platzwechselreaktionen). Berlin 1939.

A. SMEKAL, Strukturempfindliche Eigenschaften der Kristalle. Handbuch der Physik von GEIGER-SCHEEL, Bd. XXIV/2. Berlin 1933.

H. SPONER, Molekülspektren und ihre Anwendung auf chemische Probleme. Berlin 1936.

H. STAUDINGER, Die hochmolekularen organischen Verbindungen. Berlin 1932.

– Organische Kolloidchemie. 2. Aufl. Braunschweig 1941.

CH. W. STILLWELL, Crystal chemistry. London 1938.

Strukturberichte 1913–1939. Z. Krist., Ergänzungsbände I–VII (1931–1943).

H. VOLMER, Kinetik der Phasenbildung. Dresden 1939.

R. WEINLAND, Einführung in die Chemie der Komplexverbindungen, 2. Aufl. Stuttgart 1924.

A. WERNER, Neuere Anschauungen auf dem Gebiete der anorganischen Chemie. Braunschweig 1905. 4. Aufl. 1919.

C. WEYGAND, Chemische Morphologie der Flüssigkeiten und Kristalle. Leipzig 1941.

G. WITTIG, Stereochemie. Leipzig 1930.

K. L. WOLF, Theoretische Chemie, I, II. Leipzig 1941, 1942.

R. W. G. WYCKOFF, The structure of crystals. 2nd ed. New York 1931.

# ABKÜRZUNGEN

*Häufig gebrauchte Abkürzungen*
*zur Charakterisierung der Verbandsverhältnisse*

ba    Bindungsart, Bindungsarten
bsch    Bindungsschema, Bindungsschemata
bz    Bindungszahl, Bindungszahlen
kpo    Koordinationspolyeder
ksch    Koordinationsschema, Koordinationsschemata
kz    Koordinationszahl, Koordinationszahlen
WB    Wirkungsbereich, Wirkungsbereiche

*Abkürzungen*
*zur Charakterisierung der Konfigurationen*

$\infty G$    dreidimensional kristalline Konfiguration (Gitterverband)
$I$    Bauinsel
$\infty K$    eindimensionale kristalline Konfiguration (Kettenverband)
$M$    molekulare Konfiguration
$\infty N$    zweidimensionale kristalline Konfiguration (Netzverband)

*Symbole der Symmetrieoperationen*
*in den Pólyaformeln*

$d$    Drehung
$e$    Spiegelung
$g$    Gleitspiegelung
$h$    Schraubung
$s$    Drehspiegelung, Drehinversion
$t$    Translation
$z$    Inversion